普通高等教育"十一五"
国家级规划教材

21世纪高等学校计算机专业
核心课程规划教材

Delphi程序设计教程

（第3版）

◎ 杨长春　主编
刘俊 方骥 石林 徐守坤 朱正伟　编著

清華大学出版社
北京

内 容 简 介

Delphi 是面向对象的可视化软件开发平台，它提供了大量 VCL 组件，具有强大的数据库开发和网络编程能力，极大地提高了应用系统的开发速度，是目前最优秀的软件开发工具之一。本书以 Delphi XE8 为开发平台进行修订，增加基于 Android 应用程序设计和基于 iOS 应用程序设计，从基础入手，由浅入深，内容翔实，图文并茂。每章都附有精选例题，并细分为界面设计、属性设置、程序设计和关键分析，具有良好的可操作性。本书可作为大学计算机及其相关专业的计算机基础教程，也可以作为广大计算机爱好者的参考资料。

图书在版编目(CIP)数据

Delphi 程序设计教程/杨长春主编. --3 版. --北京：清华大学出版社，2016(2024.1重印)
21 世纪高等学校计算机专业核心课程规划教材
ISBN 978-7-302-43276-0

Ⅰ. ①D… Ⅱ. ①杨… Ⅲ. ①软件工具－程序设计－教材 Ⅳ. ①TP311.56

中国版本图书馆 CIP 数据核字(2016)第 044178 号

责任编辑：魏江江　薛　阳
封面设计：刘　键
责任校对：焦丽丽
责任印制：沈　露

出版发行：清华大学出版社
网　　址：https://www.tup.com.cn, https://www.wqxuetang.com
地　　址：北京清华大学学研大厦 A 座　　**邮　　编**：100084
社 总 机：010-83470000　　**邮　　购**：010-62786544
投稿与读者服务：010-62776969，c-service@tup.tsinghua.edu.cn
质量反馈：010-62772015，zhiliang@tup.tsinghua.edu.cn
课件下载：https://www.tup.com.cn，010-83470236
印 装 者：三河市君旺印务有限公司
经　　销：全国新华书店
开　　本：185mm×260mm　　**印　　张**：26.5　　**字　　数**：674 千字
版　　次：2005 年 8 月第 1 版　2016 年 6 月第 3 版　　**印　　次**：2024 年 1 月第 8 次印刷
印　　数：39101～39600
定　　价：49.50 元

产品编号：038914-02

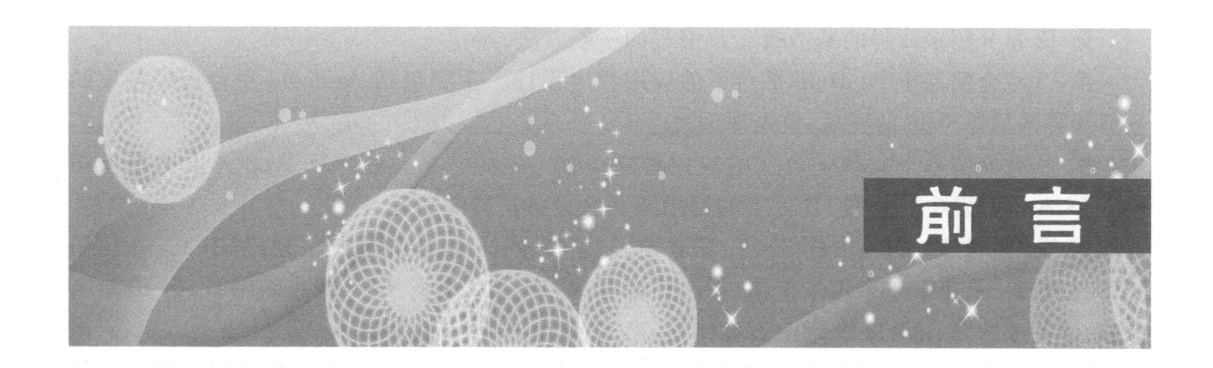

前言

Delphi 软件开发平台以其丰富的环境、友好的界面、高速的编译器、强大的数据库支持而备受广大软件开发人员的欢迎和喜爱。为了帮助广大学生更好地掌握最新 Delphi 编程技术，特编写了本书。本书于 2005 年出版第 1 版，2008 年出版第 2 版，随着 Delphi 开发平台的进一步升级，在第 2 版的基础上，本版在 Delphi XE8 新的开发平台上进行修订，增加了基于 Android 应用程序设计和基于 iOS 应用程序设计，对章节进行了修订，更符合教学的需要，精选了相关例题，学生学习更有针对性和可操作性。

本书是 Delphi XE8 的入门教材，内容浅显易懂。书中精心挑选每一个例题，每个例题均分为界面设计、属性设置、程序设计和程序分析等栏目，内容新颖，结构清晰。全书共分为 14 章。

第 1 章介绍 Delphi XE8 的基本知识以及使用 Delphi XE8 进行程序设计的一些基础知识。本章的重点是 Delphi XE8 的开发环境和开发方法。

第 2 章介绍 Delphi 的基本语法，主要包括基本词法、基本数据类型、常量与变量、运算符与表达式、常用函数与过程、语句等，以及程序的异常处理和程序调试方法。

第 3 章介绍 Delphi 常用组件的使用方法及特点，并且通过一些简明的示例对它们进行了更直观的介绍。

第 4 章介绍过程与函数，主要介绍结构化程序设计中过程的分类、定义及应用，函数的定义、分类以及内部函数的使用方法，参数的分类及传递方式。

第 5 章介绍高级数据类型，主要包括枚举、子界与集合类型、数组与记录类型、指针类型等。

第 6 章介绍键盘和鼠标的响应事件和文件的编程。

第 7 章介绍与多媒体方面相关的编程，包括图形图像处理的组件的使用方法，音频与视频处理技术。

第 8 章介绍 Windows 高级编程技术，重点介绍动态链接库和 ActiveX 技术。

第 9 章介绍 Delphi XE8 的数据库编程。在初步了解数据库简单理论的基础上，详细介绍了 Delphi 中数据访问组件及数据感知组件的常用属性与方法，ADO 数据访问技术，SQL 编程的相关知识等。

第 10 章介绍 Delphi 串行通信编程，包括 RS232 串行通信的基本原理，常用的串行通信的 API 函数，MSComm 的使用方法。

第 11 章介绍网络编程的基本方法及 Windows Sockets 的一些概念，重点介绍了几个重要的网络组件，最后举例说明了网络编程的应用。

第 12 章介绍多线程的基本概念及编程的一般方法。

第 13 章介绍基于 Android 平台下的应用程序设计。主要包括 Android 平台程序开发的一般步骤的简单 App 的实现,数据库编程等。

第 14 章介绍基于 iOS 平台下的应用程序设计。主要包括进行 iOS App 开发的准备工作,iOS App 开发中的基本 UI 元素的使用及 iOS 设备功能的编程。

本书由杨长春、刘俊、方骥、石林、徐守坤、朱正伟、刘江珅、丁宪成等策划,第 1、3、5 章由杨长春、刘俊编写,第 2、4 章由朱正伟、刘江珅编写,第 6～9 章由杨长春、谢惠敏编写,第 10 章由方骥、丁宪成编写,第 11、13 章由石林编写,第 12 章由刘俊、李俊华编写,第 14 章由方骥、谢惠敏编写,全书由杨长春、刘俊统稿,李俊华、谢惠敏等参加了统稿工作,薛恒新教授审阅了全部书稿,提出了许多宝贵的意见,在此一并表示感谢。

限于编者水平,书中难免有疏漏与不足之处,敬请读者批评指正。

编　者

2016 年 2 月

目录

第1章

Delphi XE8 基础知识

Delphi XE8 是 Embarcadero(英巴卡迪诺)公司开发的可视化软件开发工具。“聪明的程序员用 Delphi”,这句话是对 Delphi 最经典、最实在的描述。Delphi XE8 被称为第四代编程语言,它具有简单、高效、功能强大的特点,一直是程序员至爱的编程工具。Delphi XE8 使用了 Microsoft Windows 图形用户界面的许多先进特性和设计思想,采用了可重复利用的完整的面向对象的程序语言(Object Oriented Language),是当今最快的编辑器,拥有领先的数据库技术。对于广大的程序开发人员而言,使用 Delphi XE8 开发应用软件,无疑会极大地提高编程效率。

1.1 Delphi XE8 简介

Delphi 到现在已经历了二十多年的发展历程,每一代产品都是伴随 Windows 操作平台的升级而升级。本书将以版本 Delphi XE8 为开发平台阐述。

1. Delphi 的发展历程

1995 年,Borland 发布 Delphi1.0,支持 16 位 Windows 开发,是基于框架(VCL)的,可拖曳、可视化的开发环境。

1996 年,Borland 发布 Delphi 2.0,以 32 位编译器为核心,支持 C/S 数据库开发。

1997 年,Borland 发布 Delphi 3.0 语法,加入接口(Interface)的机制。IDE 首次提供了 Code Insight。

1998 年,Borland 更名 Inprise,发布 Delphi 4.0 语法:加入动态数组和方法覆盖等支持。IDE 增强调试能力,提供代码模板。

1999 年,Inprise 发布 Delphi 5.0,增强了 IDE 和调试器,提供了 TeamSource,简化 Internet 的开发,增强数据库支持。

2001 年,Inprise 重新更名 Borland,发布 Delphi 6.0,提供了 Web Service,跨平台的 Kylix 1.0 和 CLX。

2002 年,Borland 发布 Delphi 7.0,提供了.NET 的过渡,增强的 Internet 开发(IntraWeb),完善数据库支持,增加了 Indy 网路元件和 Rave Report 资料库报表,并且支持 UML 及 XP 的程式制作。Delphi 7 Studio 于 2002 年夏季推出,有 4 个版本:体系版(Architect),企业版(Enterprise),专业版(Professional)和个人版(Personal)。体系版、企业版和专业版都配备 Delphi 语言的 Borland Kylix 3 完整版。

2003 年,Borland 发布 Delphi 8.0,单纯的 for .NET 版本,拥有 C#的能力,保留了 Delphi 的易用性(业内视为一个过渡版本)。

2004 年,Borland 发布 Delphi 9.0,正式名称为 Delphi 2005。其语法加入了 inline 及 for in loop 等功能，IDE 把 Borland Delphi. NET、Borland Delphi Win32、Borland C#、Enterprise Core Objects 等环境和功能集成为一个开发工具，因此可以在 Win32 和. NET 开发环境中切换或同时进行。

2005 年，Borland 发布 Delphi 10.0，发布名称为 Borland Developer Studio(BDS) 2006。集成 C++Builder; ECO(Enterprise Core Objects)升级到 ECO III;集成 Together for Delphi，可以在同一个 IDE 中进行 UML 开发; QA Audits 和 QA Metrics 可以快速地把握专案的设计和代码的质量。

2006 年，Borland 将 BDS 2006 拆分成几个独立的版本(Delphi for Win32、Delphi for .NET、C#、C++Builder)，而且不能同时安装两个不同的版本。由于 Borland 的 IDE 生产部分独立成为一家名为 CodeGear 的公司，所以这个版本是以 Borland 名义推出的最后一个版本。

2007 年，CodeGear 发布 Delphi 11.0，正式名称为 CodeGear Delphi - Delphi 2007。

2008 年，Borland 正式宣布将 CodeGear 子公司出售给 Embarcadero(英巴卡迪诺)技术公司。

2008 年，Embarcadero 发布 CodeGear Delphi 2009 Pre-release 版。

2009 年，Embarcadero 发布 CodeGear. RAD. Studio. 2010 版。

2010 年，Embarcadero 发布 Delphi XE。

2011 年，Embarcadero 发布 Delphi XE2 RTM。

2012 年，Embarcadero 发布 Delphi XE3。

2013 年 4 月，Embarcadero 发布 Delphi XE4。

2013 年 9 月，Embarcadero 发布 Delphi XE5。

2014 年 5 月，Embarcadero 发布 Delphi XE6。

2014 年 9 月，Embarcadero 发布 Delphi XE7。

2015 年 5 月，Embarcadero 发布 Delphi XE8。

Delphi XE8 是一套在 Windows 平台开发移动终端应用程序的开发工具。这次 Delphi 主要版本更新，能让 Delphi/Object Pascal 与 C++的软件开发者，将既有的 Windows VCL 应用程序，扩展到移动终端、云端及物联网的应用。

Delphi XE8 具有跨平台与连接各种行动平台 Apps 的特性，包含 Windows、Android、iOS、OS X、物联网终端、中间件、云端应用及企业服务。Delphi XE8 新增加的 iOS 64 位及 Apple Universal Apps 功能，能让软件开发部门，很容易加入物联网应用。例如，Beacon 侦测终端的应用，能提升应用软件使用效益及软件开发者生产力，让用户更加了解使用者购买行为。新增加的 GetIt Package Manager 功能，提供了在 IDE 开发环境简易地管理程序代码与组件的功能。

各行各业的客户正开发或维护成千上万的应用程序。今天，他们被要求去开发延伸至移动终端、云端服务及物联网的应用，并提升用户更多的使用体验。Embarcadero 公司资深副总裁 Michael Swindell 说:“Delphi XE8 产品提供了软件开发部门所需的功能，就是要让他们的客户有更多的使用体验。物联网应用就是一个特殊例子，客户有更好的使用体验。尤其是复杂的物联网应用，Delphi XE8 让他的应用开发变得更为简易。然而对大多数软件开发者来说，物联网应用是复杂的与难以达成的。今年开始，使用 Delphi XE8 产品，Embarcadero 公司会领先同行站在最前端，帮助软件开发者快速简易地整合物联网应用。”

2. Delphi XE8 全新功能

(1) 支持 iOS 64 位及 Apple Universal App。Delphi XE8 的 iOS 64 位 Object Pascal 及 C++Compiler 包含 linkers 及 tools,能让开发人员编译 iOS 64 位的程序代码,Delphi XE8 支持 Apple Universal Apps 并同时提供 32 位及 64 位程序代码,以及多样的 iOS 内建控制,让开发人员能推出具有极佳用户体验的应用程序。

(2) 多平台终端的画面预览。Delphi XE8 能快速建立多平台终端应用程序,利用多平台终端画面预览功能,可以让开发人员在各种平台上看到呈现的使用者画面,让开发人员很容易就可看出哪里需要再修正。多平台终端画面预览功能支持桌面计算机、平板计算机、智能型手机、智能型手表等各种终端。

(3) Beacon 侦测终端功能。Delphi XE8 新增的 Beacon 组件功能,能让开发人员在应用程序中非常容易地增加移动终端接近与位置辨识的功能。

(4) AppAnalytics。为了能了解使用者购买行为,AppAnalytics 可以帮助用户分析使用者喜欢浏览哪些商品。AppAnalytics 是一个使用者付费的服务,它支持 VCL 及 FireMonkey,能嵌入在 Windows、OS X 、Android 及 iOS 应用程序中。

(5) GetIt Package Manager。GetIt Package Manager 包含多平台终端与 VCL 的 Source Code Library 与组件,让用户很容易地从 Embarcadero GetIt Server 发觉、下载与更新程序代码与组件,而且安装非常简易。

(6) 强化的 Enterprise Mobility Services (EMS)。EMS 是一个安全的 Middleware Server,专为移动终端连接企业数据库的解决方案,在 Delphi XE8 版本增加了 Push Notification Server 的功能。让开发人员更容易安装且安全地连接 Oracle、SQL Server、Informix、DB2、PostgreSQL、MySQL 等企业数据库。

(7) Delphi XE8 版本还增加了提高 Object Pascal 程序开发效率的软件工具 Castalia。通过 Code Refactoring, Project Statistics, Code Analysis 及 Time-saving Code Editor Shortcuts,Castalia 让程序开发效率大幅提升。

有了 Delphi XE8,可以随手机、云、穿戴设备和物联网扩展 VCL 和 FireMonkey 应用程序,全新的多设备预览提供并列的视图,可在给定的平台上比较不同外观规格的应用程序 UI,这全都可在一个窗口中查看;还可以使用全新的 GetIt Package Manager 浏览、下载和从 IDE 集成新的组件,利用对 iBeacons 和 AltBeacons 的支持,轻松为应用程序增添邻近感知功能。如果想了解应用程序如何进行 API 调用,AppAnalytics 可让开发人员在视觉上清楚了解用户如何与使用 Delphi XE8 生成的应用程序互动。

Delphi XE8 是完整的软件开发解决方案,可让开发人员快速设计、编码以及跨 Windows、Mac、iOS、Android 和物联网延伸"互联的"应用程序,生成具有产业实力和业务上立即可用的解决方案,结合多种原生客户端平台、移动扩展、智能设备、云服务、企业和嵌入式数据,消除需要多个团队和多个基本代码的压力,利用一个基本代码快速创建 Windows、OS X 和移动设备适用的本机应用程序。

3. Delphi XE8 新特点

1) 工作效率比以往更高

Delphi XE8 的新增功能可让开发人员拥有比以往更高的工作效率。开发人员可以使用全新的 GetIt Package Manager 浏览、下载和从 IDE 集成新的组件。

新的程序代码增强功能包含重构程序代码,实时语法检查, Metrics,高亮度程序代码结构,高亮度程序代码流程,以及程序代码分析。这些都让程序员拥有更高的生产力并且能帮助了解团队生产力和程序代码质量。

2) 利用 FireUI 对进程进行革新

Delphi XE8 和 FireUI 多设备设计工具为本机编译的应用程序,提供真正的单一源代码解决方案。大多数支持本机跨平台开发的厂商均需要在每个平台上撰写个别的用户界面,生成可跨手机、平板电脑和台式计算机系统等多种外形规格工作的通用 UI。大多数的移动开发解决方案不支持创建 Windows 和 OS X 适用的 PC 应用程序。

Delphi XE8 则继续增强使用 FireUI 生成优良应用程序的流程,全新的多设备预览提供并列的视图,可在给定的平台上比较不同外观规格的应用程序 UI,这全都可在一个窗口中查看。

3) 向移动、云和物联网快速扩展 VCL 应用程序

现有企业应用程序的功能可以轻松扩展为集成移动设备和提供新奇的解决方法的全新物联网小工具。实用的物联网和企业应用程序不再是独立的(与单一的移动应用程序相连),但是会分散于数层、小工具和设备,例如,Windows、Mac、iOS、Android 等各种操作系统平台,以及中间件、云、服务器和企业服务。扩展现有的应用程序对于企业应用程序开发人员而言是一大胜利,因为他们可以结合物联网解决方案,同时维持现有的架构,充分运用现有的大型基本代码。事实上,所有产业都能立即从生成互联应用程序受惠,例如零售、食品服务、卫生保健、制造和产业自动化;应用范围无限制。

4) 利用企业移动性服务(EMS)提高移动性

企业移动性服务(EMS)是针对今日散发的互联式应用程序的新解决方案,提供可简单部署的中间件服务器,其中托管可加载的自定义 API 和数据访问模块。EMS 是基于开放的标准技术,包括 REST HTTP 调用和 JSON 数据格式,提供主要的 SQL 数据库驱动程序并内置加密的 SQL 数据存储。企业移动性服务具备用户管理和验证,加上用户和 API 分析功能,非常适合从手机和桌面应用程序访问企业数据库时所需的安全性。EMS 是一中间件解决方案,无状态、令人安心、可扩展并且安全无虞。利用 EMS 向现有的 VCL 应用程序打开互联设备的新世界。EMS 已经过改善,现在具备更新过和全新的功能。对于 iOS 和 Android 支持推送通知服务,可让开发人员通过 EMS 提供事件驱动的通知至用户的设备。

1.2 Delphi XE8 集成开发环境

集成开发环境(Integrate Development Environment,IDE)是指通过单一的控制面板访问所有的开发工具:编辑器、调试器、对象管理器、编译器、实时分析器、图形信号分析器等。当前流行的开发工具,比如 Delphi、Visual Stutio 和 Eclipse 等都给程序员提供了集成式开发环境,极大地提高了程序员的开发效率,缩短了程序的开发时间。

1.2.1 认识集成开发环境

Delphi XE8 的 IDE(如图 1-1 所示)主要包括主窗口(MainForm)、欢迎画面(Welcome Page)、项目管器(Project Manager)、项目树状架构(Structure)、对象观察器(Object

Inspector)、工具盘(Tool Palette)、代码编辑器(Code)和窗口设计器(Design)等 8 个部分。使用 IDE 可以很方便地完成创建、调试和修改应用程序等各种操作。下面分别对它们进行介绍。

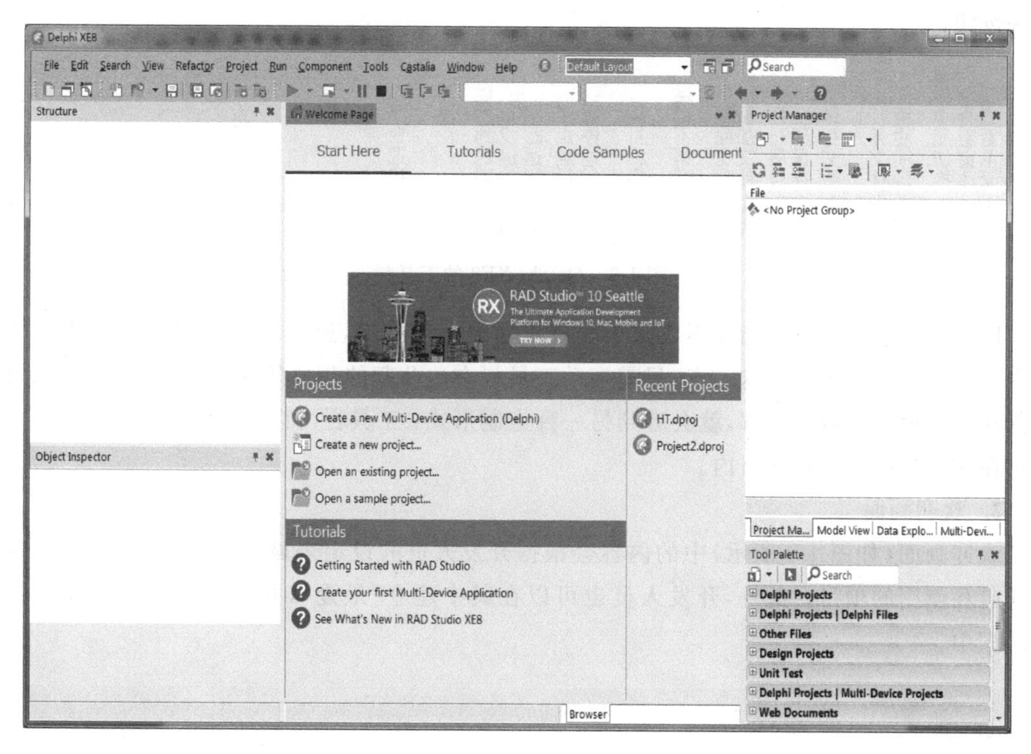

图 1-1 Delphi XE8 的 IDE

1. 主窗口

主窗口(如图 1-2 所示)可以认为是 Delphi IDE 的控制核心,具有其他 Windows 应用程序主窗口所具有的一切功能。主窗口主要包括菜单栏、工具栏、标题栏三个部分。

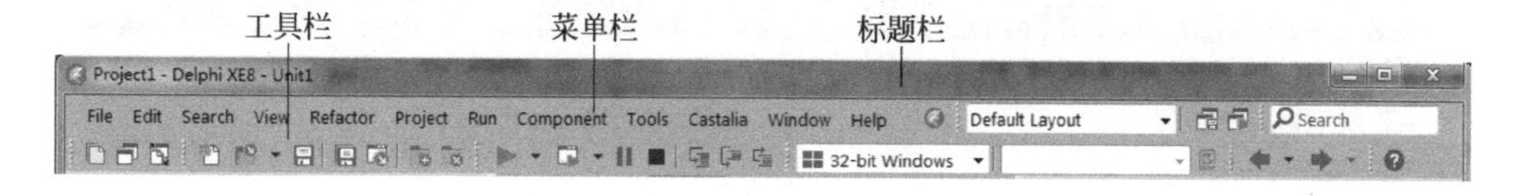

图 1-2 Delphi XE8 的主窗口

1) 菜单栏

与其他 Windows 应用程序一样,Delphi XE8 的主菜单包括 File(文件)、Edit(编辑)、Search(查找)、View(视图)、Refactor(重构)、Project(项目)、Run(运行)、Component(组件)、Tools(工具)、Window(窗口)和 Help(帮助)等 11 个下拉菜单,可以通过菜单栏创建、打开或保存文件、调用向导、查看其他窗口以及修改选项等。Delphi XE8 的菜单可根据当前的使用状态,增加或取消一些菜单选项。用户还可通过菜单将更多的工具添加到开发环境中来。

2) 工具栏

工具栏(如图 1-3 所示)上的每个按钮实现 IDE 的某项功能,例如,打开文件或创建项目等。工具栏上的按钮都提供了描述该按钮功能的 Tooltip。IDE 有 Debug(调试工具栏)、

Desktops(桌面工具栏)、Standard(标准工具栏)、View(视图工具栏)、Internet(因特网工具栏)和 Custom(定制工具栏)6 个独立的工具栏。图 1-3 展示了这些工具栏上默认的按钮配置。在一个工具栏上右击，然后在弹出的快捷菜单中选择 Customize(定制)命令，就可以增加或去掉一些按钮。

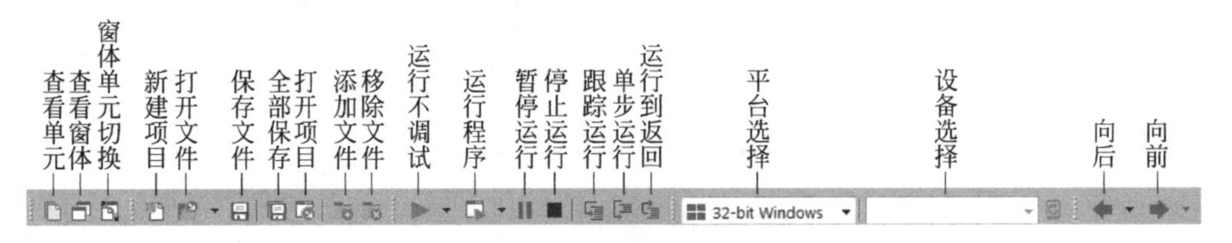

图 1-3 Delphi XE8 的工具栏

IDE 工具栏的定制功能并不仅限于配置需要显示的按钮，还可以调整工具栏和菜单栏在主窗口中的位置。要做到这一点，只需拖动工具栏右边凸起的灰色条即可。当拖动时，如果鼠标落在了全窗口区域的外部，就会看到另一种定制形式：工具栏可以在主窗口内浮动，也可以停靠在它们自己的工具窗口内。

2. 欢迎画面

欢迎画面(如图 1-4 所示)中的内容会根据开发人员的设定来显示，默认显示开发人员最近开启和使用的项目。此外，开发人员也可以在其中建立“最爱”，并且把项目归类在不同的“最爱”中。

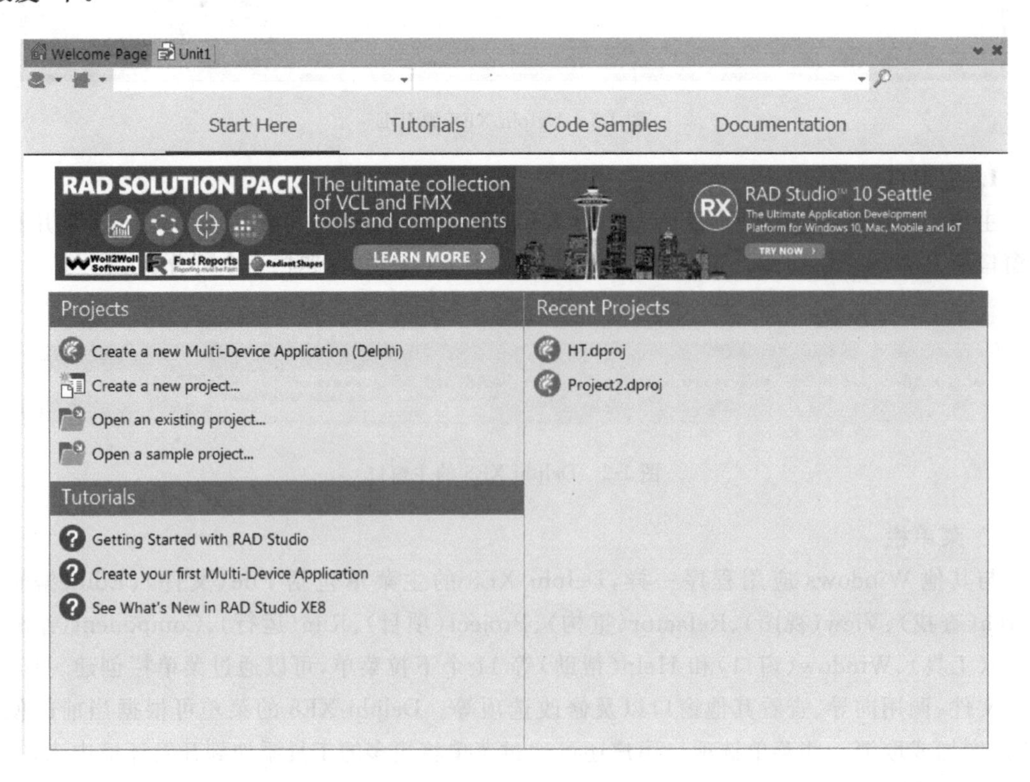

图 1-4 Delphi XE8 的欢迎画面

3. 项目管理器

项目管理器(如图 1-5 所示)区域的功能是指管理项目中所有的档案,由 ProjectGroup 构成,ProjectGroup 下可以包含多个项目,本 ProjectGroup 中只有一个项目 ProjectGroup1,下有 Build Configrations、Target Platforms 和 Unit1。

4. 项目树状架构

项目树状架构(如图 1-6 所示)区域的功能是,显示目前开启的窗体(Form)中组件的树状架构,并在 Form 下显示所属的相关组件。

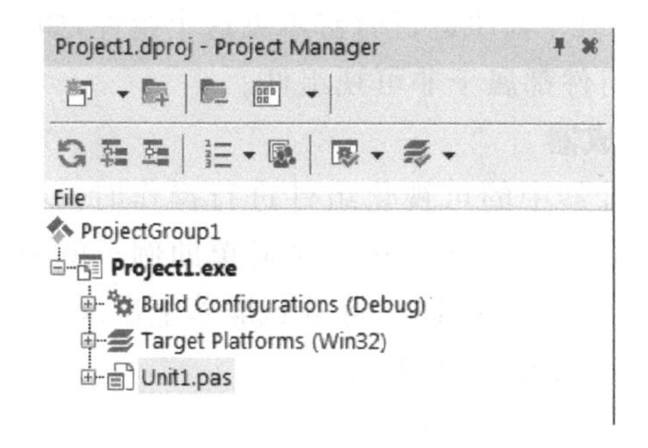

图 1-5 Delphi XE8 的项目管理界面

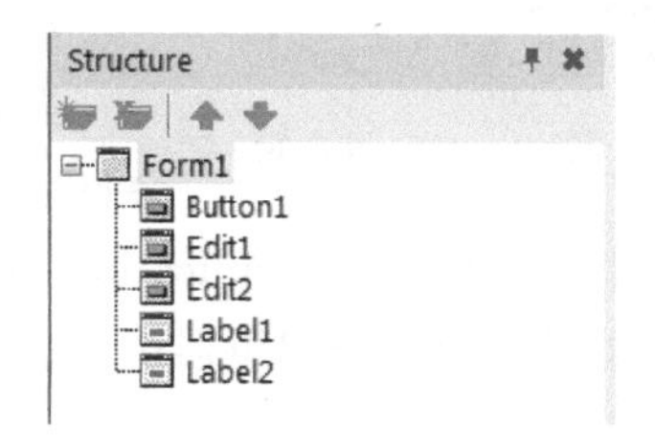

图 1-6 项目树状架构

5. 对象观察器

利用对象观察器,可以修改窗体或组件的属性,或者使它们能够响应不同的事件。属性(Property)是一些数据,如高度、颜色和字体等,它们决定了组件在屏幕上的外观。事件(Event)则是一种消息处理机制,它能够捕捉某种情况的发生并做出反应,如鼠标单击和窗口打开就是两种典型的事件。对象观察器类似于一个带标签的多页笔记本,包括 Properties 选项卡和 Events 选项卡,切换时只需在窗口上部单击所需选项卡的标签即可。至于对象观察器中显示哪个组件的属性和事件,取决于在窗体设计器中当前选择的是哪个组件。

Delphi XE8 还可以按对象的种类或名字的字母顺序来排列对象观察器中的内容。要做到这一点,只需在对象观察器中任意位置单击右键并从弹出的快捷菜单中选择 Arrange 命令即可。对象观察器如图 1-7 所示,对象观察器可按种类排序也可按名称排序,本图为按名称排序。还可以从快捷菜单中选择 View 命令来指定想看到的对象种类。

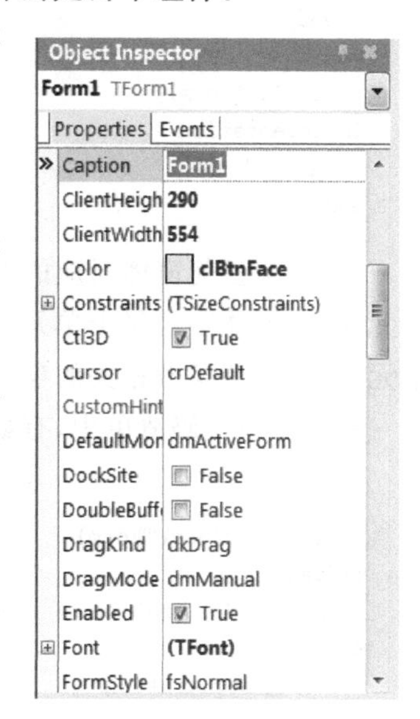

图 1-7 对象观察器

Delphi 程序员必须知道的,也是最实用的一点就是:帮助系统是和对象观察器紧密结合在一起的,如果用户想了解某个属性或事件的帮助信息,只要在该属性或事件上按 F1 键,就可获取相应的帮助。

6. 组件板

组件板的功能是列出目前可使用的工具,一开始它的内容列出了目前在整合发展环境中可建立的项目种类。如果建立了项目之后,它的内容就会改变,改变成表格可使用的组件。

Delphi XE8 的组件面板包含五百多个组件,是 Delphi 可视化编程的核心部件。它由不同的选项卡组成,每张选项卡中包含若干图形按钮，这些图形按钮都代表相应的组件。编程时可以方便地选择需要的组件并将它放到窗体中去。

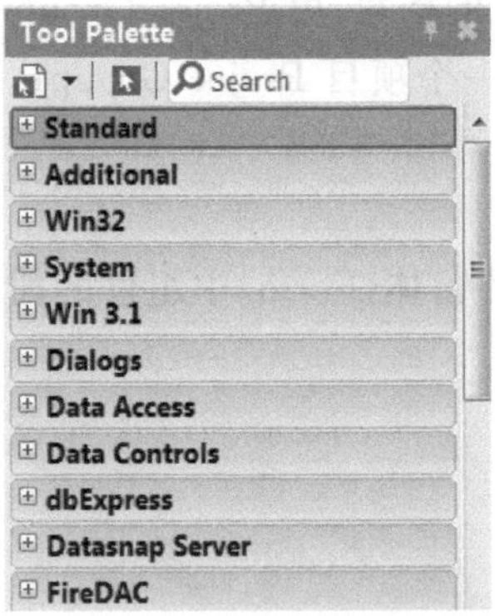

组件面板(如图 1-8 所示)是一个双层工具栏，它包含 IDE 中安装的所有 VCL 组件。

组件面板中的组件分为可视组件与非可视组件。在设计时可以通过设置可视组件的属性来改变其外观，如 TLabel、TEdit 等都是可视组件。非可视组件设计时在窗体上用一个图标表示添加了这个组件，但在程序运行时看不见这个组件，如 TTimer、TOpenDialog 等组件都属于非可视组件。

图 1-8　Delphi XE8 组件板

7. 源代码生成器

当对窗体设计器中的可视化组件进行操作时，Delphi XE8 会自动生成 Object Pascal 源代码。最简单的例子就是，当执行 File|New|VCL Forms Application 命令创建一个新的项目时，将看到屏幕上出现一个空白的窗体设计器，同时，代码编辑器中会自动出现一些代码，如下所示。

```
unit Unit1;
interface
uses
  Winapi.Windows, Winapi.Messages, System.SysUtils, System.Variants, System.Classes, Vcl.
Graphics,
  Vcl.Controls, Vcl.Forms, Vcl.Dialogs, Vcl.StdCtrls;
type
  TForm1 = class(TForm)
  private
    { Private declarations }
  public
    { Public declarations }
  end;
var
  Form1: TForm1;
implementation
{$R *.dfm}
end.
```

注意，与任何窗体对应的源代码模块都驻留在单元文件中。虽然每个窗体都对应着一个单元文件，但并不是每个单元文件都对应着一个窗体。如果对 Pascal 语言不太熟悉，不清楚单元的概念，请参考相关的参考书。

在上述源代码清单中，有如下几行代码。

```
type
TForm1 = class(TForm)
private
{ Private declarations }
public
{ Public declarations }
end;
```

可以看出，窗体对象是从 TForm 类继承下来的。Delphi 已经清楚地标出了可以插入公共(Public)和私有(Private)变量的地方。

下面这一行非常重要。

```
{$R *.dfm}
```

Pascal 语言中的 $R 指令用于加载一个外部资源文件。上面这一行表示把 *.dfm(代表 Delphi 窗体)文件链接到可执行文件中。*.dfm 文件中包含在窗体设计器中创建的表单的二进制代码。其中的 * 不代表通配符,而是表示与当前单元文件同名的文件。例如,假设上面一行是在一个名为 Unitl.pas 的文件中,则 *.dfm 就代表名为 Unitl.dfm 的文件。

应用程序的项目文件也值得注意。项目文件的扩展名是 dpr(代表 Delphi Project),它只是一个带有不同扩展名的 Pascal 源文件。项目文件中有程序的主要部分,与其他版本的 Pascal 不同,大多数的编程工作都是在单元文件中完成的,而不是在主模块中。可以执行 Project|View Source 命令把项目源文件调入代码编辑器。下面是一个应用程序示例的项目文件,代码如下。

```
program Project1;

uses
Vcl.Forms,
Unit1 in 'Unit1.pas' {Form1};

{$R *.res}

begin
  Application.Initialize;
  Application.MainFormOnTaskbar := True;
  Application.CreateForm(TForm1,Form1);
  Application.Run;
end.
```

当向应用程序中添加表单和单元时,它们将出现在项目文件的 uses 子句中。

这里也要注意,在 uses 子句中的单元文件名之后,相应表单的名字将以注释的形式出现。如果搞不清楚哪个单元对应哪个文件,可以在“项目管理器”区域中查询。注意,每个表单都对应着一个单元文件,而有的单元文件却只有代码而不对应任何表单。在 Delphi 中,大部分情况下都是对单元文件进行编程,几乎不需要编辑.dpr 文件。

1.2.2　基于组件的编程思想

Delphi XE8 是一种典型的基于组件的编程工具。在介绍组件编程之前,首先简要回顾软件设计方法的发展史,以便更好地理解基于组件的编程思想。

在早期 DOS 操作系统和 C 语言主导的时代,“数据结构＋算法”成为构建软件的唯一方式,然而这种扁平的 API 组织结构带来的现实逻辑与机器实现之间的巨大鸿沟让人无法忍受,近乎相同的软件被低效地一遍一遍重写。

接着,千呼万唤始出来的 C++语言和面向对象技术,一时间成为人们的口头语;绚丽多彩的 Windows 成为人们的栖息地;MFC 类库及由其主导开发的各种桌面软件成为 C++历史上的极盛时期。然而,随着软件规模越来越大,面向 Web 应用的需求越来越高,源代码级的对象复用显然已经不能满足需要。

软件开发迫切需要一个面向 Internet 的异构体系,为软件提供像 IC 电路元件一样可插拔的标准封装和复用方式的组件构造平台。于是20世纪90年代中期开始流行一种崭新的程序设计概念：软件可以由可互换的组件构成，一套组件可以装配出音频系统或者家庭影院。这就是基于组件的编程思想。

到底什么是组件？不同的人可能会有不同的答案。一般来讲，组件是指通过公开的属性、方法、事件，让其他的程序设计者可以重复使用的一种经过编译的二进制文件，其文件名可以是.OCX或者是.dll，如命令按钮、复选框、单选框、滚动条等都是常见的组件。同一个组件可以嵌入各种不同的应用程序之中，因而可以方便地通过改写组件的属性和事件来定制组件，使它适用于不同的应用程序，从而极大地提高编程的效率和程序的复用率。

Delphi XE8中有一个庞大的可视化组件库（VCL），其中总共包括五百多种组件，涉及程序设计的各个领域。其中任何一种组件一般都包括属性、方法、事件等信息，可以对其进行设定或者重载，“装配”自己的软件。当然用户也可以定义自己的组件，具体将在第8章8.2节中详细介绍。

1.3 简单的XE8程序设计

一般情况下，Delphi XE8编写应用程序包括新建应用程序、设置窗体属性、添加组件、设置组件属性、添加事件、编写事件响应代码和编译运行等几大步骤。下面以一个简单的例子来介绍这些过程。

1. 新建应用程序

启动Delphi XE8，执行File|New|VCL Forms Application命令，新建一个应用程序。

2. 设置窗体属性

单击Object Inspector（对象观察器）项，在打开的对话框中选择Properties选项卡，在Caption文本框中输入窗体的新标题“窗口”。

上述设置窗体大小和位置的方法对组件同样适用。

3. 向窗体中添加组件

在工具盘搜索区域输入TButton，找到TButton组件后将鼠标指向窗体中的任意位置（标题栏除外），单击鼠标，即可把Button1组件放入窗体中。或者直接双击在工具盘搜索区域找到的TButton组件，也可以在窗体中添加一个Button1组件。用同样的方法添加另外两个组件Button2和Button3，如图1-9所示。

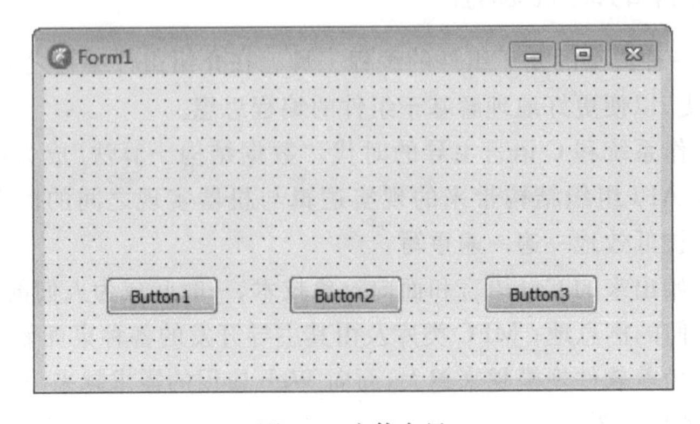

图1-9 窗体布局

4. 设置组件属性

选中窗体中要设置属性的组件，再单击 Object Inspector 的标题栏以激活对象观察器，并选择 Properties 选项卡。在对象观察器中单击要设置的属性，进行属性设置。本例中的组件属性设置如表 1-1 所示。

表 1-1　窗体及组件属性设置

对象	属性	属性值	说明
Form1	caption	窗口	窗体的标题
Button1	caption	窗口放大	按钮的标题
Button2	caption	窗口缩小	按钮的标题
Button3	caption	退出	按钮的标题

5. 添加事件

选中窗体中要添加事件的组件，激活对象观察器，并选择 Events 选项卡。在对象观察器中单击要添加的事件，如单击 OnClick 事件，在其右侧的文本框中输入事件的响应函数名称，如 Button1Click，然后按回车键即可。用同样的方法添加响应函数 Button2Click 和 Button3Click。

如果单击要添加的事件后，在其右侧的编辑框中双击，将为事件采用默认事件处理过程名，同时进入代码编辑窗口。默认事件处理过程名是组件名和事件名去除“on”后合并而成的字符串，如 Button1 组件的 OnClick 事件的默认事件处理过程名是 Button1Click。

6. 编写事件响应代码

先选定要编写事件响应代码的组件，再打开 Object Inspector 中的 Events 选项卡，双击要编写响应代码的事件右侧的空白部分，这里是双击 OnClick 事件右侧的空白部分，进入代码编辑窗口。这个过程也可以在窗体中通过双击 Button 组件来完成。

编写响应代码，本例中的程序代码如下。

```
procedure TForm1.Button1Click(Sender: TObject);          //单击放大按钮,窗口将放大
begin
    form1.Height: = form1.Height + 10;                   //窗口高度加 10
    form1.Width: = form1.Width + 10;                     //窗口宽度加 10
end;

procedure TForm1.Button2Click(Sender: TObject);          //单击缩小按钮,窗口将缩小
begin
    form1.Height: = form1.Height - 10;                   //窗口高度减 10
    form1.Width: = form1.Width - 10;                     //窗口宽度减 10
end;
procedure TForm1.Button3Click(Sender: TObject);          //关闭窗口
begin
    close;                                               //退出
end;
```

7. 编译运行程序

程序编写完成后，单击工具栏上的 Run 按钮即可运行程序。本例程序的运行界面如图 1-10 所示。

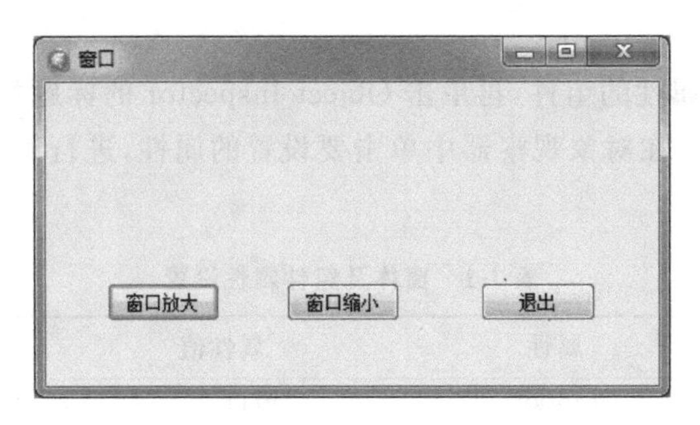

图 1-10 运行界面

1.4 Delphi 上机步骤

为了使初学者能对 Delphi XE8 的上机步骤有比较清楚的了解,本节将详细介绍 Delphi 的上机操作步骤。

1. 启动程序

系统自动生成如下代码。

```
unit Unit1;                    //单元文件名
interface                      //接口关键字,用它来标识文件所调用的单元文件
uses                           //使用的公共单元
Windows, Messages, SysUtils, Variants, Classes, Graphics, Controls, Forms, Dialogs;
Type                           //定义程序所使用的组件以及组件所对应的事件
TForm1 = class(TForm)
Private                        //定义私有变量和私有过程
    { Private declarations }
public                         //定义共有变量和共有过程
    { Public declarations }
end;
var                            //定义程序使用的公共变量
Form1: TForm1;
Implementation                 //程序代码实现部分
{ $R *.dfm}
end.
```

2. 添加组件

在窗体设计器中添加如图 1-11 所示的各组件。

图 1-11 窗体布局图

3. 设置组件属性

设置窗体中的组件属性如表 1-2 所示。

表 1-2　窗体及组件属性设置

对象	属性	属性值	说明
Label1	Caption	请输入字符：	标签的标题
Label2	Caption	显示字符长度：	标签的标题
Edit1	Text	(空)	
Edit2	Text	0	
	Readonly	true	编辑框只读
Button1	Caption	退出	按钮的标题

4. 编写代码

组件属性设置完成后，编写如下代码。

```
procedure TForm1.Edit1Change(Sender: TObject);      //关键分析
var
    stringlength: integer;                           //定义整型变量，记录编辑框 1 中字符的个数
begin
    stringlength: = edit1.GetTextLen;                //得到编辑框 1 中字符的个数
    edit2.Text: = inttostr(stringlength);            //编辑框 2 显示编辑框 1 中字符个数
end;
procedure TForm1.Button1Click(Sender: TObject);     //关闭窗口
begin
    close;
end;
```

关键分析：Edit1 中的内容发生改变时触发此事件，计算当前 Edit1 中的文本的长度。

5. 保存工程

保存工程分为保存单元文件和保存项目文件两步。

第一步是保存单元文件，单击工具栏上的 Save 按钮，将打开 Save Unit1 As 对话框，默认的单元文件名是“Unit1. pas”，以“. pas”为扩展名，单元文件名根据需要可以另取，第一步如图 1-12 所示。

图 1-12　保存单元文件

保存完单元文件后,接着保存项目文件,单击工具栏上 Save Project2 As 按钮,默认的项目文件名是"Project2. dproj",工程文件名根据需要可以另取以 dproj 为扩展名,第二步如图 1-13 所示。

图 1-13 保存项目文件

需要注意的是,保存一个应用文件,要分别保存单元文件和项目文件,而且这两个文件的文件名不能相同。建议最好将单元文件和工程文件保存在同一文件夹里,以便将来使用方便。

保存工程还可以通过 Save All 按钮实现,步骤和上两步一样。

6. 运行工程

保存工程结束后即可运行工程,工程运行的界面图如图 1-14 所示。

图 1-14 工程运行界面图

小　　结

本章主要介绍 Delphi 的产生和发展、Delphi 的特点以及使用 Delphi 进行程序设计的一些基础知识。本章的重点是 Delphi 的开发环境和开发方法,通过实例介绍了 Delphi 的程序设计和上机操作的一般步骤。

习　　题

1-1　简述 Delphi XE8 集成开发环境的组成及各组成部分的功能。

1-2　简述 Delphi XE8 的特点。

1-3　简述对象观察器的构造及使用方法。

1-4　简述如何保存 Delphi 的工程。

1-5　简述 Delphi XE8 上机编程的一般步骤。

1-6　设计一个不含系统菜单的窗体，通过添加按钮实现窗体的关闭。

1-7　设计一个不能改变大小的窗体。

1-8　编写一个简单的程序，要求：单击按钮来显示或隐藏标签。

1-9　输入圆的半径，计算并输出圆的内接正方形面积、外切正方形面积，如图 1-15 所示。

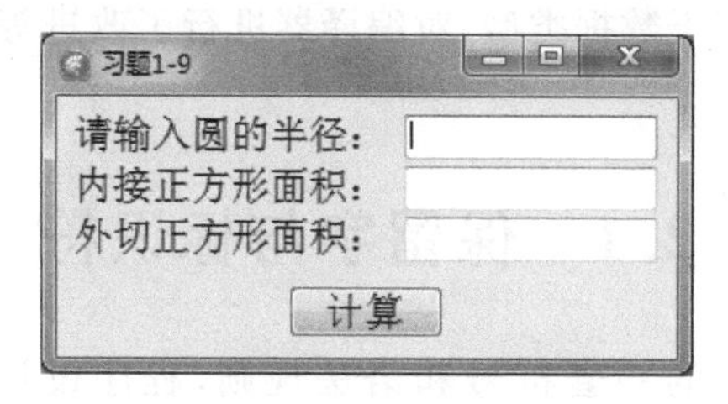

图 1-15　根据半径求面积

1-10　在编辑框中输入三种商品的单价、购买数量，计算并输出所用的总金额，如图 1-16 所示。

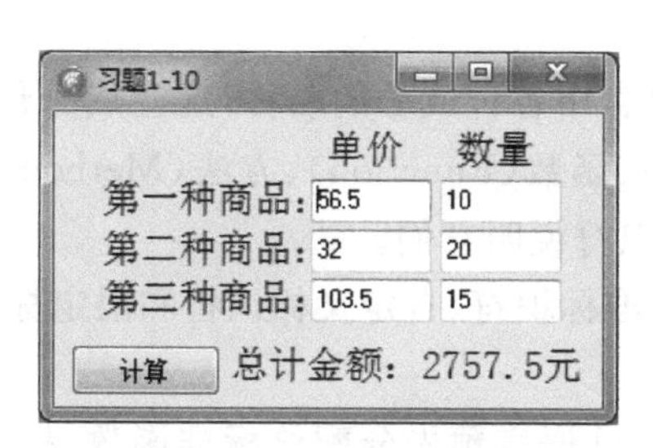

图 1-16　求商品的总计金额

1-11　一个 Delphi 应用程序的源文件有哪些？运行后又生成哪些文件？各文件的含义是什么？

第2章

Delphi 语法基础

Delphi XE8 是一种完全面向对象的开发平台，它以面向对象的程序设计语言 Object Pascal 作为其程序设计语言。Pascal 语言是世界上使用最广泛的程序设计语言之一，是一种结构化的程序设计语言，它具有丰富的数据类型、严谨的语法规则及高效的编译器等特点。Object Pascal 语言是 Pascal 语言的面向对象的扩展，它在传统的 Pascal 语言基础上主要增加了面向对象的特性、增加了若干数据类型、对编译器进行了改进等，使之成为一个完善的面向对象的编程语言。

2.1 保留字与标识符

任何一种语言都有自己的一套符号和语法规则，程序设计语言也是如此。在 Object Pascal 语言中，符号由一个或多个字符所构成，是最基本的语言元素。本节对 Object Pascal 的符号进行介绍。

2.1.1 标识符

标识符是 ObjectPascal 语言中各种成分的名称，这些成分包括变量(Var)、常量(Const)、类型(Type)、过程(Procedure)、函数(Function)、方法(Method)、单元(Unit)等，要在程序中使用这些名称，必须首先用标识符说明它们。

标识符可以分为三类：标准标识符、自定义标识符和限定标识符。

1. 标准标识符

标准标识符是 Object Pascal 语言预先分配给标准函数、标准过程、标准类型、标准常量，以及标准文件使用的标识符，如下所示。

(1) 标准常量，如 False、Maxint、True 等。

(2) 标准类型，如 Boolean、Char、Real 等。

(3) 标准函数，如 Sin、Cos、Abs、Arctan 等。

(4) 标准过程，如 Dispose、Get、New、Pack、Put 等。

(5) 标准文件，如 Input、Output 等。

2. 自定义标识符

自定义标识符是程序员根据程序设计的需要，自己定义的常量、变量、类型、函数、过程等所取的名字。自定义标识符可以由任意长的一个不带空格的字符串组成，包括字母 A～Z、a～z、数字 0～9 和下划线_等。

在 Object Pascal 语言中，定义标识符需要遵循以下规则。

(1) 标识符不区分大小写；

(2) 标识符只能以字母或下划线开头,不能以数字开头;

(3) 标识符可以是任意长度,但只有前 225 个字符有效;

(4) 标识符中间不允许有空格;

(5) 不允许使用 Object Pascal 语言的保留字作为标识符。

例如,ABC、K_2、calculatevalue、CalculateValue 和 CALCULATEVALUE 都是合法的标识符,但后面三个标识符被认为是同一个标识符。而 9A、A&B、MY teacher 和 resΩ 等都是非法的标识符。因为 9A 用数字开头,A&B 使用了非字母、非数字和非下划线的符号 &,MY teacher 含有空格,resΩ 使用了字符 Ω。

3. 限定标识符

在 Delphi 程序中可以引用多个单元,而各个单元中的全局变量、函数、过程等可能会同名,所以在程序中引用它们时需要使用限定标识符来区分它们,如下述语句:

```
Var
Y: real;
Y: = System.cos(pi);
```

其中 System 称为限定符,它限定语句中使用的 cos 标识符为 System 单元中声明的标识符。而 System. cos 称为限定标识符。

2.1.2 保留字

保留字是由系统规定的、具有特定意义和用途的单词,如 and、begin、end 等。在编程时保留字不能被重新定义或作他用,Object Pascal 语言中定义了 65 个保留字,如下所示。

and array as asm begin case class const constructor destructor dispinterface div do downto else end except exports file finalization finally for function goto if implementation in inherited initialization inline interface is label library mod nil not object of or out packed procedure program property raise record repeat resourcestring set shl shr string then threadvar to try type unit until uses var while with xor

说明:

(1) 单词 at 和 on 也具有特殊的含义,不要定义与它们同名的标识符。

(2) Object Pascal 是不区分大小写的,因此,保留字也不区分大小写,例如,And、AND 和 and 等都被看作同样的保留字。

(3) 在 Delphi 集成开发环境的代码编辑器中,将以黑体显示保留字和指令字。在定义标识符时不要与这些以黑体字显示的单词一样。

2.1.3 指令符

指令符也是具有特定意义的单词。但是,它们与保留字的不同之处是:指令字只在特殊的程序位置、或当上下文关联时有意义的程序区段有自己特殊的意义,而在其他场合,用户可以对其重新定义或用作其他用途。即可以将某个指令符定义为标识符,Object Pascal 不会指示出错,当用户重新定义了这些指令字后,在作用域内它们就失去了原来的意义了,这容易带来混淆,用户应尽可能少用。

Object Pascal 中规定的指令符有 39 个,如下所示。

absolute abstract assembler automated cdecl contains default dispid dynamic export external far forward implements index message name near nodefault overload override package pascal private protected public published read readonly register reintroduce require resident safecall stdcall stored virtual write writeonly

说明：指令符 private、protected、public、published 和 automated 在定义对象类型时也作为保留字，而在其他场合则作为指令符。

2.1.4 注释

注释可增加程序的可读性和可维护性。Object Pascal 语言中的注释有下面三种形式。

(1) 组合符号{与}的成对使用表示它们之间的内容为注释部分。

(2) 组合符号(*与*)的成对使用表示它们之间的内容为注释部分。

(3) 符号//的单个使用表示所在行的该符号之后的内容为注释。

说明：

(1) 注释符{与}、(*与*)在使用时不支持注释的嵌套，而且必须成对使用。

(2) 建议对于单行和少量几行的注释使用符号//，对于大块注释使用{和}或(*和*)。

(3) 有时可以利用注释在代码中形成一个醒目的标志。比如利用注释符号形成一个矩形方框，在其中可以添加一些重要的说明文字。

(4) 在注释符{或(*后紧接着是一个美元符号$时，表示该句是一个编译器指令，它与普通的注释不同，通常用来对编译过程进行设置。

由于 Delphi 集成开发环境中的代码编辑器在显示不同类型的代码时通过使用不同的颜色来加以区别，所以在编程过程中，只要注意文件中代码的颜色，一般就不会错误地使用注释符了。

注释可以放在程序的任何地方，例如：

```
begin
    Form1.Caption: = '欢迎使用 Object Pascal 语言';{将 Form1 标题改为"欢迎使用 Object Pascal 语
言"}
    Form1.Width: = 300;                          (*将 Form1 的宽度改为 300*)
    Form1.Height: = 250;                         //将 Form1 的高度改为 250
End;
```

2.2 数据类型

描述客观事物的数、字符以及所有能输入到计算机中并被计算机程序加工处理的符号的集合称为数据。数据类型用于确定数据在计算机中的存储方式和能够对它进行的操作，即数据的类型不仅确定了该类数据的表示形式和取值范围，而且还确定了数据所能够参加的各种运算。

Object Pascal 是一种强类型的语言，即它对数据类型的定义、声明以及数据赋值和传递操作等都制定有严格的语法规则。因此，掌握好数据类型的概念是设计好程序的关键。

Object Pascal 语言支持的数据类型比较丰富，提供了多种数据类型，如表 2-1 所示。数据类型可以分为标准数据类型及高级数据类型等，还可以通过数据类型声明语句在预定义数据类型的基础上定义新的数据类型。本节首先分析标准数据类型。

表 2-1　Object Pascal 的数据类型

类　型	名　称	说　明
整型	Integer	标准数据类型
实型	Real	标准数据类型
字符型	Character	标准数据类型
字符串型	String	标准数据类型
布尔型	Boolean	标准数据类型
枚举型	Enumerated	高级数据类型
子界型	Subrange	高级数据类型
集合类型	Set	高级数据类型
数组类型	Array	高级数据类型
记录类型	Record	高级数据类型
文件类型	File	高级数据类型
类类型	Class	高级数据类型
类引用类型	Class Reference	高级数据类型
接口类型	Interface	高级数据类型
指针类型	Pointer	高级数据类型
过程类型	Procedural	高级数据类型
可变类型	Variant	高级数据类型

(1) 标准数据类型属于 Object Pascal 内部约定的数据类型,无须定义就可以直接使用。

(2) 高级数据类型体现了特殊的数据结构,在使用之前必须由用户自己定义。

(3) 数据类型中的整型、字符型、布尔型、枚举型和子界型被称为顺序类型,其取值是一个有序的集合,每一个可能的取值都与顺序(整数值)有关,即其取值与某一整数相对应。

2.2.1　数值型数据

Object Pascal 中的数值型数据可以分为整数类型和实数类型。

1. 整数类型

整数类型是存储整数数据的类型,包括表 2-2 中的各种类型。

表 2-2　Object Pascal 的整型数据

类型	名称	字长	取 值 范 围
短整型	Shortint	有符号 8 位	−128～127
小整型	Smallint	有符号 16 位	−32 768～32 767
长整型	Longint	有符号 32 位	−2 147 483 648～2 147 483 647
64 位整型	Int64	有符号 64 位	-2^{63}～2^{63}
字节型	Byte	无符号 8 位	0～255
字型	Word	无符号 16 位	0～65 535
长字型	Longword	无符号 32 位	0～4 294 967 295
整型	Integer	有符号 32 位	−2 147 483 648～147 483 647
序数型	Cardinal	无符号 32 位	0～4 294 967 295

说明：

(1) 前7种为基本整型,后两种为一般整型。

(2) 应尽量使用一般整型 Integer 和 Cardinal,因为这两种类型可以最大限度地发挥 CPU 和操作系统的性能。

2. 实数类型

实数类型是存储实数数据的类型,Object Pascal 语言中的实数数据类型如表2-3所示。

表2-3 Object Pascal 语言中的实数数据类型

类型	名称	字长	有效位	取值范围
单精度实型	Single	4	7或8	$\pm1.5\times10^{-39}\sim3.4\times10^{38}$
扩展型	Extended	10	19或20	$\pm3.6\times10^{-4951}\sim1.1\times10^{4932}$
双精度实型	Double	8	15或16	$\pm5.0\times10^{-324}\sim1.7\times10^{308}$
货币型	Currency	8	19或20	−922 337 203 685 477.580 8～922 337 203 685 477.580 7
实型	Real	8	15或16	$\pm5.0\times10^{-324}\sim1.7\times10^{308}$

说明：

(1) 前4种为基本实型,Real为一般实型。

(2) Real 类型与 Double 类型完全等价。

(3) Extended 类型比 Real 类型的精度更高,但与其他语言或操作平台的兼容性较差,因此应尽量避免使用。

(4) Currency 类型是专为处理货币值而设计的,该类型至少有4位有效的小数位。当与其他实型数据进行混合运算时,Delphi 自动将运算结果执行除10 000的操作而转换成 Currency 类型。

2.2.2 字符型数据

Object Pascal 中的字符型数据可以分为字符型和字符串型两类7种。

1. 字符类型

字符型是存储单个字符数据的类型,Object Pascal 包括三种形式的字符型数据,见表2-4。

表2-4 Object Pascal 的字符型数据

类型	名称	字节数	取值范围
Ansi 字符型	AnsiChar	1	扩展 ANSI 字符集
宽字符型	WideChar	2	Unicode 字符集
字符型	Char	1②	扩展 ANSI 字符集

说明：

(1) 前两种为基本字符类型,后一种为一般字符类型。

(2) Char 类型与 AnsiChar 类型完全等价。

最常用的字符类型是 Char 类型。

2. 字符串类型

字符串类型是存储字符串数据的类型,Object Pascal 包括4种形式的字符串型数据,见表2-5。

表 2-5 Object Pascal 语言中的字符串类型

类型	名称	最大长度	所需内存空间
短字符串型	ShortString	255 个字符	2～256B
长字符串型	AnsiString	2^{31} 个字符	4B～2GB
宽字符串型	WideString	2^{30} 个字符	4B～2GB
字符串型	String	2^{31} 个字符	4B～2GB

说明：

(1) ShortString 类型与传统的 Pascal 的字符串相对应，是为了与 Delphi 和 Borland Pascal 的早期版本相兼容。

(2) AnsiString 类型的定义是动态分配的，内容由 AnsiChar 类型的字符组成，长度仅受可用内存空间的限制，以空字符 Null 作为字符串的结尾。

(3) String 字符串类型，既可以是 ShortString 类型，也可以是 AnsiString 类型，默认定义是 AnsiString 类型。

(4) Delphi 中，许多组件的属性都使用了 String 类型，如 Caption 属性、Text 属性等。

2.2.3 布尔型数据

布尔型数据用于关系运算和条件语句的逻辑运算，Object Pascal 包括 4 种形式的布尔型数据，如表 2-6 所示。

表 2-6 Object Pascal 的布尔型数据

类型	名称	字节数	取值
布尔型	Boolean	1	只能为 0(False)或 1(True)
字节布尔型	ByteBool	1	0(False)或非 0(True)
宽布尔型	WordBool	2	0(False)或非 0(True)
长布尔型	LongBool	4	0(False)或非 0(True)

说明：

(1) 后三种类型是为了兼容其他语言而设置的，编程时应尽量使用 Boolean 类型。

(2) Boolean 类型的取值为 False 和 True 两个符号常量。

2.3 常量与变量

在程序执行过程中有两种形式的数据，一种称为常量，另一种称为变量，下面分别予以介绍。

2.3.1 常量

常量，即在程序的执行过程中其值不能改变的量。在 Object Pascal 中常量也具有确定的数据类型。例如，2.73、3.14 等为实型常量；100、308 等为整型常量；'Hello world'为字符串常量等。

常量的表示方式有两种，一种是常量值本身，也称为直接常量；另一种是要用声明定义的标识符表示的常量，即要在定义部分先行声明，也称为声明常量。声明常量又可以分为符号常量和类型常量,两者在形式上是一样的,但使用规则和目的却不相同。下面分别予以介绍。

1. 直接常量

直接常量是指在程序中直接引用的常数,如整型常数、实型常数、字符型常数、字符串型常数和布尔型常数。

(1) 整型常数即整数,可以是带有正、负号的整数或无符号的整数,如:10、−3、0 等。

(2) 实型常数即实数,包括定点实数与浮点实数两种表示形式。

① 定点实数即小数表示形式的数,如 0.06、3.14、-2.42、0.0 等。

② 浮点实数即科学表示形式,如+3.24E+6、-5.68E-8、3.86E10 等。

(3) 字符型常数是由单引号'括起来的字符,如'd'、'E'、'+'、'8'。

(4) 字符串型常数是由单引号'括起来的字符串,如:'Hello'、'程序设计'、'3.28'。

(5) 布尔型常数只有两个值:True 和 False,分别表示逻辑判断的结果是真(True)还是假(False)。

2. 声明常量

1) 符号常量

符号常量是由先行声明定义的标识符表示的常量,其值在定义后不会改变。如果在程序中,某一个常数反复多次出现,可以定义一个标识符来代表该常数,这个标识符就是符号常量,也称纯常量。定义符号常量使用常量说明语句,其语法格式为:

```
Const
    <常量名 1>=<常量值 1>;
    ⋮
    <常量名 n>=<常量值 n>;
```

其中,Const 是 Object Pascal 的保留字,表示常量定义段的开始,＜常量名＞即常量的标识符,其命名要符合标识符的命名规则,＜常量值＞是直接常量或由已经定义的符号常量组成的表达式。例如:

```
Const
    Pi = 3.1415926;
    Message = 'Out of memory';
    ErrStr = 'Error: ' + Message + '. ';
```

说明:

(1) 保留字 Const 可以单独书写一行,也可以与所定义的常量在同一行。例如:

```
Const Pi = 3.1415926;
```

(2) 不能在程序中给常量另行赋值,否则将导致语法错误。

(3) Delphi 根据常量的值来判断常量名属于哪种类型。例如,因为 3.141 592 6 是实数,则 Pi 是实数类型; 'Out of memory'是字符串,Message 是字符串类型。而常量 ErrStr 的定义式右端为字符串常量表达式,因此它也是字符串类型。并且在该字符串常量表达式中引用了常量名 Message,说明常量名一经定义,就能被引用。

2) 类型常量

类型常量用于保存数组、记录、过程以及指针等类型的值。类型常量不能出现在常量表达式中。在默认的编译器状态下,类型常量的值可以改变,这时类型常量更像初始化过的变量。但当在程序中加入编译命令{ $j-}时,则类型常量的值在运行期就无法改变,此时,类型常量才是真正的常量。声明类型常量的语法规则为：

```
Const
    <类型常量名>: <类型> = <常量值>;
```

其中，常量名要符合 Pascal 标识符的规则，类型是除了文件型和可变型之外的所有类型，常量值可以是一个和类型相应的常量表达式。例如：

```
Const
    Pi: real = 3.1415926;
    Enterkey: char = #13;
    Heading: String[7] = 'Section';
```

2.3.2　变量

变量是在运行时可以改变其值的量。为了表示和引用变量就要用标识符来命名它，并把该标识符称为变量名。变量必然有它的数据类型，因为数据类型确定了它的取值范围、运算方法和对存储空间的要求等。因此所有的变量都要遵循先声明后引用的规则。

1. 变量的声明

在 Object Pascal 中，变量在单元、函数或过程的声明部分进行声明，声明的位置决定了变量的作用域。变量的声明包括两部分：变量名和它所属的类型。变量声明的语法格式为：

```
Var
    <变量名 1>: <类型名 1>;
    ⋮
    <变量名 n>: <类型名 n>;
```

当多个变量具有相同的数据类型时，可以使用如下紧凑格式：

```
Var <变量名 1>,<变量名 2>, … ,<变量名 n>: <类型名>;
```

其中，Var 是 Object Pascal 的保留字，表示变量声明段的开始；＜变量名＞可以是任意合法的标识符，同类型的＜变量名＞可以超过一个，＜变量名＞间要用“,”分隔；＜类型名＞可以是 Object Pascal 的基本数据类型或是由用户定义的高级数据类型。例如：

```
Var
    x,y,z: real;                     //声明 x,y,z 为实型变量
    I,J,K: integer;                  //声明 I,J,K 为整型变量
    ch: char;                        //声明 ch 为字符型变量
    country: string;                 //声明 country 为字符串型变量
```

声明变量时还要注意，尽管仅要求变量名符合 Pascal 关于标识符规则的任意字符组合，但应尽量使定义的变量名便于记忆和阅读。例如，可以用 Day、Name 和 Total 分别命名来表示天、姓名和总数。

2. 变量的使用

变量经过声明以后，就可以在程序中使用了。通常可以通过赋值语句给变量赋值，在表达式中使用变量。

一旦声明了一个变量，应及时对它进行初始化。这是因为 Object Pascal 是一种编译型编程语言，程序经过编译才能运行。而在程序编译时，编译器会按照变量的类型为变量分配内存空间。但编译器不会自动地初始化变量，未经初始化的变量的值是不确定的一个随机值，此时

如果该变量参与运算或是出现在程序流程中可能会产生严重的后果。

初始化变量的最简单方法就是给变量赋值。

2.4 运算符与表达式

在学习了各种数据类型以及常量和变量之后,接着就需要学习如何将它们组织成为能符合计算要求的表达式,因此就需要更进一步了解各类运算符及它们之间的运算规则。

运算是对数据进行加工的过程,运算符是在代码中对各种数据类型进行运算的符号。例如,有能进行加、减、乘、除的运算符,有能访问一个数组的某个单元地址的运算符等。

按照操作数数目的多少来分,运算符分为下面两类:单目运算符和双目运算符。单目运算符一般放在操作对象的前面,双目运算符都放在两个操作数之间。

有些运算符是根据给定的操作数的数据类型做相应处理的。例如,运算符 not 对于整型的操作数来说,做的是按位取反;对于逻辑类型的操作数来说,它完成的则是逻辑取反。

表达式是表示某个求值规则的运算公式,它由运算符和配对的圆括号将常量、变量、函数、对象等操作数以合理的形式组合而成。最简单的表达式是变量、常量和函数,复杂的表达式则是通过将简单表达式用运算符结合起来而构成。

表达式可用来执行运算、操作字符或测试数据,每个表达式产生唯一的值。表达式的类型由运算符的类型决定。

2.4.1 算术运算符与算术表达式

1. 算术运算符

算术运算符对浮点数和整数进行加、减、乘、除和取模运算,如表 2-7 所示。在所列出的算术运算符中,除取正+和取负-是单目运算符外,其他均为双目运算符。

表 2-7 Object Pascal 语言中的算术运算符

运算符	名称	表达式例子	运算符	名称	表达式例子
+	取正	+a	Div	整数除法	A Div b
-	取负	-b	Mod	求余	A Mod b
*	乘法	a * b	+	加法	A+b
/	除法	a/b	-	减法	A-b

说明:

(1) 其中,+、-、* 运算的含义与数学中相同,参加运算的数可以是整型也可以是实型,结果由 Delphi 自动向精度高的类型转化。

(2) 参加除法运算/的数无论是整型还是实型,结果都是实型的商。

(3) 参加整数除法 Div 和求余运算 Mod 的数必须是整型,结果也是整型数(包括商和余数),符号与被除数的符号相同,小数部分被舍去。

(4) 在表达式 a/b、aDivb 和 aModb 中,如果 b 的值为 0,将会引发一个错误。

2. 算术运算符的优先级

在算术表达式中可以包含各种运算符,必须规定各个运算的先后顺序,这就是算术运算符的优先级。表 2-8 按优先顺序由高到低列出了算术运算符。

表 2-8　算术运算符的优先顺序

优先顺序	运算符
1	+、-(取正、取负)
2	*、/(法、除法)
3	Div、Mod(整除、求余)
4	+、-(加法、减法)

当一个表达式中含有多种运算符时，将按上述顺序求值。同级运算自左至右，如果表达式中含有括号()，则先计算括号内表达式的值；如果有多层括号，先计算最内层括号中的表达式。

3. 算术表达式

为了完成预定的工程计算任务，算术表达式必然要和某个数学式对应起来，就是要利用上述算术运算符将数学式改写为符合 Object Pascal 语言语法要求的算术表达式，这要考虑三个问题：一是语法，二是优先级，三是类型。例如，有一列数学式：

(1) y/(xz)　(2)(2x-y)/x　(3) lg4.5+0.3ln4.5　(4) ($5x^{2.3}$+3)/(3/5)

若变量 x、y、z 已经被定义为实数型，且已经赋值，则上述数学式对应的 Object Pascal 算术表达式如下。

(1) y/(x * z)

(2) (2.0 * x-y)/x

(3) log10(4.5)+0.3 * ln(4.5)

(4) (5 * Power(x,2.3)+3.0)/(3.0/5.0)

说明：

(1) 数学式中省略的运算符和表示函数参数的括号必须添加上去，因为在程序中，y * z 和 yz、ln4.5 和 ln(4.5)等具有完全不同的意义

(2) 必须注意优先级的处理，若表达式 y/x * z 和(2.0 * x-y/x)中不用括号，即写为：y/x * z 和2.0 * x-y/x 的形式，则对应的数学式显然不一样。

(3) 必须恰当利用标准函数。例如，只能用函数 Power(ab)来表示指数运算 a^b。

(4) 必须注意数据类型。例如，3.0/5.0 为实数除，结果为 0.6；而若为整数除，结果为 0，若将上面第(4)式中的分母写成(3 DIV5)，程序运行时就将引起用 0 作除的错误。当然，几个简单例子只能使读者对算术表达式有一个简单认识，还有许多应该注意的事项，比如类型的兼容性如何保证运算精度等，需要在实践中继续探讨学习。

2.4.2　逻辑运算符与布尔表达式

逻辑运算符可分为布尔运算符、位运算符和关系运算符。

1. 布尔运算符

布尔运算符只能对两个布尔型操作数进行运算，结果仍为布尔型，即只能为 True 或者 False。基本的布尔运算符有 4 个：NOT、AND、OR 和 XOR。分别简单介绍如下。

（1）NOT：求“非”运算符，为一元运算符，计算操作数的相反数。如有 NOT a，则若 a 的值为 True，则运算结果为 False；若 a 的值为 False，则运算结果为 True。

（2）AND：求“与”运算符，为二元运算符。如有 aANDb，当 a 和 b 的值均为 True 时，运算结果为 True；反之运算结果为 False。

（3）OR：求“或”运算符，为二元运算符。如有 a OR b，当 a 和 b 的值有一个为 True，运算结果就为 True；反之只有 a 和 b 的值都为 False 时，运算结果才为 False。

（4）XOR：求“异或”的二元运算符。如有 aXORb，当 a 和 b 的值不同时运算结果为 True；反之当 a 和 b 的值相同时运算结果为 False。

2. 位运算符

位运算符是对 Integer 类型操作数的二进制形式的位执行操作，表 2-9 列出了 Object Pascal 的位运算符的操作、操作数类型和结果类型等。

在表 2-9 中的“位”是指二进制的比特，按位运算是指不考虑相邻的运算结果，仅计算两个操作数中的对应位。

表 2-9 位运算符

运算符	操作举例	操作数类型	结果类型	功能说明
NOT	NOT x	integer	integer	即按二进制形式将每位求反，即 1 变为 0，0 变 1
AND	a AND b	integer	integer	将两者相对应的位进行 AND 运算，同为 1 时结果为 1
OR	a OR b	integer	integer	将两者相对应的位进行 OR 运算，同为 0 时结果为 0
XOR	a XOR b	integer	integer	将两者相对应的位进行取 XOR 运算，两者不同时结果为 1
SHL	a SHL b	integer	integer	将 a 的二进制值向左移动 b 位，左移一位相当于乘 2
SHR	a SHR b	integer	integer	将 a 的二进制向右移动 b 位，右移一位相当于除 2

（1）若有操作数 x，其值的二进制数形式为 00100011，执行语句：

```
y: = NOTx;
```

后，y 值的二进制数形式为 11011100。

（2）若操作数 x 和 y 的二进制数形式分别为 00100011 和 11101110，执行语句：

```
z: = x AND y;
```

后，z 值的二进制数形式为 00100010。

（3）若执行 124 SHR 2 运算，由于常量 124 的二进制形式为 011111100，则运算的结果为：00011111，即十进制数 31，正是 124/4 的结果。

值得注意的是，右移操作时原值的低位丢失，高位补 0；左移操作时原值的高位丢失，低位补 0。例如：

执行运算（35 SHR 2），即先把数 35 右移两位，再把其结果左移两位，但是结果将是 32，而回不到 35。

执行运算－35 SHR 2，结果将是 1 073 741 815。这是由于在计算机内部，负数是以补码形式存放的缘故。关于补码，请参看有关参考资料。

3. 关系运算符

关系运算符用于比较两个同类型量的值,共有 6 个,见表 2-10。

表 2-10 关系运算符

关系符	操作	操作数类型	结果类型
=	等于	简单类型,字符串或可变类型,类,类引用,指针,集合类型	boolean
<>	不等于	简单类型,字符串或可变类型,类,类引用,指针,集合类型	boolean
<	小于	简单类型,字符串或可变类型	boolean
>	大于	简单类型,字符串或可变类型	boolean
<=	小于等于	简单类型,字符串或可变类型	boolean
>=	大于等于	简单类型,字符串或可变类型	boolean

运算符=、<>、<=和>=也用于集合运算。当操作数为集合时它们的意义如下:假设 A,B 是两个集合,若 A 和 B 所包含的元素完全相同,则 A=B 的运算结果为 True,否则 A<>B 的运算结果为 True;若 A 的每个元素也是 B 的元素,A<=B 的运算结果为 True,并称 A 是 B 的子集;若 A>=B 的运算结果为 True,则 B 是 A 的子集。

4. 布尔表达式

布尔表达式由布尔运算符和布尔类型的操作数所组成,所以布尔表达式中的操作数可以是任何运算结果为布尔类型的表达式,包括关系运算表达式和运算结果为布尔类型的函数,如 Odd(x)、FileExists(x)等。但位运算符的结果是整数类型,不能直接作为布尔操作数。

利用布尔表达式可以描述比较复杂的判定条件,例如,要判断实数变量 x 的值是否落在闭区间[3,5]上,可用布尔表达式:

```
(x>=3.0) and (x<=5.0)
```

要判定实数变量 x 的值是否落在闭区间[3,5]之外,可用布尔表达式:

```
(x<3.0) or (x>5.0)
```

2.4.3 字符串运算符

Object Pascal 只有一种字符串运算符,即连接运算符+,该运算符主要用于连接两个或更多的字符串。

最简单的字符串表达式是字符常量、字符串常量、字符变量、字符串变量或字符函数的引用。字符串表达式格式为:

```
<字符串表达式>+{<字符串>|<字符>}
```

当两个字符串用连接运算符连接起来后,第二个字符串直接添加到第一个字符串的尾部,结果是包含两个源字符串全部内容的新字符串。如果要把多个字符串连接起来,每两个字符串之间都要用“+”号分隔。例如:

```
'ABCDEFG'+'123456'                    //连接后的结果为'ABCDEFG123456'
'DELPHI'+'程序设计'                   //连接后的结果为'DELPHI 程序设计'
'123 45'+'abc '+'xyz '                //连接后的结果为'123 45 abc xyz '
```

2.4.4 运算符的优先级

除了以上介绍的运算符外,还有指针运算符、集合运算符、类运算符和取地址运算符等,所有的运算符和算术运算符一样,都具有优先级的概念。在 Object Pascal 中,运算符的优先级可以分为 4 个级别,见表 2-11。

表 2-11 运算符的优先级

优先顺序	运 算 符	分 类 描 述
1	@(取地址),NOT,-	一元运算符
2	*,/,DIV,MOD,AND,SHL,SHR	乘除及类型强制转换运算符
3	+,-,OR,XOR	加减运算符
4	=,<>,<,>,<=,>=,in,is	关系、集合成员及类型比较运算符

尽管各种运算符的优先级比较明确,但是在具体编程时,并不需要记住所有运算符的优先级顺序。常见的一些优先级顺序比较好记,如乘、除运算符的优先级比加、减运算符的优先级高。在优先级顺序不太明显的地方,可以多加一些小括号以明确表达式的结合次序。另外,相等优先级的运算符连续应用时,运算按从左到右的顺序进行。如果表达式中有函数,则先引用函数,再将其函数值参与表达式的运算。

2.5 常用系统函数与过程

为了简化程序员的编程工作,在 Delphi 的软件系统中提供了大量的预定义函数和过程,并称为库函数和过程,也称为标准函数和过程。只要通过简单的应用或调用,就能够完成相当复杂的工作。例如,算式:

```
x + sin(y) + sqrt(z) + 1
```

中就引用了求变量 y 的三角正弦值 sin 函数和求变量 z 的平方根 sqrt 函数,并将求得的函数值带回到式子中参与运算。

下面仅依据课程教学内容的要求,分类简单介绍库函数中的一小部分,更多的库函数和过程的介绍参见有关参考文献。

2.5.1 数值运算函数

Delphi 的数值运算函数包含常用的数学函数(如三角函数、对数函数等)和适合计算机数据处理的其他函数(如求数组中的最大值、求三角形的斜边长等)。由于数值运算函数引用比较简单,仅以表 2-12 说明。

表 2-12 常用数学运算函数

数学函数	引用形式	参数类型	函数值类型	函数功能描述
绝对值函数	Abs(x)	整数或实数	同参数类型	求 x 的绝对值,整数表示所有整数类型,实数表示所有实数类型
正切函数	Arctan(x)	实数	实数	求 x 的反正切值
余弦函数	Cos(x)	实数	实数	求 x 的余弦值

续表

数学函数	引用形式	参数类型	函数值类型	函数功能描述
正弦函数	Sin(x)	实数	实数	求 x 的正弦值
π 值函数	Pi	实数	实数	返回常数 π 的值：3.141 592 653 589 793 238 5
平方函数	Sqrt(x)	实数	实数	求 x 的平方
平方根函数	Sqrt(x)	实数	实数	求 x 的平方根，要求 x≥0
幂函数	Power(x,y)	实数	实数	求表达式 xy 的幂
自然对数函数	Ln(x)	实数	实数	求 x 的自然对数，要求 x>0
常用对数函数	Log10(x)	实数	实数	求 x 的常用对数，要求 x>0
指数函数	Exp(x)	实数	实数	求数学表达式 e^x 的值
取小数函数	Frac(x)	实数	实数	返回 x 的小数部分
取整数函数	Int(x)	实数	实数	返回 x 的整数部分，舍去小数部分
舍入函数	Round(x)	实数	Int64	返回 x 的整数部分，对小数部分进行四舍五入处理。注意：若 x 的整数部分超出 Int64 的表示范围，则结果不正确
取整函数	Trunc(x)	实数	Int64	返回 x 的整数部分，舍去小数部分。注意同上
奇偶判断函数	Odd(x)	整数	布尔	当 x 为奇数时返回 True，当 x 为偶数时返回 False
随机函数	Random[(x)]	整数	不定	当省略参数时，返回一个在区间[0,1)上的随机实数，当使用有参数 x 时，返回一个在区间[0,x)上的随机整数

2.5.2　字符处理函数

对字符的处理主要包括：大小写转换、比较先后顺序、合并、查找、截取、插入、求长度以及类型转换等。常用的字符处理函数如表 2-13 所示。

表 2-13　字符处理函数

字符函数过程	引用形式	函数功能描述
大小写转换函数	UpperCase(s)	将参数串 s 中的小写字母全部转换为大写字母并返回
	LowerCase(s)	将参数串 s 中的大写字母全部转换为小写字母并返回
比较字符串大小函数	CompareStr(s1,s2)	比较字符串 s1 和 s2 的大小，区分大小写，若 s1 大于 s2，则函数返回值大于 0；若 s1 小于 s2，则函数返回值小于 0；若 s1 等于 s2，则函数返回值等于 0
	CompareText(s1,s2)	不区分大小写，其他同 CompareStr(s1,s2)
合并字符串	Concat (s1, s2 (, s3), s4,…)))	合并多个字符串 s1+s2+s3+…。参数表列中的()表示可选择内容
查找字符串函数	Pos(s1,s)	求参数串 s1 在参数串 s 中的起始位置，即返回值为整数。若串 s 中不包含 s1，则返回值为 0

续表

字符函数过程	引用形式	函数功能描述
求字符串长度函数	Length(s)	求参数串 s 中的字符个数,即求串长度,返回值为整数类型
截取子字符串函数	Copy(s,n,m)	在字符串 s 中截取从 n 开始,m 个字符长的子字符串,包括第 n 个字符。若取不够 m 个字符,则取到 s 的尾字符为止;若 n 的值为 0 或大于当前 s 的串长度,则返回空串
类型转换函数	IntTostr(x)	将整数参数 x 转换成字符串,并返回整型数据 x 的十进制格式的字符串
	FloatToStr(x)	将实数参数 x 转换成字符串,并返回实型数据 x 的普通数字格式的字符串,转换的有效精度为 15 位
	StrtoInt(s)	将字符串 s 转换为整数值,并返回。当 s 中含有非数字字符时会导致运行异常(即错误)。若程序中无异常处理,将返回系统处理
	StrtoFloat(s)	将字符串 s 转换为实数值,并返回。当 s 中含有非数字字符时会导致异常运行(即错误)。若程序中无异常处理,将返回系统处理
进制转换函数	IntToHex(d,h)	将十进制整数转换成十六进制格式
ASCII 转换为字符函数	Chr(x)	将 ASCII 码值转换成字符,返回以整数参数 x(0＜x＜256)的值为序号(ASCII 代码)的字符
格式化字符串函数	Format(s,x)	按字符串 s 所指定的格式要求,将实数参数 x 转换为串型值,并返回。 例如,format('s%数学考了 d%分!',['小红',98]);返回字符串'小红数学考了 98 分!'
类型转换过程	Str(x,s)	将数值 x 转换成字符串放入参数 s 中
	V(s,v,c)	将字符串 s 转换成数值放入参数 v 中,根据 c 的值判断是否转换成功

2.5.3 日期时间函数

调用日期时间函数可以对日期和时间进行处理,常用的日期时间函数如表 2-14 所示。

表 2-14 日期时间函数

函数过程	引用形式	函数功能描述
日期时间函数	Now;	用来返回当前的日期和时间信息。其返回值实质上是一个 Double 类型,其整数部分表示从 1899 年 12 月 30 日以来所经过的天数,小数部分则表示经过的时间与 24 小时之比,例如,2.75 表示:1/1/1900 6:00 PM
日期函数	Date;	用来返回 TdateTime 对象,其中含有年、月、日信息
时间函数	Time;	用来返回 TdateTime 对象,其中含有时、分、秒信息

续表

函数过程	引用形式	函数功能描述
转换函数	DataToStr(date);	将 TdateTime 类型的 data 转换为字符串
	TimeToStr(time);	将 TdateTime 类型的 time 转换为字符串
	DateTimeToStr(datetime);	将 TdateTime 类型的 datetime 转换为字符串
	EncodeDate(year,month,day);	将整型的 year、month、day 转换为 TdateTime 类型
	EncodeTime(hour,min,sec,msec);	将整型的 hour、min、sec、msec 转换为 TdateTime 类型
星期函数	DayOfWeek(date);	返回日期所对应的星期数,函数返回整数 1~7,1 表示星期日,7 表示星期六
日期与时间的格式	FormatDateTime(format,datetime);	将函数参数 DateTime 所给的日期时间值按参数 Format 指定的格式输出,参数 format 又称为格式化字符串
转换过程	Decodedate(date,year,month,day)	将参数 date 中的日期分为年、月、日分别放入参数 year、month、day 中
转换过程	DecodeTime(Time,hour,min,sec,msec)	将参数 time 中的时间分为时、分、秒、毫秒分别放入参数 hour,min,sec,msec 中

2.5.4 顺序类型函数

1. 顺序类型

顺序类型是指整型、字符型、布尔型、枚举型、子界型等 5 种数据类型。顺序类型的所有取值是一个有序的集合,每一个取值都与顺序有关,该顺序对应于唯一的整数,如下所述。

(1) 整数的序数是其自身;

(2) 字符的序数是其 ASCII 码;

(3) 布尔型数据: False 的序数为 0,True 的序数为 1;

(4) 枚举型的第一个数据的序数为 0,以此类推;

(5) 子界型的第一个数据的序数为 1,以此类推。

除了第一个序数外,每一个序数都有一个前趋值;除了最后一个序数外,每一个序数都有一个后继值。整数无第一和最末数。

2. 顺序函数

常用的顺序类型函数如表 2-15 所示。

表 2-15 顺序类型函数

顺序函数	引用形式	函数功能描述
序数函数	Ord(x);	返回数据 x 的序数
前趋函数	Pred(x);	返回数据 x 的前趋值。如果将 Pred 函数用于第一个数据,就可能产生一个编译时的错误
后继函数	Succ(x);	返回数据 x 的后继值。如果将 Succ 函数用于最后一个数据,就可能产生一个编译时的错误

续表

顺序函数	引用形式	函数功能描述
首序数函数	Low(x);	返回顺序型数据 x 取值集合中的第一个值(序数最小)。它还可以返回数组的第一个元素
末序数函数	High(x);	返回顺序型数据 x 取值集合中的最末一个值(序数最大),它还可以返回数组的最末一个元素

2.6 语　　句

2.6.1 语句的基本概念

语句是由语句命令动词(或称语句定义符,一般都属于保留字或特定符号)和表示操作具体内容的表达式所构成,当为简单系统控制语句时,可以没有表达式部分,语句的功能是控制程序的执行或控制编译系统的工作。

按语句的执行时间可分为两大类:声明语句和可执行语句。

声明语句包括单元说明语句、类型说明语句、变量说明语句、过程说明语句、函数说明语句和程序区段标识语句等。声明语句仅在程序编译期间起作用,告诉编译系统如何进行编译操作和程序在运行时需要用到的计算机资源,例如,要引用哪些标准函数和过程,要重新定义哪些函数和过程,要定义多少个常量和变量,都属于什么数据类型等。在程序开始执行后,这些语句一般不影响程序的运行。

可执行语句包括赋值语句、运行控制语句和结构控制语句等。可执行语句只有在程序开始运行后,才能被依次执行,完成指定的运算或控制程序的执行流程等。

按语句的描述形式,可分为简单语句、结构语句和复合语句等。简单语句只含有一个语句定义符或特殊标志;结构语句往往含有多于一个的语句动词;复合语句则是由 begin 和 end 括起来的若干个简单语句、结构语句和复合语句,即允许复合语句多层嵌套,复合语句也允许为空,也就是在 begin 和 end 之间没有其他语句。但是要特别注意 begin 和 end 的配对使用。

例如:

```
begin
  z: = x; x: = y;
  y: = z;
  begin
    x: =y;
  end;
end;
```

一般情况下,常采用缩格的方法表示程序语句和结构层次,即将同一个结构语句的各个子句或一对 begin 和 end 的开始字母写在同一列上,以方便程序阅读和查错。

为了便于解释语句、方法和函数,本书语句、方法和函数格式中的符号采用统一约定。在各语句、方法、函数的语法格式和功能说明中,以尖括号<>、方括号[ ]、花括号{ }、竖线|、逗号加省略号,…、省略号…作为专用符号,这些符号的含义如表 2-16 所示。

表 2-16 常见符号含义

符号	含 义
<>	为必选参数表示符。尖括号中的中文提示说明,由使用者根据问题的需要提供具体参数。如果缺少必选参数,语句则发生语法错误
[ ]	为可选参数表示符。方括号中的内容选与不选由用户根据具体情况决定,且都不影响语句本身的功能
|	为多中取一表示符,含义为"或者选择"。竖线分隔多个选项,必须选择其中之一
{ }	包含多中取一的各项
,…	表示同类项目的重复出现
…	表示省略了在当前的叙述中不涉及的部分

说明:这些专用符号和其中的提示,不是语句行或函数的组成部分。在输入具体命令或函数时,上面的符号均不可作为语句中的成分输入计算机,它们只是语句、函数格式的书面表示。例如:

```
If <布尔表达式> Then <语句 1 >[Else<语句 2 >];
```

2.6.2 常见声明语句

在 Object Pascal 中,凡是程序要用到的标号、常量、变量、类型、过程、函数等都要先在程序的 Type 区域或子程序的 Begin 语句之前声明,这就要用到声明语句。常量和变量声明语句在前面已经进行了说明,这里就其他声明语句进行介绍。

1. 标号声明语句

所谓标号声明语句就是用一个整型数(标识符或常数)来表示程序的某个执行语句,以后用 goto 语句可以很方便地跳转到这个语句,用作标识符的整数必须在 0～9999 之间,一行标号声明语句可以同时声明几个标号,其用法如下所示。

```
label Aa,Ab;
var
    I: integer;
begin
    …//语句
    if(I = 0) then goto Aa;
        …//语句
    Aa: begin
            …//语句
            end;
end;
```

2. 类型声明语句

在 Object Pascal 中,所有的变量必须是某种特定的数据类型,类型决定了它所能包含的数值和可进行的操作,Object Pascal 已经预定义了丰富的数据类型,更重要的是它允许定义新的数据类型,用类型声明语句可以定义新的数据类型。例如:

```
Type
TmyDim: Array[1..10,1..5] of Double;
```

上面的语句定义了一个新的数据类型 TmyDim。

3. 过程声明语句

过程是程序中一个相对独立的部分,它可以被看成一段小程序,用来实现某种特定的目标,在完整的程序中它被当作一个语句来执行。在建立过程之前应先对过程进行声明,过程声明参见下面的语句。

```
procedure NumString(N: Integr;Var S: string);
```

4. 函数声明语句

函数与过程相似,它们的主要区别在于函数必须有返回值,函数的声明参见下面的语句,其中,最后的 Real 表示函数的返回数据类型。

```
Function Power(X: Real;Y: Integer): Real;
```

2.6.3 赋值语句和程序的顺序结构

1. 赋值语句

任何变量在使用之前都必须赋值,赋值语句是最简单也是最常用的语句。赋值语句的语法格式为:

```
<变量名>: =<表达式>;
```

赋值语句由变量名开始,后跟赋值符号:。在=的右端是一个表达式,其结果的数据类型必须和:=左端变量的数据类型兼容,最后以分号“;”结束。

2. 类型兼容

所谓类型兼容,是指数据类型不完全相同的量之间能进行的运算和赋值操作。例如,若变量 Value 被定义为 Real 类型,变量 Intl 被定义为 Integr 类型,则如下赋值语句:

```
Intl: =12+10DIV3:
```

将右端表达式的整数结果 15 转换为 Real 类型并赋给 Value,即符合赋值兼容,但语句:

```
Intl: =value:
```

不符合赋值兼容,不能通过编译。要先利用 Round 或 Trunc 函数将其转为整数再赋值:

```
Intl: =Round(Value):
```

又如,运算符/两边既可以是实数类型或整数类型,也可以一个是实数类型,另一个是整数类型,均符合运算类型兼容;但运算符 DIV 的两个操作数必须是整数类型,不存在和其他类型的运算兼容。

3. 利用赋值语句给对象属性赋值

除了给予一般变量赋值外,对象属性赋值也是程序运行时的重要操作。由于属性总是归属于对象才有实际意义,所以引用属性时用符号“.”来连接表示其隶属关系。如组件 Editl 的文本属性表示为 Editl.text,其字体的颜色属性表示为 Editl.Font.Color。

给对象属性赋值的语句举例如下。

```
Label.Caption: = '输入加数';
Editl.Text: ='';                    //相当于将 Editl 的文字编辑框清空
Editl.Font.Color: =clred;           //clred 为系统定义的表示红色的常量符号
```

```
Editl.Font.Size: =24;                    //定义 Editl 所显示的文字的字号
Buttonl.Enabled: =False;                 //使 Buttonl 无效,即显示灰色,不再响应单击
Buttonl.Enabled: =False;                 //使 Buttonl 无效,即显示灰色,不再响应单击
Buttonl.Enabled: =False;                 //使 Buttonl 运行时,在操作界面上不显示
Buttonl.Visible: =True;                  //使 Buttonl 在运行界面上有显示
```

实际上,所有对象的所有属性,都可以通过赋值语句在程序运行中随时改变其现行值,而且设定新值后的效果会立即在用户操作界面上表现出来,或对程序运行即时产生影响。

4. 顺序结构

顺序结构是程序设计中最简单、最常用的结构。在该结构中,各操作块(对应于程序中的"程序段")按照出现的先后顺序依次执行,不产生程序流程的其他转移。它是任何程序的主体结构,即使在选择结构或循环结构中,也常以顺序结构作为其子结构。

顺序结构通常由若干个赋值语句或其他简单语句构成,例 2.1 是程序顺序结构和赋值语句的应用举例。

【例 2.1】 求一个任意三角形的面积。

1) 界面设计

使用 Button、Edit、Label 组件和 showmessage 消息框即可完成界面设计,用户界面如图 2-1 所示。

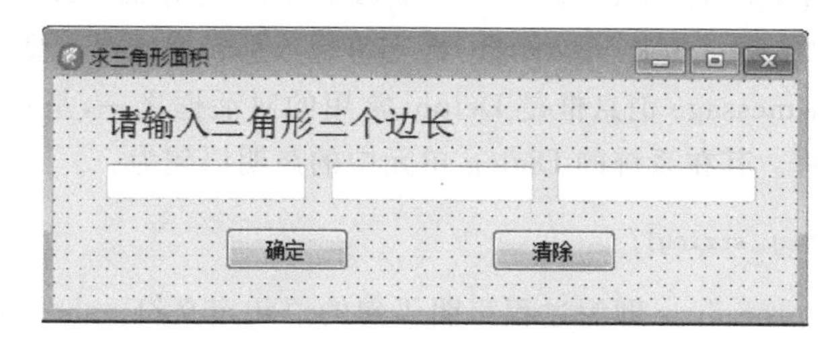

图 2-1　顺序结构运行的操作界面

2) 属性设置

各组件的属性设置如表 2-17 所示。

表 2-17　窗体及组件属性设置

对象	属性	属性值	说明
Label	Caption	请输入三角形三个边长	标签的内容
Edit1	Text	空白	输入第一条边长
Edit2	Text	空白	输入第二条边长
Edit3	Text	空白	输入第三条边长
Button1	Caption	确定	按钮的标题
Button2	Caption	清除	按钮的标题

3) 程序设计

```
//******** 单击"确定"按钮事件代码 **************** //
procedure TForm2.Button1Click(Sender: TObject);
var
  a,b,c,s,area: real; str1: string;              //关键分析 1
begin
  a: =strtofloat(edit1.Text);
```

```
    b: =strtofloat(edit2.Text);
    c: =strtofloat(edit3.Text);
    s: =(a+b+c)/2;
    area: =sqrt(s*(s-a)*(s-b)*(s-c));
    str(area: 8: 3,str1);
    showmessage('面积为: '+str1);                    //关键分析 2
end;
//******** 单击"清除"按钮事件代码 **************** //
procedure TForm2.Button2Click(Sender: TObject);
begin
    edit1.Text: ='';
    edit2.Text: ='';
    edit3.Text: ='';
end;
```

4) 程序分析

关键分析1：分析题意，确定算法。在本例中，计算公式(也称数学模型)已经给出，即基本算法问题已经解决，但要把该算法描述出来，首先必须安排变量。由于本例涉及三个输入量(三角形的三条边长)，一个输出量(计算所得的三角形面积)，共4个变量分别命名为a、b、c和area。依据一般计算要求，它们均应为实数类型。另外，为了描述算法需要，往往还要安排若干保存中间结果的变量，在本例中，安排了一个实数类型的变量s。edit1、edit2、edit3的Text属性是字符型，本例中使用strtofloat()函数，将字符型数据转换成浮点型数据。

关键分析2：showmessage消息框是Delphi常用的对话框之一，是一个在系统Dialog单元中预定义的标准过程。其在系统的Dialog单元中的声明语句为：

```
showmessage(const Msg: string);
```

在该声明语句中，procedure即为过程声明语句的语句定义符；showmessage即被声明的过程名；括号内为该过程形式参数Msg的说明；const说明Msg的值在调用过程中不能改变，且可以为常量表达式；而“：”号后的string则指明Msg为String类型。调用showmessage过程时，将弹出一个显示有参数Msg的值的对话框。本例用showmessage消息框来报告每次的计算结果，如图2-2所示。

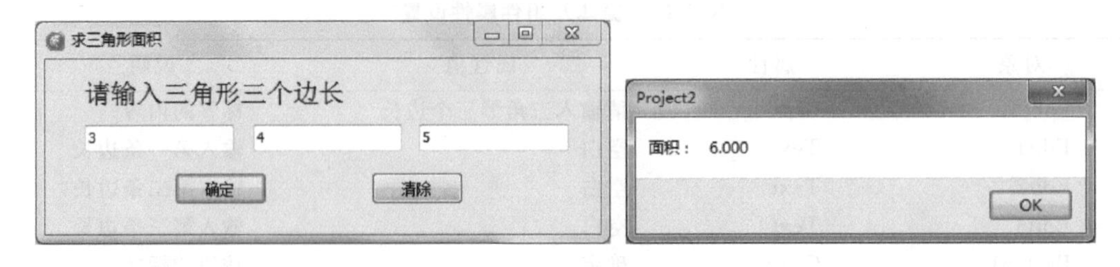

图2-2 运行结果

2.6.4 条件语句和程序的选择结构

选择结构提供了选择程序执行路径的能力，它根据不同的条件选择不同的通路，实现选择结构的是if语句和case语句，这两种语句又称为条件语句，条件语句的功能就是根据表达式的值有选择地执行一组语句。

1. if 语句

if 语句通过条件的布尔表达式结果来选择程序的执行路径。其语法格式为：

```
if <条件> then [<语句 1 >][else <语句 2 >];
```

说明：

＜条件＞可以是关系表达式或布尔表达式。如果＜条件＞的值为真，则执行＜语句 1＞，否则执行＜语句 2＞。

因为 if…then…else 语句是一个完整的语句，因此在 else 保留字之前没有分号。如果加入分号将产生编译错误。

＜语句＞可以是简单语句，也可以是复合语句。

if 语句分为简单条件语句和复合条件语句两种。

1) 简单条件语句

简单条件语句的＜语句＞中不包含其他的条件语句，其示例程序如下所示。

```
var x,y,z: Integer;
begin
    if (x > 10) and (y > 5) then
        z: = x + y
    else
        z: = 2 * (x + y);
end;
```

说明：在 if 语句中，如果只有一个条件表达式，可以用圆括号把表达式括起来，也可以不用，但若有两个或两个以上的条件表达式时，就必须用括号把条件表达式括起来。在该例中，有两个条件表达式，所以必须用括号把它们括起来。

当分支结构中的两个分支之一有一个为空（无操作）时，可转化为更为简单的分支结构，它可由条件语句 if…then 来描述，其语法规则为：

```
if <条件> then <语句>;
```

执行过程为：当条件成立时执行 then 后的语句，然后顺序向下执行；否则跳过 then 后的语句并顺序向下执行。

2) 复合条件语句

如果在 if 语句格式中的＜语句 1＞或＜语句 2＞本身又是一个 if 语句，则称为 if 语句的嵌套，嵌套的 if 语句又被称为复合条件语句。例 2.2 就是复合条件语句的应用。

【例 2.2】 铁路托运行李，从甲地到乙地，规定每张客票托运费计算方法是：行李重量不超过 50kg 时，每千克 0.25 元，超过 50kg 而不超过 100kg 时，其超过部分 0.35 元/kg，超过 100kg 时，其超过部分 0.45 元/kg。试编写程序，输入行李重量，计算并输出托运的费用。

(1) 界面设计

使用 Button、Edit、Label 组件即可完成界面设计，用户界面如图 2-3 所示。

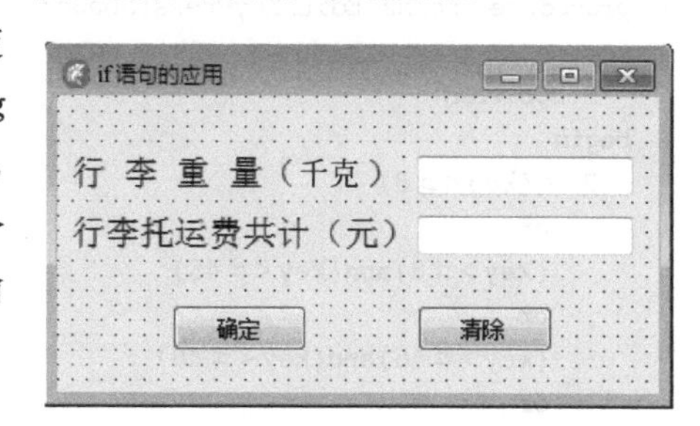

图 2-3　“if 语句的应用”操作界面

(2) 属性设置

各组件的属性设置如表 2-18 所示。

表 2-18 窗体及组件属性设置

对象	属性	属性值	说明
Label1	Caption	行李重量(千克)	标签的内容
Label2	Caption	行李托运费共计(元)	标签的内容
Edit1	Text	空白	输入行李重量
Edit2	Text	空白	计算托运费
Button1	Caption	确定	按钮的标题
Button2	Caption	清除	按钮的标题

(3) 程序设计

```
// ******** 单击"确定"按钮事件代码 **************** //
procedure TForm2.Button1Click(Sender: TObject);
var
  w,x: real;
begin
  if edit1.text = '' then edit1.Text: = '0';           //关键分析 1
  w: = strtofloat(edit1.Text);
  if w<= 50 then                                       //关键分析 2
    x: = 0.25 * w
  else
    if w<= 100 then
      x: = 0.25 * 50 + 0.35 * (w - 50)
    else
      x: = 0.25 * 50 + 0.35 * 50 + 0.45 * (w - 100);
  edit2.Text: = floattostr(x);
  edit1.SelStart: = 0;
  edit1.Sellength: = length(edit1.Text);
end;
// ******* 单击"清除"按钮事件代码 **************** //
procedure TForm2.Button2Click(Sender: TObject);
begin
    edit1.Text: = '';
    edit2.Text: = '';
end;
// ******* 防止非法键输入事件代码 **************** //
procedure TForm2.Edit1KeyPress(Sender: TObject; var Key: Char);
var
  B:boolean;
begin
  B: = (key<#8)
     or
     (key>#8)and(key<#45)
     or
     (key>#46)and(key<#48)
     or
     (key>#57);
  if B then
    key: = #0;
end;
```

(4) 程序分析

关键分析 1：为了防止编辑框 Edit1 中为空而引发错误，增加了以下语句：

```
if edit1.text = '' then edit1.Text: = '0';
```

关键分析 2：复合语句的应用。本例中，在 if 语句中嵌入了一个 if 语句，则称为 if 语句的嵌套，嵌套的 if 语句又被称为复合条件语句。

关键分析 3：为了防止编辑框 Edit1 中输入非法字符，设置了布尔类型变量 l，其中，#8 对应 BackSpace 键、#45 对应"－"键，#46 对应"."键，#48～#57 对应"0"～"9"键。如果按下的键为上述键，变量 B 的值为 False，key 值即为按下的键值；如果按下的键值为非上述键，为非法键变量 B 的值赋为 True；key 值将被置为#0，屏蔽非法键。

2. case 语句

使用 if 语句可以方便地实现双分支选择结构，但是，对于多分支选择情况，若仍然使用 if 语句，就必须采用多层嵌套，非常烦琐。为此，Object Pascal 提供了 case 语句专门来实现多分支选择结构。case 语句以清晰、简洁、直观的形式描述了多路择一的功能，它根据"选择器表达式"的值，来决定执行相应的语句。case 语句的语法格式为：

```
case <选择器表达式> of
  <情况常量表 1>: <语句 1>;
  ⋮
  <情况常量表 n>: <语句 n>;
  [else
  <其他语句列>; ]
end;
```

说明：

case 语句由保留字 case 开始到它所对应的保留字 end 结束。

＜选择器表达式＞的值必须是顺序类型(如整型、字符型、布尔型、子界型等)。

＜情况常量表＞中的值应该是＜选择器表达式＞可能具有的值，各常量之间用逗号分隔，所有常量表中的值必须互不相同。

＜语句＞可以是简单语句，也可以是复合语句。

case 语句首先计算＜选择器表达式＞的值，然后判断该值是否等于某个常量，若相等则执行该常量后面的语句，执行完该语句后，跳过所有其他语句，转去执行 end 后面的语句。若与所有情况常量表中所列的常量都不相等，则执行 else 后面的语句列。

由于＜选择器表达式＞的值必须是顺序类型，case 语句在使用时受到了一些限制。某些问题在使用 case 语句时，必须对表达式进行变换，下面用 case 语句来计算例 2.2 中的托运费。其对应的程序段为：

```
var
    w,x: real;
begin
…
case Trunc((w - 0.00001)/50) of                    //关键分析
    0: x: = 0.25 * w;
    1: x: = 0.25 * 50 + 0.35 * (w - 50);
    else
    x: = 0.25 * 50 + 0.35 * 50 + 0.45 * (w - 100);
```

```
end;
...
end;
```

关键分析：由于行李重量 w 是一个实数，必须将其转换为整数(顺序类型)。为此，取表达式：Trunc((w−0.00001)/50)，这样，当 w 落在[0,50]，(50,100]区间时，表达式的值正好为整数值 0,1。

2.6.5 循环语句和程序的循环结构

在程序设计中，从某处开始有规律地反复执行某一程序块的现象称为“循环”，完成这一功能的程序结构为“循环结构”，而其中重复执行的程序块称为“循环体”。使用循环可以避免不必要的重复操作，简化程序，节约内存，从而提高效率。Object Pascal 提供的循环结构语句有三种，它们分别是：while 语句、repeat 语句以及 for 语句。

无论何种类型的循环结构，其特点都是：循环体执行与否及其执行次数多少都必须视其循环类型与条件而定，且必须确保循环体的重复执行能有适当的时候得以终止(即非死循环)。

1. while 语句

while 语句属于前测型循环结构。首先判断条件，根据条件决定是否执行循环，执行循环的最少次数为 0。其语法格式为：

```
while <条件> do
[<循环体>];
```

说明：

(1) <条件>是一个具有 Boolean 值的条件表达式，为循环的条件。

(2) <循环体>可以是简单语句、复合语句和其他结构语句。

(3) while 循环的执行过程：首先计算<条件>的值，如果<条件>为真(True)，则执行 do 后面的循环体，执行完后，再开始一个新的循环：如果<条件>为假(False)，则终止循环，执行<循环体>后面的语句。

(4) 可以在<循环体>中的任何位置用 break 语句来终止 while 循环，即随时跳出 while 循环。break 语句通常位于 if 语句之后。

(5) 可以在循环体中的任何位置放置 continue 语句，以便在整个循环体没有执行完就重新判断<条件>，以决定是否开始新的循环。continue 语句通常位于 if 语句之后。

while 语句的应用可见例 2.3。

【例 2.3】 求累加和 1+2+3+…+100。

1) 界面设计

使用 Button、Edit、Label 组件即可完成界面设计，用户界面如图 2-4 所示。

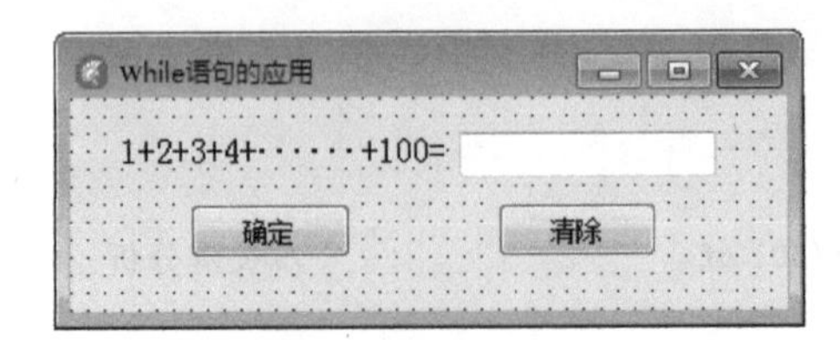

图 2-4 “while 语句的应用”操作界面

2）属性设置

各组件的属性设置如表 2-19 所示。

表 2-19　窗体及组件属性设置

对象	属性	属性值	说明
Label1	Caption	1+2+3+…+100=	标签的内容
Edit1	Text	空白	计算累加和
Button1	Caption	确定	按钮的标题
Button2	Caption	清除	按钮的标题

3）程序设计

```
//******** 单击"确定"按钮事件代码 **************** //
procedure TForm3.Button1Click(Sender: TObject);
var
  s,n: integer;                                    //关键分析 1
begin
  s: = 0;n: = 1;
  while n<= 100 do                                 //关键分析 2
    begin
      s: = s + n;
      n: = n + 1;
    end;
  edit1.Text: = inttostr(s);
end;
//******** 单击"清除"按钮事件代码 **************** //
procedure TForm3.Button2Click(Sender: TObject);
begin
   edit1.Text: = '';
end;
```

4）程序分析

关键分析 1：采用累加的方法，用变量 s 来存放累加的和(开始为 0)，用变量 n 来存放“加数”(加到 s 中的数)，这里 n 又称为计数器，从 1 开始到 100 为止。

关键分析 2：使用 while 循环，必须在循环头的前面为循环变量赋初值。循环体执行完一次后，循环变量必须加 1，即必须在循环体的最后有 n:=n+1 语句。

2. repeat 语句

repeat 语句与 while 语句一样，也是采用逻辑形式来控制循环的执行次数，只不过 repeat 语句属于后测型循环结构，它首先执行循环体，然后判断条件，根据条件决定是否继续执行循环，因此执行循环的最少次数为 1。其语法格式为：

```
repeat
[<循环体>]
until <条件>;
```

说明：

(1) <条件>是一个具有 Boolean 值的条件表达式，为循环的条件。

(2) <循环体>可以是一条语句，也可以是多条语句。多条语句无须用 begin…end 括起来，而由保留字 repeat 与 until 将其括起。

(3) repeat 循环的执行过程：首先执行＜循环体＞，然后计算＜条件＞的值，如果＜条件＞为假(False)，则开始一个新的循环；如果＜条件＞为真(True)，则终止循环，执行 Until＜条件＞后面的语句。

(4) 可以在循环体中的任何位置放置 break 语句来强制终止 repeat 循环，即随时跳出 repeat 循环。break 语句通常位于 if 语句之后。

(5) 可以在循环体中的任何位置放置 continue 语句，以便在整个循环体没有执行完就重新判断(条件)，以决定是否开始新的循环。continue 语句通常位于 if 语句之后。

【例 2.4】 输入两个正整数，求它们的最大公约数。

1) 界面设计

使用 Button、Edit、Label 组件即可完成界面设计，用户界面如图 2-5 所示。

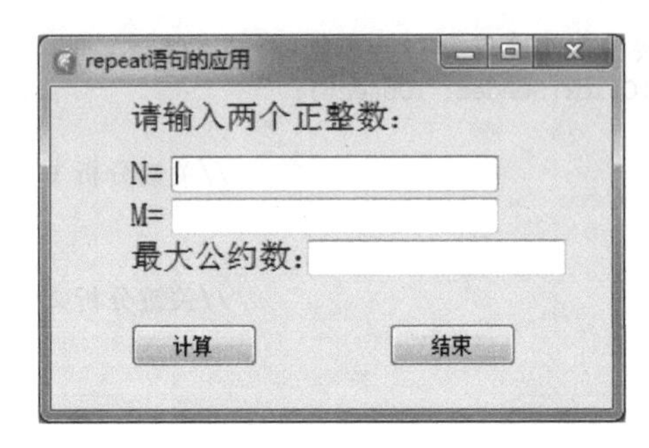

图 2-5 “repeat 语句的应用”操作界面

2) 属性设置

各组件的属性设置如表 2-20 所示。

表 2-20 窗体及组件属性设置

对象	属性	属性值	说明
Label1	Caption	请输入两个正整数：	标签的内容
Label2	Caption	N=	标签的内容
Label3	Caption	M=	标签的内容
Label4	Caption	最大公约数：	标签的内容
Edit1	Text	空白	输入一个正整数
Edit2	Text	空白	输入另一个正整数
Edit3	Text	空白	显示两个数的公约数
Button1	Caption	计算	按钮的标题
Button2	Caption	结束	按钮的标题

3) 程序设计

```
//******** 单击"计算"按钮事件代码 **************** //

procedure TForm3.Button1Click(Sender: TObject);
var
  n,m,temp,r: integer;
begin
  n: = strtoint(edit1.Text);                      //关键分析 1
  m: = strtoint(edit2.Text);
  if n > m then                                   //关键分析 2
```

```
  begin
    temp: = n;n: = m;m: = temp;
  end;
  repeat                                          //关键分析 3
    r: = m mod n;
    m: = n;
    n: = r;
  until r = 0;
  edit3.Text: = format('%s与%s的最大公约数是%d',
  [edit1.text,edit2.text,m]);
end;


//******** 单击"结束"按钮事件代码 **************** //
procedure TForm3.Button2Click(Sender: TObject);
begin
  edit1.Text: = '';
  edit2.Text: = '';
  edit3.Text: = '';
end;
```

4）程序分析

关键分析 1：求最大公约数可以用"辗转相除法"，方法如下。

(1) 以大数 m 作被除数，小数 n 作除数，相除后余数为 r。

(2) 若 r 不等于 0，则 n—m，r—n，继续相除得到新的 r。若仍有 r 不等于 0，则重复此过程，直到 r=0 为止。

(3) 最后的 n 就是最大公约数。

关键分析 2：交换两个数的值，因为"辗转相除法"算法的要求，规定后面的整数运算中，变量 m 的值要大于变量 n 的值，而用户的输入却没有这个要求，所以首先要比较 n 和 m 的大小，如果 n>m，则必须交换 n 和 m 的值。交换两个数的值需要用到中间变量 temp。

关键分析 3：repeat 循环的应用，根据"辗转相除法"，可能重复多次整除运算，所以要用循环语句，至少要进行一次 n 和 m 的整除运算，且循环次数不固定，r=0 时就退出循环，所以选用 repeat 语句。

3. for 语句

在不知道需要执行多少次循环时，应该用 while 或 repeat 循环。但是，若知道要执行多少次循环时，则最好使用 for 循环结构。与前两种循环不同，for 循环使用一个循环变量，每重复一次循环之后，循环变量的值就会自动增加或者减少。for 语句的语法格式为：

```
for <循环变量> = <初值>{to|downto}<终值> do
[<循环体>];
```

说明：

(1) <循环变量>为必要参数，用作循环计数器，只能是顺序类型。

(2) <初值>和<终值>表示<循环变量>的初值和终值，可以是表达式，但应与<循环变量>的类型相同，若为表达式，则在进入循环之前已被计算确定。在循环体中改变初值或终值表达式中变量的值，并不影响循环的次数。

(3) to 表示计数器递增，downto 表示计数器递减。

(4) <循环体>可以是简单语句、复合语句和其他语句。

(5) for 循环的执行过程：首先判断循环变量的值是否“超过”终值(对于递增循环为大于,对于递减循环为小于),若已超过则跳出循环,执行<循环体>后面的语句；若未超过则执行 do 后面的<循环体>,然后循环变量自动“增量”(递增或递减)并开始一个新的循环。

(6) 可以在<循环体>中的任何位置放置 break 语句来强制终止 for 循环,break 语句通常位于 if 语句之后。

(7) 可以在循环体中的任何位置放置 continue 语句,在整个循环体没有执行完就重新开始新的循环。continue 语句通常位于 if 语句之后。

【例 2.5】 输入一个正整数 n,判断 n 是否是一个“素数”,所谓“素数”是指除了 1 和该数本身,不能被任何整数整除的数。

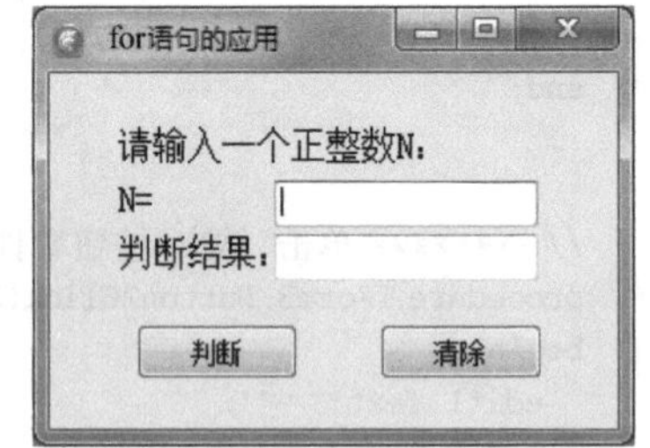

图 2-6 “for 语句的应用”操作界面

1) 界面设计

使用 Button、Edit、Label 组件即可完成界面设计,用户界面如图 2-6 所示。

2) 属性设置

各组件的属性设置如表 2-21 所示。

表 2-21 窗体及组件属性设置

对象	属性	属性值	说明
Label1	Caption	请输入一个正整数 N：	标签的内容
Label2	Caption	判断结果：	标签的内容
Lakel3	Caption	N=	标签的内容
Edit1	Text	空白	输入一个正整数
Edit2	Text	空白	判断是否素数
Button1	Caption	判断	按钮的标题
Button2	Caption	清除	按钮的标题

3) 程序设计

```
//******** 单击"判断"按钮事件代码 ***************** //
procedure TForm1.Button1Click(Sender: TObject);
var
  s,n,i,j: Integer;
  m,q: real;
  a: string;
begin
  m: = strtofloat(edit1.Text);
  n: = round(m);
  if n<3 then showmessage('请输入一个大于 2 的整数! ');
  s: = 0;
  q: = sqrt(m);
  j: = trunc(q) + 1;
  for i: = 2 to j do                                //关键分析
  begin
    if n mod i = 0 then
    begin
       s: = 1;
       break;
    end;
```

```
    end;
    if s = 0 then
      a: = '是一个素数'
    else
      a: = '不是一个素数';
    edit2.Text: = edit1.Text + a;
    edit1.SelectAll;
    edit1.SetFocus;
end;
procedure TForm1.Button2Click(Sender: TObject);
begin
    edit1.Text: = '';
    edit2.Text: = '';
end;
```

4）程序分析

关键分析：使用 for 语句需要注意，当使用 to 时，要保证终值不小于初值，使用 downto 时，要保证初值不小于终值；当控制变量等于终值时仍然要执行一次循环。

4. 循环的嵌套

在前面的例子中，循环语句的循环体中仅包含简单语句，这种类型的循环结构称为单重循环。如果在循环体中又包含另一个循环结构，则称为多重循环。这种情况又称为循环的嵌套。

前面介绍的三种类型的循环可以互相嵌套。在循环体中的嵌套称为内循环，外部的循环称为外循环。多重循环嵌套的层数几乎可以是任意的，根据循环结构嵌套的层数可以分为二重循环、三重循环等。

【例 2.6】 我国古代著名的“百钱买百鸡”问题：每只公鸡值 5 元，每只母鸡值 3 元，三只小鸡值 1 元，现用 100 元买 100 只鸡，问公鸡、母鸡和小鸡各买几只？

1）界面设计

使用 Button、Label 组件即可完成界面设计，用户界面如图 2-7 所示。

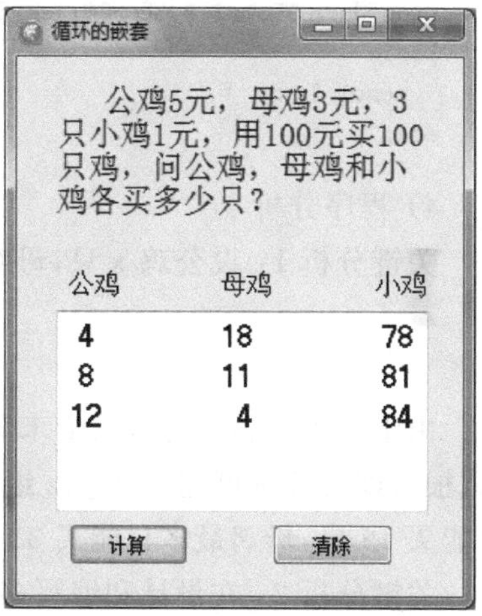

图 2-7　“循环的嵌套”操作界面

2）属性设置

各组件的属性设置如表 2-22 所示。

表 2-22　窗体及组件属性设置

对象	属性	属　性　值	说　　明
Label1	Caption	公鸡 5 元，母鸡 3 元，三只小鸡 1 元。用 100 元买 100 只鸡，问公鸡、母鸡和小鸡各买几只？	标签的内容
Label2	Caption	公鸡	标签的内容
Label3	Caption	母鸡	标签的内容
Label4	Caption	小鸡	标签的内容
Memo1	Name	Memo1	将显示所买各种鸡的个数
Button1	Caption	计算	按钮的标题
Button2	Caption	清除	按钮的标题

3) 程序设计

```
//******** 单击"计算"按钮事件代码 **************** //
procedure TForm2.Button1Click(Sender: TObject);
var
  x,y,z: integer;
  p: string;
begin
  memo1.Clear;                              //关键分析 1
  for x: = 0 to 19 do
     for y: = 0 to 33 do                    //关键分析 2
       begin
         z: = 100 - x - y;
         if 5 * x + 3 * y + z/3 = 100 then
           begin
             p: = format('%3d                %3d %3d',[x,y,z]);
             memo1.Lines.add(p);
           end;
         end;
end;
//******** 单击"清除"按钮事件代码 **************** //
procedure TForm2.Button2Click(Sender: TObject);
begin
  memo1.Text: = '';
end;
```

4) 程序分析

关键分析 1：设公鸡 x 只，母鸡 y 只，小鸡 z 只，依题意，列出以下方程组。

$$x+y+z=100 \tag{1}$$

$$5x+3y+z/3=100 \tag{2}$$

由于两个方程式中有三个未知数，属于不定方程，无法直接求解。可以用“穷举法”来进行“试根”，即将各种可能的 x、y、z 组合一一进行测试，将符合条件者输出即可，考虑到公鸡最多只能买 19 只，母鸡最多只能买 33 只，所以可设计出双重循环程序。

关键分析 2：在设计和编写多重循环时，应注意以下两个问题。

(1) 内、外层循环体只能嵌套，不能交叉。

(2) 不同层的循环变量不能同名，但同一层并列循环变量可以同名。

5. 循环的中断

在某些特殊情况下，需要中断正在执行的循环，可以使用 break 语句或 continue 语句。break 语句或 continue 语句可以放在循环体的任意位置，通常放在 if 语句之后。

执行 break 语句的结果是：跳出整个循环，执行<循环体>之后的语句。

执行 continue 语句的结果是：跳出本轮循环，然后判断循环条件是否成立，再决定是否开始新一轮的循环。

【例 2.7】 从自然数 1 开始，计算不能被 3 整除的正整数的个数，并将这些正整数进行求和，要求总和不能超过 32 767。最后输出参加求和的最大数 n、1～n 不能被 3 整除的个数及 1～n 不能被 3 整除的累加和。

1) 界面设计

使用 Button、Edit、Label 组件即可完成界面设计，用户界面如图 2-8 所示。

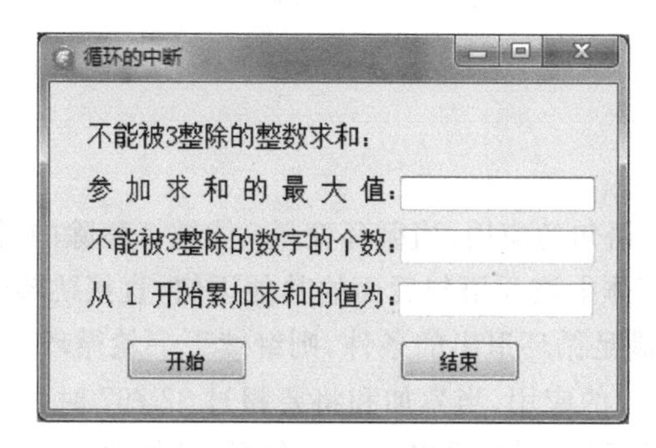

图 2-8　“循环的中断”操作界面

2）属性设置

各组件的属性设置如表 2-23 所示。

表 2-23　窗体及组件属性设置

对象	属性	属　性　值	说　　明
Label1	Caption	不能被 3 整除的整数求和：	标签的内容
Label2	Caption	参加求和的最大值：	标签的内容
Label3	Caption	不能被 3 整除的数字的个数：	标签的内容
Label4	Caption	从 1 开始累加求和的值为：	标签的内容
Edit1	Text	空白	显示参加求和的最大值
Edit2	Text	空白	显示不能被 3 整除的整数个数
Edit3	Text	空白	显示从 1 开始累加求和的值
Button1	Caption	开始	按钮的标题
Button2	Caption	结束	按钮的标题

3）程序设计

```
//******** 单击"开始"按钮事件代码 *************** ** //
procedure TForm1.Button1Click(Sender: TObject);
var
  i,k,t: integer;
begin
  t: = 0;k: = 0;i: = 0;
  repeat
    i: = i + 1;
    if i mod 3 = 0 then
      continue;                                    //关键分析 1
    if t + i > 32767 thenC
      break;                                       //关键分析 2
    t: = t + i;
    k: = k + 1;
  until false;                                     //关键分析 3
  edit1.Text: = inttostr(i - 1);
  edit2.Text: = inttostr(k);
  edit3.Text: = inttostr(t);
end;
procedure TForm1.Button2Click(Sender: TObject);
begin
  edit1.Text: = '';
```

```
    edit2.Text: = '';
    edit3.Text: = '';
  end;
```

4) 程序分析

关键分析1：continue语句的应用，当循环变量i能被3整除的时候，continue语句将中断本轮循环，即不再运行循环体中该if语句后面的其他语句，直接跳转到循环尾until语句，进行循环条件的判断；如果不满足循环退出的条件，则继续下一轮循环。

关键分析2：break语句的应用，当累加和将要超过32 767时，break语句中断整个循环的执行，即不再执行循环体的任何语句，退出repeat循环，开始执行until后面的语句。

关键分析3：特殊的循环退出条件，repeat循环的循环尾until后面是循环退出的条件，即如果该条件表达式的值为true，将退出循环。而在本例中，该表达式就是逻辑值false，在这种特殊的情况下，循环在这里永远不可能满足退出条件。为了不造成死循环，必须在循环体内设置退出循环的break语句。

2.7 程序异常处理与调试技术

在Delphi XE8中有两种程序错误：一种是编译错误，在程序编辑阶段就可以由编译器发现并给出提示；另外一种是运行错误，这类错误不能在编译阶段查出，只能在程序执行时发现，称为运行错误。Delphi XE8提供了一种机制来处理运行错误，保护程序的正常执行，这种机制就是异常处理。异常处理的方法是把正常的执行程序同错误的处理程序分离开来，这样可以保证在没有错误时，程序正常执行，当发生错误时，执行错误处理部分的程序，然后程序跳出保护模块，继续执行后续的程序

Delphi XE8对应用程序中经常产生的异常在SysUtils、DB、ComCtrl等多个库单元中进行了定义。如果在应用程序的uses部分引用了这些库文件，则在遇到错误时，系统会自动提交异常，一般会弹出一个错误信息对话框，报告发生错误。用户可以定义自己的异常处理模块，产生自定义的异常处理消息，也可以定义自己的异常处理类，用来响应特殊的程序异常。

异常处理也是Object Pascal程序语言不可或缺的一环，事实上，真正完善的应用程序，都需要以“异常处理”作为它完美表现的后盾。

2.7.1 异常处理的目的

什么是异常处理？假设导弹发射的工作正在进行中，而发射的程序设定是在点火后让它升空飞行，然而导弹发射控制导弹飞行的系统发生了某种错误，而系统程序又不负责处理它，将导致不开估量的后果。试问这种情况该如何处理？为避免这种情况发生，就需要用到异常处理。

虽然举这样的例子有些夸大其词，但实际上我们所开发的应用程序若在执行时发生了程序不负责处理的错误，对于用户而言，其损失恐怕难以预料。为了避免程序在执行中出现可能超乎预料结果而导致错误的状况，对这些异常的状况做妥善的处理，不让异常的状况造成错误的结果，致使程序异常停止，这就是异常处理存在的目的。

或许读者会认为所开发的程序是可以执行的，因此不需要异常处理，然而当程序编译后没有错误发生时，并不表示程序就完美无缺，事实上某些异常状况是在执行中才发生的。除此之

外，有时程序还会受软、硬件环境的影响而发生程序异常的情况。例如，由磁盘驱动器访问数据时，就可能发生 I/O 访问的问题，而无法顺利访问的异常状况，就可能导致程序错误，因此。异常处理，可以说是预防程序执行时发生异常而中断的一道防线，通过异常处理可以设法让程序避开异常的发生，不让它异常中断；或者在中断程序前，对数据做适当的处置，而不致丢失重要的数据。

2.7.2 Object Pascal 异常的种类

以 Object Pascal 的异常处理而言，每个异常都可视为一个对象，因此当异常发生时，也就是产生了某个异常类的对象，但是这个对象的生命周期只限在异常处理的语句中。也就是说，当程序离开异常处理的语句时，异常对象的实体就会从内存中释放。而针对不同的异常状况，就会产生不同的异常，并且有不同的表现。

在 Delphi XE8 中，所有异常的基类是 Exception 类。该类是所有其他异常类的祖先，即所有其他的异常类都是由该类派生而来，异常基类 Exception 类的属性和主要方法如下。

1. 属性

Exception 类有两个基本属性：HelpContext 和 Message。

1）Exception. HelpContext 属性

该属性的定义如下：

```
TypeThelpContext = - MaxLongint..MaxLongint;
Property HelpContext: ThelpContext;
```

HelpContext 是 ThelpContext 类的一个实例，它提供了与异常对象联系在一起的上下文相关帮助信息的序列号。该序列号决定当发生异常时用户按 F1 键显示的一个异常错误的帮助信息。注意不是所有的异常错误都能提供帮助序列号，只有某些方法例如 Exception. CreateFmt、Exception. CreateHelp 等，这些方法在稍后介绍。

2）Exception. Message 属性

该属性的定义如下：

```
property Message: string
```

该属性存储异常发生时的错误信息。可以通过该属性在提示错误对话框中显示错误信息字符串。

2. 方法

Exception 类除了继承 Tobject 类的一些方法外，还有自己独特的方法。这些方法都可以被其派生类继承，用来产生相应的动作。

1）Exception. Create 方法

该方法的定义形式为：

```
Constructor Create(Const Msg: String);
```

该方法用来产生一个带有一条简单提示信息的对话框，对话框中的提示内容由 Msg 提供。Msg 可以是一个已经编码的字符串，也可以是一个能返回字符串的函数。

2）Exception. CreateFmt 方法

该方法的定义格式如下：

```
Constructor CreateFmt(Const Msg: String;Const Args: Array of Const) ;
```

该方法用来产生一个带有格式化字符串提示信息的对话框,格式化的字符串由 Msg 和 Args 数组共同提供,其中,数组 Args 负责提供用于格式化的数值。例如,可以使用类似下面这样的结构:

```
EMyException.CreateFmt( '%d不在%d..%d范围内',[100,0,99]);
```

该方法将产生一个“100 不在 0..99 范围内”的格式化字符串。

3) Exception. CreatHelp 方法

该方法的定义格式如下:

```
Constructor CreateHelp(Const Msg: String; AhelpContsxt: Integer) ;
```

该方法产生一个带有一条简单提示信息和上下文帮助序列号的提示对话框。其中,Msg 参数包含显示在异常对话框中的运行错误信息;AhelpContext 参数包含一个限定异常错误信息上下文帮助序列号。

异常类的种类主要可以分为两大类,一种是 Delphi XE8 内建的异常类,另一种则是程序员自定义的异常类。

1) Delphi 内建的异常类

Delphi 内建的异常类有很多,但基本上各种异常类都是继承自 Exception 类,而 Exception 类则继承自 TObject 类,它们全都定义于 Sysutils 这个资源文件里,然而异常类并不同于一般的类,因此 Delphi 内建立异常类其标识符的第一个字母都是 E,如此就能很容易地辨认出此种类。以下就以表格列出 Delphi 提供的异常类,并且简要叙述各种异常的作用,如表 2-24 所示。

表 2-24 内建异常类

内建异常类	发生此种异常的情况
Eabort	静静地触发异常而不会显示任何信息对话框,调用 Abort 函数会触发此异常
EabstractError	程序企图去调用一个纯虚拟方法时产生此异常
EaccessViolation	无效的内存处理操作
EassertionFailed	当带入 Assert 函数的参数(属 Boolean 类型)的值为 False 时
EcontrolC	于 Console 模式的应用程序中按 Ctrl+C 键时
EconversionError	几何方法的转型错误
EconvertError	字符串和对象方面的转型错误
EdivByZero	整数除以 0 的错误
Eexternal	捕获 Windows 系统的异常记录时
EexternalException	无效的异常程序代码
EinOutError	文件输入、输出的错误
EintfCastError	接口制定的错误
EintOverflow	整数计算后的结果超过所配置的 register
EinvalidCast	无效的 typecast
EinvalidOp	未定义的浮点操作
EinvalidPointer	无效的指针操作
EmathError	浮点数学上的错误
EOSError	操作系统运行的错误

续表

内建异常类	发生此种异常的情况
EoutOfMemory	无法成功配置内存
Eoverflow	浮点 register 溢位
EpackageError	封包关联上的错误
Eprivilege	处理程序特权违法
EpropReadOnly	以 OLE 自动写入属性的操作无效
EpropWriteOnly	以 OLE 自动读取属性的操作无效
ErangeError	整数的值超出所声明的范围
EsafecallException	因使用了 safecall 这种函数调用所产生的常规问题
EstackOverflow	堆栈过多的错误
Eunderflow	其值太小而无法以某个浮点变量代表
EvariantError	与 Variant 数据类型有关的错误
Ewin32Error	Windows 系统方面的错误
Exception	所有运行时异常的基础类型
EzeroDivide	浮点数除以 0 的错误

2）自定义异常类

虽然 Delphi 内建的异常类有很多，但是这些类不一定完全符合开发程序的需求，这时可以自定义一个异常类，然而异常类和一般的类的自定义有些细微的差别，它必须继承内建类。

事实上，自定义的异常类必须继承内建的 Exception 类，或者继承 Exception 的某个子类才行。除此之外，自定义异常类的语法和自定义一般类的语法并没有不同，以下就是自定义异常的一个例子。

【例 2.8】 自定义异常类实例。

1）界面设计

创建一个新的工程，在窗体中添加一个 Button 组件，再添加 4 个 Label 组件和三个 Edit 组件，各组件属性设置如图 2-9 所示。

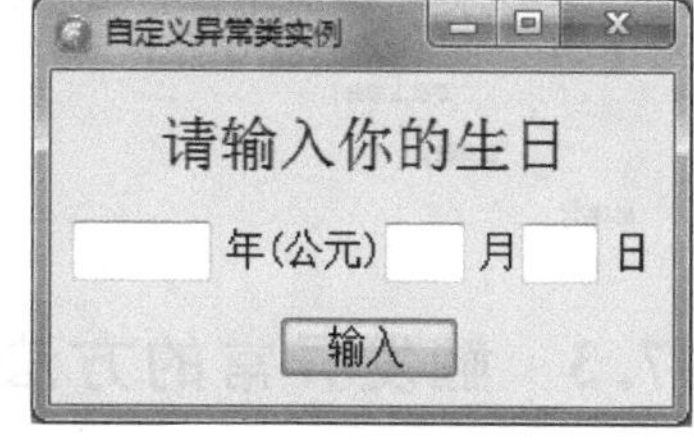

图 2-9 “自定义异常类实例”界面

2）程序设计

```
implementation
{ $R *.dfm}
type
  Eyearmeanerror = class(exception)                    //自定义的异常类
    function transformyer(yearstr: string): string;
  end;
function Eyearmeanerror.transformyer(yearstr: string): string;
begin
  if strtoint(yearstr)> strtoint(copy(datetostr(date),0,4)) then
  begin
    showmessage('目前最晚只到' + #13 + '公元' + copy((datetostr(date)),0,4) + '年');
    yearstr: = copy(datetostr(date),0,4);
  end
  else
  begin
    if strtoint(yearstr)<= (strtoint(copy(datetostr(date),0,4)) - 1911) then
    begin
```

```
        showmessage('使用的是"公元"年');
        yearstr: = inttostr(strtoint(yearstr) + 1911);
      end
      else
        yearstr: = '';
    end ;
    result: = yearstr;
  end;
  procedure TForm1.Button1Click(Sender: TObject);
  var
    thedate: tdatetime;
  begin
    try
      thedate: = strtodate(edit1.Text + '-' + edit2.Text + '-' + edit3.Text);
      if (length(edit1. Text)< 4) or (strtoint(edit1. Text)> strtoint(copy(datetostr(date), 0,
  4))) then
        raise eyearmeanerror.Create('日期有误');
          showmessage('你的生日是公元' + datetostr(thedate));
        except
        on e: econverterror do                     //捕捉内建的 Econverterror 异常
          messagedlg('输入的不是数字' + #13 + '或日期不符合事实' + #13 + '年不可以大于 9999!',
  mterror,[mbok],0);
        on e: eyearmeanerror do                    //捕捉自定义的 Eyearmeanerror 异常
        begin
          messagedlg(e.Message,mterror,[mbok],0);
          edit1.Text: = e.transformyer(edit1.Text);
        end;
        else
          raise;                                   //raise 其他异常
        end;
  end;
```

2.7.3 触发异常的方法

当程序在执行中产生可能出现的异常情况时,要设法找出并触发这个异常,然后做适当的处理,否则异常的产生可能会使程序中断离开,无法再回到异常产生前的状况,继续执行程序,一旦中断程序,之前执行程序所处理的数据,就可能毁于一旦。也就是在预期的控制中触发异常,然后设法将异常排除,再由异常发生点继续执行程序。

至于触发异常的方法,主要可分为两种:一种是由程序系统自动触发,一种则是利用 raise 指令触发。以下就分别介绍这两种触发异常的方法。

1. 由程序系统自动触发

只要属于 Delphi 内建类的异常产生时,程序系统就会在当下自动触发它们,并捕捉其信息,然后将异常的信息以对话框显示出来,这些是一般公认的异常状况,即使不对这些异常做处理,程序系统也会帮我们做处理,然后让程序再继续执行下去,这样程序就不会在当时异常中断,而出现意料之外的问题。

不过程序系统所做的只是一般的处理,通常仅是避开执行会发生异常的程序代码,而不会排除掉异常发生的原因。故若保持原来的状态再做同样的执行操作,仍旧会触及同样的异常,却无法执行下一步的程序。因此为了让程序执行更顺畅,并且让用户更容易使用应用程序。即使是程序系统自动触发的异常,也应该主动去处理,设法去除导致异常的原因。或者给予用户更明确、更人性化的提示，尽量不要让用户感到任何操作上的困难，并且避免异常重复发生而浪费不必要的时间。

2. 使用 raise 指令触发

除了由程序系统自动触发异常之外，当然还可以根据需要，自行触发某个异常，也就是让异常对象产生之后再对异常做处理。而自行触发异常的方式，就是使用 raise 指令，其语法如下：

```
raise 异常对象实体
```

【例 2.9】 raise 指令触发异常实例。

1）界面设计

创建一个新的工程，在窗体中添加一个 Button 组件，再添加一个 Label 组件和两个 Edit 组件，各组件属性设置如图 2-10 所示。

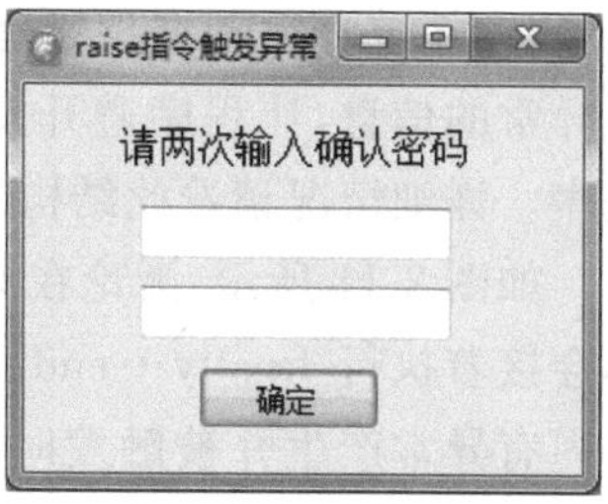

图 2-10 “raise 指令触发异常”界面

2）程序设计

```
implementation
{ $R *.dfm}
type
  Epasswordinvalid = class(Exception);
procedure TForm1.Button1Click(Sender: TObject);
var
  Gpassword: string;
begin
  if edit1.Text <> edit2.Text then
  begin                                        //关键分析
    raise EpasswordInvalid.Create('由程序员显示异常信息' + #10 + #13 + '密码输入有误!');
    edit2.Text: = '';                          //此行永远不会被执行
  end
  else
  begin
    Gpassword: = edit1.Text;
    showmessage('密码设定完成');
  end;
  showmessage('欢迎光临!') ;                   //前面不产生异常时,此行才会执行
end;
```

3）程序分析

关键分析：raise 指令触发异常时，一定要在异常处理的语法区(例如：try…except)之中，否则当异常被触发时，程序并不会执行 raise 指令之后的语句。以本例而言，当 raise 指令触发异常时，程序就不会像平常一样继续往下执行。因此本例的 raise 指令触发异常时，将有两行程序不会执行到(如程序代码注释)。

换言之，无论如何，只要 raise 指令不是用于异常处理的语法区，而该行 raise 指令确实触发了异常，其后的程序代码就无用武之地了。因此，不要将 raise 指令当成一般语句使用，它必须配合异常处理语法来使用，以避免产生出乎意料的执行情况。

2.7.4 处理异常情况

Object Pascal 程序语言中，专门用来处理异常情况的语句主要有两种，一种是 try…except…end 结构，另一种则是 try…finally…end 结构。虽然两者都是用于异常处理，但这两种语句的执行情况不同，因此对异常的处理方式也不一样。

此外,由于 Delphi XE8 在程序设计时提供了调试器(Debugger),因此当程序执行时若发生异常状况,调试器将发挥功能,让程序停在异常发生点,并且提示调试的方法,方便找出问题所在。然而这样程序就无法如实展现异常处理的情况,而且这个应用程序若不在 Delphi 环境下执行,也不会有调试器存在。因此在设计异常处理程序时,可选择 Tools|Debugger Options|General 选项,然后取消 Integrated debugging 选项,这样才能看到异常处理的效果。

设定好异常处理程序的环境后,接着就分别来讲述两种语法的意义,以及两者执行的情况。

1. try…finally…end 结构

使用 try…finally…end 语法来做异常处理,只需要触发异常,程序系统将自动捕捉被触发的异常,然后以信息对话框显示出异常的信息,让程序避开发生异常的程序代码,然后向下执行程序。详细情况请看此结构的执行方式,如图 2-11 所示。

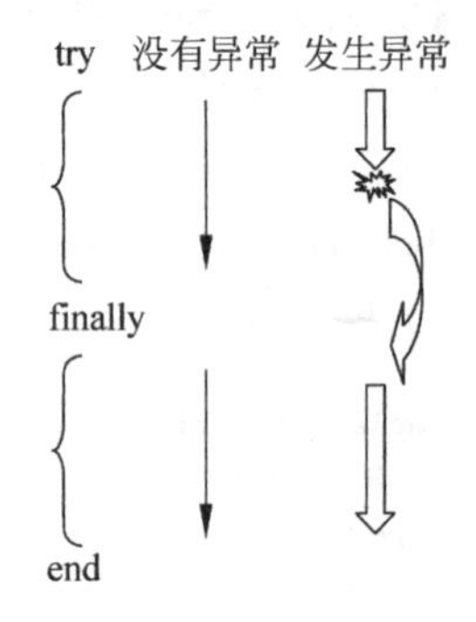

图 2-11 try…finally…end 执行方式

如图 2-11 所示,无论在 try…finally 区内是否有异常被触发,都会接着执行 finally…end 区的语句。然而若是在 try…finally 区内有异常产生并被触发时,就会由异常发生点跳转此区域,转而执行 finally…end 区的所有语句。

try…finally…end 的一般结构为:

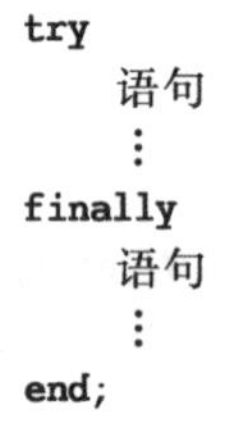

```
try
    语句                                          //预期可能产生异常的语句
    ⋮
finally
    语句                                          //无论是否发生异常都要执行的语句
    ⋮
end;
```

由上述语法可知,此结构中可以编写语句的区域有两个,而且其内语句使用目的并不相同,以下将分别进行说明。

1) try…finally 区中的语句

本区可包含多个语句,但这些是可能造成异常情况的语句。而此处产生的异常,包括由程序系统自动触发及程序员使用 raise 指令触发的异常。而无论使用 raise 指令,还是由程序系统自动触发的异常,程序系统都会在其后的 finally…end 区执行完了的时候,自动捕捉被触发的异常,并且将异常信息显示出来。

2) finally…end 区中的语句

本区也可以有多个语句,但是不要在本区使用 raise 指令,因为在上一区中由程序系统或 raise 指令触发的异常,其异常实体将存在本区,并在 end 关键字前显示异常信息。倘若在本区使用 raise 指令,则不管在 try…finally 是否有异常触发,都会执行 raise 指令,并且显示异常信息,请勿在这个区域使用 raise 指令。

3) try…fianally…end 结构的应用

【例 2.10】 前面已经介绍了 try…fianally…end 语法的结构和此种语法执行的方式,接下来将举一个实例,这样就能更加清楚 try…fianally…end 语法的实现方法。

(1) 界面设计

创建一个新的工程,在窗体中添加一个 Button 组件,再添加一个 Label 组件和一个 Edit 组件,各组件属性设置如图 2-12 所示。

图 2-12　try…finally…end 实例运行界面图

(2) 程序设计

```
procedure TForm1.Button1Click(Sender: TObject);
var
  i: ^integer;
  res,y: double;
begin
  try                                              //关键分析
    new(i);                                        //申请内存给动态变量,并令 i 指针指向此内存
    i^: = strtoint(edit1.Text);
    y: = 3.1415926;
    res: = y/i^;
    label1.Caption: = '3.14159 div ' + inttostr(i^) + ' = ' + floattostr(res) ;
  finally                                          //此区必定会执行
    showmessage('现在释放 i^所占内存');
    dispose(i);                                    //释放 i 变量指向的实体,避免占用内存空间
  end;
end;
```

(3) 程序分析

关键分析：本例执行到 try…finally 区域时，首先申请内存给动态变量，然后将 Edit1. text 中的字符串转换为整数。然而用户却有可能输入了中、英文文字，而不是数字，如此就会造成“类型转换”的异常问题，如输入 abc，而此时程序系统会自动触发内建的 EconvertError 异常，然后在执行完 finally…end 区的语句时，立即处理异常，并且以对话框显示异常信息，如图 2-13 所示。

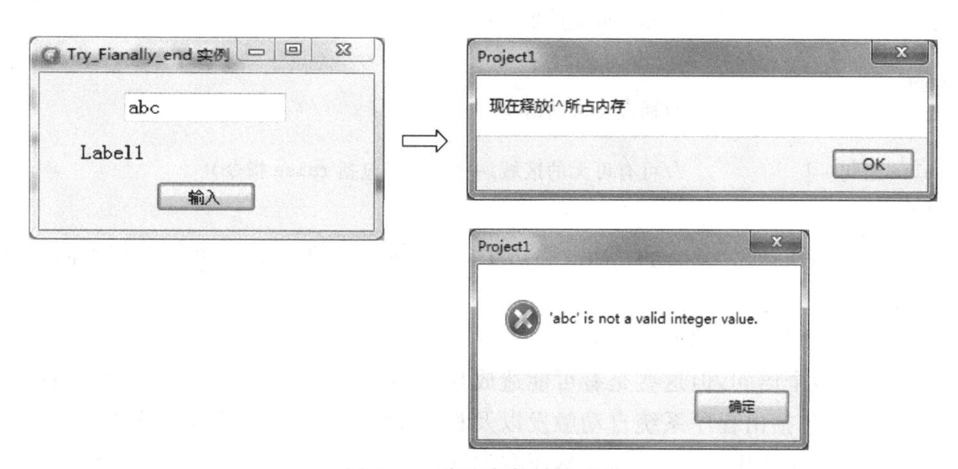

图 2-13　非法字符转换异常

除了上这种异常,本例还可能由程序系统自动触发另一种内建异常,那就是当用户在输入对话框中输入"0"这个数字时,将造成"浮点数除以0"的异常,而同样地,程序系统也会自动触发并处理它,如图 2-14 所示。

finally…end 区内的语句,不管发不发生异常都将执行,如果程序正常执行没有发生异常将不弹出任何对话框。

2. try…except…end 结构

使用 try…except…end 语法来处理异常时,可让程序员自行捕捉异常,然后根据异常的类型不同,对异常做不同的处理操作。下面通过此种语法的执行方式以及语法中各区域包含的语句,来了解此种语法如何让程序员捕捉并处理异常。先来看它运行的方式,如图 2-15 所示。

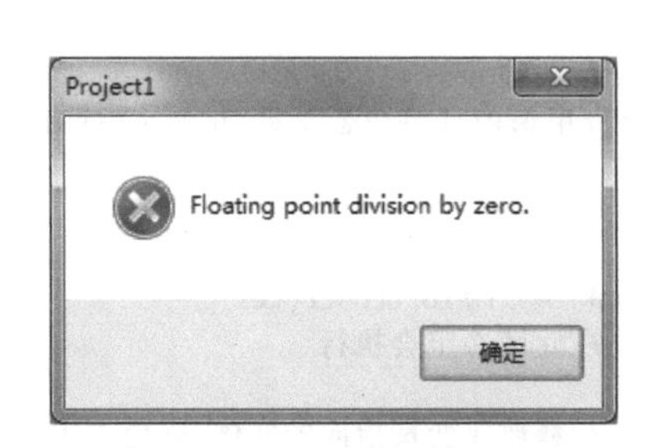

图 2-14 浮点数除以 0 异常

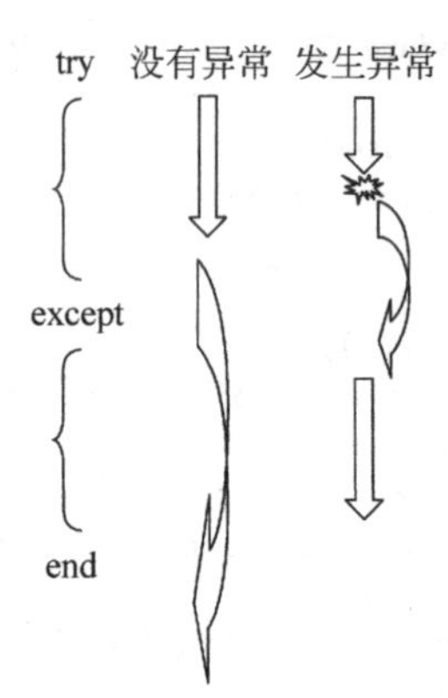

图 2-15 try…except…end 执行方式

整个 try…except…end 语法的运行方式,如图 2-15 所示。当 try…except 区内没有异常被触发时。此区程序执行完之后,会跳过 execpt…end 区内的程序代码而离开 try…except…end 区域,直接执行其后的程序代码。反之,若 try…except 区内有异常被触发,则在触发异常的情况下,就立即由异常产生点跳出 try…except 区,转而执行 except…end 区的程序。

try…except…end 的一般结构为:

```
try
  语句                    //预期可能产生异常的语句
  …
except
  语句                    //捕捉异常的语句
  …
  [else 语句 … ]          //可有可无的区域,一般语句(包括 raise 指令)
end;
```

由上述语法可知,try…except…end 语法中,各区域所允许包含的语句类型不同。下面将分别进行说明。

1) try…except 区中的语句

本区可以有多个语句,但这些是有可能造成异常情况的语句,而这里可能产生的异常,就如之前所描述的,包括由程序系统自动触发以及程序员使用 raise 指令去触发的异常,故在本区可根据状况条件来使用 raise 指令。然而在本区使用 raise 指令,或者由程序系统自动触发某些异常时,程序系统并不一定会自动处理这些异常,这时程序就有可能会异常中断,因此需要 except…end 区中捕捉异常,并且对异常做适当的处理;或者也可仿照 try…finally…end 语法，在 except…end 区对 try…except 区内被触发的异常做再次触发的操作，即再次使用 raise 指令，由程序系统自动捕捉异常，以信息对话框显示出异常的信息，然后让程序避开异常，而不致于中断程序。

2）except…end 区中的语句

在 except…end 区中，可以有多个语句，但此处主要是放置用来捕捉异常的语句，事实上，捕捉异常的语句也只能置于此处。然而，什么是捕捉异常的语句？其目的是让程序仍自行捕捉异常，根据异常的类型决定要做的处理操作，而此种语句也有它特定的语法：

```
On 异常对象标识符: 类型 do //异常对象标识符可有可无
语句;
//(on identifier: type do statement)
```

上述语法是表示当指定类型的异常被触发时，就执行保留字 do 后面这个语句。反之若没有这种类型的异常被触发，则不会执行 do 后面的语句。此语法中的“异常对象标识符”，是让程序员在捕捉异常实体的同时，定义一个参考此实体的标识符(identifier)，倘若不需要则可以省略它。但如有一个对象标识符参考了捕捉到的异常实体，就可以在捕捉到异常之后，利用此对象标识符去访问或取用异常对象的属性、方法等。

另外，在捕捉异常的语句之后，还可以有一个 else 区，在这个区域内可以有一般的语句(包括 raise 指令)，虽然 except…end 区可能允许一般语句存在(包括 raise 指令)，但有一定的限制，此外，本区内的 raise 指令并不会让程序跳出执行点。

若本区域内没有 else 区域时，只要其内有捕捉异常的语句存在，就不允许有一般语句(包括 raise 指令)；倘若本区内有 else 区，则除了 else 区域之外，并不允许有一般语句存在于 except…else 区域，否则将导致编译错误。

当本区内有 else 区时，此区域和前面捕捉异常的语句必须视为一个整体，其意义类似 case…of…else 语法。也就是说，当被触发的异常并不在欲捕捉的异常之列时，程序就会做 else 区内的处理操作。

说明：在本区内使用 raise 指令时，若做的是 reraise 的操作(try…except 内已 raise 此异常)，则 raise 保留字之后可以不指定对象实体。只要写 raise 即可，而它会直接再引发之前于 try…except 产生的异常。

3）try…except…end 结构的应用

前面已经介绍了 try…except…end 语法的结构和此种语法执行的方式，接下来将举一个实例，这样就能更加清楚try…except…end 语法的实现方法。

【例 2.11】　异常处理实例。

(1) 界面设计

创建一个新的工程，在窗体中添加三个 Button 组件，各组件属性设置如图 2-16 所示。

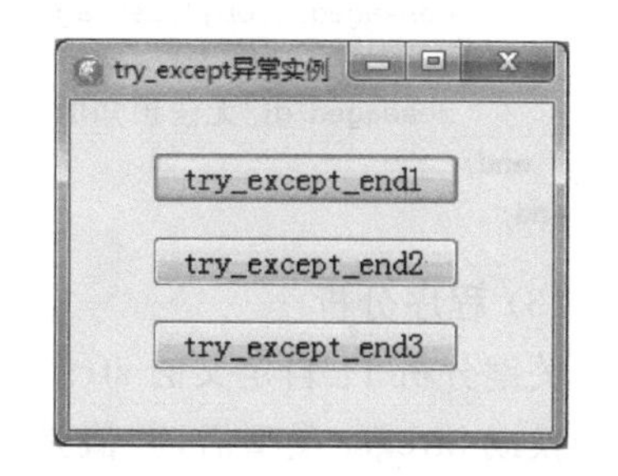

图 2-16　“try…except 异常实例”界面

(2) 程序设计

代码如下。

```
function strtointrange(const s: string;min,max: longint): longint;    //关键分析 1
begin
  result: = strtoint(s);
```

```
  if (result<min)or(result>max)then
    raise ERangeError.CreateFmt('数值%d不在%d跟%d之间',[result,min,max]);
         //参数中三个"%d"依次代入其后数组的元素值
end;
procedure TForm1.Button1Click(Sender: TObject);                    //关键分析2
begin
  try
    strtointrange('5',1,10);
  except
    on e: erangeerror do
      messagedlg(e.Message,mterror,[mbok],0);
  end;
end;
procedure TForm1.Button2Click(Sender: TObject);                    //关键分析3
begin
  try
    strtointrange('123',1,10);
  except
    on e: erangeerror do
      messagedlg(e.Message,mterror,[mbok],0);
  end;
end;
procedure TForm1.Button3Click(Sender: TObject);                    //关键分析4
var
  a,b: integer;
begin
  b: =0;
  try
    if(b=0) then
      raise ezerodivide.Create('错误!除数不得为0!')
    else
      a: =10 div b ;
    showmessage(inttostr(a));
  except
    on obj1: ezerodivide do
      messagedlg(obj1.Message,mterror,[mbok],0) ;
    on obj2: eexternal do
      messagedlg(obj2.message,mterror,[mbok],0);
    else
      messagedlg('无法预知的错误!',mterror,[mbok],0)
  end;
end;
```

(3) 程序分析

关键分析1：自定义的strtointrange函数，其目的是要检查s参数传入的字符串(String)在转换成integer类型后，其值是否在min参数与max参数值范围之内，如果不是，就会由raise指令触发ERangeError这种内建异常。

关键分析2：Button1的OnClick事件过程中，在异常处理的语法中调用StrTointRange函数，传入的s参数在转换为integer类型后，其值不超出min参数至max参数值的范围，因此不会触发异常。

关键分析3：Button2的OnClick事件过程中，在异常处理的语法中调用StrTointRange函数，传入的s参数在转换为integer类型后，其值不在min参数至max参数值的范围内，所以触发了 ERangeError 异常，其执行状况如图 2-17 所示。

图 2-17 Button2 执行结果

关键分析 4：Button3 的 OnClick 事件过程中，由于 b 是一个变量，因此其值有可能为 0，则程序在运算出变量 a 的值时，就有可能遇到“整数除以 0”的错误，显然程序系统会自动触发此种异常，然而程序系统并不一定都会在异常产生点立即触发此种异常。以本例而言，若只是：

```
a: =10 div b;                                                    //b的值为0
```

并不会立刻触发异常，必须等到读取 a 变量的值时，如本例这行程序：

```
Showmessage(inttostr(a));
```

程序系统才会自动触发 EZeroDivide 这个异常。这算是一种特殊的情况，因此为了确保实时触发这个异常，本例才在设计的条件语句中，以 raise 指令触发 EZeroDivide 异常。如此时还未读取到 a 变量，也不会放过 EZeroDivide 异常的发生，其执行状况如图 2-18 所示。

图 2-18 Button3 执行结果

2.7.5 程序调试

Delphi XE8 提供了一个功能强大的内置调试器(Integrated Debugger)来帮助对程序的运行状态进行跟踪和调试。该调试器可以方便地查找程序中出现的运行时间错误和逻辑错误。所谓运行时间错误是指程序能正常编译但在运行时出错。逻辑错误是指程序设计和实现上的错误。程序语句是合法的，并顺利执行了，但执行结果却不是所希望的。对于这两类错误，调试器都可以快速定位错误，并能通过对程序运行的跟踪和对变量值的监视寻找错误的原因和解决途径。

1. 调试的准备

调试的准备工作有下面几个方面。

1) 激活内置调试器

要能对程序进行调试，首先必须使内置的集成调试器处于活动状态。方法是：在 Delphi 集成开发环境中，选中 Tools|Debugger Options|General|Integrated Debugging 复选框。默认情况下该框被选中。

2) 设置编译和调试选项

默认情况下,Delphi XE8 对有些错误和信息不给出调试信息。可以改变 Delphi 的默认设置。单击 Project|Options|Compiler 选项,如图 2-19 所示。

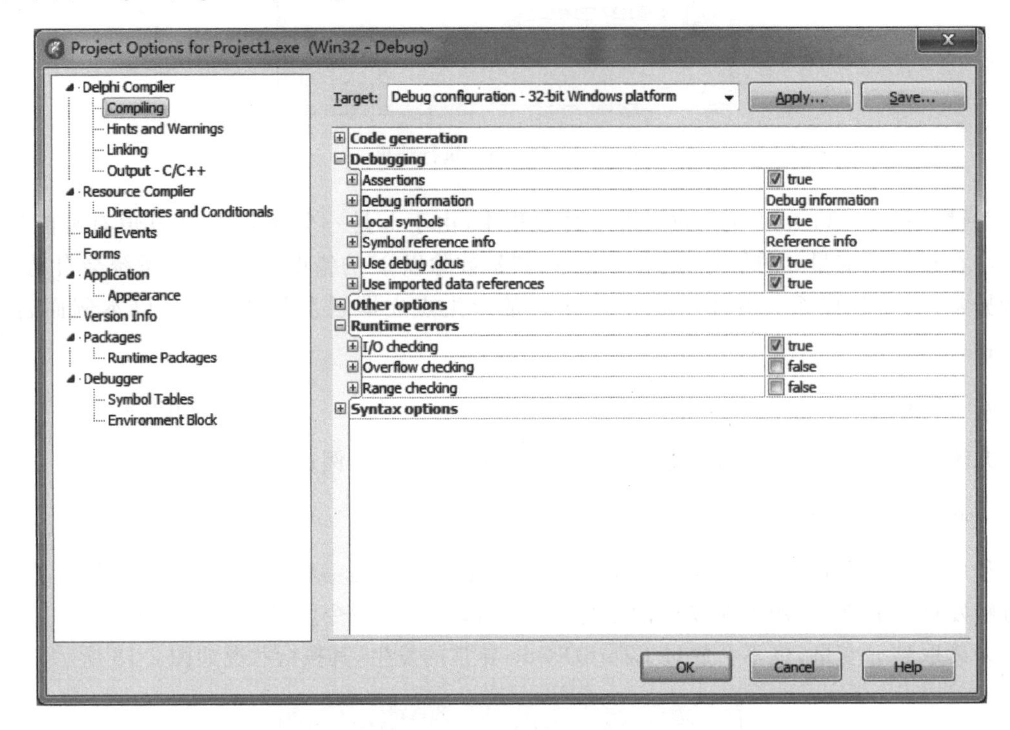

图 2-19 Compiler 对话框

(1) Runtime Errors 区域

在该区域设置需要额外进行检测的运行错误。

Range checking:检查数组或是字符串的下标是否越界,默认时不检测。

I/O checking:检测输入输出错误,默认检测

Overflow checking:整型操作溢出检测,默认不检测。选中该复选框调试器将对整数运算是否溢出做检测,默认的情况下不报告错误。

(2) Debugging 区域

设置调试的信息。默认时几乎全部选中。一般无须改变该区域的选项设置。

Debug information:表示产生调试信息。如果 Debug Information 选中会在单元文件(.dcu)中放置调试信息,文件字节变大但不影响速度。

Local symbols:产生局部变量的调试信息。Local symbols 选中会添加与所在类、过程、函数及对象方法中定义的标识符等有关调试信息。在程序调试时调试器会使用这些信息,但这些信息不会添加到可执行文件中。除非在 Project|Options|Linker 页面中选中 Include TD32 Debug Info 选项,选中了此选项就可以使用 TD32 来调试。TD32 是 Borland 公司的另外一个专用于调试的软件产品(Turbo Debugger for Windows)。

Reference info/Definitions only:用来产生供 Code Browser, Code Explorer and Project Browser 使用的标识符引用信息。如果 Reference Info 和 Definitions Only 都被选中,表示编译器将记录标识符定义位置的信息。如果仅选中了 Reference Info,表示编译器不仅记录标识

符定义的位置，同时将记录标识符被引用的信息。如果不选中 Debug Information 和 Local Symbols 选项，仅选中该选项将不起作用。例如，想查看单元中某个变量的声明位置，可以在引用该变量的位置，单击鼠标右键，然后在弹出的菜单中选择 Find Declaration 选项则自动定位到变量的声明处。

Assertions：产生断言的调试代码。

Use Debug DCUs：使用连接的 dcu 文件作为调试路径。必须在 Tools | Debugger Options | General 页中指定调试文件的路径。一般不选中该项。

(3) Hintand Warnins 选项

该区域设置除了显示错误的调试信息外，还需要显示的其他调试信息。

Output Hints：使编译器产生提示信息。例如，检测在过程或函数中声明了但一直没有使用的变量信息，或者无效的引用信息等。

Output Warnings：使编译器产生警告信息。例如，类型转换警告，变量未初始化警告等。

(4) 编译程序发现编译错误

在调试之前，必须先编译通过。可以选择 Project | Complie＜工程名＞选项对工程进行编译，检测编译错误。也可以按 Ctrl＋F9 键执行同样的操作。默认情况下，如果有错误或是警告和提示信息则显示在 Message 列表框中。

2. 控制程序的执行

Delphi 程序的调试命令都集中在 Run 菜单下。可以三种方式进行调试：Step Over(F8)单步执行调试、Trace Into(F7)跟踪调试或使用 Run To Cursor(F4)运行到光标所在处。

Step Over 一次执行一行语句，碰到调用过程时也是一步就执行过去，不会跟踪到过程的内部代码中去逐行执行。Trace Into 则是在碰到过程或函数时跟踪到它们的内部，可以对其内部代码进行调试。Run To Cursor 则从当前运行位置直接运行到光标所在的位置，如果光标所在的位置和当前运行位置处在不同的事件代码中，则不能直接运行到光标处，只有当发生了该事件才可以继续执行。

如果能确保过程或函数不会出现问题，则可直接用 Step Over 命令，否则要用 Trace Into 去跟踪内部代码。

3. 使用断点

断点(BreakPoint)就是使程序运行中断的点。在一个应用程序中可以设置多处断点，当程序运行到断点处，会暂停执行，等待进一步的命令。此时可以查看变量的值，也可以使用 Step Over 和 Trace Into 命令继续执行程序。设置断点比使用单步调试、跟踪调试和运行到鼠标处调试都要方便，因为可以仅在需要程序暂停的位置设置断点，然后使用 F9 键直接运行到断点处，不必像 Step Over 一样每次只能执行一行语句，也不必像 Run To Cursor 每次只能在程序中设置一个暂停位置。

1) 断点的设置

有多种方法可以设置断点：

(1) 单击选定代码行左边的空白。

(2) 在光标所在的行处按 F5 键。

(3) 使用 Run | Add Breadpoint | source breakpoint 命令打开断点编辑对话框，在 Line Number 处输入需要加断点的行号即可。

断点必须位于可执行代码行上，凡设置在注释、空白行、变量说明上的断点都是无效的。

另外，断点既可以在设计状态下设置也可以在运行调试状态下设置。

一个有效(Enable)的断点默认的情况下该代码行显示为红色，一个无效的(Disable)断点则显示为其他的颜色，且在前面的小圆点中有一个错号(叉号)，正确的断点小圆点中是一个对号。

需要注意的是，有时即使是可执行的代码行可能由于程序的优化也无法在上面设置断点。一般可以设置断点的代码行在程序编译时按 Ctrl+F9 键，会在该代码行的前面显示一个蓝色的小点，表示是一个有效的代码行。

2) 断点的删除和设置

删除一个断点非常简单，只要再次在已经设置为断点的代码行单击其左侧的空白处或按 F5 键就可以删除断点。如果在一个应用程序的许多位置都设置了断点，使用刚才的方法删除比较费时，另外有时只是想将断点设置为无效，并不想删除断点，则可以使用断点列表框来管理所有的断点。

使用 View|Debug|BreakPoints 命令打开断点列表框，列表框将列出应用程序中设置的所有断点，无效(Disable)的断点前面的标志为灰色。在列表窗口中单击右键，将显示一个断点设置快捷菜单，使用该快捷菜单可以实现对断点的添加、删除、使有效以及无效等操作。

(1) 利用断点列表窗口可以快速找到断点在源代码中的位置

首先选定断点而后从快捷菜单中选择 Edit Source 命令，此时会定位到该断点位置处的代码。可以在断点位置修改源代码。

(2) 断点功能的失效和恢复

使断点失效可以使断点从当前程序运行中隐藏起来。例如，定义了一个断点当前并不需要，但可能在以后使用，则可以使用这一功能。

在断点列表窗口单击右键，在快捷菜单中取消对 Enable 的选择或选择 BreakPoints|Disable All BreakPoints 项可以使当前选中断点或所有断点失去功能。

快捷菜单中的 Enable BreakPoint 和 Enable All BreakPoint 命令可以使相应断点恢复功能。

同样，快捷菜单中的 Delete BreakPoint 和 Delete All BreakPoint 命令可以删除当前选中断点或所有断点。

3) 修改断点属性

在断点列表窗口选择断点后单击右键，在弹出的快捷菜单中选择 Properties 命令，则打开断点编辑对话框，用于显示和修改断点的属性。也可以使用 Run|Add Breadpoint|Source BreakPoint 命令打开该对话框。利用该对话框可以改变断点的位置，设置断点条件。断点条件包括两种：布尔表示式和通过次数。

Condition 编辑框用于设置布尔表达式条件。如果表达式值为真(或非零)则程序运行在断点处中止；否则调试器将忽略该断点。

Pass Count 编辑框用于设置通过次数条件，即只有当程序运行在该断点处通过设定次数时程序运行才在该断点处中止。这往往用于对循环体内语句的调试。

有一点应注意：当 Condition 和 Pass Count 同时设置时，Pass Count 是指满足条件的通过次数。

4. 监视数据的值

当对 Delphi 中的代码数据进行调试时，只要将鼠标放置在变量或表达式上时，即可以显示该变量的值。但有时希望能同时显示几个变量或表达式的值则可以使用 Delphi 内置的调试器。

1) 监视表达式

选择 View|Debug Windows|Watches 命令可以打开 Watch List 窗格,如图 2-20 所示。在该窗格中单击鼠标右键,在弹出的快捷菜单中选择 Add Watch 命令打开监视属性对话框,可以添加新的变量或表达式。也可以使用 Run|Add Watch 命令打开监视属性对话框,如图 2-21 所示。

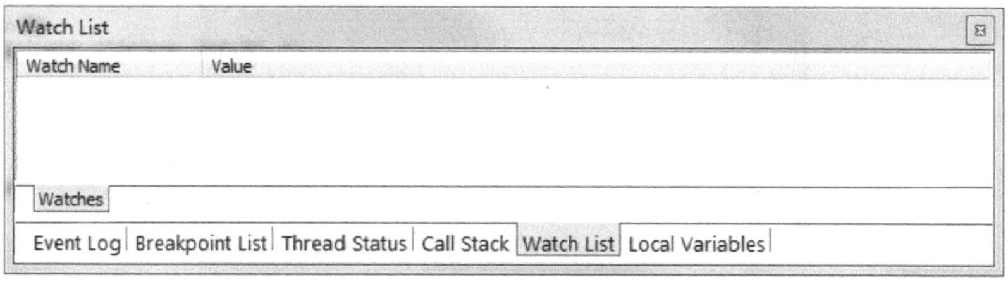

图 2-20 Watch List 窗格

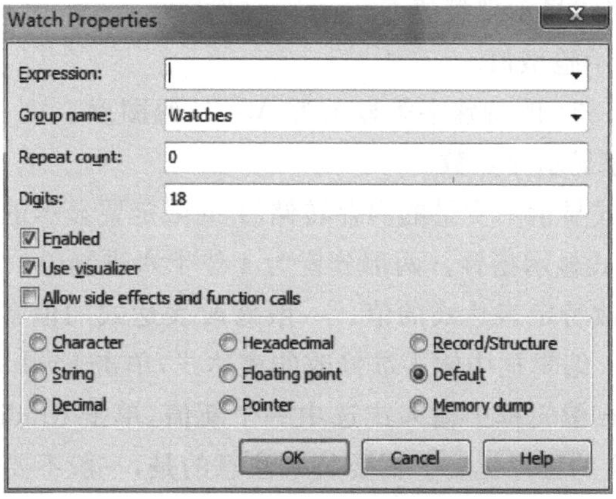

图 2-21 Watch List 窗格

在 Expression 右边的编辑框中添加要监测的变量或表达式,同时设置其属性。当该表达式代表一个数据元素时,可以在 Repeat count 中指定其重复次数。如果要监测的是一个数组的值,可以使用 Repeat count 指定数组元素的下标。

最下边的各个单选按钮用来设置监测表达式的显示形式。例如,如果选择 Hexadecimal 单选按钮,则变量的值将以十六进制的形式显示。

与断点类似,可以利用快捷菜单来编辑选择的表达式,也可以使监视的表达式失效或恢复为有效。

2) 计算/修改表达式

选择 Run|Evaluate/Modify 命令可打开"计算/修改"对话框,如图 2-22 所示。

当单击 Evaluate 按钮时,Expression 编辑框中表达式的值显示在 Result 域中。

Expression 编辑框中可以输入或选择任何合法的表达式(包括对象的属性),但不能包括:

(1) 当前执行点不能引用的局部或静态变量的表达式;

(2) 函数或过程调用。

Expression 中的表达式可以带特定的格式字符用于规定其显示格式。其表示语法格式为:变量名,格式字符串。例如,"Z,F4"表示显示一个浮点型数据的前 4 位有效数字。可使用的格式字符及其功能如下。

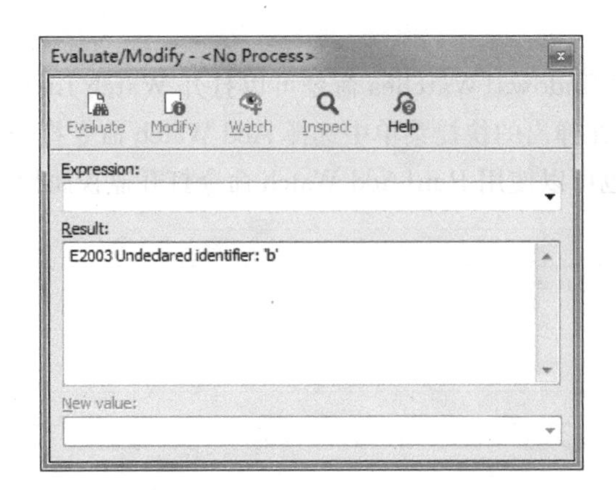

图 2-22 Evaluate/Modify 对话框

H,X：以十六进制格式显示整型值。

D：以十进制格式显示整型值。

C：把 ASCII 码在 0..31 的特殊字等显示为 ASCII 码图形。

Fn：用 n 个有效数字显示浮点数。

nM：以十六进制方式显示一变量的内存转储值，n 限定要显示的字节数。

P：以段和偏移量格式显示指针。两部分皆为 4 位十六进制值。

Modify 按钮可以修改特定表达式的值。一般修改表达式的值常用于验证错误解决方案的正确性。在 Expression 编辑框中输入欲修改的表达式，单击 Evaluate 按钮观察表达式的当前值。而后在 New Value 编辑框中输入或选中一个新值，单击 Modify 按钮确认并更新数据项。这种修改只影响特定的程序运行。需要特别注意的是，一般不要修改指针和数组下标，因为可能会引起无法预计的后果，因而要特别小心。

单击 Watch 按钮可以打开监视列表窗口，并添加选定的表达式到列表窗口中。

单击 Inspect 按钮可以为选择的数据元素打开一个信息的窗口，这对于观测数据结构、类和数组的值特别有用。

3) 函数调用

选择 View|Debug Windows|Call Stack 命令可以显示调栈窗口(Call Stack Window)。调栈窗口的顶端列出了应用程序最近的函数调用。利用调栈窗口可以退出当前跟踪的函数，可以利用快捷菜单项显示或编辑位于特定函数调用处的源代码。

4) 观测局部变量

当调试的程序位于某一个过程或函数内部时，选择 View|Debug Windows|Local Variables 命令可以打开局部变量显示窗口。该窗口显示在该过程或函数内部使用的所有局部变量及其值。有些局部变量可能由于程序的优化而无法显示值。但这对于观测过程或函数中所有的局部变量还是比较方便的。

小　　结

本章主要介绍 Object Pascal 的最基本的语法，主要包括基本词法、基本数据类型、常量与变量、运算符与表达式、常用函数与过程、语句以及异常处理和程序调试等。需要熟练掌握的知识点包括：

(1) 标识符和保留字的基本应用，特别注意标识符的作用域。

(2) 基本数据类型的应用。

(3) 常量与变量的基本应用。

(4) 各类运算符的表示及运算规则。

(5) 运算符的优先级和结合性。

(6) 表达式的类型及运算顺序。

(7) 语句的分类和各种语句的书写格式。

(8) 顺序结构的执行流程，特别是赋值语句。

(9) 选择结构 if 语句和 case 语句的执行流程及其应用。

(10) 循环结构 for 语句、while 语句和 repeat 语句的执行流程及其应用。

(11) try…except 结构、try…finally 结构、raise 语句的用法。

(12) 程序的调试有断点的设置及其属性修改，利用单步、跟踪调试技术调试程序，监测变量以及表达式的值。

本章的目的在于使读者了解和掌握 Object Pascal 语言，为后面的学习打好基础。

习　　题

2-1　Object Pascal 的数据类型包括哪两类？最大的区别是什么？

2-2　常量与变量的定义有何异同？

2-3　自定义标识符时需要遵守哪些规则？系统保留字与指令字有何区别？

2-4　在 Object Pascal 提供的各种运算符中，有哪几种运算符既可以作单目运算符，又可以作双目运算符？有哪几种运算符的操作数可以是不同的类型？

2-5　单位发工资。某职工应发工资 X 元，试求各种票额钞票总张数最少的付款方案，如图 2-23 所示。

2-6　在 Object Pascal 中，算术表达式与数学表达式的写法有什么区别？

2-7　运算符有哪几种？其中的左移和右移运算的运算规则是怎样的？

2-8　编写程序，任意输入一个整数，判断整数的奇偶性，运行效果如图 2-24 所示。

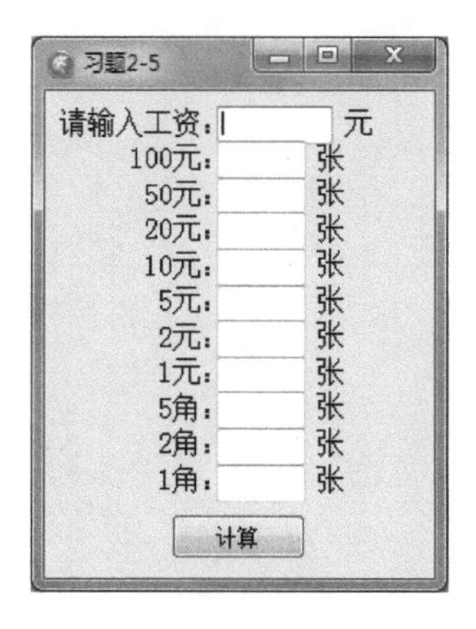

图 2-23　求工资钞票额最少的方案

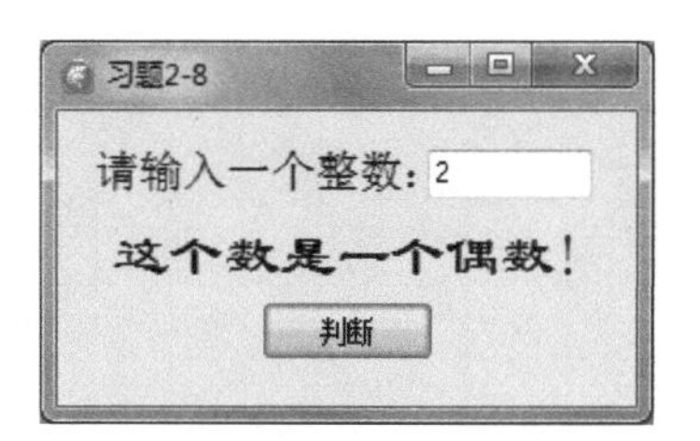

图 2-24　判断整数的奇偶性

2-9 表达式的书写有哪些要求？对于有多种运算符参与的混合表达式，怎样决定运算顺序？

2-10 顺序结构、选择结构和循环结构的特点分别是什么？

2-11 键盘输入 A,B,C 的值，判断它们能否构成三角形的三个边。如果不能够构成一个三角形，请弹出对话框提示；如果能够构成一个三角形，则计算三角形的面积，如图 2-25 所示。

2-12 选择结构的两种语句是否可以相互转换？

2-13 循环结构的三种语句各自的特点是什么？它们有什么异同？

2-14 选择结构和循环结构都可以嵌套使用，嵌套时要注意什么？

2-15 设计程序，求 S=1+(1+2)+(1+2+3)+(1+2+3+4)+…+(1+2+…+100) 的值，如图 2-26 所示。

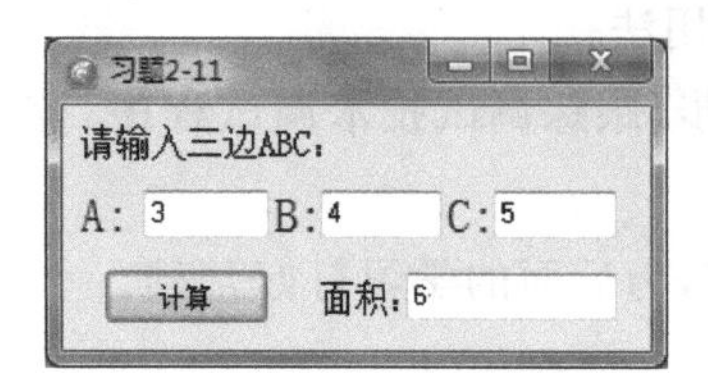

图 2-25 求三角形的面积

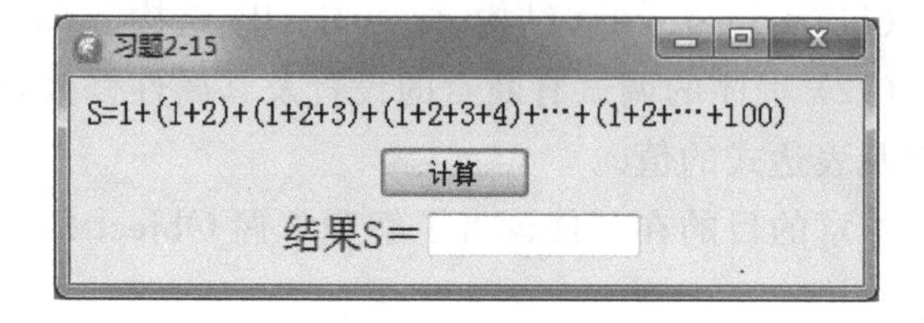

图 2-26 求累加和

2-16 说明 for、while 和 repeat 这三种循环语句的区别。

2-17 简述什么是异常。在 Delphi XE8 中什么情况下会出现异常？

2-18 在 Delphi XE8 中的异常可以分为几种类型？

2-19 在 Delphi XE8 中提供了几种处理异常的方式？

2-20 try…finally 结构与 try…except 结构在用法上的主要区别是什么？

2-21 什么是断点？断点的作用是什么？如何设置不同类型的断点？

2-22 如何编译一个编写完成的程序？

2-23 如何在编写完成的程序中添加和删除源断点？

2-24 Delphi XE8 有哪些与调试有关的窗口？它们的作用是什么？

第3章 常用组件

Delphi XE8 的组件板上有很多组件，总共包括五百多个组件，如图 3-1 所示。本章将对 Delphi XE8 中常见的组件做详细的介绍。

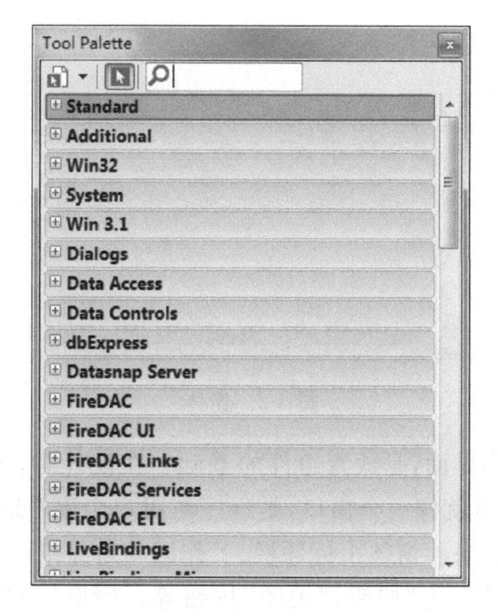

图 3-1　组件板

3.1 窗　　体

用户界面是应用系统中直接面对用户的窗体，包括主窗体、子窗体、弹出对话框窗体等，它是对空白窗体加工后的系统运行结果，在任何工程中，都是由窗体的不断开发和累加完成的集合。

3.1.1 Form 组件

一个应用系统至少有一个窗体，一个大型软件工程甚至包含几个、几十个到成百上千个窗体或程序模块，如图 3-2 所示。

Windows 操作系统中，人机交互的界面主要是通过一些窗口和对话框实现的。Delphi XE8 的可视化设计工作就是在窗体中进行的。通常，窗体中会有一些组件，通过这些组件可以实现多种多样的功能。在 Delphi XE8 中，把这些运行期间出现在窗口和对话框中的组件称为可视组件。在窗体中，不仅可以放置组件，还可以放置一些运行期间不可视的组件，这些不可视的组件集中地实现了一些特殊的功能。

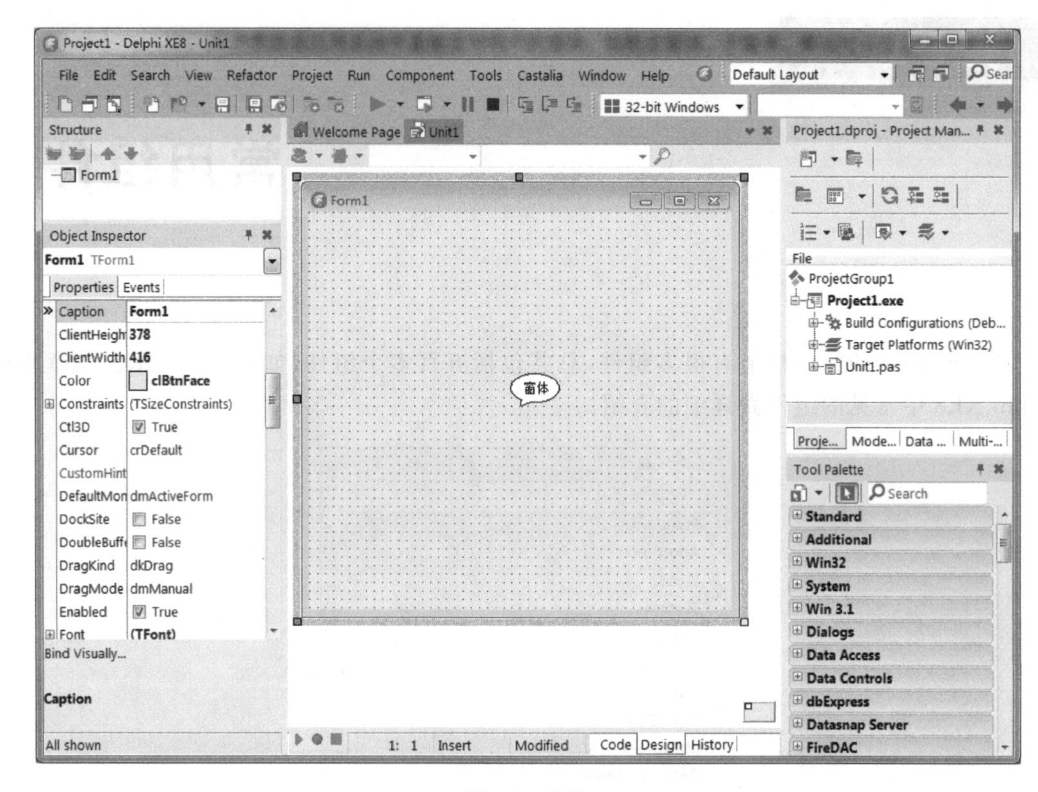

图 3-2 窗体

窗体是应用程序的操作界面,是放置组件的基础。在设计时,窗体就像一个桌面,可以放置各种组件;在运行时,窗体就像一个窗口,是程序与用户交流的地方。可以说,没有窗体,应用程序的框架就很难建立起来。窗体由标题栏、工作区和边界组成,通常标题栏中还有控制菜单、"最大化/复原"按钮、"最小化"按钮、"关闭"按钮等。用鼠标左键按住标题栏可以拖动窗体,用鼠标指向窗体的边界,如果出现双向的箭头,拖动鼠标可以改变窗体的大小。

1. Form 的主要属性

窗体组件(TForm)是一种特殊的组件,它在运行时表现为一个窗体,窗体是一个容器构件,它可以包含其他种类的构件,并协同完成应用程序的整体功能。窗体和其他组件一样,由属性、事件和方法组成。

1) BorderIcons 属性

BorderIcons 属性用来制定窗体标题栏上的图标,可以设置为下列取值。

(1) biSystemMenu:可以通过单击标题栏左边的图标或在标题栏上单击右键来显示控制菜单。控制菜单有时也称为系统菜单。

(2) biMinimize:在标题栏右边显示"最小化"按钮。

(3) biMaximize:在标题栏右边显示"最大化"按钮。

(4) biHelp:在标题栏右边显示"帮助"按钮。只有窗体的 BorderStyle 属性设置为 bsDialog 或者窗体属性 BorderIcons 中不包括 biMinimize 和 biMaximizes 时,biHelp 设置才有效。

2) BorderStyle 属性

BorderStyle 属性用来设置窗体的外观和边框,可以设置为下面的取值。

(1) bsDialog:窗体为标准的对话框,边框大小不可以改变。

(2) bsSingle：窗体具有单线边框，大小不可以改变。

(3) bsNone：窗体没有边框，也没有标题栏，边界的大小不可以改变。

(4) bsSizeable：边框大小可变的窗体。

(5) bsToolwindow：风格与bsSingle相同，只是标题栏比较小。另外，对于这种风格的窗体，属性borderIcons中设置的biMinimize和biMaximize并不起作用。

(6) bsSizeToolWin：风格与bsSizeable相同，只是标题栏比较小。对于这种风格的窗体，属性BorderIcons中设置的biMinimize和biMaximize也不起作用。

3) Name属性

Name属性是对象的名称，它用来唯一地标识对象，Name属性的取值不能为空，如果工程中有多个窗体，名称不能相同。

通常，应该在系统开发的设计阶段就将整个工程所有窗体的名称确定，然后在编程阶段根据设计文档修改窗体Name属性。一般情况下，不要在程序运行期间通过代码修改Name属性。

4) Caption属性

Caption属性用来指定窗体标题栏中的说明文字，可以为空，省略时，Caption属性与Name属性相同。

5) Font属性

Font属性用来设置窗体中文字的字体、颜色和字号等，其中，Font. style属性为集合型。

6) FormStyle属性

FormStyle属性用来指定窗体的类型。

从窗体类型的角度来看，Windows环境中的应用程序可以分为以下三类。

第一类：多文档界面(MDI)应用程序。一般这种应用程序具有一个父级窗口和多个子窗口，可以同时打开多个文档，分别在多个子窗口中显示。例如，常用的文字处理软件Word等，可以同时编辑多个文档。

第二类：单文档界面(SDI)应用程序。这种应用程序同时只能打开一个文档。例如，Windows操作系统附件中自带的"记事本"，只能同时编辑一个文本文件。

第三类：对话框应用程序。这种应用程序的主界面基于一个对话框类型的窗体。例如，Windows系统中自带的"扫雷"游戏程序。

FormStyle属性的取值如下。

(1) fsNormal：普通类型的窗体，既不为MDI应用程序的父级窗口，也不为MDI应用程序的子窗口。

(2) fsMDIChildMDI：应用程序中的子窗体。

(3) fsMDIFormMDI：应用程序中的父窗体。

(4) FsStayOnTop：在桌面最前端显示窗体。

7) Icon属性

Icon属性用来指定标题栏中显示的图标。

单击对象编辑器Icon属性右边的省略号按钮 Icon (None) ...，在弹出的PictureEditor对话框中单击Load按钮，就可以装入一个制作好的图标。

8) Position属性

Position属性用来描述窗体的大小和显示的位置。可以是下列取值。

(1) poDesigned：窗体显示的位置和大小与设计期间的一致。

(2) poDefault：窗体每次显示时，与上次比较，往右下角移动了一些位置；窗体的高度和宽度由 Windows 决定。

(3) poDefaulPosOnly：窗体以设计期间的大小显示，窗体显示的位置较上次向右下角移动了一些。如果窗体设计时的大小不可以在屏幕上完全显示，就移动到屏幕的左上角显示。

(4) poDefaultSizeOnly：窗体以设计期间的位置显示，窗体的大小由 Windows 决定。

(5) poScreenCenter：窗体以设计期间的大小显示，窗体显示的位置总在屏幕的中间。考虑多个监视器时位置的调整。

(6) poDesktopCenter：窗体以设计期间的大小显示，窗体显示的位置总在屏幕的中间。不考虑多个监视器时的调整。

9) WindowsState 属性

WindowsState 属性用来描述窗体显示的状态，可以是下列取值。

(1) wsNormal：窗体以普通状态显示(既不是最大化状态，也不是最小化状态)。

(2) wsMinimized：窗体以最小化状态显示。

(3) WsMaximized：窗体以最大化状态显示。

2. TForm 的事件

窗体是一个可视化的组件，它几乎可以响应和处理所有的事件，包括外部事件和内部事件。窗体常用的响应事件如表 3-1 所示。

表 3-1　窗体常用的事件响应

事件	含　义
OnActive	当窗体对象被激活时产生此事件
OnClose	当窗体对象被关闭时产生此事件
OnCloseQuery	当窗体对象被关闭时或者调用系统菜单的"关闭"菜单项产生此事件，其中包含 cancel 参数用于决定是否关闭窗体
OnCreate	当窗体对象创建时产生此事件
OnDeactivate	当窗体对象变为非激活时产生此事件
OnDestroy	当窗体对象被销毁前产生此事件
OnHide	当窗体对象被隐藏前产生此事件
OnPaint	当窗体对象客户刷新时产生此事件
OnResize	当窗体对象位置移动时产生此事件
OnShow	当窗体对象显示时产生此事件
OnKeyDown	键按下时产生此事件
OnKeyPress	键按下时产生此事件
OnKeyUp	键放开时产生此事件
OnClick	鼠标单击事件
OnDblClick	鼠标双击事件
OnDragDrop	鼠标拖放事件
OnDragOver	鼠标拖过事件
OnMouseDown	鼠标键按下事件
OnMouseMove	鼠标移过事件
OnMouseUp	鼠标键释放事件

3. 窗体的方法

窗体对象从其父类 TcustomForm 中继承了许多方法，如表 3-2 所示列出了其中一些常用的方法(过程或函数)。

表 3-2 窗体常用的方法

方法名称	含　义
Create	用来创建一个窗体并进行初始化，同时引发一个 OnCreate 事件。用该方法创建的窗体需要调用 Show 方法使之可见
Close	用来关闭一个显示中的窗体，同时调用 CloseQuery 方法来判断是否可以关闭，若可以，则引发一个 OnClose 事件并关闭窗体
CloseQuery	用来判断窗体是否可以被关闭，返回一个逻辑值
Release	用于将窗体对象从内存中彻底清除
Show	用于显示窗体，同时引发一个 OnShow 事件
ShowModal	用于显示一个模式窗体，同时引发一个 OnShow 事件
Print	用于打印窗体

4. 窗体的创建

创建一个新的应用程序(Application 工程)，Delphi XE8 将自动建立一个新的窗体，它代表应用程序的主窗口。应用程序也可以拥有多个窗体作为子窗口、对话框和数据录入窗口等，这就需要创建和显示新的窗体。创建窗体的方法分为两种：静态创建和动态创建。所谓静态创建窗体是指再工程的编辑、设计时创建新窗体；而动态创建窗体是指在工程的运行时通过代码生成窗体。

1) 静态创建新窗体

【例 3.1】 静态创建窗体。

(1) 界面设计

通过集成开发环境中的 File|New|Application 菜单，创建一个应用程序，此时应用程序自动生成一个窗体 Form1，再打开 File|New|Form 菜单生成一个窗体 Form2。在 Form1 中添加两个 Button、一个 Label 组件，Form2 中添加一个 Label 组件，即可完成界面设计，各组件的属性如图 3-3 所示。

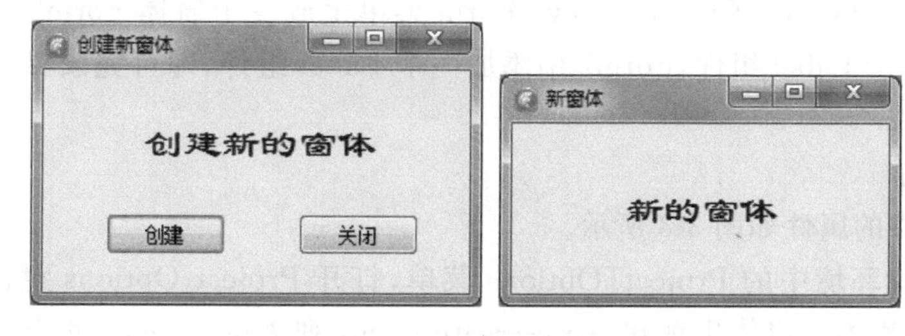

图 3-3 静态窗体的创建

(2) 程序设计

```
procedure TForm1.Button1Click(Sender: TObject);                //创建按钮事件
begin
  //调用 Show 方法显示 Form2 窗体
  form2.show;                                                  //关键分析
end;
```

```
procedure TForm1.Button2Click(Sender: TObject);
begin
  form1.Close;
end;
```

(3) 程序分析

关键分析：编译上述工程时，系统会弹出如图 3-4 所示的提示信息。

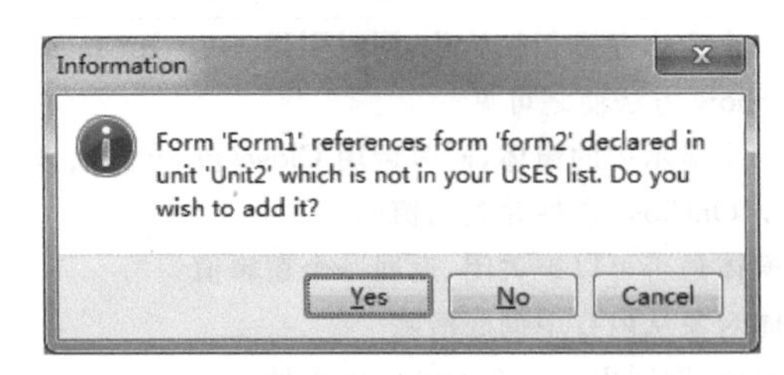

图 3-4 提示信息

因为在调用 form2.show 显示 form2 窗体时需要引用 Unit2 单元，但是 Unit1 中又没有声明要使用 Unit2 单元，所以弹出此提示信息问是否在 Unit1 单元中添加 Unit2 单元，单击 Yes 按钮，Delphi XE8 将自动在 Unit1 单元中添加对 Unit2 单元的引用。

也可以手动添加，单击 Cancel 按钮，在 Unit1 中的实现部分(implementation)添加如下代码：

```
implementation
uses unit2
```

2) 动态创建新窗体

用静态方法创建的多窗体的工程，在运行时将把所有的窗体装入内存。如果工程非常复杂，系统资源将变得非常紧张。这种情况使用下面的方法：在需要某个窗体的时候，临时创建它，使用后将其立即释放。这种方法称为窗体的动态创建。

【例 3.2】 动态创建窗体。

(1) 界面设计

通过集成开发环境中的 File|New|Application 菜单，创建一个应用程序，此时应用程序自动生成一个窗体 Form1，再打开 File|New|Form 菜单生成一个窗体 Form2。在 Form1 中添加两个 Button、一个 Label 组件，Form2 中添加一个 Label 组件，即可完成界面设计，如图 3-3 所示。

(2) 属性设置

界面上各组件的属性如图 3-3 所示。

打开集成开发环境中的 Project|Options 菜单，打开 Project Options 对话框。在 Forms 选项卡中，所有工程中的窗体出现在 Auto-create forms 列表中，表示这些窗体在运行时都是在内存中自动创建的。选中 Form2，将其移至 Available forms 列表框中，如图 3-5 所示。

(3) 程序设计

```
procedure TForm1.Button1Click(Sender: TObject);
begin
  form2: = Tform2.Create(nil);                              //关键分析 1
  form2.Show;
end;
```

```
procedure TForm1.Button2Click(Sender: TObject);
begin
  form1.Close;
end;
procedure TForm2.FormClose(Sender: TObject; var Action: TCloseAction);
begin
  form2.Release;                                        //关键分析 2
end;
```

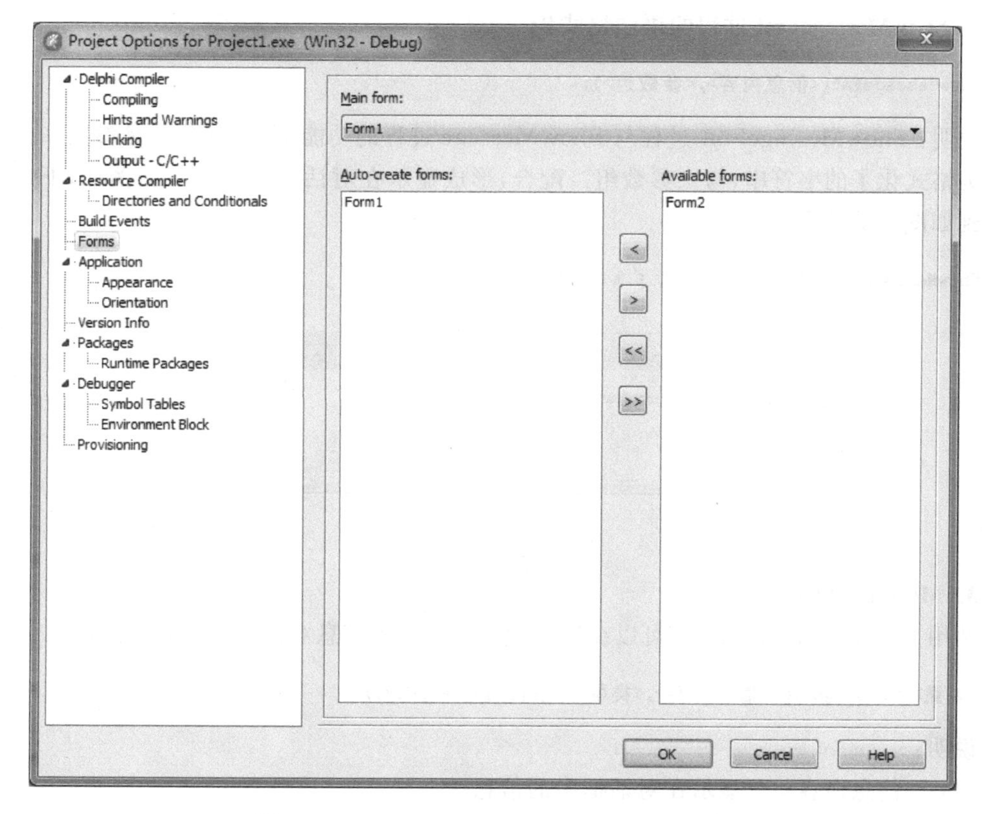

图 3-5 Project Options for Project1.exe 对话框

(4) 程序分析

关键分析 1：使用 Create 方法来创建并完成 Form2 的初始化。

关键分析 2：释放 Form2 所占有的内存。

3.1.2 弹出对话框

对话框是用户与应用程序交换信息的最佳途径之一。使用对话框函数或过程可以调用 Delphi XE8 的内部对话框，这种方法具有操作简单及快速的特点。Delphi XE8 提供以下两种内部对话框。

第一种：信息输出对话框 Showmessage 过程、ShowMessageFmt 过程、MessageDlg 函数、MessageDlgPos 函数、CreateMessageDialog 函数。

第二种：信息输入对话框 InputBox 函数、InputQuery 函数。

1. ShowMessage 过程

ShowMessage 过程显示一个最简单的对话框，其语法格式为：

```
ShowMessage(<信息内容>);
```

说明：

(1) ShowMessage 过程显示的对话框以应用程序的执行文件名作为标题,对话框中只含有一个 OK 按钮,单击该按钮对话框即关闭并返回

(2) <信息内容>指定在对话框中出现的文本。在<信息内容>中使用硬回车(#13)可以使文本换行。对话框的高度和宽度随着<信息内容>的增加而增加。

2. ShowMessageFmt 过程的语法格式为：

```
ShowMessageFmt(<信息内容>,<参数组>);
```

说明：ShowMessageFmt 过程与 ShowMessage 过程的功能基本相同,只是参数<信息内容>为格式化了的字符串,与<参数组>配合,形成显示在对话框中的信息。例如,下述代码将得到如图 3-6 所示的对话框：

```
ShowMessageFmt('张宇同学%s考了%d分!',['外语',100]);
```

图 3-6 信息对话框

3. MessageDlg 函数

调用 MessageDlgPos 函数,可以在屏幕的中心处显示信息对话框,其语法格式为：

```
<变量> = MessageDlg(<信息内容>,<类型>,<按钮组>,HelpCtx);
```

说明：

(1) <信息内容>是显示在对话框中的信息

(2) <类型>是对话框的类型,其取值如表 3-3 所示。

表 3-3 对话框类型的取值

取值	说　明
mtWarning	弹出含有感叹号符号的警告话框
mtError	弹出含有红色叉符号的错误对话框
mtInformation	弹出含有蓝色 i 符号的信息对话框
mtConfirmation	弹出含有绿色 ? 号的确认对话框
mtCustom	弹出不含图标的一般对话框,对话框的标题是程序的名称

(3) <按钮组>指定对话框中出现的按钮,其中出现的按钮与参数的取值如表 3-4 所示。

表 3-4 对话框按钮类型的取值

取　值	说　明
mbYes	单击 Yes 按钮,函数返回 mrYes 或 6
mbNo	单击 No 按钮,函数返回 mrNo 或 7

续表

取　值	说　明
mbOK	单击 OK 按钮,函数返回 mrOk 或 1
mbCancel	单击 Cancel 按钮,函数返回 mrCancel 或 2
mbHelp	Help 按钮
mbAbort	单击 Abort 按钮,函数返回 mrAbort 或 3
mbRetry	单击 Retry 按钮,函数返回 mrRetry 或 4
mbIgnore	单击 Ignore 按钮,函数返回 mrlgnore 或 5
mbAll	单击 all 按钮,函数返回 mrall 或 8
mbNoToAll	单击 Nottoall 按钮,函数返回 9
mbYesToAll	单击 Yestoall 按钮,函数返回 10

<按钮组>可以组的形式,如[mbYes,mbNo]表示对话框中出现两个按钮 Yes 和 No;也可以常量的形式,如 mbOKCancel 表示对话框中出现两个按钮 OK 和 Cancel。按钮常量的含义如表 3-5 所示。

表 3-5　按钮常量的取值

取　值	说　明
mbYesNoCancel	三个按钮:Yes、NO、Cancel
mbOKCancel	两个按钮:OK、Cancel
mbAortRetryIgnore	三个按钮:Abort、Retry、Ignore

(4) HelpCtx 指定当用户单击 Help 按钮或按 F1 键时,显示的帮助主题。

(5) MessageDlg 函数将根据用户所单击的按钮,返回相应的值(Word)类型。

4. MessageDlgPos 函数

调用 MessageDlgPos 函数,可以在屏幕的指定位置显示信息对话框,其语法格式为:

```
<变量> = MessageDlgPos(<信息内容>,<类型>,<按钮组>,HelpCtx,X,Y);
```

说明:MessageDlgPos 函数只比 MessageDlg 函数多一项功能,即它可以指定对话框的显示位置坐标:X,Y。

5. CreatMessageDialog 函数

与上述函数与过程不同,CreatMessageDialog 函数生成一个信息框窗体,可以在程序中多次使用方法调用。其语法格式为:

```
<变量> = MessageDiaPos(<信息内容>,<类型>,<按钮组>);
```

说明:函数的参数与 MessageDlg 函数相似,只是返回一个 TForm 类型的对话框,而且并没有把它显示出来。在需要显示该对话框的时候,可以使用窗体 ShowModal 的方法把它弹出。

6. InputBox 函数

InputBox 函数显示一个能接收用户输入的对话框,并返回用户输入的信息。其语法格式为:

```
<变量> = InputBox (<对话框标题>,<信息内容>,<默认内容>);
```

说明：

(1) ＜对话框标题＞指定对话框的标题。

(2) ＜信息内容＞指定在对话框中出现的文本。在＜信息内容＞中使用硬回车符(#13)可以使文本换行。对话框的高度和宽度随着＜信息内容＞的增加而增加。

(3) ＜默认内容＞指定对话框的输入框中显示的文本，可以修改。如果用户单击“确定”按钮，输入框中的文本将返回到＜变量＞中，若用户单击“取消”按钮，将＜默认内容＞返回到＜变量＞中。

7. InputQuery 函数

如果希望对单击 Cancel 按钮（退出事件）另做处理，可以使用 InputQuery 函数。该函数与 InputBox 函数相似，只是返回值是一个布尔值。其语法格式为：

```
<变量> = InputQuery (<对话框标题>,<信息内容>,<字符串变量>);
```

说明：InputQuery 函数与 InputBox 函数的参数相似，默认内容存放在＜字符串变量＞中。可以修改。如果用户单击 OK 按钮，输入框中的文本将赋值到＜字符串变量＞中，并且函数返回 True；若用户单击 Cancel 按钮，＜字符串变量＞中的值保持不变，并返回 False。

3.2 输入显示类组件

3.2.1 Edit 组件

编辑框(Edit)是一种通用组件，既可以输入文本，又可以显示文本，是应用程序中最常用的组件之一。编辑框组件位于 Standard 组件板中，如图 3-7 所示。

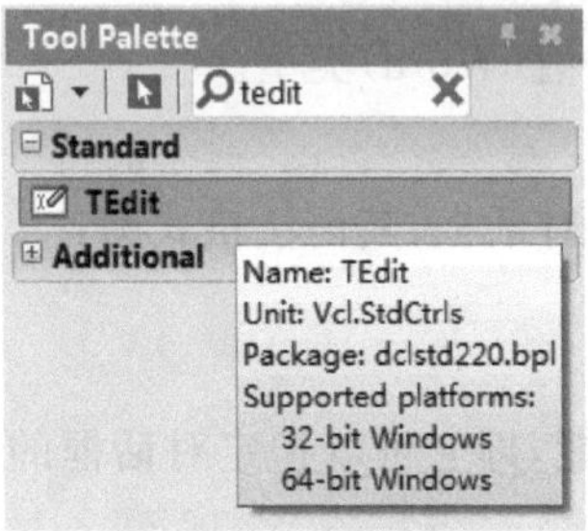

图 3-7 编辑框

Edit 的主要属性如下。

1. AutoSelect 属性

AutoSelect 属性设置编辑框得到焦点时，文本是否自动被选中。

2. AutoSize 属性

AutoSize 属性决定编辑框是否自动随字体的变化而改变大小。

3. Enable 属性

Enable 属性用来设置编辑框是否能用。

4. BorderSytle 属性

BorderSytle 属性用来设置编辑框的边框类型，取 bsSigle 为单线，取 bsNone 为无框。

5. MaxLength 属性

MaxLength 属性设置所能接受的最大字符数。

6. PasswordChar 属性

该属性设置非 #0 字符时，将代替用户输入的字符被显示。

7. ReadOnly 属性

决定编辑框中的文本是否可以编辑。

8. SelStart 属性

被选中文本的开始位置，或光标在文本中的位置。

9. SelText 属性

被选中的文本。

10. SelLength 属性

被选中文本的长度。

11. Text 属性

编辑框中的文本内容。

12. CharCase 属性

控制编辑框中文本的大小写，取值 ecLowerCase，Text 中的文本转换为小写；取值 ecNormal 不改变；取值 ecUpperCase，Text 中的文本转换为大写。

3.2.2 Label 组件

标签(Label)是 Delphi XE8 中最常用的输出文本信息的工具。标签组件位于 Standard 组件板中，如图 3-8 所示。

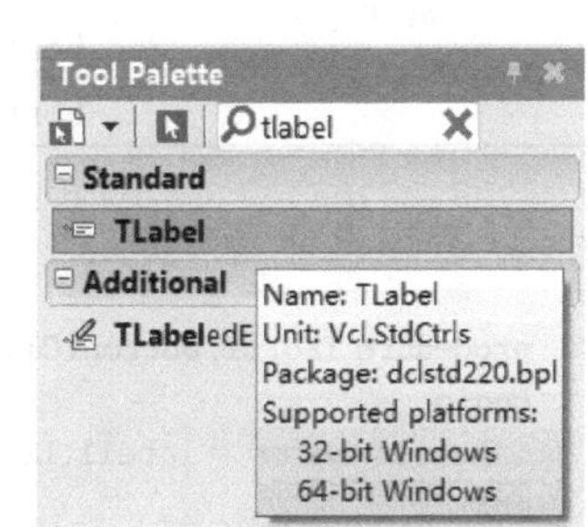

图 3-8 标签

1. Label 的主要属性

1) Caption 属性

属性 Caption 用来显示标签的文本。

2) ShowAccelChar 属性

属性 ShowAccelChar 决定是否将 & 作为热键字符的标记。

3) AutoSize 属性

属性 AutoSize 决定标签是否自动随文本的变化而改变大小。

4) Alignment 属性

属性 Alignment 决定对齐方式：左对齐、居中对齐、右对齐。

5) Layout 属性

属性 Layout 控制文本显示在标签的顶部、中部、底部。

6) WordWrap 属性

属性 WordWrap 控制是否折行显示。

7) Transparent 属性

属性 Transparent 决定背景是否透明。

8) FocusControl 属性

属性 FocusControl 用来设置按下热键时，获得焦点的组件名。

图 3-9 Label 示例

2. Label 的使用

【例 3.3】 利用标签设计一个投影效果。

1) 界面设计

创建一个新的工程，在窗体中添加两个按钮 Button1 和 Button2 组件，再添加两个标签

Label1 和 Label2 组件,如图 3-9 所示。

2) 属性设置

其组件和窗体的属性设置如表 3-6 所示。

表 3-6　窗体和组件属性设置

对象	属性	属性值	说明
Button1	Caption	左光源	按钮标题
Button2	Caption	右光源	按钮标题
Label1	Font. name	黑体	字体
	Caption	你好,欢迎使用!	按钮标题
	Font. Size	32	字体大小
	Font. Style. fsBold	true	加粗
	Font. color	cllime	绿色
	TransParent	True	透明
Label2	Font. name	黑体	字体
	Caption	你好,欢迎使用!	按钮标题
	Font. Size	32	字体大小
	Font. Style. fsBold	true	加粗

3) 程序设计

```
procedure TForm1.Button1Click(Sender: TObject);
begin
  Label2.Left: = label1.Left + 5;
end;
procedure TForm1.Button2Click(Sender: TObject);
begin
  Label2.Left: = label1.Left - 5;
end;
```

3.2.3　Memo 组件

备注框(Memo)是 Delphi XE8 中最常用的输出多行文本信息的工具。备注框组件位于 Standard 组件板中,如图 3-10 所示。

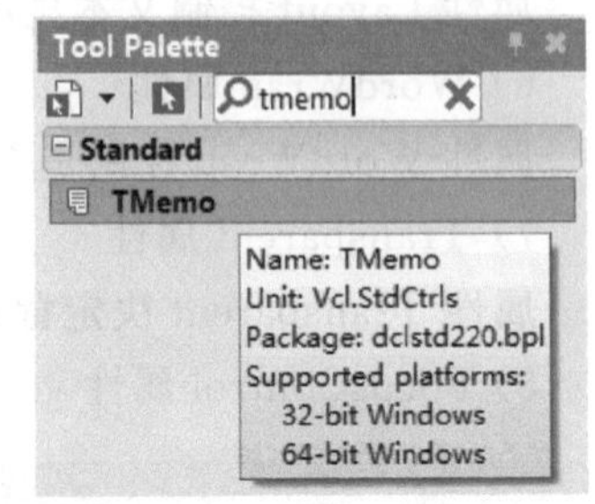

图 3-10　备注框

Edit 组件只能操作单行文本,如果文本长度超出可用空间,则只能显示部分文本。要处理多行文本就要用到备注框 Memo 组件。

1. Memo 的主要属性

备注框在 Delphi XE8 中用 Tmemo 类处理,Tmemo 类是 Tedit 类的衍生类,因此,Tedit 类所具有的属性、事件和方法在 Tmemo 类中都有。另外,为了处理多行文本,Tmemo 类还增加了一些新的属性。

1) CaretPos 属性

CaretPos 属性用来得到光标在编辑区中的位置,如 Memo1. CaretPos. y 表示光标所在行数。

2) Lines 属性

Lines 属性是按行处理文本。Lines 属性实际上是一个 Tstring 类型的对象,用来存放

Memo 对象的文本。Tstrings 类型有一个默认的属性 Strings，定义为：

```
Property Strings[Index: integer]: string;
```

其中，Index 表示字符串组的索引，从 0 开始。因此，Memo1. Lines[0]表示 Memo 组件中第一行的字符串。如下面的代码可以将第 5 行的文本赋值给变量 S：

```
S: = Memo1.lines[4];
```

单击属性窗口 Lines 属性值右端的 … 按钮，可以打开 String List Editor 对话框。在其中可以直接输入备注中各行 Lines 的内容，如图 3-11 所示。

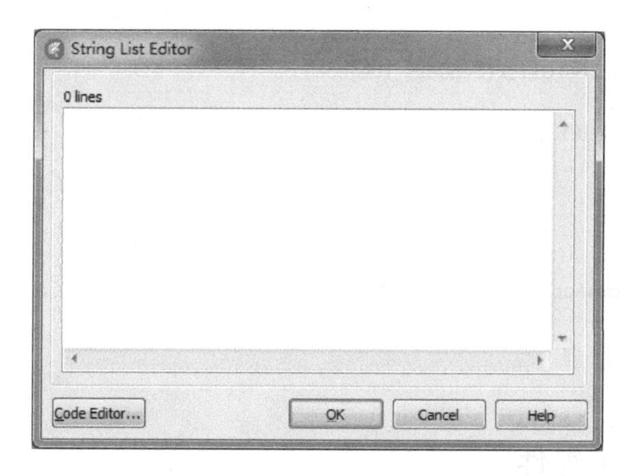

图 3-11　String List Editor 对话框

在编程时可以调用 Memo 的一些方法来处理 Lines 中的数据。

```
Memo1.Lines.Add(s);              //在 Memo 最后增加一行字符串 s,并返回改行的行值
Memo1.Lines.Delete(x);           //删除 Memo 中的 x+1 行字符串
Memo1.Lines.Insert(x,s);         //在第 x+1 行处插入一个新行
Memo1.Lines.Move(x,y);           //将第 x+1 行移至第 y+1 行处
Memo1.Lines.LoadFile(path);      //将 path 指定路径的文件加载到 Memo 中
```

3）Modified 属性

Modified 属性用于确定文本是否被改动过。

4）ScrollBars 属性

ScrollBars 属性决定备注框是否具有滚动条，ScrollBars 可以有下列取值。

（1）ssNone：无滚动条。

（2）ssHorizontal：只有水平滚动条。

（3）ssVertical：只有垂直滚动条。

（4）ssBoth：同时具有垂直和水平滚动条。

5）WordWrap 属性

WordWrap 属性设置文本是否能够换行，如果没有水平方向的滚动条，WordWrap 属性值为 True 时，备注框中的文本会自动按字换行，即当一行文本已超过所能显示的长度时，备注框自动将文本折回到下一行显示。自动按字换行可省去用户在行尾插入换行符的麻烦。

6）WantReturns 属性

WantReturns 属性用来设置备注框是否能插入回车键。

7) WantTabs 属性

WantTabs 属性用来设置备注框是否能插入 Tab 键。

2. Memo 的使用

【例 3.4】 利用编辑框,把编辑框中的文本输入到 Memo 中。

1) 界面设计

创建一个新的工程,在窗体中添加一个按钮 Button 组件、一个编辑框 Edit 组件和一个备注框 Memo 组件,各组件的属性设置如图 3-12 所示。

图 3-12 “Memo 示例”界面

2) 程序设计

```
procedure TForm1.Button1Click(Sender: TObject);
begin
  Memo1.Lines.Add(Edit1.Text);
  edit1.Text: = '';
  edit1.SetFocus;
end;

procedure TForm1.FormActivate(Sender: TObject);
begin
  edit1.SetFocus;
end;
```

3.2.4 MaskEdit 组件

MaskEdit 组件是格式化的编辑框,它限制用户在所定义的位置输入要求输入的符号。掩码编辑框(MaskEdit)组件位于 Additional 附加组件板中,如图 3-13 所示。

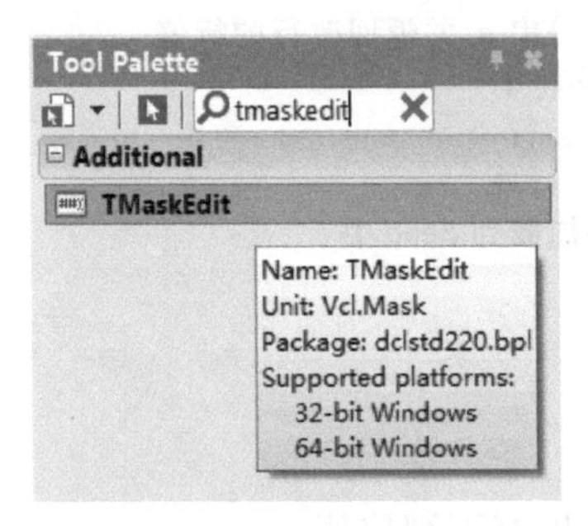

图 3-13 TMaskEdit 组件

1. MaskEdit 常用属性

MaskEdit 组件在 Delphi XE8 中用 TMaskEdit 类处理,TMaskEdit 类也是 TEdit 类的子类,因此,TEdit 类所具有的属性、事件和方法在 TMaskEdit 类中都有。另外,TMaskEdit 类还增加了一些新的属性。

1) EditMask 属性

EditMask 属性用来控制用户输入数据格式的掩码字符串,掩码字符串 EditMask 属性分为三个部分,用分号分隔。第一部分是掩码字符串的主要部分,它确定了数据的格式,其中所用到的特殊字符及基意义参见表 3-7;第二部分决定是否将掩码中的字符串作为数据的一部分,0 表示不作为数据的一部分,1 表示作为数据的一部分,它将影响属性;第三部分指出在掩码中用来代表未输入数据的字符。

表 3-7 EditMask 中的特殊字符

字符	意 义
!	如果“!”出现在掩码中,则输入字符串的首空格不会存成数据,如果“!”没有出现在掩码中,则输入字符串的末空格不会存成数据
＞	如果＞出现在掩码中,则它后面的所有字符都会变为大写,除非遇到＜
＜	如果＜出现在掩码中,则它后面的所有字符都会变为小写,除非遇到＞

续表

字符	意　　义
<>	如果<>出现在掩码中，则它后面的所有字符的大小写状态都将不会改变
\	\后面的字符作为原字符显示，使用\可以将任何字符原样显示
L	L 字符表示该字符位置处只能输入一个字母，在英文中为：A～Z、a～z
I	I 字符表示该字符位置处只能输入一个字母，在英文中为：A～Z、a～z，但不一定输入
A	A 字符表示该字符位置处只能输入一个字母或数字字符，在英文中为：A～Z、a～z 及 0～9
a	a 字符表示该字符位置处只能输入一个字母，但一定输入
C	C 字符表示该字符位置处可以输入任意一个字符
c	c 字符表示该字符位置处可以输入任意一个字符，但一定输入
0	0 字符表示该字符位置处只能输入一个数字字符：0～9
9	9 字符表示该字符位置处只能输入一个数字字符：0～9，但不一定输入
#	#字符表示该字符位置处只能输入一个数字字符或正负号，但不一定输入
：	"："字符用来分隔时间中的时、分、秒
/	"/"字符用来分隔日期中的年、月、日
；	"；"字符用来分隔掩码字符串的三个部分
—	"—"字符将自动在 text 中插入一个空格。当用户输入时，光标会自动跳过该字符

说明：

(1) 由于汉字占两个字符，所以用于控制输入中文的掩码字符也必须有两个，如 LL 或 cc 等。

(2) 表中没有列出的一般字符都会被显示出来，输入时这些字符会自动跳过。

(3) EditText 与 Text 属性都可以用来读取用户输入的数据。当掩码字符串中第二部分为 1 时，EditText 与 Text 的值是相同的；当掩码字符串中第二部分为 0 时，Text 的值不包含掩码字符串自动显示的字符，而只包含用户输入的字符。

2) EditText 属性

EditText 属性用来返回用户输入的数据。

2. MaskEdit 的使用

【例 3.5】 个人档案编辑器。

1) 界面设计

创建一个新的工程，在窗体中添加两个 Button 组件、两个 Edit 组件、一个 Memo 组件和两个 MaskEdit 组件，如图 3-14 所示。

2) 属性设置

各个组件的属性如图 3-14 所示，其中，MaskEdit1 组件的 EditMask 属性通过单击属性值右端的按钮打开 Input Mask Editor 对话框来设置，如图 3-15 所示。

用同样的方法可以设置 MaskEdit2 组件的 EditMask 属性，输入掩码字符串："! 0000 年 09 月 09 日;1;_"。

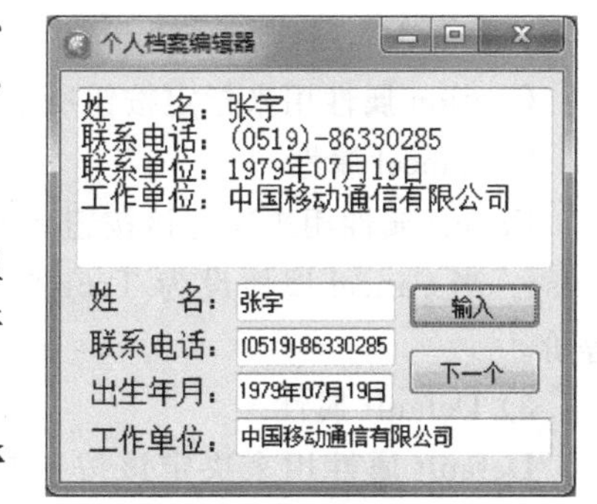

图 3-14　个人档案编辑器

3) 程序设计

```
procedure TForm1.Button1Click(Sender: TObject);
begin
```

```
    memo1.Lines.Add('姓    名: '+edit1.Text);
    memo1.Lines.Add('联系电话: '+maskedit1.Text);
    memo1.Lines.Add('联系单位: '+maskedit2.Text);
    memo1.Lines.Add('工作单位: '+edit2.Text);
end;

procedure TForm1.Button2Click(Sender: TObject);
begin
    edit1.Text: = '';
    maskedit1.Text: = '';
    maskedit2.Text: = '';
    edit2.Text: = '';
end;
```

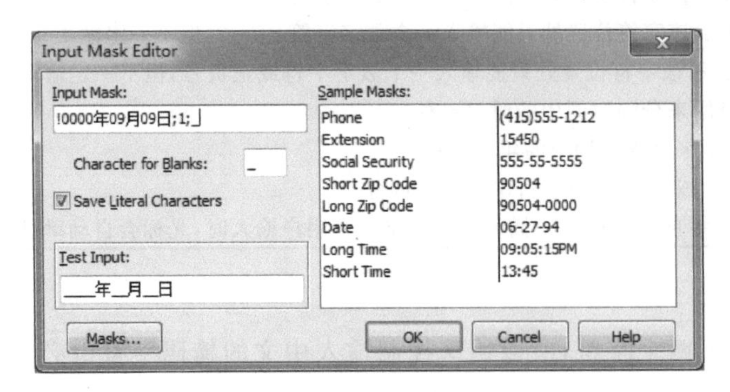

图 3-15 Input Mask Editor 对话框

3.3 按钮类组件

3.3.1 Button 组件

Button 按钮往往作为一个窗体中某些行为的执行工具,Button 按钮位于 Delphi XE8 组件板 Standard 选项卡中,如图 3-16 所示。

1. Button 的主要属性

基本按钮(Button)是程序中最常用的组件之一,下面介绍它的主要属性。

1) Caption 属性

Caption 属性用来指定按钮所显示的文字。

2) Cancel 属性

Cancel 属性用来决定该按钮是否为“取消”按钮,默认值为 False。当 Cancel 属性设为 True 时,单击 Button 与按 Esc 键等价。

3) Default 属性

Default 属性用来决定该按钮是否为默认按钮,默认值为 False。当 Default 属性设为 True 时,单击 Button 与按 Enter 键等价。

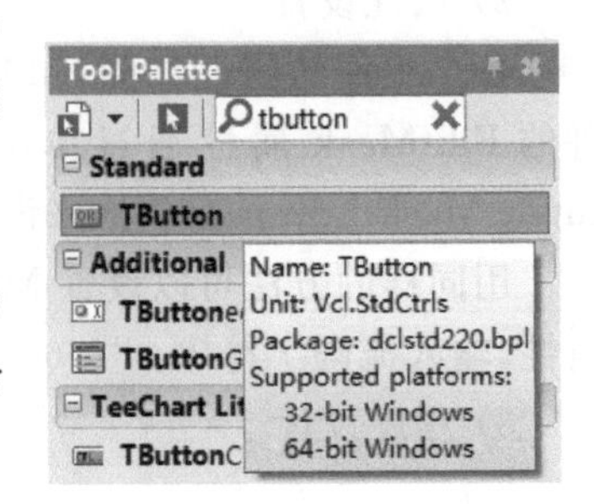

图 3-16 Button 按钮

4) ModalResult 属性

ModalResult 属性用来决定模式窗体如何被关闭。

ModalResult属性的取值有：mrNone、mrOK、mrCancel、mrAbort、mrRetry、mrIgnore、mrYes、mrNo、mrAll、mrNoToAll、mrYesToAll。当Button被置于一个模式窗体(Modal Form)时，ModalResult属性才有意义。此时，若属性值不是0(mrNone)，Button被单击后，所在的模式窗体会自动关闭，并且ModalResult属性值会作为ShowModal函数的结果返回，因此无须再为其OnClick事件编写代码。

2. Button的事件

Button组件的绝大部分事件是响应鼠标动作的。Button组件常用的事件如表3-8所示。

表3-8　Button按钮常用的事件响应

事　件	含　义
OnClick	鼠标单击事件
OnMouseDown	鼠标键按下事件
OnMouseMove	鼠标移过事件
OnMouseUp	鼠标键释放事件

在下述两种情况下，OnClick事件将被激发。

(1) 用鼠标单击按钮。

(2) 当按钮获得焦点时，按Enter键或空格键。

3.3.2 BitBtn组件

位图按钮(BitBtn)组件的工作方式与Button组件相似，但可以显示一个彩色的位图(Bitmap)。使用位图可以比看到一些专业化的术语更容易让人理解其功能和作用。BitBtn按钮位于Delphi XE8组件板Additional选项卡中，如图3-17所示。

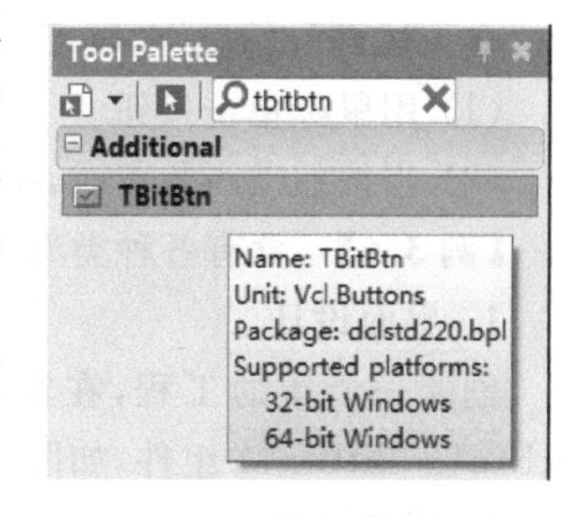

图3-17　BitBtn按钮

1. BitBtn的主要属性

由于TbitBtn类是Tbutton的子类，它具有Button的所有属性，下面介绍一些有别于Button的主要属性。

1) Glyph属性

Glyph属性为BitBtn指定一个.bmp文件，显示在按钮的表面。

2) Kind属性

Kind属性决定BitBtn按钮的种类。Kind属性的取值有：bkCustom、bkOK、bkCancel、bkHelp、bkYes、bkNo、bkClose、bkAbort、bkRetry、bkIgnore、baAll。默认值为bkCustom，表示其种类为自定义类型，位图由Glyph属性指定。Kind属性的其他取值，使BitBtn按钮对应一个特殊的位图，并将其ModalResult属性自动设为相应的值。如bkOK、bkCancel、bkYes和bkNo分别对应于mrOK、mrCancel、mrYes和mrNo等。

3) Layout属性

Layout属性用来控制BitBtn按钮中位图与文本的相对位置。Layout属性的取值有：blGlyphLeft、blGlyphRight、blGlyphTop、blGlyphBottom。分别设置位图出现在文本的左侧、右侧、上方、下方。默认值为blGlyphLeft。

4) Margin 属性

Margin 属性用来控制 BitBtn 按钮中位图与边界之间的像素个数。Margin 属性的默认值为－1,表示位图位于按钮的正中。当 Layout 属性的值为 blGlyphLeft 时,Margin 属性的值表示按钮左边界与位图的距离；当 Layout 属性的值为 blGlyphRight 时,Margin 属性的值表示按钮右边界与位图的距离；以此类推。

5) Spacing 属性

Spacing 属性用来控制 BitBtn 按钮中位图与文本之间的(距离)像素个数。Spacing 属性的值为－1 时,文本、位图与按钮边界成等距离。当 Spacing 属性的值为非负整数时,表示文本与位图之间的距离。Spacing 属性的默认值为 4。

2. BitBtn 的事件

BitBtn 组件的绝大部分事件和 Button 组件一样是响应鼠标动作的。BitBtn 组件常用的事件如表 3-9 所示。

表 3-9 BitBtn 按钮常用的事件响应

事　件	含　义
OnClick	鼠标单击事件
OnMouseDown	鼠标键按下事件
OnMouseMove	鼠标移过事件
OnMouseUp	鼠标键释放事件

在下述两种情况下,OnClick 事件将被激发。

(1) 用鼠标单击按钮。

(2) 当按钮获得焦点时,按 Enter 键或空格键。

【例 3.6】 含有各种类型位图按钮的窗体。

1. 界面设计

创建一个新的工程,在窗体中添加 11 个位图按钮 BitBtn1～BitBtn11 组件,如图 3-18 所示。

图 3-18 位图按钮示例

2. 属性设置

BitBtn1 的属性设置如表 3-10 所示。其他按钮的属性设置与之类似。

表 3-10 窗体及组件属性设置

对象	属性	属性值	说明
BitBtn1	Caption	是(&Y)	位图按钮的标题
	Kind	bkYes	位图按钮的种类
	Hint	Kind＝bkYes	作为工具提示出现的文本
	Showhint	True	是否出现工具提示

说明：BitBtn11 按钮的 Kind 属性值为 bkClose 时,无须为 BitBtn11 按钮编写事件代码,按钮自动具备关闭窗体的功能。

3.3.3 SpeedButton组件

快速按钮(SpeedButton)是一种可以成组工作的按钮，具有与位图按钮一样将位图显示在按钮表面的功能；还具有与单选按钮一样允许其中一个按钮被选中(按下)的功能；当它单独使用的时候可以像复选框一样具有开关的功能。快速按钮位于Additonal组件板中，如图3-19所示。

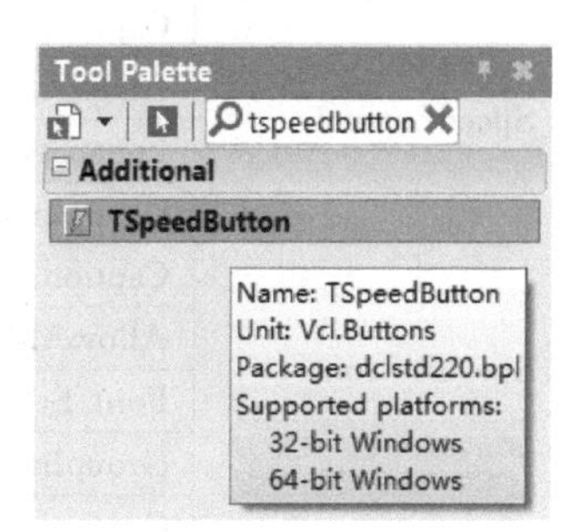

图3-19 快速按钮

快速按钮的大部分属性与Button和BitBtn相同，也有一些独具的特殊属性。

1. AllowAllUp属性

AllowAllUp属性控制是否允许单击处于按下状态的按钮，使之恢复到松开状态。默认值为False。

2. Down属性

Down属性设置按钮是否处于按下状态。默认值为False。

3. Flat属性

当属性Flat取值为True时，按钮具有Office 2010工具栏的风格。默认值为False。

4. GroupIdex属性

该属性默认值为0，表示不与其他SpeedButton成组。若取值大于0，则相同GroupIndex值的SpeedButton将成组协同工作，像单选按钮组一样。要使SpeedButton像复选框那样工作，只需将GroupIndex属性设为大于0，且不与任何其他SpeedButton的GroupIndex属性值相同，再将AllowAllUp属性设为True即可。

【例3.7】 使用SpeedButton控制文本的字体与字体风格。

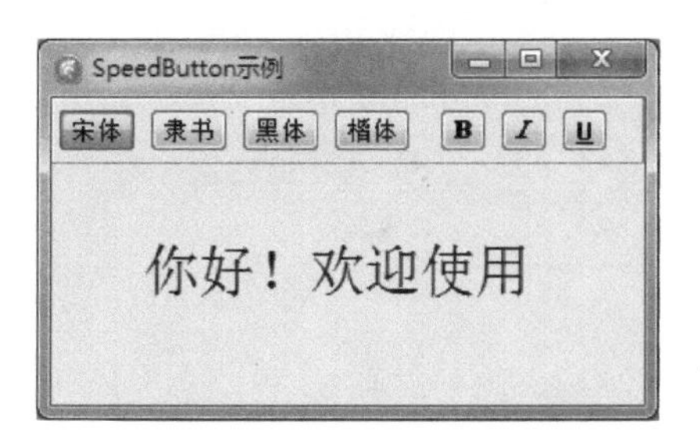

图3-20 SpeedButton示例

1）界面设计

创建一个新的工程，在窗体中添加一个Label组件、一个Panel组件，在Panel组件上添加7个SpeedButton组件，如图3-20所示。

2）属性设置

各组件的属性设置如表3-11示。

表3-11 窗体及组件属性设置

对象	属性	属性值	说明
SpeedButton1	Caption	宋体	按钮标题
	Down	True	按下状态
	GroupIndex	1	组1
SpeedButton2	Caption	隶书	按钮标题
	GroupIndex	1	组1
SpeedButton3	Caption	黑体	按钮标题
	GroupIndex	1	组1

续表

对象	属性	属性值	说明
SpeedButton4	Caption	楷体	按钮标题
	GroupIndex	1	组 1
SpeedButton5	Caption	B	按钮标题
	AllowAllUp	True	允许按键松开
	Font. Style. fsBold	True	粗体
	GroupIndex	2	组 2
SpeedButton6	Caption	I	按钮标题
	AllowAllUp	True	允许按键松开
	Font. Style. fsItalic	True	斜体
	GroupIndex	3	组 3
SpeedButton7	Caption	U	按钮标题
	AllowAllUp	True	允许按键松开
	Font. Style. fsUnderline	True	下划线
	GroupIndex	4	组 4
Label1	Caption	你好！欢迎使用	标题

3）程序设计

```
procedure TForm1.SpeedButton1Click(Sender: TObject);
begin
  Label1.Font.Name: = '宋体';
end;

procedure TForm1.SpeedButton2Click(Sender: TObject);
begin
  Label1.Font.Name: = '隶书';
end;

procedure TForm1.SpeedButton3Click(Sender: TObject);
begin
  Label1.Font.Name: = '黑体';
end;
procedure TForm1.SpeedButton4Click(Sender: TObject);
begin
  Label1.Font.Name: = '楷体_GB2312';
end;

procedure TForm1.SpeedButton5Click(Sender: TObject);
begin
  if SpeedButton5.Down then
    label1.Font.Style: = label1.Font.Style + [fsBold]        //关键分析
  else
    label1.Font.Style: = label1.Font.Style - [fsBold];
end;

procedure TForm1.SpeedButton6Click(Sender: TObject);
```

```
begin
  if SpeedButton6.Down then
    label1.Font.Style: = label1.Font.Style + [fsItalic]
  else
    label1.Font.Style: = label1.Font.Style - [fsItalic];
end;

procedure TForm1.SpeedButton7Click(Sender: TObject);
  begin
  if SpeedButton7.Down then
    label1.Font.Style: = label1.Font.Style + [fsunderline]
  else
    label1.Font.Style: = label1.Font.Style - [fsunderline];
end;
```

4）程序分析

关键分析：Label1 对象的字体风格 Label1.Font.Style 属性为集合类型，代码中的＋、－运算属于集合的“并”与“差”运算。

3.4 复选框、单选按钮和单选按钮组

3.4.1 CheckBox 组件

复选框(CheckBox)是一个旁边带有文本说明的小方框。CheckBox 位于 Delphi XE8 组件板 Standard 选项卡中，如图 3-21 所示。

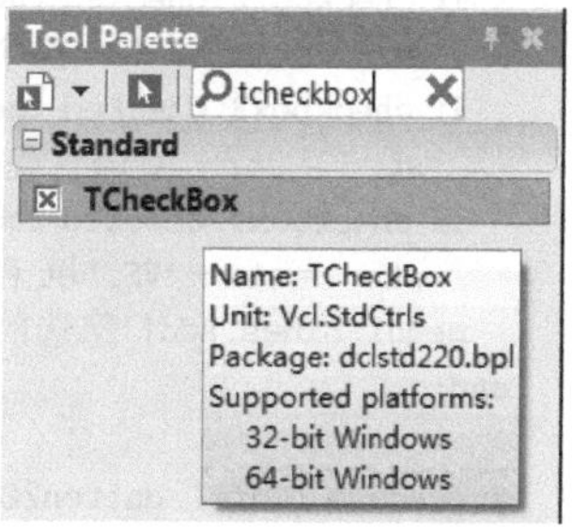

复选框 CheckBox 具有未选中状态☐和选中状态☑。在运行时，使用鼠标单击复选框可以改变它的状态。复选框还有一种不确定状态，表示既非选中，又非未选中。

Tool Palette
tcheckbox
Standard
TCheckBox
Name: TCheckBox
Unit: Vcl.StdCtrls
Package: dclstd220.bpl
Supported platforms:
32-bit Windows
64-bit Windows

图 3-21 复选框

1. CheckBox 的主要属性

1）Checked 属性

属性 Checked 用于表明 CheckBox 是否被选中。

2）State 属性

属性 State 进一步确定 CheckBox 的状态。有三种取值：cbChecked、cbUnchecked 和 cbGrayed，分别表示选中、未选中和不确定。

3）AllowGrayed 属性

属性 AllowGrayed 为 True 时，复选框有三种选择：为 False 时，复选框只有选中和未选中两种状态。

2. CheckBox 的使用

【例 3.8】 使用 CheckBox 组件完成简单的选课系统。

1）界面设计

创建一个新的工程，在窗体中添加两个 GroupBox 组件，在一个 GroupBox 组件上添加一个 Memo 组件，在另一个 GroupBox 组件上添加 4 个 CheckBox 组件、添加一个 Panel 组件，在 Panel 组件上添加三个 Label 组件和三个 Edit 组件，再添加两个 Button 组件，各组件的属性设置如图 3-22 所示。

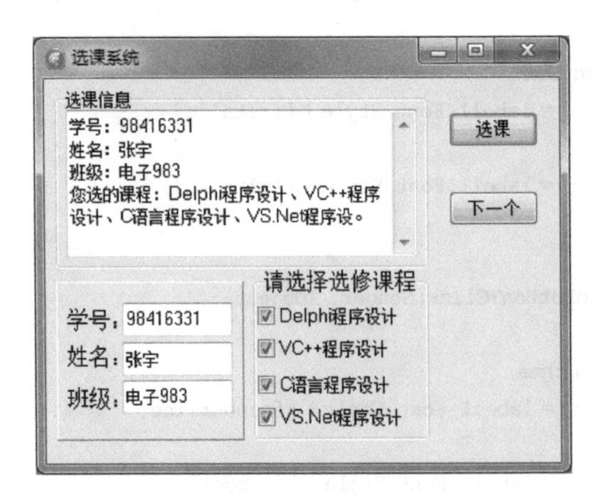

图 3-22　选课系统

2）程序设计

```
procedure TForm1.Button1Click(Sender: TObject);
var
  str: string;
begin
  memo1.Lines.Add('学号：'+edit1.Text);
  memo1.Lines.Add('姓名：'+edit2.Text);
  memo1.Lines.Add('班级：'+edit3.Text);
  str: ='';
  if checkbox1.Checked then
    str: =str+'Delphi XE8 程序设计';
  if checkbox2.Checked then
    str: =str+'VC++程序设计';
  if checkbox3.Checked then
    str: =str+'C 语言程序设计';
  if checkbox4.Checked then
    str: =str+'VS.Net 程序设计';
  memo1.Lines.Add('您选的课程：'+copy(str,0,length(str)-2)+ '.');   //关键分析
end;

procedure TForm1.Button2Click(Sender: TObject);
begin
  edit1.Text: ='';
  edit2.Text: ='';
  edit3.Text: ='';
  checkbox1.Checked: =false;
  checkbox2.Checked: =false;
  checkbox3.Checked: =false;
  checkbox4.Checked: =false;
end;
```

3）程序分析

关键分析：调用字符串截取函数 Copy 将字符串 Str 末尾的顿号"、"去掉，并在末尾添加一个句号"。"。

3.4.2　RadioButton 组件

单选按钮(RadioButton)又称选项按钮，一般总是作为一个组(单选按钮组)的组成部分工作的。单选按钮组中只能单击一个选项,即单选按钮组只允许用户从菜单中选择一个选项。RadioButton 位于 Delphi XE8 组件板 Standard 选项卡中,如图 3-23 所示。

1. RadioButton 的主要属性

Checked 属性:用于表明 CheckBox 是否被选中。RadioButton 有两种状态,如果当 Checked 属性为 True 时,表示选中状态,如果当 Checked 属性为 False 时,表示未选中状态。

2. RadioButton 的使用

【例 3.9】 通过 RadioButton 组件来控制 Label1 的字体。

1) 界面设计

创建一个新的工程,在窗体中添加一个 Label 组件、4 个 RadioButton 组件,各个组件的属性设置如图 3-24 所示。

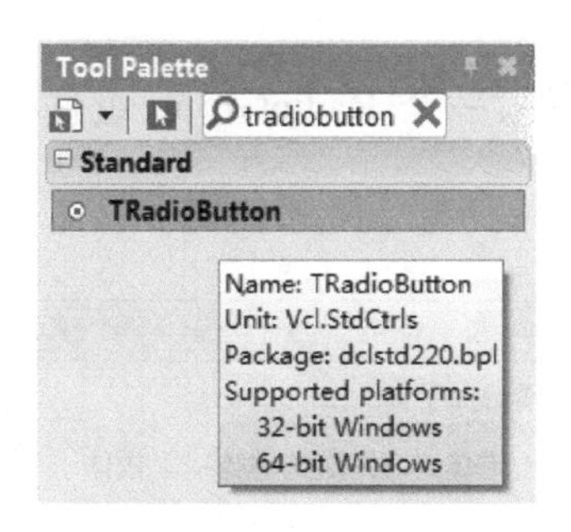

图 3-23　单选按钮

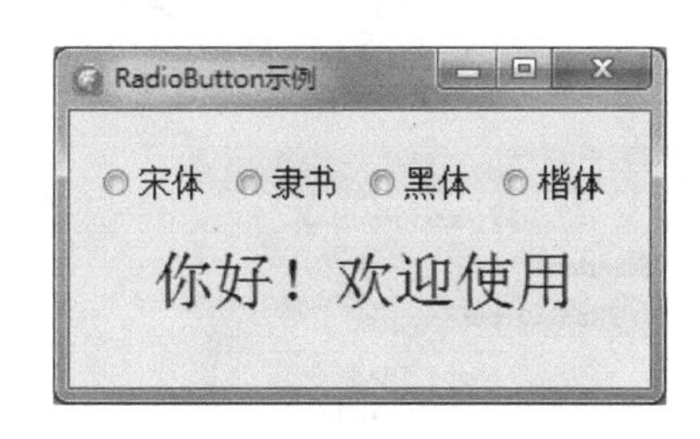

图 3-24　RadioButton 示例

2) 程序设计

```
procedure TForm1.RadioButton1Click(Sender: TObject);
begin
  Label1.Font.Name: = '宋体';
end;

procedure TForm1.RadioButton2Click(Sender: TObject);
begin
  Label1.Font.Name: = '隶书';
end;

procedure TForm1.RadioButton3Click(Sender: TObject);
begin
  Label1.Font.Name: = '黑体';
end;

procedure TForm1.RadioButton4Click(Sender: TObject);
begin
  Label1.Font.Name: = '楷体_GB2312';
end;
```

3.4.3 RadioGroup 组件

单选按钮组(RadioGroup)组件巧妙地将一个 GroupBox 与一组 RadioButton 组合在一起,可以使用统一的索引号(ItemIndex),为编程提供了方便。RadioGroup 位于 Delphi XE8

组件板 Standard 选项卡中,如图 3-25 所示。

1. RadioGroup 的主要属性

1) Columns 属性

属性 Columns 用于设置单选按钮组中按钮的列数。范围 1～16,默认值为 1。

2) Items 属性

属性 Items 用于设置各种单选按钮的标题。

3) ItemIndex 属性

单选按钮组中被选中按钮(从 0 开始)的序号。默认值为－1,表示组中按钮均未被选中。

2. RadioGroup 的使用

【例 3.10】 通过 RadioButton 组件来控制 Label1 的字体。

1) 界面设计

创建一个新的工程,在窗体中添加一个 Label 组件、一个 RadioGroup 组件,如图 3-26 所示。

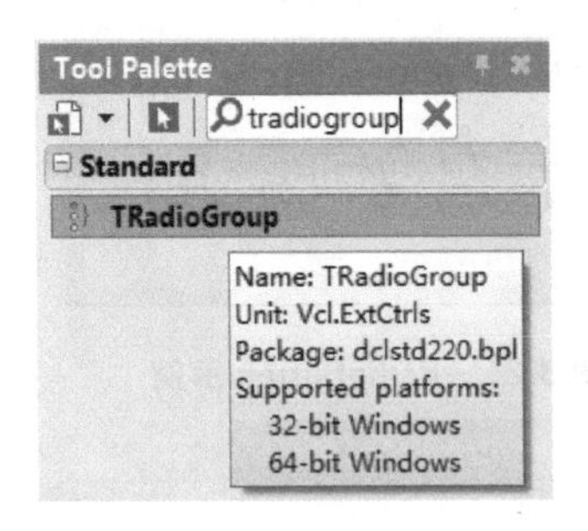

图 3-25 单选按钮组

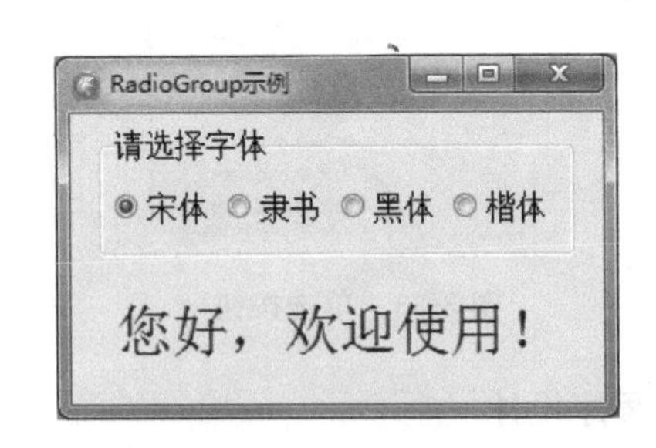

图 3-26 RadioGroup 示例

2) 属性设置

各组件的属性设置如表 3-12 所示。

表 3-12 窗体及组件属性设置

对象	属性	属性值	说　明
RadioGroup1	ItemIndex	0	默认字体“宋体”按钮被选中
	Columns	4	RadioGroup1 按钮按 4 列显示
	Items	见下说明	设置各单选按钮的标题
Label1	Caption	您好,欢迎使用!	标题
	Font. Name	宋体	默认字体为宋体

说明:RadioGroup1. Items 的设置。

单击 RadioGroup1 组件 Items 属性的右端按钮,打开 String List Editor 对话框,在其中依次输入 4 个单选按钮的标题,每行以回车键结束,如图 3-27 所示。

3) 程序设计

```
procedure TForm1.RadioGroup1Click(Sender: TObject);
begin
  case radiogroup1.ItemIndex of
    0: label1.Font.Name: = '宋体';                    //关键分析
    1: Label1.Font.Name: = '隶书';
```

```
      2: label1.Font.Name: = '黑体';
      3: label1.Font.Name: = '楷体_GB2312';
    end;
end;
```

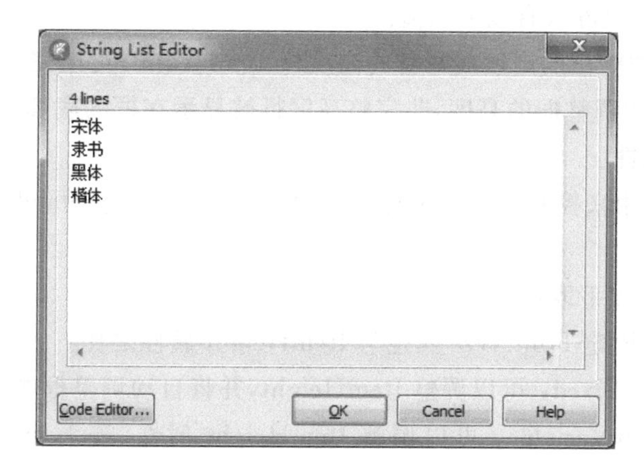

图 3-27　字符串列表编辑器

4）程序分析

关键分析：当 radiogroup1.ItemIndex 为 0 时，表示第一个单选按钮“宋体”被选中，其余各值以此类推。

3.5　列表框、组合框

3.5.1　ListBox 组件

当列表框不能同时显示所有选择项时，将自动加上一个垂直滚动条，使用户可以上下滚动列表框，以查阅所有的选项。列表框位于组件板 Standard 选项卡中，如图 3-28 所示。

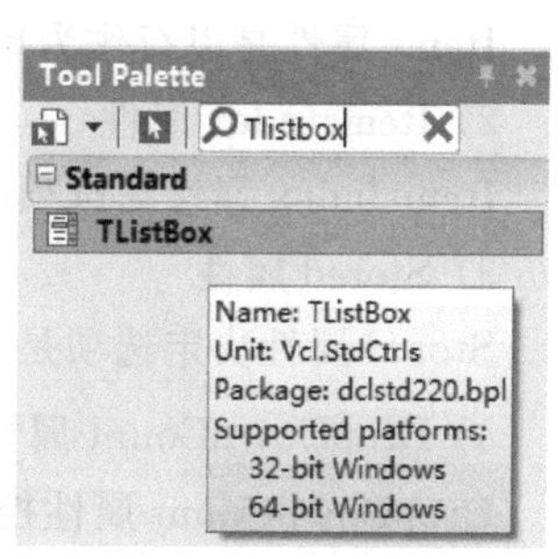

图 3-28　列表框

ListBox 的主要属性如下。

1. Items 属性

Items 属性是以行作为单位，列表框中选项的集合。

2. ItemsIndex 属性

ItemsIndex 属性为选项的索引值。

3. Stored 属性

Stored 属性决定选项是否排序。

4. Columns 属性

Columns 属性决定列表框的列数。

5. MultiSelect 属性

MultiSelect 属性决定是否可以选择多项。

6. SelCount 属性

SelCount 属性表示被选中的项的数目，只读。

7. Selected 属性

Selected 属性用来设置或返回是否被选中。

8. IntegralHeight 属性

IntegralHeight 属性可以有以下取值。

(1) True:自动调整框的高度使每行的高度(IntemHeight)可以完整地被显示。

(2) False:不自动调整框的高度,非完整高度行被显示在框的底部。

9. ItemHeight 属性

ItemHeight 属性用来控制列表框中行的高度,Style 属性为 lbStandard 时不能改变。

10. Style 属性

Style 属性可以有以下取值。

(1) lbStandard:固定 Font.Size 属性与 ItemHeight 属性之比。

(2) lbOwnerDrawFixed:可以调整 ItemHeight,并将自动调整框的高度以适应行高。

(3) LbOwnerDrawVariable:可以调整 ItemHeight 属性,需手动调整框的高度以适应行高。

Style 属性的后两种取值将受到 IntegralHeight 属性的影响,如果 ItegralHeight 属性值为 False,将不会自动调整框的高度。

3.5.2 ComboBox 组件

组合框 ComboBox 兼有 EditBox 和 ListBox 两者的功能,用户可以通过输入文本或选择列表中的项目来进行选择。组合框位于组件板 Standard 选项卡中,如图 3-29 所示。

图 3-29 组合框

1. 组合框的主要属性

1) Items 属性

Items 属性是以行作为单位,列表框中选项的集合。

2) ItemsIndex 属性

ItemsIndex 属性为选项的索引值。

3) Stored 属性

Stored 属性决定选项是否排序。

4) DropDownCount 属性

DropDownCount 属性控制组合框下拉列表所能显示选项的最大个数。

5) SelText 属性

SelText 属性用来存储显示于编辑区中被选中项的内容。

6) Style 属性

Style 属性决定组合框的风格。

2. 组合框的使用

【例 3.11】 DIY 计算机的配件选择。

1) 界面设计

创建一个新的应用程序,在窗体上添加 5 个标签、4 个组合框、两个按钮及一个 GroupBox 组件,如图 3-30 所示。

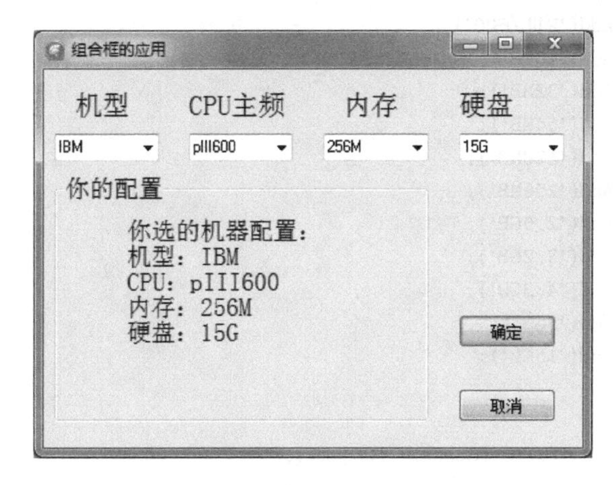

图 3-30 组合框组件应用示例

2) 属性设置

设置窗体及窗体中组件的属性,具体如表 3-13 所示。

表 3-13 窗体中组件属性设置

对象	属性	属性值	说明
Form1	Caption	组合框的应用	窗口的标题
Label1	Caption	机型	标签的标题
Label2	Caption	CPU 主频	
Label3	Caption	内存	
Label4	Caption	硬盘	
Label5	Caption	(空)	
Button1	caption	确定	
Button2	caption	取消	
GroupBox1	Caption	你的配置	
ComboBox1	items	(空)	
ComboBox2	items	(空)	
ComboBox3	items	(空)	
ComboBox4	items	(空)	

3) 程序设计

```
procedure TForm1.FormCreate(Sender: TObject);
begin
  combobox1.Items.Add('IBM');
  combobox1.Items.Add('AST');
  combobox1.Items.Add('Compaq');
  combobox1.Items.Add('长城');
  combobox1.Items.Add('联想');
  combobox1.Items.Add('清华同方');
  combobox2.Items.Add('586/133');
  combobox2.Items.Add('586/200');
  combobox2.Items.Add('PⅡ/233');
  combobox2.Items.Add('PⅡ/400');
  combobox2.Items.Add('PⅢ/450');
```

```
  combobox2.Items.Add('PⅢ/600');
  combobox3.Items.Add('16MB');
  combobox3.Items.Add('32MB');
  combobox3.Items.Add('64MB');
  combobox3.Items.Add('128MB');
  combobox3.Items.Add('256MB');
  combobox4.Items.Add('2.5GB');
  combobox4.Items.Add('3.2GB');
  combobox4.Items.Add('4.3GB');
  combobox4.Items.Add('9GB');
  combobox4.Items.Add('15GB');
end;

procedure TForm1.Button1Click(Sender: TObject);
var
  i: integer;p: string;
begin
  p: = '你选的机器配置: ' + #13;
  i: = combobox1.ItemIndex;
  p: = p + '机型: ' + combobox1.Items[i] + #13;
  i: = combobox2.ItemIndex;
  p: = p + 'CPU: ' + combobox2.Items[i] + #13;
  i: = combobox3.ItemIndex;
  p: = p + '内存: ' + combobox3.Items[i] + #13;
  i: = combobox4.ItemIndex;
  p: = p + '硬盘: ' + combobox4.Items[i];
  label5.caption: = p;
end;
procedure TForm1.Button2Click(Sender: TObject);
begin
  label5.Caption: = '';
  combobox1.ItemIndex: = -1;
  combobox2.ItemIndex: = -1;
  combobox3.ItemIndex: = -1;
  combobox4.ItemIndex: = -1;
end;
```

3.6 滚 动 条

在很多情况下，滚动条是自动加入的，例如前面讲的列表框，当项目显示不下时列表框将自动加上滚动条，当用户操作滚动条时，列表自动滚动。这一切都不需要编程。如果想自己操纵窗口的滚动，就要用到TScrollBar组件。当用户在滚动条上操作时，将触发OnScroll事件，这样就可以操纵滚动条。TScrollBar组件直接继承于TwinControl中，它位于Standard选项卡中，如图3-31所示

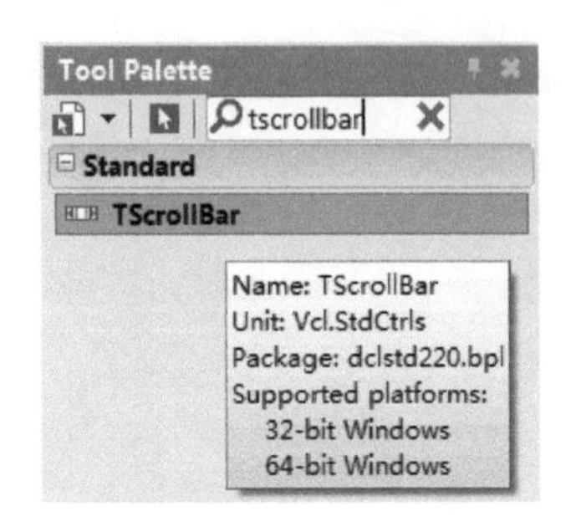

图3-31 滚动条

1. ScrollBar主要属性、方法与事件

1) LargeChange属性

当用户单击滚动条(不是滚动条两端的箭头)时，滚动条滚

动的距离是由 LargeChange 属性设置的，默认是 1。这是一个相对数。假设 LargeChange 属性设为 10，如果 Max 属性减去 Min 属性为 80，则用户只要单击 8 次就能从滚动条的一端到另一端。

2）Max、Min 属性

Max、Min 这两个属性用于设置滚动条可滚动的范围，与 LargeChange 属性和 SmallChange 属性配合来使用，可以设置用户操作滚动条时需要滚多少次才能从一端到另一端。

3）PageSize 属性

当用户按 Page Up 或 Page Down 键时，滚动条滚动的距离是由 PageSize 属性设置的，默认是 1。

4）Position 属性

Position 属性用于设置或返回滚动条中小方块的位置。可以在设计期设置 Position 属性指定小方块的初始位置，也可以在运行期修改 Position 属性使滚动条滚动。

5）SmallChange 属性

SmallChange 属性与 LargeChange 属性相似，不同的是，它是用户单击滚动条两端的箭头时滚动条的距离，默认值是 1。

6）SetPaxams 方法

该过程相当于分别设置 Position、Max 和 Min 属性。

7）OnScroll 事件

当用户操作滚动条时将发生这个事件。其中，第三个参数返回滚动条小方块的位置，第二个参数返回滚动条的状态。

2. 滚动条的使用

【例 3.12】 利用递归的方法计算 N!。

1）窗体设计

创建一个新的应用程序，在窗体上添加两个标签、一个滚动条、两个按钮及一个编辑框组件，如图 3-32 所示

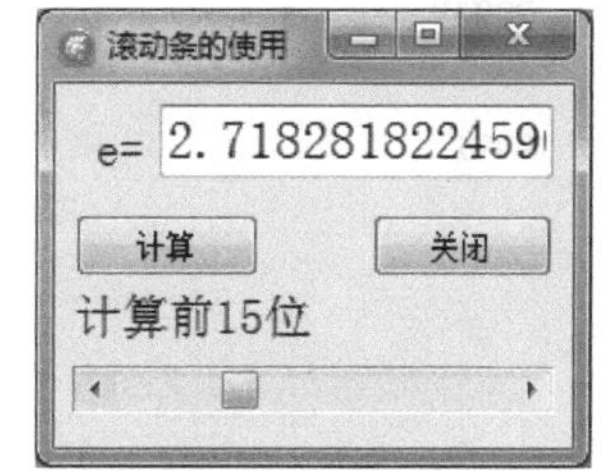

图 3-32　滚动条

2）属性设计

设置窗体及窗体中组件的属性，具体如表 3-14 所示。

表 3-14　窗体中组件属性设置

对象	属性	属性值	说明
Form1	Caption	滚动条的使用	窗口的标题
Label1	Caption	e=	
Label2	Caption	计算前 1 项	
Edit1	Text	（空）	
Button1	Caption	计算	
Button2	Caption	关闭	
Scrollbar1	Min	1	最小值
	Max	100	最大值

3）程序设计

```
function fac(n: integer): real;
```

```
begin
  if n = 0 then
    fac: = 1
  else
    fac: = n * fac(n - 1);
end;
//"计算"按钮触发的事件
procedure TForm1.Button1Click(Sender: TObject);
var
  e: real;
  n,i: integer;
begin
  e: = 0;
  n: = scrollbar1.Position;
  for i: = 0 to n - 1 do
    e: = e + 1/fac(i);
  edit1.Text: = floattostr(e);
end;
//应用滚动条,来获得当前需计算的关系式的项数
procedure TForm1.ScrollBar1Change(Sender: TObject);
begin
  label2.Caption: = format('计算前 %d 项',[scrollbar1.position]);
end;
//"关闭"按钮触发的事件
procedure TForm1.Button2Click(Sender: TObject);
begin
  close;
end;
```

3.7 计 时 器

计时器(Timer)组件可以在应用中以重复的时间间隔产生一个事件。这对不需要用户交互的代码的执行非常有用。

Timer 组件位于 System 组件板中,如图 3-33 所示,属于非可视化组件,在设计时显示为一个小时钟图标,而在运行时则不可见了,通常用来做一些后台处理。

1. Timer 组件的主要属性与事件

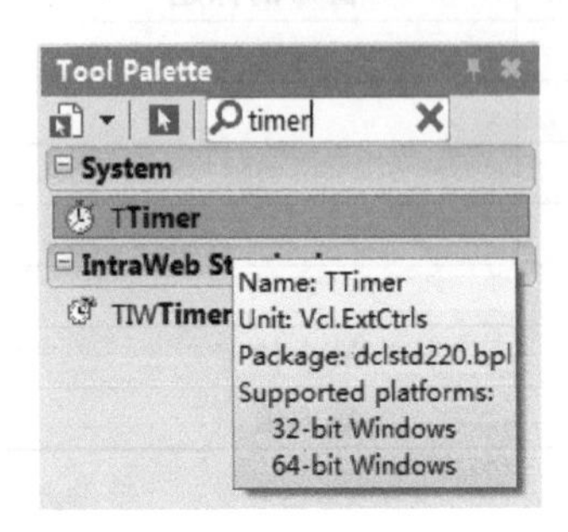

图 3-33 计时器

1) Enabled 属性

Enabled 属性为 True 时,定时器开始工作,为 False 时定时器暂停工作。

2) Interval 属性

该属性用来设置定时器触发的周期(以 ms 计)取值范围为 0～64 767。

3) OnTimer 事件

Timer 组件只提供一个事件,即 OnTimer。该事件以 Interval 属性设置的频率被触发。

2. Timer 组件的使用

【例 3.13】 利用 Timer 组件模拟数字时钟程序。

1）窗体设计

创建一个新的应用程序，在窗体上添加一个 Label 组件、一个 Timer 组件、一个 GroupBox 组件，在 GroupBox 组件上添加两个 RadioButton 组件，如图 3-34 所示。图 3-34 计时器示例。

图 3-34　计时器示例

2）属性设置

设置窗体及窗体中组件的属性，具体如表 3-15 所示。

表 3-15　窗体中组件属性设置

对象	属性	属性值	说明
Form1	Caption	模拟数字时钟	窗口的标题
Label1	Caption	（空）	未设置
	Color	clAqua	底色为绿色
GroupBox1	Caption	请选择显示格式	分组框标题
RadioButton1	Caption	12 小时制	单选按钮标题
RadioButton2	Caption	24 小时制	单选按钮标题
Timer1	Enabled	True	可以使用
	Interval	1000	1000ms 触发一次

3）程序设计

```
procedure TForm1.Timer1Timer(Sender: TObject);                //关键分析
begin
  if radiobutton1.Checked then
    label1.Caption: = formatdatetime('ampmhh: nn: ss',time)
  else
    label1.Caption: = formatdatetime('hh: nn: ss',time);
end;
procedure TForm1.RadioButton1Click(Sender: TObject);
begin
  timer1timer(sender);
end;
procedure TForm1.RadioButton2Click(Sender: TObject);
begin
  timer1timer(sender);
end;
```

4）程序分析

关键分析：本例中 OnTimer 事件根据 Timer1.Interval 的值 1000，每 1000ms 触发一次。

3.8　对话框组件

在 Delphi XE8 组件栏中的 Dialogs 页中提供了许多对话框组件，如图 3-35 所示，为用户提供了一系列标准的 Windows 对话框组件，可以使用它进行设置字体、设置颜色、设置打印机和打开或者保存文件等操作。

3.8.1 OpenDialog 组件

OpenDialog 组件用于打开一个已经存在的文件,用户选择某一文件,其所在的驱动器、文件夹、文件名以及扩展名将被赋予 OpenDialog 的 FileName 属性。OpenDialog 组件位于 Dialogs 组件板,如图 3-35 所示。

OpenDialog 组件的主要属性如下。

1. DefaultExt 属性

DefaultExt 属性用于设置系统自动附加的扩展文件名,即在用户没有设置文件类型时系统会自动附加该文件类型。

2. Filter 属性

Filter 属性用于设置可打开的文件类型。Filter 属性的设置可单击右端 ... 按钮,打开如图 3-36 所示的 Filter Editor 对话框进行设置。

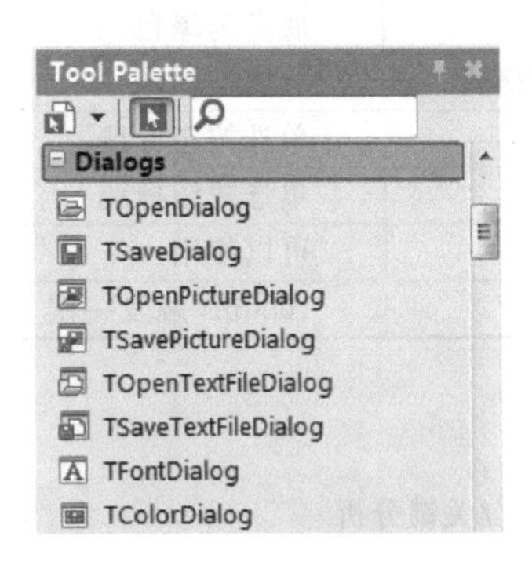

图 3-35 Dialogs 组件板

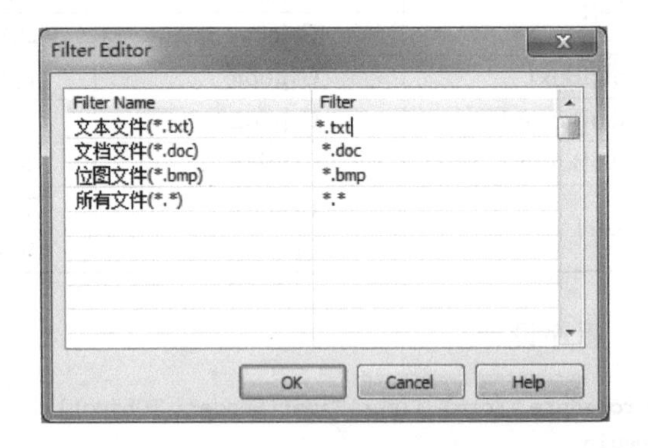

图 3-36 Filter Editor 对话框

3. FilterIndex 属性

FilterIndex 属性设置默认的 Filter 值,为 1 时则默认的文件类型为 Filter 属性中列举的第一个文件类型。

4. InitialDir 属性

InitialDir 属性设置对话框打开的初始化路径。

5. Options 属性

Options 属性用于设置对话框的作用及表现形式。包括是否可选择多个文件、是否允许长文件名、是否可以调节对话框的大小等。

3.8.2 SaveDialog 组件

SaveDialog 组件用于提供一个另存为对话框,用户输入某一文件,其所在的驱动器、文件夹、文件名以及文件扩展名将被赋予 SaveDialog 的 FileName 属性。其属性及使用同 OpenDialog 组件类似。SaveDialog 组件位于 Dialogs 组件板,如图 3-35 所示。

3.8.3 FontDialog 组件

FontDialog 组件用于提供一个字体对话框,用户可以选择需要的字体名称、样式、大小、效果及字体颜色等,这些选择将被赋予 FontDialog 的 Font 属性。FontDialog 组件位于 Dialogs

组件板，如图 3-35 所示。

3.8.4 ColorDialog 组件

ColorDialog 组件用于提供一个颜色对话框，用户可以选择需要的颜色等属性，这些选择将被赋予 ColorDialog 的 Color 属性。ColorDialog 组件位于 Dialogs 组件板，如图 3-35 所示。

3.8.5 公共对话框的使用

【例 3.14】 使用公共对话框，在标签组件中显示打开文件或保存文件的路径名和文件名，然后设置标签的字体以及背景颜色。

1）窗体设计

创建一个新的应用程序，在窗体上添加一个 Label 组件、一个 OpenDialog 组件、一个 SaveDialog 组件，一个 FontDialog 组件和一个 ColorDialog 组件，再添加 4 个 Button 组件，OpenDialog 组件和 SaveDialog 组件的 Filter 属性如图 3-36 所示，其余各个组件的属性设置如图 3-37 所示。

图 3-37 公共对话框示例

2）程序设计

```
procedure TForm1.Button1Click(Sender: TObject);
begin
  if opendialog1.Execute then                              //关键分析
    label1.Caption: = opendialog1.FileName;
end;

procedure TForm1.Button2Click(Sender: TObject);
begin
  if savedialog1.Execute then
    label1.Caption: = savedialog1.FileName;
end;

procedure TForm1.Button3Click(Sender: TObject);
begin
  if fontdialog1.Execute then
    label1.font: = fontdialog1.Font;
end;

procedure TForm1.Button4Click(Sender: TObject);
begin
  if colordialog1.Execute then
    label1.Color: = colordialog1.Color;
end;
```

3）程序分析

程序运行后运行界面如图 3-37 所示。

关键分析：Execute 为打开对话框的方法，Opendialog1 组件通过调用 Execute 方法实现打开对话框。如果打开成功返回一个 True，否则返回一个 False；其余各对话框的 Execute 方法的使用与之相同。

3.9 Win 3.1 组件

在 Delphi XE8 中,与文件有关的组件有选择驱动器、查看目录以及列举文件组件等,下面将介绍在 Win 3.1 组件板中的有关组件,如图 3-38 所示。

3.9.1 FileListBox 组件

FileListBox 组件主要用于显示指定目录的文件名滚动列表,该组件位于如图 3-38 所示 Win 3.1 组件板中。

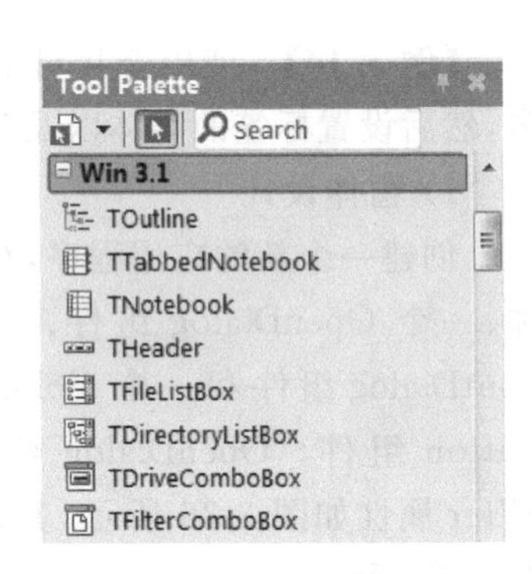

图 3-38 Win 3.1 组件板

FileListBox 组件的主要属性如下。

1. Directory 属性

Directory 属性用于设置当前文件目录,显示的文件列及表将自动更新显示文件目录的文件。

2. Drive 属性

Drive 属性用于设置当前驱动器盘的号,当前属性值改变时,Directory 属性值自动改变为新的驱动器下的当前目录。

3. ExtenderdSelect 属性

ExtenderdSelect 属性若为 True 则可按住 Ctrl 键然后用鼠标选择多个文件。若为 False 则不可以。

4. FileEdit 属性

FileEdit 属性用于将文件列表链接至一个编辑组件,显示列表中当前被选中的文件。

5. FileName 属性

FileName 属性存放了列表中当前被选中的文件的文件名及路径名。

6. FileType 属性

FileType 属性决定了文件列表中显示的文件的属性类型,如只读文件、隐藏文件、系统文件及是否显示目录等选择项。

7. Mask 属性

Mask 属性用于设置文件列表中显示的文件类型。

8. ShowGlyphs 属性

ShowGlyphs 属性用于设置文件是否在文件旁边显示文件图标。

9. MultiSelect 属性

MultiSelect 属性用于设置用户是否可以一次选中多个文件。

3.9.2 DirectoryListBox 组件

DirectoryListBox 组件用于显示指定驱动器下的目录列表,该组件位于如图 3-38 所示 Win 3.1 组件板中。

DirectoryListBox 组件的主要属性如下。

1. Directory 属性

Directory 属性用于设置当前的文件目录。

2. DirLabel 属性

DirLabel 属性用于将目录列表链接至一个 Lable 组件，显示列表中当前被选中目录。

3. Drive 属性

Drive 属性用于设置当前的驱动器盘号，当该属性值改变时，Drive 属性值将自动改变为新的驱动器下的当前目录。

4. FileList 属性

FileList 属性用于将目录列表链接至文件列表，当目录列表中的目录改变时，文件列表会自动进行更新。

3.9.3 DriveComboBox 组件

DriveComboBox 组件用于显示一个可选驱动器下拉列表，该组件位于如图 3-38 所示 Win 3.1 组件板中。

DriveComboBox 组件主要的属性如下。

1. Dirlist 属性

Dirlist 属性用于将本组件链接至目录列表，如驱动器改变，则目录列表会自动更新。

2. Drive 属性

Drive 属性用于存放当前的驱动器盘号。

3. TextCase 属性

TextCase 属性用于决定驱动器盘号使用大写字母还是小写字母。

3.9.4 FilterComboBox 组件

FilterComboBox 组件用于显示一个可选过滤器下拉列表，供用户选择，该组件位于如图 3-38 所示 Win 3.1 组件板中。FilterComboBox 组件的主要属性如下。

1. FileList 属性

FileList 属性用于将本组件链接至文件列表，如当前的文件类型改变，文件列表会自动进行更新。

2. Filer 属性

Filer 属性用于设置各种过滤文件的类型。

3. Mask 属性

Mask 属性用于存放所选的过滤类型的对应。

3.9.5 Win 3.1 组件的应用

【例 3.15】 与文件相关组件的应用示例。

1）窗体设计

创建一个新的应用程序，在窗体上添加两个 Label 组件、一个 Edit 组件、一个 FileListBox 组件，一个 DirectoryListBox 组件、一个 DriveComboBox 组件和一个 FilterComboBox 组件，如图 3-39 所示。

图 3-39 文件相关组件示例

2）属性设置

设置窗体及窗体中组件的属性，具体如表 3-16 所示。

表 3-16 窗体及组件属性设置表

对象	属性	属性值	说 明
Form1	Caption	文件相关组件示例	窗口的标题
FileListBox1	FileEdit	Edit1	在 Edit1 中显示所选文件
	Multimselect	True	可以多选
DirectoryListBox1	FileList	FileListBox1	使 DirectoryListBox1 和 FileListBox1 相关联
	DirLabel	Label2	Label2 中显示所选目录
DriveComboBox1	DirList	DirectoryListBox1	使 DirectoryListBox 和 DriveComboBox1 相关联
FilterComboBox	FileList	FileListBox1	使 FilterComboBox1 和 FileListBox1 相关联
Lable1	Caption	您选择的文件为：	标签标题

3.10 菜 单

一个 Windows 应用程序,往往需要制作标准的菜单界面,包括主菜单 MainMenu、弹出式菜单 PopMenu 两种,它既能体现一个系统的专业化水平,同时也为用户使用系统和操作提供了方便。因此在应用程序中制作菜单是一个基本的任务。

3.10.1 MainMenu 组件

主菜单也称为菜单栏,其中包括一个或多个选择项称为菜单项。当单击一个菜单项时,包含子菜单项的列表即被打开。主菜单位于组件板 Standard 选项卡中,如图 3-40 所示。

1. 菜单编辑器

打开一个新的窗体,在其中添加一个 MainMenu 组件,即可产生主菜单项,菜单项的设置可以通过双击 MainMenu 组件或右键单击 MainMenu 组件,在弹出的快捷菜单中选取 MenuDesigner 项,再或者选择 MainMenu 组件的 Items 属性,单击右端的 ... 按钮,可打开菜单项编辑器,并产生一个空菜单项,如图 3-41 所示。

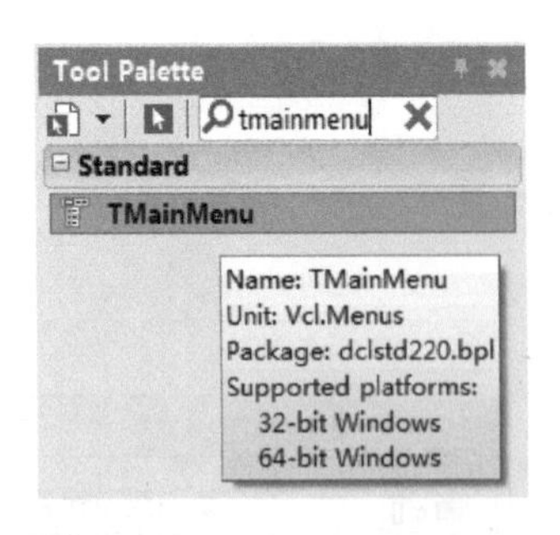

图 3-40 主菜单

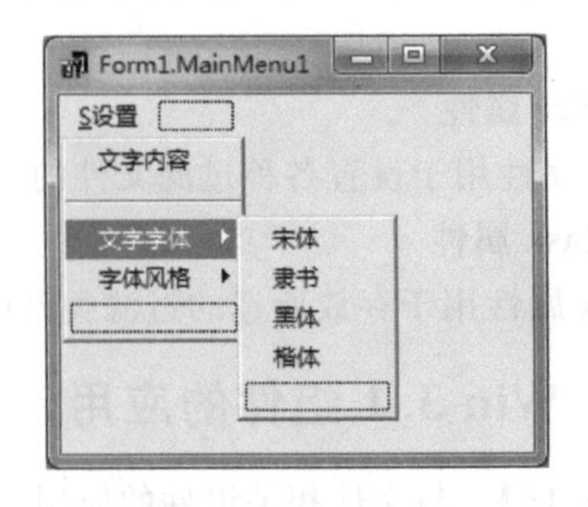

图 3-41 菜单项编辑器

在对象编辑器中,Caption 属性输入“&S 设置”,表示可按 Ctrl+S 或 Alt+S 键来选择此菜单项,其中“&”符号后的第一个字符为加速字符。若输入“-”则表示建立菜单分割线将菜单项分组,如图 3-41 所示文字内容菜单项下即是。

用户可能会在已建好的菜单项中插入或删除一个选项,这时就可用鼠标选定位置,按 Insert 键则插入一个新的空白菜单项,若按 Delete 键则删除一个菜单项。

Windows 系统操作界面的菜单大都是多层的,在 Delphi XE8 中建立子菜单时,可选择要产生子菜单的菜单项，然后按 Ctrl+→键，便产生下一级子菜单项，如图 3-41 所示，以此类推可建立多重子菜单。

2. MenuItem 的主要属性

1）Name 属性

Name 属性用于设置菜单组件的名称。

2）Caption 属性

Caption 属性显示菜单组件的标题。

3）Checked 属性

Checked 属性设置为 True 时，相应地在菜单项边上加上选择标志"√"。属性设置为 False 时，则无显示，默认值为 False。

4）Enabled 属性

Enabled 属性默认值为 True，表示可以响应用户事件，若设置为 False，则无法响应用户事件，并且相应的菜单项会变灰。

5）Visible 属性

Visible 属性确定菜单项是否显示，True 则显示，False 则隐藏。

6）ShortCut 属性

ShortCut 属性设置该菜单项的热键。

3. MainMenu 组件的使用

【例 3.16】 使用菜单实现控制标签的显示。

1）窗体设计

创建一个新的应用程序，在窗体上添加一个 Label 组件、一个 MainMenu 组件，各个组件的属性设置如图 3-42 所示。

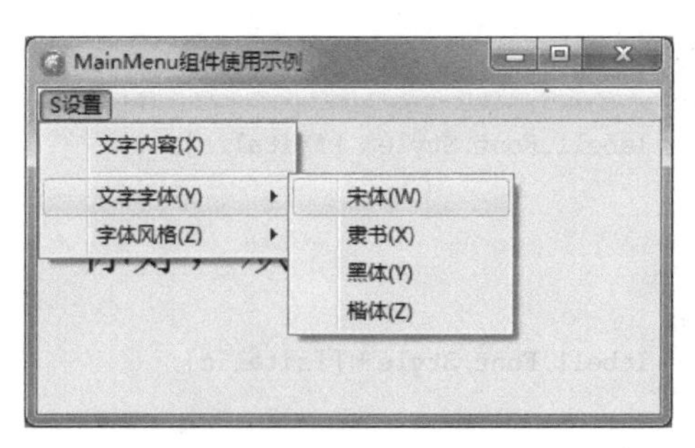

图 3-42 MainMenu 示例

2）程序设计

```
procedure TForm1.N1Click(Sender: TObject);
begin
  label1.Caption: = inputbox('文字输入','请输入文字内容: ','');
end;

procedure TForm1.N5Click(Sender: TObject);
begin
  label1.Font.Name: = '宋体';
end;

procedure TForm1.N6Click(Sender: TObject);
```

```
begin
  label1.Font.Name: = '隶书';
end;

procedure TForm1.N7Click(Sender: TObject);
begin
  label1.Font.Name: = '黑体';
end;

procedure TForm1.N8Click(Sender: TObject);
begin
  label1.Font.Name: = '楷体_GB2312';
end;

procedure TForm1.N9Click(Sender: TObject);
begin
  if N9.Checked then
  begin
    N9.Checked: = false;
    label1.Font.Style: = label1.Font.Style - [fsbold];
end
else
begin
    N9.Checked: = true;
    label1.Font.Style: = label1.Font.Style + [fsbold];
end
end;

procedure TForm1.N10Click(Sender: TObject);
begin
  if N10.Checked then
  begin
    N9.Checked: = false;
    label1.Font.Style: = label1.Font.Style - [fsitalic];
  end
  else
  begin
    N10.Checked: = true;
    label1.Font.Style: = label1.Font.Style + [fsitalic];
  end
end;

procedure TForm1.N11Click(Sender: TObject);
begin
  if N11.Checked then
  begin
    N11.Checked: = false;
    label1.Font.Style: = label1.Font.Style - [fsunderline];
  end
  else
  begin
    N11.Checked: = true;
    label1.Font.Style: = label1.Font.Style + [fsunderline];
  end
end;
```

3.10.2 PopupMenu 组件

应用系统中,对弹出式菜单的支持是一种流行的方式,就是通常使用的右键菜单,当用户在不同的地方单击鼠标右键,就弹出不同的菜单项。主菜单位于组件板 Standard 选项卡中,如图 3-43 所示。

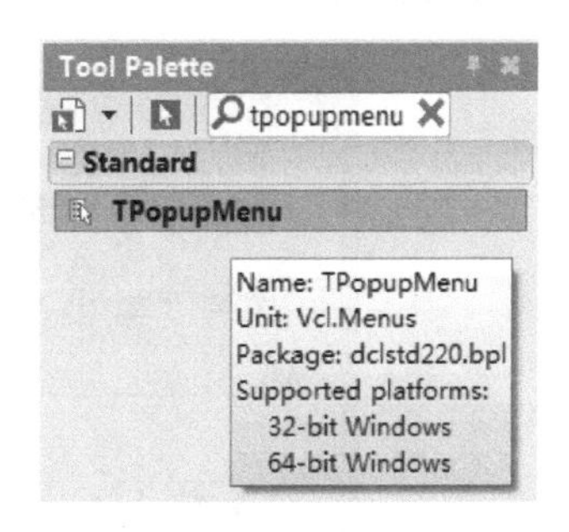

图 3-43 弹出式菜单

弹出式菜单的设计方法基本和主菜单设计方法相同,如果需要在某个组件上鼠标右键单击打开一个弹出式菜单,那么只需要将此组件的 PopupMenu 属性设置成需要打开的弹出式菜单的名字即可。

小 结

本章中介绍了 Delphi XE8 中的主要组件的属性和基本使用方法,通过一些简明的示例对它们进行了更直观的介绍。通过本章的介绍,读者对 Delphi XE8 组件有了一个初步了解,基本掌握了用一些常用组件来设置窗体并完成需要的功能。

Delphi XE8 中还有一些组件本章中没有介绍,读者可以自己查看组件面板中的组件,参照帮助或对象查看器以及有关资料学习。

习 题

3-1 简述组件的缩放、移动、复制与删除的操作步骤。

3-2 列举出可用于字符输入的各类编辑框的名称以及它们各自不同的特点。

3-3 列举出各类按钮组件的名称以及它们各自不同的特点和用途。

3-4 列举出各类列表组件的名称以及它们各自不同的特点和用途。

3-5 列举出各类布局组件的名称以及它们各自不同的特点和用途。

图 3-44 单选按钮与复选框的使用

3-6 单选按钮与复选按钮的使用。编写如图 3-44 所示界面,选择颜色可改变“示例文本”的颜色并且可以改变字体风格。

3-7 设计一个窗体,利用 ComboBox 编辑框,对客户名单进行管理,要求在编辑框中输入新的值,一旦要加入,应与下拉列表中原有值不重复。

3-8 设计一个窗体,编写文本处理程序,要求有“复制”、“剪贴”、“字体”、“字型”等按钮。

3-9 建立一个股票收益运算器,如图 3-45 所示。要求:默认类型为“基金”,在“买入股数”、“买入价”和“卖出价”中输入相应内容后,单击“计算”按钮,可在“结果”区中显示资金余额状况。

说明:基金交易费 5 元。资金余额状况公式:余额=买入股数×买入价-((买入股数×买入价+5)-(买入股数×卖出价-5))。

3-10 继续 3-9 题,当在“类型”框中选择不同的交易类型时,系统可进行分类计算:当买入大于卖出成交后亏损,在“结果”框中以不同的文字、背景(盈利红色、亏损绿色)明确标出,如

图 3-46 所示。

图 3-45 证券收益运算器一

图 3-46 证券收益运算器二

(1) 股票交易费用为股价的 0.35%，基金交易费为 5 元。股票印花税为股价的 0.4%。

(2) 过户费为 1 元。附加费用为 6 元。“股票”的资金余额计算公式：余额＝买入股数×买入价＋买入股数×买入价×0.35%＋过户费＋买入印花税＋附加费－(买入股数×卖出价－买入股数×卖出价×0.35%－过户费－卖出印花税－附加费)。

(3) 基金的资金余额计算公式：余额＝(买入股数×买入价＋5)－(买入股数×卖出价－5)。

3-11 菜单的快捷键和热键的区别是什么？如何设置快捷键和热键？

3-12 如何控制快捷菜单的弹出位置？

3-13 如何创建动态菜单？

3-14 MaskEdit 组件设置掩码格式的属性是哪个？如何设置类似 XH111111－X 的格式？

说明：其中 XH 为固定字母，不用输入，111111 为任意输入的 6 位数字，－为固定分隔符，X 为任意一个字母。

第 4 章

过程与函数

过程和函数是结构化程序设计中的重要概念。一个比较大的程序可以被划分成若干个模块，每个模块完成一个或几个功能，每个功能可以用一个程序段来实现，这个程序段被称为“子程序”。在 Delphi XE8 中，过程(Procedure)指没有返回值的“子程序”，而函数(Function)是有返回值的“子程序”。

本章主要介绍过程的分类、定义和应用；函数的分类、定义和应用；参数的种类和传递方式；变量的作用区域。

4.1 过　　程

运行结束后没有返回值的子程序称为过程。在 Delphi XE8 中有三种类型的过程：标准过程、事件过程和自定义过程。其中，标准过程和自定义过程又可以称为通用过程，即这两种过程可以独立于事件，被任何过程或函数调用。

4.1.1 标准过程

标准过程是系统内部已经定义好的过程，不需要编写代码，也不能改变过程的名称和参数。在第 2 章中已经介绍了一些系统的标准过程。例如，ShowMessage(＜消息字符串＞)用来产生一个消息对话框，再如，Val(S,V,Code)用来将字符串 S 转换为数值 V。还有其他一些日期时间转换过程，如 DecodeDate(Date,Year,Month,Day)可以将一个 TdateTime 类型的日期值转换为年，月，日的形式。

标准过程的调用非常简单，在需要调用的位置直接书写该过程即可，在例 4.1 中“加法”按钮事件中直接调用了标准过程 ShowMessage。

4.1.2 事件过程

当对象接收到某个动作时，例如鼠标单击(OnClick)，Windows 会通知 Delphi XE8 产生了一个事件(鼠标单击事件)，而 Delphi XE8 会自动执行该对象与该事件有关的一段程序，这段程序就是该对象的一个事件过程。所以事件过程依附于具体的对象，并且仅在发生该动作时执行一次。

1. 事件过程的创建

一个对象可以对多种动作产生响应，例如，在窗体上有一个命令按钮对象，它除了可以响应鼠标单击事件(OnClick)，还可以响应 MouseDown，MouseUp，KeyPress，KeyUp 等事件。用户仅创建需要的事件过程，放弃不需要的事件过程。对于用户没有创建的事件过程，当发生该事件时，Delphi XE8 将忽略该事件。

在 Delphi XE8 中可以非常方便地创建对象的事件过程。方法是：在窗体上(或在对象监视器中)选中该对象,然后在对象监视器的事件(Event)选项卡中选择相应的事件名,用鼠标双击其右侧的下拉列表框,Delphi XE8 将自动产生一个默认的事件过程框架,执行该事件的代码需要添加在框架内。

Delphi XE8 产生的默认事件过程的名称遵循下面的命名原则：控件名称加上事件类型名(无 On),例如,Button1 控件的 OnClick 事件的默认事件过程名是 Button1Click。

2. 事件过程调用

已经创建完成的事件过程可以被其他事件过程调用,例如,在例 4.1 中"乘法"按钮事件过程中调用了"加法"按钮的事件过程,显示乘法的计算结果。

【例 4.1】 事件过程和标准过程使用示例。计算加法和乘法的简单例子。

1) 界面设计

使用 Button、Edit、Label 组件即可完成界面设计,用户界面如图 4-1 所示。

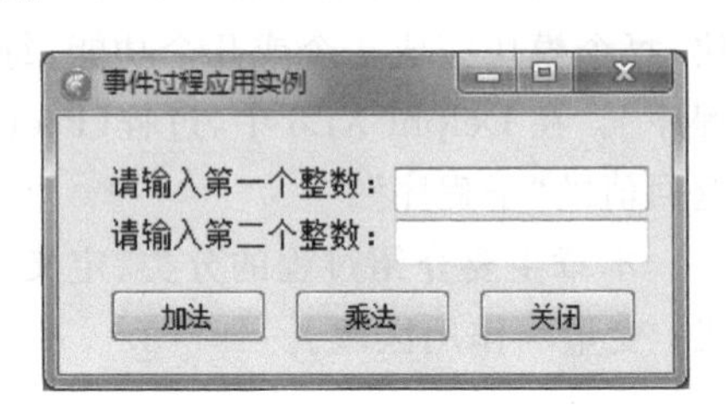

图 4-1 事件过程应用实例

2) 属性设置

各组件的属性设置如表 4-1 所示。

表 4-1 各组件属性

对象	属性	属性值	说明
Form1	Caption BorderStyle Font. Name Font. Size	事件过程应用实例 bsDialog 宋体 小五	窗体的标题 对话框风格 字体名 字体大小
Label1	Caption	请输入第一个整数：	标签的标题
Label2	Caption	请输入第二个整数：	标签的标题
Edit1	Text	空	文本内容为空
Edit2	Text	空	文本内容为空
Button1	Caption	加法	按钮标题
	Tag	1	控件附加整数值
Button2	Caption	乘法	按钮标题
	Tag	2	控件附加整数值
Button3	Caption	关闭	按钮标题

3) 程序设计

```
procedure TForm1.Button1Click(Sender: TObject);          //"加法"按钮
Var
  Sum: Int64;
  StrMsg: String;                                        //关键分析 1
begin
  if (Sender As TButton).Tag = 1 Then                    //关键分析 2
  begin
    Sum: = StrToInt(Edit1.Text) + StrToInt(Edit2.Text);
    StrMsg: = '两者的和是: ' + IntToStr(Sum);
    ShowMessage(StrMsg);                                 //关键分析 3
End
```

```
    else
      if (Sender As TButton).Tag = 2 Then                //单击"乘法"按钮
      begin
        Sum: = StrToInt(Edit1.Text) * StrToInt(Edit2.Text);
        StrMsg: = '两者的积是: ' + IntToStr(Sum);
        ShowMessage(StrMsg);                             //调用标准过程显示乘积
        end;
    end;
    procedure TForm1.Button2Click(Sender: TObject);      //"乘法"按钮
    begin
      Form1.Button1Click(Sender);                        //调用"加法"按钮事件过程
    end;
    procedure TForm1.Button3Click(Sender: TObject);      //"关闭"按钮
    begin
      close;                                             //关闭窗体
    end;
```

4）程序分析

该程序是一个事件过程和标准过程调用的示例程序。通过按钮事件之间的调用关系掌握事件过程的创建和使用

(1)“加法”按钮单击事件

该事件计算在Edit1和Edit2编辑框中的整数值的相加和相乘的结果，并使用标准过程显示出来。注意一定要在编辑框中输入整数值后再单击“相加”按钮，否则会显示错误信息。关于如何防止错误和进行程序调试，在后面的章节中论述。在本事件过程中有以下三个知识点。

关键分析1：声明了两个变量，一个用来记录相加或相乘的结果，另外一个用来记录显示的结果信息。因此需要一个为Int64类型，一个是String类型。

关键分析2：该过程中使用了按钮控件的Tag属性，该属性是一个附加在控件上的整数值，可用来区别控件的不同对象。本例在属性设置中将Button1的Tag属性设置为1，将Button2的Tag属性设置为2，因此可以在程序中使用这两个值来区别是哪个按钮发生了单击事件。

Sender As TButton的作用是将Sender转换为TButton类，在Delphi XE8中TComponent类是具有Tag属性的一个对象类，而TButton类就派生于TComponent类。

关键分析3：StrToInt函数将一个字符串转换为整型数值，而IntToStr是将一个整型数值转换为字符串。这两个函数是系统内部函数，可直接使用。

(2)“乘法”按钮单击事件

该按钮事件中调用了“加法”按钮事件的事件过程，并将Sender作为参数传递。Sender也可以改写为下面的形式Form1.Button2。

(3)“关闭”按钮单击事件

在Delphi XE8只要调用一个标准过程Close即可关闭窗体。由于本应用程序中Form1是程序的主窗口，所以关闭窗口，应用程序也随即结束。

4.1.3 自定义过程

在Delphi XE8中自定义过程的语法格式和调用方法与事件过程类似。一般自定义过程定义在单元的implementation部分中的{$R *.dfm}后面。

1. 自定义过程声明

自定义过程的一般声明格式如下：

```
procedure <过程名>[ ( <形参表> ) ];
  [<局部声明>]
begin
  [ <过程语句序列> ]
end;
```

过程的声明必须以 Delphi XE8 中的保留字 procedure 开始，包括过程名，形参表，局部声明部分和以 begin 开始 end 结束的过程语句序列。第一行必须以"；"分号结束，是过程首部。其余部分为过程的实现部分，必须包括一个 begin…end 结构。end 后面也必须以"；"分号结束，表示过程结束。

<过程名>可以使用任何符合 Delphi XE8 语法的标识符，一个过程只允许有唯一一个过程名。

<形参表>过程参数的一般书写形式为：

```
([Var |Const] <参数名>: <类型>)
```

Var 和 Const 为系统的保留字，Var 表示参数传递方式为地址传递，即形参值的改变将反映到实参中。Const 表示在过程内部不能改变形参的值。不带这两个参数的形参传递方式为值传递，过程内部对形参值的改变将不会反映到实参中。

一个过程可以没有任何形式参数，也可以有若干个参数。因此，过程的定义可以有类似下面的两种形式。

```
procedure  ProcNoPara;
procedure  GetSum(V1,V2: Integer;var Sum: Int64);
```

第一个过程的过程名为 ProcNoPara，没有任何参数，直接在过程名后书写分号。

第二个过程的过程名为 GetSum，有三个形式参数 V1，V2，Sum。其中，V1，V2 两个参数都是 Integer 类型，因此两个参数之间使用","逗号分隔。第三个参数 Sum 为 Int64 类型，和前两个参数类型不同，因此需要使用"；"号与前两个参数隔开。该过程使用参数 Sum 带回 V1，V2 两个数之和。

<局部声明>部分用来声明仅能在该过程中使用的变量、常量或是另外一个过程和函数。该部分是可选的，即一个过程可以没有任何局部声明。

<过程语句序列>部分由实现执行该过程功能的具体语句组成。语句序列必须书写在 begin…end 结构之内。可以使用在第 2 章中介绍的所有程序结构。

2. 自定义过程的创建和使用

一般可以创建两种自定义过程，一种是仅能本单元中使用，对其他的单元文件该过程不可见；另外一种就是还可以在其他单元中使用的公共过程。两者的创建位置一样，都可以将过程定义在单元的 implementation 部分中{ $R *.dfm}的后面。所不同的是，要创建能在其他单元中使用的过程，必须将过程首部声明在单元的公共接口部分(Interface)中。对于将过程首部声明在 Interface 中的自定义过程，其调用和创建的位置之间没有特殊的要求。但是如果是仅在本单元内部使用的自定义过程，则必须先创建才能被使用，也就是说，不能在前面调用一个在后面才创建的过程。

【例 4.2】 使用自定义过程实现两个整数阶乘求和运算。

1）界面设计

使用 Button、Edit、Label 组件即可完成界面设计，用户界面如图 4-2 所示。

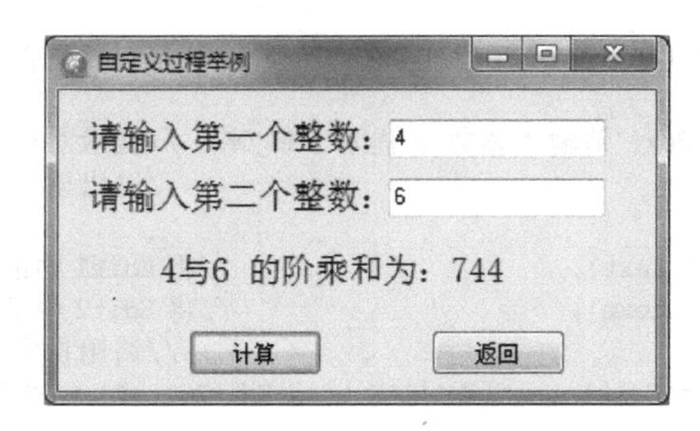

图 4-2　自定义过程的运行界面

2）属性设置

各组件的属性设置如表 4-2 所示。

表 4-2　各组件属性

对象	属性	属性值	说明
Form1	Caption BorderStyle	自定义过程举例 bsDialog	窗体的标题 对话框风格
Label1	Caption	请输入第一个整数：	标签的标题
Label2	Caption	请输入第二个整数：	标签的标题
Label3	Caption Font. color	空 蓝色	 字体颜色
Edit1	Text	空	文本内容为空
Edit2	Text	空	文本内容为空
Button1	Caption	计算	按钮标题
Button2	Caption	返回	按钮标题

3）程序设计

```
procedure CalFact(Num: Integer;Var Value: Int64);         //关键分析 1
var
  i: integer;                                             //定义循环用变量
begin
  Value: = 1;
  for i: = 1 to Num do
    Value: = Value * i;                                   //循环计算得到数 m 的阶乘
end;

procedure GetSum(V1,V2: Integer;Var Sum: Int64);          //关键分析 2
var
  SumV1,SumV2: Int64;                                     //定义临时变量
begin
  CalFact(V1,SumV1);                                      //调用计算阶乘的自定义过程
  CalFact(V2,SumV2);
  Sum: = SumV1 + SumV2;                                   //使用 Sum 得到阶乘之和
end;
```

```
procedure TForm1.Button1Click(Sender: TObject);           //"计算"按钮
Var
  Sum: Int64;                                              //得到阶乘的和的变量
  Ed1,Ed2: Integer;                                        //接收 Edit1 和 Edit2 中的数值的变量
begin
  if (edit1.Text = '') or (edit2.Text = '') then           //判断是否输入值
  begin
    application.MessageBox('请输入整数','提示',MB_OK); //提示对话框
    exit;                                                  //退出该过程
  end;
  Ed1: = StrtoInt(edit1.text);                       //将 Edit1 中的字符串转换为整型赋值给 Ed1
  Ed2: = StrtoInt(edit2.text);                       //将 Edit2 中的字符串转换为整型赋值给 Ed2
  GetSum(Ed1,Ed2,Sum);                                     //调用自定义过程
  label3.Caption: = trim(Edit1.text) + '与' + trim(Edit2.text) + '的阶乘和为: ' + IntToStr(Sum);
end;

procedure TForm1.Button2Click(Sender: TObject);
begin
  close;
end;
```

4) 程序分析

关键分析1：定义了一个计算阶乘的自定义过程，该过程使用形式参数 Value 返回整数 Num 的阶乘值。阶乘的计算是通过一个循环语句完成的。

关键分析2：该过程中两次调用了计算阶乘的子过程。自定义子过程的调用非常简单，在需要调用的位置直接书写过程名，并将实参填写在对应的形参位置处即可。由于 CalFact 过程仅在本单元内部可见，所以调用 GetSum 过程定义在了 CalFact 过程之后。自定义过程可以调用前面已经定义过的自定义过程。该过程通过 Sum 返回阶乘和。

计算按钮单击事件：该过程计算两个编辑框中的整数的阶乘之和。有以下三个知识点。

知识点1：通过判断编辑框中是否有输入值来进行错误处理。Or 条件表示只要有一个编辑框中没有输入数值就提示必须输入。Application. MessageBox()产生一个消息对话框，第一个参数为提示信息，第二个参数是信息对话框的标题，可以没有标题，默认为空，第三个参数是显示的按钮，可以显示多个按钮，本例中仅显示一个"确认"按钮。

知识点2：当在任何一个编辑框中没有输入任何值时，程序需要直接跳出过程的执行，实现该目的的一个方法就是使用 Exit 过程。如果一个过程是系统的主过程，则使用 Exit 将导致整个应用程序的结束。

知识点3：调用 GetSum 过程得到输入数的阶乘之和。由 Sum 返回计算得到的阶乘之和，然后通过 IntToStr 转换为字符串显示在 Label3 的标题中。Trim 函数的作用是去掉编辑框中的前导和后缀空格。

4.2 函　　数

与过程不同，函数是有返回值的子程序。一般通过函数名或一个系统预定义的隐含变量 Result 返回函数的值。在 Delphi XE8 中有两种函数：内部函数和自定义函数。

4.2.1 标准函数

标准函数是系统内部已经定义好的函数。不能改变标准函数的参数以及返回值类型。在

4.1 节中已经接触了许多系统内部标准函数，如 IntToStr 以及 Trim 等。这些函数都定义在系统的某个单元库文件中，例如，StrToInt 函数定义在系统的 SysUtils 单元文件中，其定义形式如下：

```
function StrToInt(const S: string): Integer;
```

表明该函数接收一个常量参数，并返回一个整型值。

4.2.2 自定义函数

1. 函数的定义

自定义函数具有和标准函数类似的结构，一般的语法格式为：

```
Function  <函数名> [(<形参表>)]: 返回类型;
[局部声明]
Begin
  [<语句序列>]
End ;
```

自定义函数含有一个以 Function 开始的函数首部，包括函数名，函数的形参表和函数的回值类型以及返回值类型前面的"："冒号和后面的"；"分号。一个函数可以没有形参表，但必须有函数返回值类型。同样，也可以没有局部声明，但必须有一个实现函数功能的函数体，以 Begin 开始，以 End 结束。与过程类似，在 End 后也必须有一个"；"分号表示函数体的结束。

将函数名书写在赋值语句的左侧时可以在函数执行结束后将函数执行结果带回到调用程序，Delphi XE8 中的隐含变量 Result 也能完成同样的功能。例 4.3 显示了这两种调用的方法。

2. 自定义函数的创建和使用

函数和创建位置和过程一样，一般在单元的 implementation 部分中{ $R *.dfm}的后面定义。对于仅在本过程内部使用的函数，必须遵循先创建再使用的原则。如果想让一个函数对其他的单元也是可见的，则必须将函数首部定义在单元的接口部分，则函数功能的实现和调用之间的位置就不必遵循先创建再使用的规则。

可以像调用 Delphi XE8 中的标准函数一样来调用自定义函数，同样也需要使用一个与函数的返回值类型相同的变量来接收函数的返回值。

【例 4.3】 使用自定义函数重新实现例 4.2 两个整数阶乘求和运算。

本例中的界面和对象属性设置同例 4.2 基本相同。仅需要将 Form1 的 Caption 属性改变为"自定义函数示例"即可。因此省略前面两个步骤。

1）程序设计

```
function CalFact(Num: Integer): Int64;           //关键分析 1
Var
  i,Value: integer;
begin
  Value: =1;
  for i: =1 to Num do
    Value: =Value * i;
  Result: =Value;                                 //由隐含变量 Result 带回计算值
end;

function GetSum(V1,V2: Integer): Int64;          //关键分析 2
```

```
var
  SumV1,SumV2: Int64;                          //临时变量
begin
  SumV1: = CalFact(V1);                        //调用自定义函数
  SumV2: = CalFact(V2);
  GetSum: = SumV1 + SumV2;                     //由函数名返回阶乘之和
end;

procedure TForm1.Button1Click(Sender: TObject); //"计算"按钮
Var
  Sum: Int64;
  Ed1,Ed2: Integer;
begin
  if (edit1.Text = '') or (edit2.Text = '') Then
  begin
    application.MessageBox('请输入整数','提示',MB_OK);
    exit;
  end;
  Ed1: = StrtoInt(edit1.text);                 //将 Edit1 中的字符串转换为整型赋值给 Ed1
  Ed2: = StrtoInt(edit2.text);                 //将 Edit2 中的字符串转换为整型赋值给 Ed2
  Sum: = GetSum(Ed1,Ed2);                      //调用自定义函数
  label3.Caption: = trim(Edit1.text) + '与' + trim(Edit2.text) + '的阶乘和为: ' + IntToStr(Sum);
end;
```

2) 程序分析

关键分析 1：该函数同前面的过程实现相同的功能。在本函数中仅需要传递一个参数 Num 指定要计算的阶乘的数字。计算的结果由一个在 Delphi XE8 系统中自定义的隐含变量 Result 返回，这是返回函数计算结果的一个方法。

关键分析 2：在该函数中调用了前面定义的自定义函数 Fact，说明在自定义函数中可以调用前面已经声明过的自定义函数。该函数由函数名 GetSum 返回计算的结果。这是返回函数值的另外一个方法。

"计算"按钮单击事件：该事件同例 4.2 中的事件过程实现同样的功能。通过变量 Sum 得到由 GetSum 函数计算得到的结果并以字符串的形式显示出来。

4.3 内部过程和函数

内部函数和过程是指定义在一个过程和函数内部，只能由该过程和函数使用的函数和过程，内部程序又称为程序嵌套。

1. 嵌套层次

在 Delphi XE8 中，程序具有一定的层次结构。允许子程序内部再重新定义新的子程序，即子程序的嵌套定义。为了准确地表达嵌套层次，通常将嵌套从外向内进行编号，并把相应子程序的层号称为子程序的嵌套深度。一般单元文件为 0 层，其中的子程序从外向内依次为 1 层、2 层、3 层、……。有嵌套关系的子程序，若层号相差为 1，称为相邻层，并称层号小的为外层子程序，层号大的为内层子程序；若层号相差大于 1，则称为隔层。如图 4-3 所示

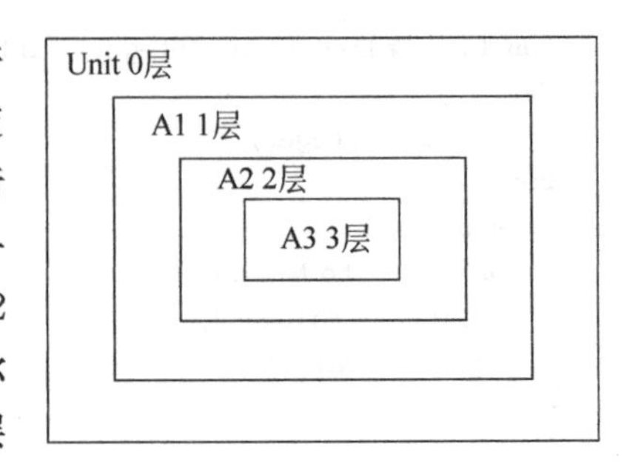

图 4-3　嵌套层次关系图

A1 为外层子程序，A2 为内层子程序，A1 和 A3 为隔层。

子程序的嵌套要求外层子程序能够完全包含内层子程序，不允许局部包含，即不允许交叉。

下面就是一个子过程嵌套的例子。

```
procedure DoSomething(S: string);
var
  X, Y: Integer;
  procedure NestedProc(S: string);              //定义内部过程
  begin
  ...
  end;
begin
  ...
  NestedProc(S);
  ...
end;
```

NestedProc 是一个内部过程，该过程对外部不可见，只能在过程 DoSomething 中使用。在 Delphi 的系统标准过程和函数中，有许多使用了内部过程，例如，定义在 SysUtils 单元中的 DateTimeToString 过程以及 ScanDate 函数等。

2. 子程序的调用规则

在 Delphi XE8 中，子程序的调用必须遵循如下规则。

(1) 子程序可以调用其相邻内层的子程序，不能隔层调用。如图 4-4 所示，A1 可以调用 A1B 和 A1C，但不能调用 A3。

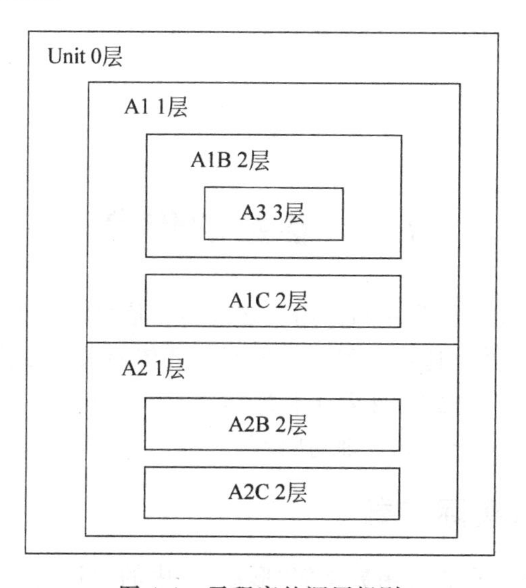

图 4-4　子程序的调用规则

(2) 内层子程序可以调用外层的子程序而且允许隔层调用。如 A2B 可以调用 A2，A3 调用 A1。

(3) 同一层的子程序，允许后定义的子程序调用先定义的子程序，如 A2C 可以调用 A2B，但是 A2B 不可以调用 A2C。

(4) 如果需要调用同层中后定义的子程序，必须用保留字 forward(超前引用)对后面的子程序提前说明。

下面是一个超前引用的例子。

```
function CalFact(Num: Integer): Int64;
forward                                            //超前引用

function GetSum(V1,V2: Integer): Int64;
var
  SumV1,SumV2: Int64;
begin
  SumV1: = CalFact(V1);
  SumV2: = CalFact(V2);
  GetSum: = SumV1 + SumV2;
end;

function CalFact(Num: Integer): Int64;
Var
  i,Value: integer;
begin
  Value: = 1;
  for i: = 1 to Num do
    Value: = Value * i;
  Result: = Value;
end;
```

说明:超前引用的子程序首部必须是完整的,而在后面的定义中,首部可以不带形参。

```
function CalFact(Num: Integer): Int64;
Var
  i,Value: integer;
begin
  ...
end;
```

4.4 参数的传递

传递参数是实现被调用的子程序和调用者之间传递信息的一种方法。被调用的子程序可以是过程,也可以是一个函数。这些子程序根据调用者传递来的参数完成相应的功能,例如计算、显示等。不同的参数传递方式意味着子程序将产生不同的行为。正确的设计和传递参数是 Delphi XE8 程序设计中一个十分关键的问题。

4.4.1 形式参数与实际参数

形式参数是指出现在过程或者函数首部"形参表"中的变量名,表示用于接收数据的变量。实际参数是指在调用过程或是函数时,传递给过程或函数的常量、变量或表达式。在 4.1.3 节中介绍了形式参数的定义形式和书写规范,该书写规范也同样适用于函数参数的定义。在过程或是函数的定义中,使用形式参数来确定该过程或函数所需要的参数的个数、类型以及参数之间的次序。在调用该过程或是函数时,实际参数将替换形式参数,形参和实参之间的对应关系为:第一个形参接收第一个实参的值,第二个形参接收第二个实参的值,以此类推。以例 4.3 中函数 GetSum(V1,V2: Integer)为例,在该函数中有两个形参 V1,V2。在"计算按钮单击事件”中,使用下面的形式调用该函数 Sum：=GetSum(Ed1,Ed2)。Ed1 是第一个实参,因此第一个形参 V1 将接收该实参的值,得到编辑框 Edit1 中的整数值。同样,形参 V2 接收实参 Ed2 的值。在使用中,实参和形参的变量名不一定相同,但是调用的顺序必须一致,在各个实参之间使用“,”号分隔,过程和函数的内部将根据实参的值进行相应的计算,完成功能。

4.4.2　参数的传递方式

在 Delphi XE8 中,有两种参数的传递方式：“按值传递”和“按地址传递”。在过程或者函数的首部“<形参表>”中的参数前面使用系统的保留字 Var 或者 Out 的形参变量表示为“按地址传递”,使用 Const 或没有任何保留字的形式参数,将使用“按值传递”的方式。

声明为“按值传递”的参数仅负责得到实际参数的值,不保留内部对该参数的改变,而声明为“按地址传递”的参数将保留函数或过程内部对实际参数值的改变,并在调用结束后返回该值。

“按地址传递”的参数实参和形参的类型必须一致,而“按值传递”的实参和形参之间仅需要赋值相容即可。例如,在例 4.3“计算按钮单击事件”中,可以使用下面的形式调用 GetSum(V1,V2：Integer)函数：Sum：=GetSum(StrToInt(Edit1.Text), StrToInt(Edit2.Text))。函数将首先调用系统内部函数 StrToInt 将 Edit1.Text 中的字符串转换为整数然后赋值给 V1,完成“按值传递”。

【例 4.4】 参数传递方式演示。

1) 界面设计

使用 Button、Edit、Label 组件即可完成界面设计,用户界面如图 4-5 所示。

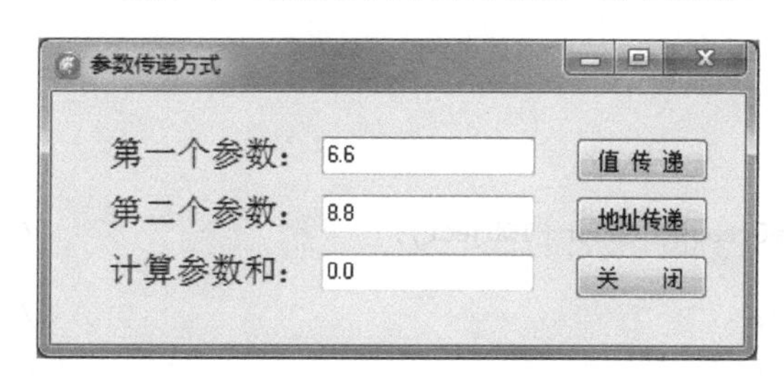

图 4-5　参数传递方式运行界面图

2) 属性设置

各组件的属性设置如表 4-3 所示。

表 4-3　各组件属性

对象	属性	属性值	说明
Form1	Caption BorderStyle	参数传递方式 BsDialog	窗体的标题 对话框风格
Label1	Caption	第一个参数：	标签的标题
Label2	Caption	第二个参数：	标签的标题
Label3	Caption	计算参数和：	标签的标题
Edit1	Text Enabled	空· False	文本内容为空 不可编辑

续表

对象	属性	属性值	说明
Edit2	Text Enabled	空 False	文本内容为空 不可编辑
Edit3	Text Enabled	空 False	文本内容为空 不可编辑
Button1	Caption	值传递	按钮标题
Button2	Caption	地址传递	按钮标题
Button3	Caption	关闭	按钮标题

3) 程序设计

```
procedure SwapByValue(V1,V2: Real;Const V3: Real;Var Sum: Real);     //关键分析 1
Var Tmp: real;
begin
  Sum: = V1 + V2 + V3;                                                //计算和
  Tmp: = V1;                                                          //交换 V1 和 V2 的值
  V1: = V2;
  V2: = Tmp;
end;

procedure SwapByAddr( Var V1,V2: Real;Const V3: Real;Out Sum: Real); //关键分析 2
Var Tmp: real;
begin
  Sum: = V1 + V2 + V3;                                                //计算和
  Tmp: = V1;                                                          //交换 V1 和 V2 的值
  V1: = V2;
  V2: = Tmp;
end;

procedure TForm1.FormCreate(Sender: TObject);                        //窗体创建事件
begin
  Edit1.Text: = '6.6';                                                //给定第一个参数的值
  Edit2.Text: = '8.8';                                                //给定第二个参数的值
  Edit3.Text: = '0.0';
end;

procedure TForm1.Button1Click(Sender: TObject);                       //"值传递"按钮
Var  Ed1,Ed2,Sum: Real;
Begin
  Sum: = 100;
  Ed1: = StrToFloat(Edit1.Text);
  Ed2: = StrToFloat(Edit2.Text);
  SwapByValue(Ed1,Ed2,9.9,Sum);                                       //按值传递调用计算过程
  Edit1.Text: = FloatToStr(Ed1);                                      //显示改变后的值
  Edit2.Text: = FloatToStr(Ed2);
  Edit3.Text: = FloatToStr(Sum);
end;

procedure TForm1.Button2Click(Sender: TObject);                       //"地址传递"按钮
Var
  Ed1,Ed2,Sum: Real;
  CstV: integer;
```

```
begin
  Ed1: = StrToFloat(Edit1.Text);
  Ed2: = StrToFloat(Edit2.Text);
  CstV: = 9.9;
  SwapByAddr(Ed1,Ed2,CstV,Sum);                          //按地址传递调用计算过程
  Edit1.Text: = FloatToStr(Ed1);                         //显示改变后的值
  Edit2.Text: = FloatToStr(Ed2);
  Edit3.Text: = FloatToStr(Sum);                         //显示计算结果
end;
```

4）程序分析

关键分析 1：该过程中有 4 个参数，V1，V2 前面没有任何保留字修饰，这两个参数按“值传递”方式传递参数，所以也称为“值参数”。V3 前面有保留字 Const 修饰，表示 V3 是一个常量参数，即不能在过程内部改变该参数的值，也就是说不允许在过程内部再次对该参数赋值，该参数也是值传递。Sum 前面有保留字 Var 修饰，表明该参数按“地址传递”方式传递参数，该参数在过程内部改变的值可以保留，所以又可以称为“变量参数”。在该过程内部交换了 V1 和 V2 的值，看交换的值是否会影响实际参数。

关键分析 2：该过程和前面所不同的是，将 V1，V2 也声明为“变量参数”，同时将 Sum 前面的修饰保留字替换为 Out。由 Out 修饰的变量称为“外部参数”，一般在编写 COM，CORBA 这类分布式对象模型的程序中，才经常使用外部参数。该过程内部同样交换了 V1，V2 的值，看如何影响实参的值。

窗体创建事件：由于在对象属性设置中将 Edit1，Edit2 和 Edit3 的 Enable 属性设置为 False（该属性在默认的情况下为 True）。所以在运行的界面中不能改变编辑框中的值。因此在窗体创建事件中给三个编辑框赋初值。

“值传递”按钮单击事件：该事件过程调用自定义过程 SwapByValue。有两个知识点：

知识点 1：使用常数 9.9 直接给 V3 赋值。这在“按值传递”方式中是允许的。而且还可以将 Ed1，Ed2 的位置直接替换为 StrToFloat(Edit1.Text)和 StrToFloat(Edit2.Text)也可以实现值的传递。

知识点 2：在 SwapByValue 中交换了 V1 和 V2 的值。但是实参并没有改变。编辑框 Edit1 和 Edit2 中仍然显示在原来的值。但是编辑框 Edit3 中的值改变为 25.3，表明由 Var 修饰的实参 Sum 的确带回了改变后的值。

“地址传递”按钮单击事件：该事件调用自定义过程 SwapByAddr。有以下三个知识点。

知识点 1：使用变量 CstV 来给常量参数 V3 传递值。即使是使用变量来给常数参数传递数值。常量参数的值在内部也不能改变。另外注意 CstV 是整数类型，而自定义过程 SwapByAddr 中 V3 是 Real 类型，Delphi XE8 中整型给实型赋值是赋值兼容的，因此系统不会报错。但是反过来则不行。这可以从 Delphi XE8 中数据类型所占用的存储空间来理解，Real 类型占 8 个字节，而一个 Integer 类型占 4 个字节，无法完成数值的转换。

知识点 2：形参变量 V1 和 V2 在过程 SwapByAddr 中被交换后，的确改变了实参变量 Ed1 和 Ed2 的值。Edit1 中显示的是 Ed2 的值，而 Edit2 中显示的是 Ed1 的值，表明交换成功。

知识点 3：由 Out 修饰的变量 Sum 也带回了改变后的值。

程序运行结果如图 4-6 所示。

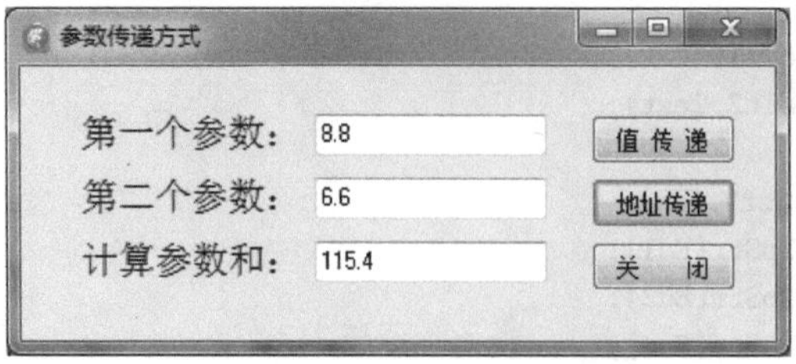

图 4-6　参数传递方式运行结果

4.4.3　使用默认参数

在声明函数或过程中,可以给形参指定一个默认的值,在调用时,如果没有给形参指定实参,则系统自动使用默认的值,如果赋值,则使用实际参数的值。默认参数声明的方法是在形参的类型后面使用“=”等号,并给出具体的常量值。例如:

```
procedure DrawLine( StartPos, EndPos: Integer; LineWidth : Integer = 1)
begin
  //语句序列
end;
```

则下面的两种调用形式是等价的:

```
DrawLine (50,60, 1) ;
DrawLine (50,60) ;
```

但是需要注意的是,如果后面的参数没有使用默认参数,不允许仅对前面的参数使用默认参数。例如,不能将前面的例子声明为下面的形式。

```
procedure DrawLine(LineWidth : Integer = 1; StartPos, EndPos: Integer);
```

4.4.4　赋值兼容与调用约定

在前面的例子中,提到了参数传递中的赋值兼容。在 Object Pascal 中,赋值兼容是指变量可以进行赋值或进行参数传递。例如,赋值操作 T1:=T2,要求 T2 和 T1 满足下面的条件。

(1) T1 和 T2 类型相同,并且都不是文件类型或包含文件类型的自定义类型。

(2) T1 和 T2 是兼容的有序类型,类型 T2 的值在类型 T1 的取值范围内。

(3) T1 和 T2 都是实型,类型 T2 的值在类型 T1 的取值范围内,或者 T2 是整数型。

(4) T1 和 T2 都是字符串类型,或者 T2 是字符类型或紧凑的字符串类型。

(5) T1 是 Variant 类型,T2 是 Integer,real,string 或 boolean 类型。

当两个类型要进行赋值操作而又不满足赋值兼容时,将产生编译错误。

Object Pascal 提供了 5 种过程和函数的调用方式,分别为 Register,Pascal,Cdecl,Stdcall,SafeCall。默认的调用方式是 Register 方式。如果一个过程或函数没有指定过程或函数的调用方式,就采用 Register 调用方式。Register 和 Pascal 调用方式传递参数是从左到右,即最左边的参数先产生并首先传递,最右边的参数最后产生并最后传递。而 Cdecl, Stdcall 和 Safecall 调用方式传递参数则是从右到左。Register 调用方式自动清除调用所使用的堆栈和寄存器，负责处理调用错误，同时也是速度最快的调用方式。

下例指定过程的调用方式为 Pascal。

```
procedure SwapByValue(V1,V2: Real;Const V3: Real;Var Sum: Real);pascal;
```

4.5　变量的作用域

变量的作用域是指变量可以被识别的范围。一个 Delphi XE8 应用程序可以有许多单元组成，每个单元中又可以由许多过程和函数组成。每个过程或函数中可以定义仅能在本过程或函数中使用的常量和变量，对其他的过程和函数不可见。每个单元中也可以定义仅在本单元中使用的常量和变量，对本单元中所有的过程和函数都可见，而对于其他的单元不可见。除此之外，在 Delphi XE8 中还可以定义在不同的单元之间共享的变量。

4.5.1　公有变量和私有变量

一般 Delphi XE8 的单元具有下面的结构：

```
unit 单元名                    //单元首部
interface                      //单元接口部分
implementation                 //单元实现部分
end                            //单元结束
```

在单元的接口部分(interface)声明的变量属于公有变量，不仅可以被本单元中的所有过程和函数使用，同时还可以被其他单元中的过程和函数使用。在单元的实现部分(implementation)后声明的变量属于私有变量，不能被其他单元使用。

说明：由于 Delphi XE8 中的窗体都会有一个对应的单元，所以一个带有窗体的单元中包含一个声明在单元接口部分(interface)中窗体类的定义，同时会声明一个窗体变量，该变量是窗体的一个对象，它拥有声明在 private 后的私有数据成员和声明在 public 后的公有数据成员。窗体类的公有数据成员也可以被其他单元引用，但这些变量属于窗体，其可见与否受窗体的控制。一个包含窗体的单元将在 implementation 后包含编译命令{ $R *.dfm}。

公有变量虽然对其他单元是可见的，但是如果其他单元需要引用某一个单元的公共变量，必须在接口部分或是在 implementation 后面使用 uses 命令进行引用。例如，单元 2(unit2)如果需要引用单元 1(unit1)中的共有变量，可以在 implementation 后面书写 Uses unit1。

4.5.2　全局变量和局部变量

局部变量是指在过程或函数的内部声明的变量，例 4.4 中在过程 SwapByValue 中定义的变量 Tmp 以及在事件过程中定义的变量 Ed1，Ed2，Sum 都是局部变量，这些变量的作用范围仅限在过程内部，对外部是不可见的。而定义在单元的实现部分的变量，对整个单元内部的过程和函数都是有效的，因此是全局变量。公有变量也是全局变量。当全局变量和局部变量的名称相同时，在过程和函数的内部，使用的是局部变量的值。

4.5.3　变量的存储方式

从空间上来讲，全局变量的作用范围是整个程序，局部变量仅在本程序段内部有效。从变量的存储时间上来看,全局变量是静态存储,局部变量是动态存储。所谓的静态存储是变量在程序运行期间一直占有固定的存储空间,直到整个程序结束变量所占用的空间才释放。而动态存储则是程序在运行期间根据需要动态地分配存储空间,子程序一旦结束,变量所占有的存储空间立即释放。

一般内存中供程序使用的区域可以分为三个部分:程序区,静态存储区和动态存储区。在动态存储区中存放的数据有:函数或过程的形式参数,函数和过程内部声明的局部变量以及函数和过程调用时的现场保护和返回地址等。因此即使是同一个函数或过程,每次调用时,其占用的动态存储区域也可能是不同的,这取决于系统内存的状态。

【例 4.5】 局部变量和全局变量使用示例。

1) 界面设计

使用 Button、Edit、Label 组件即可完成界面设计,用户界面如图 4-7 所示。

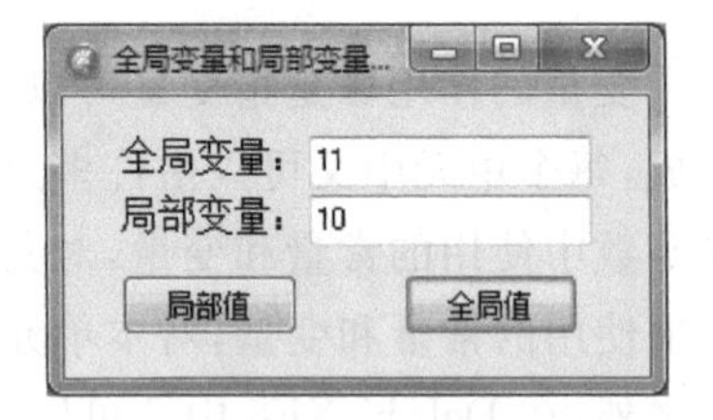

图 4-7 全局变量和局部变量示例

2) 属性设置

各组件的属性设置如表 4-4 所示。

表 4-4 各组件属性

对象	属性	属性值	说明
Form1	Caption BorderStyle	全局变量和局部变量示例 BsDialog	窗体的标题 对话框风格
Label1	Caption	全局变量:	标签的标题
Label2	Caption	局部变量:	标签的标题
Edit1	Text	空	文本内容为空
Edit2	Text	空	文本内容为空
Button1	Caption	局部值	按钮标题
Button2	Caption	全局值	按钮标题

3) 程序设计

```
implementation                                    //关键分析
var
  GV: integer;                                    //定义全局变量
{$R *.dfm}
procedure TForm1.FormShow(Sender: TObject);       //窗体显示事件
begin
  GV: =10;                                        //全局变量赋初值
  Edit1.Text: = IntToStr(GV);
  Edit2.Text: = InttoStr(GV);
end;
procedure TForm1.Button1Click(Sender: TObject); //"局部值"按钮
var
  LV: integer;
begin
  Lv: =10;
  Lv: =Lv+1;                                      //局部变量值加 1
  Edit2.Text: = InttoStr(LV);
end;
```

```
procedure TForm1.Button2Click(Sender: TObject); //"全局值"按钮
begin
  GV: = GV + 1;                                 //全局变量值加 1
  Edit1.Text: = IntToStr(GV);
end;
```

4）程序分析

关键分析：在单元的实现部分声明了全局变量 GV，来验证该值一直保存直到程序终止。

“局部值”按钮单击事件：给局部变量 LV 赋值，并使局部变量值加 1，显示在编辑框中。

“全局值”按钮单击事件：全局变量加 1，并显示在编辑框 Edit1 中。

该程序的显示结果为，如果一直不断地单击“全局值”按钮，编辑框中的值一直增加，而一直不断地单击“局部值”按钮，结果一直为 11。

小　　结

结构化程序设计中经常涉及过程与函数的处理。过程与函数最重要的区别在于系统执行指令后是否有返回值。4.1 节讲述了过程的分类、定义及应用，其中，Delphi XE8 支持三种类型的过程：标准过程、事件过程及自定义过程。4.2、4.3 节介绍了函数的定义、分类以及内部函数的使用方法。4.4 节重点介绍了参数的分类及传递方式。最后，描述了程序设计中变量的使用，其中包括变量的分类，变量的作用域等知识。

习　　题

4-1　分别叙述 Delphi XE8 所支持的三类过程。

4-2　函数与过程的区别是什么？

4-3　函数定义的一般语法格式是什么？

4-4　什么是内部函数？

4-5　描述形参与实参的区别与联系。

4-6　区别按值参数传递和按地址参数传递。

4-7　局部变量与全局变量的区别是什么？

4-8　过程定义的一般语法格式是什么？

4-9　编写一简易计算器，能进行加减乘除积混合运算，如图 4-8 所示。

图 4-8　简易计算器

第5章

高级数据类型

第2章介绍了Object Pascal语言的5种标准数据类型：整型、实型、字符型、字符串型及布尔型等，这些数据类型无须声明即可在程序中直接使用。在实际应用中，这些数据类型还不能完整地表达在现实世界中的所有情况。为了弥补这种不足，必须建立新的数据类型来表示现实问题中的变量。Object Pascal语言还允许使用自定义的数据类型及其他一些数据类型，本章将给予一一介绍。

5.1 枚举类型

在进行程序设计时，可能会碰到某类数据，这些数据的个数总是有限的，而且可以一一列举，例如，教师的职称可以分为教授、副教授、讲师、助教等，在表示这一类数据时，可以用数值或字符串来表示，即用数值表示时，用1表示教授，2表示副教授，以此类推。用字符串表示时，可用"professor"表示教授，以此类推。但这两种表示方法都存在缺点，使用数值表示很不直观，使用字符串表示则需要较多的内存。为此，Object Pascal提供了一种新的数据类型即枚举类型，可以较方便地处理这些数据。

5.1.1 枚举类型的定义与变量声明

1. 枚举类型的定义

枚举类型使用一组有限的标识符来表示一组连续的整数常数，它的值是有限的。枚举类型的定义格式如下：

```
type
  <类型名称> = (<标识符1>,<标识符2>, … ,<标识符n>);
```

说明：

(1) type是系统的保留字，表示定义高级数据类型的开始。

(2) <类型名称>是用户定义的枚举类型名称。

(3) <标识符>表示该类型数据中的元素，圆括号中列出了该类型数据的所有取值，这些取值又称为枚举常量。

(4) 每个枚举常量必须是标识符，而且不能是其他的数据类型。

(5) 同一个枚举常量不允许重复出现在同一个枚举类型定义中，也不允许同时出现在不同的枚举类型定义中。

例如，下面的代码定义了具有三个元素的枚举类型Color：

```
type
```

```
  Color = (Red,Green,Blue);
```

2. 枚举类型变量的声明

对于已经定义好的枚举类型,可以进行枚举变量的声明,其声明的格式与其他类型变量的声明完全相同,例如:

```
Var C: Color;
```

该语句声明了一个上述枚举类型 Color 的变量 C。

5.1.2　枚举类型的运算

从本质上看,枚举类型就是用一些枚举常量来表示一组连续的整数。这些枚举常量就像符号常量,是整数的形象化表示。虽然不能对枚举常量直接进行算术运算,但是可以对枚举常量进行关系运算或通过函数进行间接的算术运算。

1. 使用函数

Object Pascal 为枚举类型定义了 5 个枚举函数,可以进行特殊的运算,如表 5-1 所示。

表 5-1　常用枚举函数

枚举函数	功能	调用格式
Ord	求枚举系数	Ord(枚举常量或枚举变量)
Pred	求前趋值	Pred(枚举常量或枚举变量)
Succ	求后继值	Succ(枚举常量或枚举变量)
Low	求第一个枚举常量	Low(枚举类型名)
High	求最后一个枚举常量	High(枚举类型名)

说明:

(1) 枚举类型定义语句中列出的每一个枚举常量都对应一个唯一的序数(整数),称为枚举序数,在默认情况下,列出的第一个枚举常量对应枚举系数 0,以后依次为 1、2、3、…。

(2) 在定义枚举类型时,排在某枚举常量前一位的枚举常量称为该枚举常量的前趋值,后一位的称为后继值。

(3) 枚举类型的第一个枚举常量没有前趋值,最末一个枚举常量没有后继值。

(4) 由于每个枚举常量都对应一个枚举系数,所以枚举常量的序数可以进行算术运算,结果类型为整型。但枚举常量之间不能直接进行算术运算,需要先转换为枚举序数。

例如,在下面的定义中:

```
type
  week = (sun,mon,tue,wed,thu,fri,sat);
```

枚举常量的序数依次为:0、1、2、3、4、5、6,ord(fri)的值为 5,pred(fri)的值为 thu,succ(fri)的值为 sat,low(week)的值为 sun ,high(week)的值为 sat。

2. 关系运算

由于每个枚举常量对应一个唯一的序数,因此可以在枚举常量之间进行关系运算。如在上述定义中,sun<wed 的值为真(true),fri>sat 的值为假(false)。

3. 枚举类型的应用

【例 5.1】　显示系统日期,并能够返回昨天、今天和明天的星期数。

1）界面设计

使用 Button、Edit、Label 组件即可设计界面，如图 5-1 所示。

图 5-1　枚举类型的应用操作界面

2）属性设置

各组件的属性设置如表 5-2 所示。

表 5-2　各组件属性

对象	属性	属性值	说　　明
Label	Caption	今天的日期是:	标签的内容
Edit	Text	空白	将显示系统的当前日期
Button1	Caption Tag	昨天 0	按钮的标题，将显示昨天的星期数 标志
Button2	Caption Tag	今天 1	按钮的标题，将显示今天的星期数 标志
Button3	Caption Tag	明天 2	按钮的标题，将显示明天的星期数 标志

3）程序设计

```
implementation
type
  week = (sun,mon,tue,wed,thu,fri,sat);          //关键分析 1
{ $R *.dfm}

function mday(day: week): string;                 //自定义星期转换函数
begin
  case day of
    sun: mday: = '星期天';
    mon: mday: = '星期一';
    tue: mday: = '星期二';
    wed: mday: = '星期三';
    thu: mday: = '星期四';
    fri: mday: = '星期五';
    sat: mday: = '星期六';
  end;
end;

procedure TForm1.FormCreate(Sender: TObject);     //窗体创建
var
  year,month,day: word;
begin
```

```
  decodedate(date,year,month,day);
  edit1.text: = format('%d年%d月%d日',[year,month,day]);
end;

procedure TForm1.Button1Click(Sender: TObject); //"昨天"按钮
var
  today,yesterday,tomorrow: week;                  //声明枚举类型变量
  n: integer;
begin
  n: = dayofweek(now);                             //关键分析 2
  case n of
    1: today: = sun;                               //为枚举类型变量赋值
    2: today: = mon;
    3: today: = tue;
    4: today: = wed;
    5: today: = thu;
    6: today: = fri;
    7: today: = sat;
  end;
  if today = low(week) then
    yesterday: = high(week)
  else
    yesterday: = pred(today);
  iftoday = high(week) then
    tomorrow: = low(week)
  else
    tomorrow: = succ(today);
  button1.Caption: = '昨天';
  button2.Caption: = '今天';
  button3.Caption: = '明天';
  case(sender as tbutton).Tag of                  //关键分析 3
    0: button1.Caption: = '昨天是' + mday(yesterday);
    1: button2.Caption: = '今天是' + mday(today);
    2: button3.Caption: = '明天是' + mday(tomorrow);
  end;
end;
```

4) 程序分析

关键分析 1：枚举类型的定义及枚举变量的声明。将一周的 7 天定义成枚举类型 week。设今天(today)、昨天(yesterday)和明天(tomorrow)为枚举类型 week 的变量。即输入如下类型定义：

```
type
  week = (Sun,Mon,Tue,Wed,Thu,Fri,Sat);
```

关键分析 2：若干函数的应用。通过函数 dayofweek 得到一个整数序号，再通过 case 语句将该序号所对应的枚举元素赋值给 today，然后根据 today 的值，用 pred 和 succ 两个函数分别确定 yesterday 和 tomorrow 的值。最后再利用 case 语句输出所对应的星期数。

关键分析 3：在对象观察器(Object Inspector)中依次选择 Button2 和 Button3，并在事件(Event)选项卡中选择事件 OnClick，从事件名称右边的下拉列表中选择已经建立的事件过程名 Button1Click，使之共享一个事件过程代码。

5.2 子界类型

在实际应用中,许多变量的取值都有一定范围的限制,如每年的月份在 1～12 之间,每月的天数在 1～31 之间,而某门课程成绩的 5 个等级可以用字母 A～E 表示。在这些问题中,数据的类型总是顺序类型,数据的取值范围则是该类型数据取值的一部分。在 Object Pascal 中,这种具有确定的数据类型(称为基类型),且其取值范围确定的数据定义为"子界类型"。其中的基类型必须为顺序类型。

5.2.1 子界类型的定义

子界类型的定义格式如下:

```
type
    <类型名称> = <常量 1>...<常量 2>;
```

说明:

(1) ＜类型名称＞是用户定义的子界类型名称。

(2) ＜常量 1＞表示子界类型的下界,即最小值,＜常量 2＞表示子界类型的上界,即最大值。子界的上下界必须属于相同的顺序类型,即它们应同时为整型、布尔型、字符型或同一个枚举类型。

(3) 子界的上下界所属的数据类型即为子界的基类型,若子界的基类型为标准数据类型(整型、布尔型、字符型),则子界的上、下界可以直接使用该类型常量,若子界的基类型为枚举类型,则必须先定义基类型(枚举类型),再定义子界类型。

(4) 子界的上界必须不小于下界。

例如:

```
type
  month = 1..12;
  week = (sun,mon,tue,wed,thu,fri,sat);
  workday = mon..fri;
```

子界类型所对应的序数与其基类型相关,即下界常量在子界类型中对应的序数就是其在基类型中的序数,其他以此类推,直至上界。

5.2.2 子界类型变量的声明

对于已经定义好的子界类型,可以进行子界变量的声明,其声明格式与其他类型变量的声明完全相同,如下面的代码声明了一个上述子界类型 month 的变量 m1 和 workday 类型的变量 w1:

```
var
  m1: month:
  w1: workday:
```

也可以不经过类型定义,而直接声明子界类型的变量:

```
var
m1,m2: 1..12;
```

5.2.3　子界类型的运算

子界类型所允许的运算与其基类型所允许的运算完全相同，如基类型为整型的子界类型变量可以进行算术、关系等运算，而基类型为枚举类型的子界类型变量仅能进行关系运算。

【例 5.2】 由用户输入一个年份(在 1950～2050 之间)，判断该年是否为闰年。

1) 界面设计

使用 Button、Edit、Label 组件即可设计界面，如图 5-2 所示。

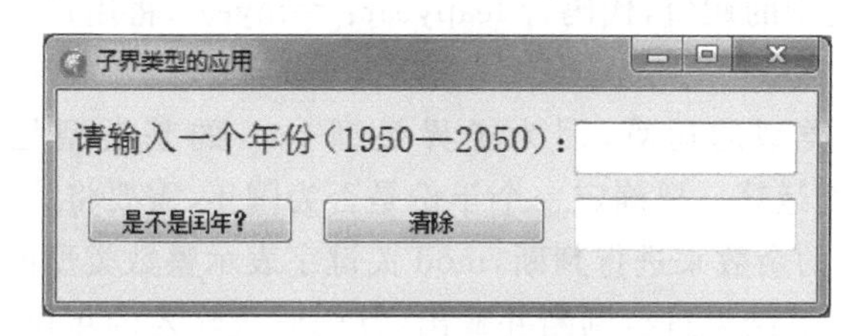

图 5-2　子界类型的应用操作界面

2) 属性设置

各组件的属性设置如表 5-3 所示。

表 5-3　各组件属性

对象	属性	属性值	说明
Label	Caption	请输入一个年份(1950—2050)：	标签的内容
Edit1	Text	空白	输入年份
Edit2	Text	空白	判断结果
Button1	Caption	是不是闰年?	按钮的标题
Button2	Caption	清除	按钮的标题

3) 程序设计

```
procedure TForm1.Button1Click(Sender: TObject); //"是不是闰年"按钮
type                                             //关键分析 1
  leap = 1950..2050;
var
  leapyear: leap;
  inyear,a,b,c: integer;
begin
  inyear: = strtoint(edit1.text);
  leapyear: = inyear;                            //关键分析 2
  a: = leapyear mod 4;                           //关键分析 3
  b: = leapyear mod 100;
  c: = leapyear mod 400;
  edit2.text: = '不是';                          //根据计算结果进行判断,并输出
  if (a = 0) and (b<>0) then
    edit2.text: = '是';
  if  c = 0  then
    edit2.text: = '是';
end;

procedure TForm1.Button2Click(Sender: TObject); //"清除"按钮
begin
```

```
  edit1.text: = '';
  edit2.text: = '';
end;
```

4) 程序分析

关键分析1：子界类型定义和声明，必须首先用关键字 type 定义子界类型，然后在 var 变量声明中进行相关类型变量的声明，本例定义了一个基类型为整型的子界类型 leap，并声明了一个 leap 的变量 leapyear。

关键分析2：子界类型的赋值，代码行 leapyear：=inyear;将用户输入的年份赋值给子界变量 leapyear。

关键分析3：子界类型的运算，因为子界类型 leap 的基类型是整型，所以子界变量 leapyear 可以参加整型的运算。要确定一个年份是否为闰年，需要将该年份值分别整除4、100和400，然后再根据求出的余数来进行判断，mod 关键字表示整数类型的求余数运算。

关键分析4：根据运算结果进行判断并输出，首先假设输入的年份 leapyear 不是闰年，所以在编辑框 edit2 中显示“不是”，然后判断 leapyear 可能为闰年的两种情况。

第一种情况：leapyear 能被4整除，即 a=0，并且(and) leapyear 不能被100整除，即 b<>0。

第二种情况：leapyear 能被100整除，即 b=0 并且(and)leapyear 能被400整除，即 c=0。

当满足上述两种情况之一时，leapyear 是闰年，在编辑框 edit2 中显示“是”。

此处代码段涉及整型的关系运算：等于(=)、不等于(<>)，以及逻辑运算与(and)，还涉及 if 选择语句。

5.3 集合类型

Pascal 是少数几种将集合作为内部数据类型的程序设计语言之一。集合结构与数学上的集合类似，是指具有相同性质的对象的全体，例如，自然数集合、英文字母集合等。构成集合的每个对象称为集合的元素，在理解集合的概念时，要注意以下几点。

(1) 集合中的元素是互异的，即相同的元素视为同一个元素。

(2) 集合中的元素是无序的，即{1,2,3,4}与{4,3,2,1}是同一个集合。

(3) 集合元素个数不能超过256个。

(4) 元素与集合的关系是“属于”或“不属于”，二者必取其一且仅取其一。

5.3.1 集合类型的定义

在使用集合类型之前，必须进行类型的定义，其定义格式如下：

```
type
  <类型名称> = set of <基类型>;
```

说明：

(1) <类型名称>是用户定义的集合类型名称。

(2) <基类型>表示集合中各元素的类型，可以是字符型、布尔型、枚举型和子界等顺序类型，不能是整型、实型和其他的构造类型。

(3) 若<基类型>为枚举类型或子界类型，则必须先定义该基类型，再定义集合类型。

例如，以下定义是正确的。

```
type
  TCharSet = set of char;                                          // 可能的值：# 0 - # 255
  TEnum = ( Monday, Tuesday, Wednesday, Thursday, Friday ) ; // 定义一个枚举类型
  TEnumSet = set of TEnum;                                          // 基类型为枚举类型
  TSubrangeSet = set of 1..10;                                      // 可能的值：1 - 10
  TAlphaSet = Set of 'A'..'z';                                      // 可能的值：'A' - 'z'
```

说明：一个集合最多只能有 256 个元素。另外，只有有序的类型才能跟关键字 set of，因此下列代码是错误的。

```
type
  TIntSet = set of Integer;                          // 基类型的序数值超出 0～255 的范围
  TStrSet = set of string;                           // 基类型不是有序的类型
```

集合在内部以位的形式存储它的元素，这使得在速度和内存利用上更有效。集合如果少于 32 个元素，它就存储在 CPU 的寄存器中，这样的效率就更高。为了用集合类型得到更高的效率，集合的基本类型的元素数目要小于 32。

5.3.2　集合变量的声明

在定义了集合类型之后，就可以进行集合类型变量的声明。其声明格式与其他类型变量的声明完全相同，如下面的代码就是在前面定义的集合类型的基础上声明了一个集合类型 TEnumSet 的变量 C1：

```
Var
  C1: TEnumSet;
```

也可以不经过类型定义，而直接声明集合类型的变量：

```
Var
  n1,n2: set of(Red,Blue,Green,Yellow,White,Black);
```

5.3.3　集合变量的取值

集合变量不同于其他变量，它不是一个单独的元素，而是一系列元素的一个集合。集合变量的取值称为集合值，其一般表现形式如下：

```
[<元素 1>,<元素 2>, … ,<元素 n>]
```

如果集合类型的基类型有 n 个元素，则该集合类型变量的取值有 2^n 个，其中包括一个空集合([ ])。例如：

```
Var
  SubInt1: set of 1..3;
```

则集合变量 SubInt1 的取值可以是下列的任意集合，注意集合中元素的互异性和无序性。

```
[],[1],[2],[3],[1,2],[1,3],[2,3],[1,2,3]
```

5.3.4　集合类型的运算

集合类型的数据可以进行三大类运算：一类是集合对集合的并、交、差运算，其结果为集

合值；一类是集合的关系运算，其结果是逻辑值；一类是元素对集合的"属于"运算，其结果也是逻辑值。已知两个基类型相同的集合 S1 和 S2，以及元素 X，则集合类型的运算法则如表 5-4 所示。

表 5-4 集合类型的运算法则

运算名称	表示方式	运算结果	是否满足交换律
并运算	S1+S2	两个集合中所有不重复元素组成的新集合	是，S1+S2=S2+S1
交运算	S1 * S2	两个集合所共有的元素组成的新集合	是，S1 * S2=S2 * S1
差运算	S1－S2	所有属于 S1 但不属于 S2 的元素的集合	否，S1－S2≠S2－S1
相等运算	S1=S2	如果 S1 与 S2 所包含的元素完全相同，则结果为 True，否则为 False	是
不等运算	S1<>S2	如果 S1 与 S2 所包含的元素完全不同，则结果为 True，否则为 False	是
包含运算	S1>=S2	如果 S2 中的元素都在 S1 中，则结果为 True，否则为 False	否
被包含运算	S1<=S2	如果 S1 中的元素都在 S2 中，则结果为 True，否则为 False	否
属于运算	X in S1	如果元素 X 与集合 S1 的基类型相同，且被包含在 S1 中，则结果为 True，否则为 False	否

集合运算符具有不同的优先级，如表 5-5 所示。

表 5-5 集合运算符的优先级

优先级	运算符	操作数类型	结果值类型
高	*	集合	集合
中	+	集合	集合
低	=、<>、>=、<=	集合	逻辑
最低	in	左操作数为元素，右操作数为集合	逻辑

【例 5.3】 输入年份，判断该年是否闰年，并根据选择的月份来判断是什么季节和该月有多少天。

1) 界面设计

使用 Button、Edit、Label 和 ComboBox 框组件即可设计界面，如图 5-3 所示。

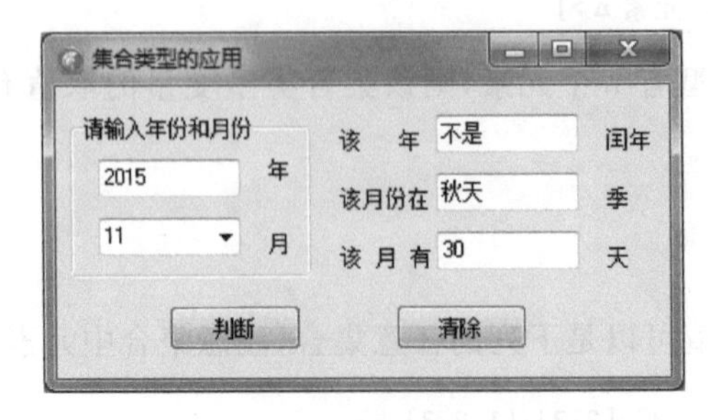

图 5-3 "集合类型的应用"操作界面

2) 属性设置

各组件的属性设置如表 5-6 所示。

表 5-6　各组件属性

对象	属性	属性值	说　明
GroupBox1	Caption	请输入年份和月份	组合框的内容
Label1	Caption	年	标签的内容
Label2	Caption	月	标签的内容
Label3	Caption	该年	标签的内容
Label4	Caption	闰年	标签的内容
Label5	Caption	该月份在	标签的内容
Label6	Caption	季	标签的内容
Label7	Caption	该月有	标签的内容
Label8	Caption	天	标签的内容
Edit1	Text	2004	初始值
Edit2	Text	空白	判断是否闰年
Edit3	Text	空白	判断在哪一季节
Edit4	Text	空白	判断有多少天
ComboBox1	Items	1、2、…、12	分成 12 行输入表示 12 个月份值
Button1	Caption	判断	按钮的标题
Button2	Caption	清除	按钮的标题

3）程序设计

```
function leapyear(y: integer): string;                    //偶数函数
begin
  if (y mod 4 = 0) and (y mod 100 <> 0)or(y mod 4 = 0)  then
    leapyear: ='是'
  else
    leapyear: ='不是';
end;

function ji(m: word): string;                             //季节函数
type
  jijie = set of 1..12;
var
  spring,summer,autumn,winter: jijie;
begin
  spring: =[3,4,5] ;
  summer: =[6,7,8];
  autumn: =[9,10,11];
  winter: =[12,1,2];
  if m in spring then ji: ='春天';
  if m in summer then ji: ='夏天';
  if m in autumn then ji: ='秋天';
  if m in winter then ji: ='冬天';
end ;

procedure TForm1.FormCreate(Sender: TObject);             //关键分析 1
var
  year,month,day: word;
begin
  decodedate(date,year,month,day);
  edit1.Text: =inttostr(year);
```

```
  combobox1.Text: = inttostr(month);
end;

procedure TForm1.Button1Click(Sender: TObject);                    //"判断"按钮
var
  y,m,d: word;
begin
  y: = strtoint(edit1.Text);
  edit2.text: = format('%s          ',[leapyear(y)]);
  m: = strtoint(combobox1.Text);
  edit3.text: = format('%s          ',[jijie(m)]);
  if m = 2 then
    if leapyear(y) = '是'  then
    d: = 29
  else
    d: = 28;                                                        //关键分析 2
  if m in[1,3,5,7,8,10,12]then
    d: = 31;
  if m in[4,6,9,11] then
    d: = 30;                                                        //关键分析 3
  edit4.text: = format('%d       ',[d]);
end;

procedure TForm1.Button2Click(Sender: TObject);                    //"清除"按钮
begin
  edit2.text: = '';
  edit3.text: = '';
  edit4.text: = '';
end;

procedure TForm1.Edit1MouseMove(Sender: TObject; Shift: TShiftState; X,
  Y: Integer);                                                      //编辑框 Edit1 的鼠标移动
begin
  (sender as tedit).SetFocus;
end;

procedure TForm1.Edit1KeyPress(Sender: TObject; var Key: Char); // Edit1 中键按下
var
  j: set of char;
begin
  j: = ['0'..'9',#8];
  if not(key in j)then key: = #0;
end;
```

4) 程序分析

关键分析 1：集合类型的定义和声明。必须首先用关键词 Type 定义集合类型，然后在 Var 变量声明中进行相关类型变量的声明。本例定义了一个基类型为子界类型的集合类型 jijie，用来表示一年的 12 个月，并声明了 4 个 jijie 的集合变量：Spring、Summer、Autumn、Winter 分别表示春、夏、秋、冬季所包含的月份。

关键分析 2：集合变量的赋值。集合变量的值可以用下列多种方式来表示。

(1) 列出所有的元素，中间用逗号分隔开，例如：[3,4,5]。

(2) 若集合中的元素连续出现，则可以写为子界类型的形式，例如：[6..8]。

(3) 若集合中有连续的也有不连续的元素，则可以综合表示，例如：[12,1..2]。

关键分析 3：集合类型的运算。当获得用户输入的月份 m 后，将根据它的值判断属于春、夏、秋、冬哪一个季节，并做出相应的处理。这里主要涉及“属于”运算，用 m in spring 来判断用户输入的月份是否在集合 spring 中来判断是否在春季，其他情况以此类推。属于运算的结果是逻辑值 true 或 false，if 语句再根据该结果进行判断。

5.4　数组与记录类型

数组类型(Array)是一些具有相同类型的元素按一定顺序组成的序列。数组中的每一个数据元素都可以通过数组名来存取，它们被顺序安排在内存中的一段连续的区域中。Object Pascal 提供的数组分为静态数组和动态数组。而记录类型可以将不同的数据集中在一起，并作为一个整体进行操作。下面分别予以介绍。

5.4.1　静态数组

静态数组在程序初始化时必须分配内存单元，明确其固定的大小和元素的数据类型。

1. 一维静态数组

数组通常分为一维、二维和多维数组，这里首先从最简单的一维数组来说明静态数组的声明及其使用方法。在 Object Pascal 中，定义一维静态数组类型的格式为：

```
type
  <数组类型名> = array[<下标类型>]of <基类型>;
```

定义一个数组类型如下：

```
type
  A1 = array[1..10] of Real;                                    //一维数组 A1
```

表示定义一个共有 10 个元素，元素下标从 1 到 10，每个元素类型为 Real 类型，类型标识符为 A1 的数组类型。数组类型标识符可以是任何合法的标识符，Object Pascal 允许的下标类型为整数类型、字符类型、布尔类型、子界类型、枚举类型等，而元素的类型可以是任意数据类型，并且在同一数组中，所有元素的数据类型必须相同。对于用户定义的数据类型作为下标类型，在使用之前必须声明。例如，可以定义一个下标为枚举类型和子界类型的数组类型，经过数组类型声明之后就可以定义数组变量。

```
type
  Color = (red,green,blue);
  Msbr = 0..10;
  MyArray = array [Color] of integer;
  Test1 = array[Msbr] of Color,
```

其中，MyArray 是用户定义的数组类型的名称，Color 表示枚举类型，Test1 表示子界类型。

```
var
  Array1,Array2;MyArray;
  Tcolor;Test1;
```

上例中定义了两个数组变量 array1 和 array2，它们的类型是 MyArray(前面已定义为数组类型)，而变量 Tcolor 定义的类型是 Test1。

当然,也可以把数组类型的定义和数组变量的定义合二为一,这样能够简化程序,如下例:

```
var
  Array1,Array2: Array[0..100] of real;
  Tst1: Array[Boolean] of string;
```

要访问数组中的元素,可以用数组名加方括号,方括号内是元素的下标值,如 array1[3]、array2[60]等。

方括号内的下标值必须符合数组类型中下标类型的定义,其类型必须与下标类型一致,其值在下标取值的范围内。而且下标也可以是表达式。

使用 Object Pascal 提供的标准函数 Low 和 High,可以返回一个数组的最小下标值和最大下标值,而函数 Length 可以返回数组的长度。

数组类型在经过声明之后,就可以在程序体中使用该类型声明的变量。

```
begin
  …
  Array1[2]: =10.5;
  Tcolor[1]: =Blue;
  Tst1(True): = '计算机科学与工程系';
 …
End;
```

【例 5.4】 利用静态数组求出任意 10 个数中的最大值及最小值。

1) 界面设计

使用 Button、Edit、Label 组件即可设计界面,如图 5-4 所示。

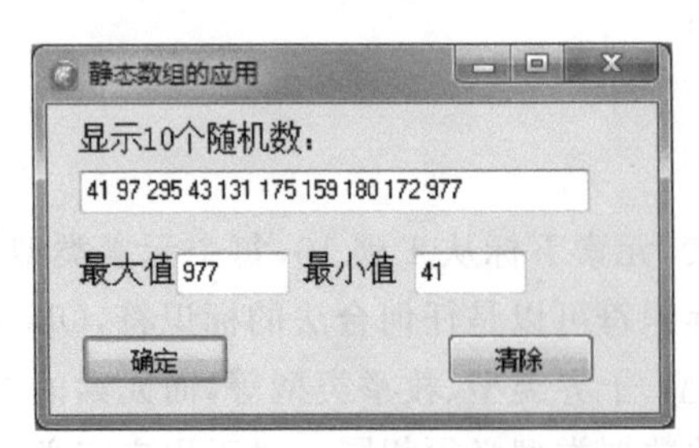

图 5-4 "静态数组的应用"操作界面

2) 属性设置

各组件的属性设置如表 5-7 所示。

表 5-7 各组件属性

对象	属性	属性值	说明
Label1	Caption	显示 10 个随机数:	标签的内容
Label2	Caption	最大值	标签的内容
Label3	Caption	最小值	标签的内容
Edit1	Text	空白	显示随机产生的 10 个整数
Edit2	Text	空白	显示其中的最大值
Edit3	Text	空白	显示其中的最小值
Button1	Caption	确定	按钮的标题
Button2	Caption	清除	按钮的标题

3）程序设计

```
procedure TForm1.Button1Click(Sender: TObject);              //"确定"按钮
var
  i,ma,mi: integer;
  a: array[1..10] of integer;                                //关键分析 1
begin
  for i: =1 to 10 do
  begin
    randomize;                                               //关键分析 2
    a[i]: =random(i*100);                                    //关键分析 3
    edit1.Text: =edit1.text+inttostr(a[i])+' '
  end;
    ma: =a[1];
    mi: =a[1];
  for i: =2 to 10 do
  begin
    if ma<=a[i] then ma: =a[i];                              //关键分析 4
    if mi>=a[i] then mi: =a[i]
  end;
  edit2.Text: =inttostr(ma);                                 //输出最大值
  edit3.Text: =inttostr(mi);                                 //输出最小值
end;

procedure TForm1.Button2Click(Sender: TObject);              //"清除"按钮
begin
  edit1.text: ='';
  edit2.text: ='';
  edit3.text: ='';
end;
```

4）程序分析

关键分析 1：静态数组类型的定义和声明。本例定义了一个一维静态数组类型 a。

关键分析 2：静态数组元素的赋值。本例利用产生的 10 个随机数对静态元素进行赋值。

关键分析 3：生成随机数的方法，如果需要系统自动生成随机数就要调用 random(x)函数，其作用是：返回一个大于或等于 0 并且小于 x 的随机数，如果省略 x，则返回一个大于或等于 0 并且小于 1 的随机数。在调用随机函数 random()之前必须加上代码 randomize；否则，每次重新运行程序，系统生成的随机数都是相同的。

关键分析 4：静态数组的运算。只有单个数组元素才可参加运算，本例中的静态数组元素参加了关系运算和算术运算。

2. 二维静态数组

二维数组是指一个一维数组中的元素类型又是一个一维数组，其一般形式为：

```
type
  <数组标识符>=Array[<下标类型 1>]of Array[<下标类型 2>]of <基类型>;
```

也可以把上述形式写成下面的形式：

```
type
  <数组标识符>=Array[<下标类型 1>,<下标类型 2>]of <基类型>;
```

这两种格式对于编译器来说完全一样，第一种格式可以理解成把一行看成一个元素，而每

行又是一个一维数组的递归定义。第二种格式较好理解,因此最好采用第二种格式,如:

```
type
  TArr = array[1..10] of array [1..10] of integer;
  Tdoublearr = array[1..10,1..10]of integer
```

现在就可以定义二维数组变量,如下:

```
var
  P1: tArr;
  P2: Tdoublearr;
  MyArray1: Array[1..5,1..10]of real;
```

其中,MyArray1 表示一个有 5 行 10 列的数组变量,可以把二维数组看作是一个矩阵。

3. 多维静态数组

多维静态数组的一般格式:

```
type
  <数组标识符> = Array[<下标类型 1>,<下标类型 2>, … ,<下标类型 n>]of <基类型>;
```

了解了一维、二维数组的声明后,就很容易理解多维数组的声明。声明中的数组类型标识符、下标类型和基类型的含义和一维、二维数组相同,如下:

```
type
  My = arry[1..10,1..10,1..10]of integer;
var
  Myarr1: My;
```

一般情况下,用户常用的数组不超过三维数组,用到三维以上的数组是很少的,Object Pascal 允许用户定义任意维数的数组。

5.4.2 动态数组

动态数组在定义和声明时仅指定数组的类型,而不指定数组的大小,只是在程序设计中为程序动态地开辟存储空间。

1. 一维动态数组

一维动态数组的定义格式如下:

```
type
  <数组类型名> = array of <基类型>
```

也可以在变量声明中直接声明动态数组,其格式为:

```
var
  <变量名>: array of <基类型>;
```

动态数组的声明中没有给出数组的下标类型,因此具有不确定的大小。在程序设计中,动态数组的大小通过调用标准过程 Setlength 来明确,如:

```
var
  My: array of integer;
beign
  Setlength(My,10);
  …
```

```
end;
```

2. 多维动态数组

声明多维动态数组采用递归定义的方式，如下：

```
type
  <数组类型名> = array of array of  … array of <基类型>;
var
  <变量名>: <数组类型名>
```

或者采用如下方式定义多维动态数组变量：

```
var
  <变量名>: array of array of  … array of <基类型>;
```

例如，下面将声明一个二维动态数组变量：

```
type
  TMg = array of array of string;
var
  Msgs: TMg
```

或者采用如下方式：

```
var
      Msgs: array of array of string;
```

多维动态数组声明后，使用 Setlength 过程设置动态数组的大小，如将 Msgs 设置成一个 2 行 3 列的数组：

```
Setlength(Msgs,2,3);
```

动态数组的下标最小值默认为 0，则 Msgs 包括的数组元素有：

```
Msgs [0,0], Msgs [0,1], Msgs [0,2], Msgs [1,0], Msgs [1,1], Msgs [1,2].
```

Object Pscal 允许创建行的长度不等的动态数组，如将上述的 Msgs 数组设置成列数不等的数组：

```
Setlength(Msgs,2)                 //设定动态数组 Msgs 的行数为 2,列数未定
Setlength(Msgs[0],2)              //设定第 0 行的列数为 2
Setlength(Msgs[1],3)              //设定第 1 行的列数为 3
```

则 Msgs 数组所有的元素如下：

```
Msgs [0,0], Msgs [0,1], Msgs [1,0], Msgs [1,1], Msgs [1,2]
```

3. 多维动态数组的应用

【例 5.5】 创建一个三角形矩阵并显示出来。

1）界面设计

使用 Button 和 ListBox 组件即可设计界面，如图 5-5 所示。

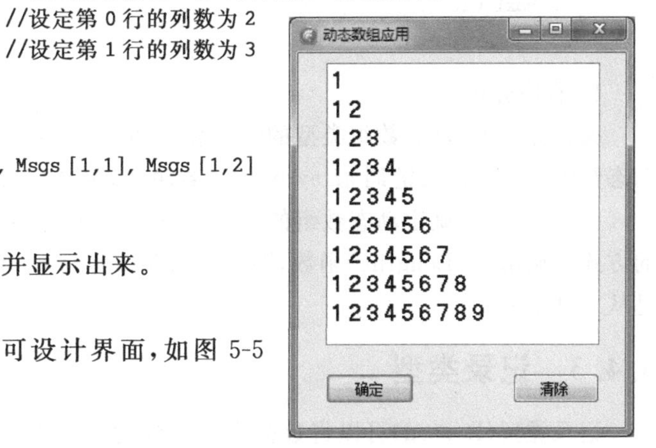

图 5-5　动态数组的应用操作界面

2）属性设置

各组件的属性设置如表 5-8 所示。

表 5-8 各组件属性

对象	属性	属性值	说明
Form1	Name	sanjiao	窗体名称
ListBox	Text	空白	显示三角形矩阵
Button1	Name	bt	按钮名称
Button2	Caption	确定	按钮的标题
Button3	Caption	清除	按钮的标题

3) 程序设计

```
procedure Tsanjiao.btClick(Sender: TObject);          //"确定"按钮
var
  a: array of array of string;                        //关键分析 1
  i,j: integer;
  tempstr: string;
begin
  listbox1.Clear;
  setlength(a,10);
  for i: = low(a) to high(a) do                       //关键分析 2
  begin
    setlength(a[i],i);
    for j: = low(a[i]) to high(a[i]) do
    begin
      a[i,j]: = inttostr(j+1) + '';
      if i>0 then tempstr: = tempstr + a[i,j];
    end;
    if i>0 then
     begin
      listbox1.Items.Add(tempstr);
      tempstr: = '';
    end;
  end;
end;

procedure Tsanjiao.Button1Click(Sender: TObject); //"清除"按钮
begin
  listbox1.Clear;
end;
```

4) 程序分析

关键分析 1：动态数组类型的定义和声明，本例定义了一个二维的动态数组类型 a，注意动态数组的维数由关键词 array of 的个数决定，定义时数组的大小是未知的。

关键分析 2：确定动态数组的大小，动态数组在使用之前必须确定各维的大小，确定大小的方式是调用 SetLength()函数，顺序是从第 1 维开始，依次指定，动态数组各维的下标值都是从 0 开始的。

5.4.3 记录类型

记录类型(Record)可以将数据类型不同的数据集中在一起，并作为一个整体进行操作。记录类型跟数据库中的记录概念很相似。

1. 记录类型的定义

记录类型定义的格式如下：

```
type
  <记录类型名> = Record
  <域名表 1 >: <类型 1 >;
  <域名表 2 >: <类型 2 >;
  ...
  <域名表 n >: <类型 n >;
end;
```

其中，<记录类型名>是用户定义的记录类型的名称，<域名表>可以是多个合法的域名标识符，域名又称为字段名，<类型>可以是任意数据类型。同一个记录类型中不能有同名的字段，而因为作用域的不同，记录内的字段名与记录外的标识符可以相同。

例如，需要一个客户登记表，定义记录类型如下：

```
type
  Customer = Record
    Custid: Integer;                          //客户号
    Name: String[8];                          //客户姓名
    Cpsl: Real;                               //产品数量
    Addr: String;                             //联系地址
    IfPay: Boolean;                           //是否付款
end;
```

上例中声明了一个 Customer 类型的记录类型，记录由 5 个字段组成，其中每个字段都有其确定的标识符和数据类型，它们在内存中分别占用不同的区域，不同字段的数据类型可以相同，也可以不同。

对于定义好的记录类型，可以声明相应的记录变量，例如：

```
var
  C1,C2: Customer;
```

此例中声明了两个 Customer 类型的变量 C1，C2。

2. 记录域的访问

由于记录类型中各字段的类型不同，所以不能同时访问记录的多个字段，而只能对记录的单个字段进行访问。访问记录字段有以下两种方法。

1）记录变量名限定

为了标识记录字段所属的记录变量，使用记录变量名进行限定，格式如下：

```
<记录变量名>.<字段名>
```

则为记录的单个字段赋值可以使用如下语句：

```
C1.Custid: = 1;
C2.IfPay: = True;
```

2）使用 With 语句

如果在程序语句中需要经常访问记录的字段，每次都用记录变量名进行限定非常麻烦，可以使用 With 语句加以简化。With 语句格式如下：

```
With <记录变量名> DO <语句>
```

其中,<语句>可以是简单语句,也可以是复合语句。在<语句>中字段的访问不需要加记录变量名进行限定,例如:

```
With C1 do
begin
  Custid: = 2;
  Name: = 'ZHANG HUA';
  Cpsl: = 78.967;
  IfPay: = True;
  Addr: = 'CHANGZHOU,JIANSU,CHINA';
end;
```

【例 5.6】 利用数组和记录类型编写一个职工工资管理系统。

1) 界面设计

新建一个工程,在窗体上添加 5 个 Label 组件和 5 个 ListBox,各组件的属性如图 5-6 所示。

2) 属性设置

各组件的属性设置如表 5-9 所示。

图 5-6 记录应用示例操作界面

表 5-9 各组件属性

对象	属性	属性值	说明
Label1	Caption	姓名	标签的标题
Label2	Caption	性别	标签的标题
Label3	Caption	工资	标签的标题
Label4	Caption	奖金	标签的标题
Label5	Caption	收入	标签的标题

3) 程序设计

```
procedure TForm1.FormCreate(Sender: TObject);
type                                                    //关键分析
  shouru = record
    name: string ;
    sex: boolean;
    gz: real;
    jj: real;
    sr: real;
  end;
  worker = array[1..6] of shouru;
var
  wk: worker;
  i: integer;
begin                                                   //对记录数组变量 Wk 进行初始化
  wk[1].name: = '贾宝玉';wk[1].sex: = true; wk[1].gz: = 1200;wk[1].jj: = 800;
  wk[2].name: = '林黛玉';wk[2].sex: = false;wk[2].gz: = 1300;wk[2].jj: = 900;
  wk[3].name: = '薛宝钗';wk[3].sex: = false;wk[3].gz: = 1000;wk[3].jj: = 600;
  wk[4].name: = '妙玉';wk[4].sex: = false;wk[4].gz: = 1500;wk[4].jj: = 1000;
  wk[5].name: = '王熙凤';wk[5].sex: = false;wk[5].gz: = 1000;wk[5].jj: = 800;
```

```
  for i: =1 to 5 do
  begin
    listbox1.Items.Add(wk[i].name);
    if wk[i].sex then
      listbox2.Items.Add('男')
    else
      listbox2.Items.Add('女');
    listbox3.Items.Add(floattostr(wk[i].gz ));
    listbox4.Items.Add(floattostr(wk[i].jj ));
    wk[i].sr: =wk[i].gz+wk[i].jj;
    listbox5.Items.Add(floattostr(wk[i].sr));
  end;
end;
```

4) 程序分析

关键分析：记录类型的定义和使用，本例声明了一个由 5 个域 Name、Sex、gz、jj、sr 组成的记录类型 shouru，每个域的数据类型根据该域存储的数据来决定。

3. 记录的变体部分

前面讲的记录的字段，都有确定的表示符和数据类型，但现实生活中，往往有这种情况。例如，在一张个人户籍登记表上有“曾用名”一栏，如果填表人有“曾用名”，那就添上此项，如果没有就空白。

为了描述这样一张个人户籍登记表，在声明记录类型时就要用到记录的变体部分。带有变体部分的记录类型的声明格式为：

```
type
  <记录类型名>=Record
    <域名表 1>: <类型 1>;
    <域名表 2>: <类型 2>;
    ...
    <域名表 n>: <类型 n>;
    Case  <识别字段标识符>: <识别字段类型>  of
      <常量表 1>: <字段列表 1>;
      <常量表 2>: <字段列表 2>;
      …
      <常量表 n>: <字段列表 n>;
end;
```

声明带有变体部分的记录类型，应注意以下几点。

(1) Case 前面的声明部分同平常的记录类型声明一样，但如果记录域中含有变体部分，则变体部分应位于记录域的最后。

(2) 变体部分中识别字段标识符是可选的，省略时连同“：”号一起省略，在同一记录域中必须是唯一的。识别字段类型必须是顺序类型，如果是枚举或子界类型，则必须事先声明。其中的字段列表 i 同普通的记录类型中域名表的声明相同。其功能应用类似于选择结构中的 Case 语句。

例如，下面的记录类型将描述一个户籍登记表。

```
type
  Hj=Record
    Name: string[8];
    Sex: boolean
```

```
    Age: integer;
    case ifanothername: boolean of
      True: (anothername: string);
      False: ();
end;
```

在上例中用 ifanothername 判断是否有“曾用名”,如果有就用 anothername 来描述曾用名;如果没有,就将此处空白。

5.5 指针类型

指针是一种特殊的数据类型,指针类型(Pointer)的变量称为指针变量。指针变量具有一般变量的三个基本要素,即变量名、变量类型、变量值,它与一般变量不同,它是用来存放其他变量内存地址的一种变量。

5.5.1 指针变量的声明

可以先定义指针类型,再声明指针变量。定义指针类型的语法如下:

```
type
  <指针类型名> = ^<基类型>
```

其中,<指针类型名>是用户定义的指针类型的名称,<基类型>可以是基本数据类型,如整型、实型、字节型等,也可以是高级数据类型,如集合、数组、集合等类型。例如:

```
type
   Tr = ^Integer;
  P1 = ^Real;
  BytePtr = ^Byte;
  StudentInfo = Record
    Name: String[10];
    Age: Integer;
    Scores: Real;
  end;
  StuPtr = ^ StudentInfo;
```

上例中,定义了 4 个指针类型。其中,Tr 是一个指向整型变量的指针类型,P1 是一个指向实型变量的指针类型,BytePtr 是一个指向字节类型的指针类型;而 StuPtr 是指向记录类型 StudentInfo 的指针类型。

对于定义好的指针类型可以进行指针变量的声明,例如:

```
var
  BP: BytePtr;
  WP: StuPtr;
```

为了简化程序,也可以把类型的声明和变量的声明合并在一起。例如:

```
var
  BP: ^Btye;
```

5.5.2 指针变量的赋值

与普通的变量一样,一旦声明了指针变量,编译器将给指针变量分配内存单元,但内存单

元中的值(所指向的内存地址)尚未确定,要想让指针指向确定的地址,需要通过赋值操作来实现。为指针变量赋值的格式如下:

```
<指针变量名>: =@<标识符>
```

其中,"@"操作符是个一元操作符,用于获取操作数的内存地址,@后面的操作数可以是变量、过程和函数等。

例如,首先声明两个变量:

```
var
  m: integer;
  p: ^integer;
```

则编译器为变量 m 和 p 分别分配一块内存单元,单元中的值尚未确定。若在程序中为指针变量做如下赋值:

```
p: =@m;
```

则指针 p 的内存单元中存放的变量值是变量 m 的内存地址,此时,称指针 p"指向"变量 m。

为指针变量 p 赋值以后,可以用"P^"来表示所指向的内存单元。例如:

```
p^: =6;                                    //将整数 3 赋值给指针 p 所指向的内存单元
```

如果已知指针 p"指向"变量 m,则上述语句与下列语句执行结果相同:

```
m: =6;
```

5.5.3 无类型指针变量

无类型指针是指指针变量在声明时没有指明基类型,无类型指针在声明中只使用 Pointer,其声明格式如下:

```
var
  <指针变量名>: Pointer;
```

例如:

```
var
  pAnyPoint: Pointer;
```

无类型指针的作用是它可以指向任何类型,即指针 pAnyPoint 可以指向任何变量类型。例如:

```
type
  Tpinte =^Integer;
var
  L, M: integer;
  N: real;
  PanyPoint: Pointer;
  Pt: Tpinte;
begin
  PanyPoint: =@N;                          //PanyPoint 指向实型变量
  M: =100;
  PanyPoint: =@M;                          //PanyPoint 指向整型变量
```

```
  Pt: = Tpinte(PanyPoint);                    //将 Pointer 类型指针转换成 Tpinte 类型指针
  L: = Pt^;
end;
```

但是对于无类型指针,不能用指针变量符号后加^的形式来引用它的动态变量。如类型 Pt^的形式不可引用其动态变量。要引用 Pointer 类型指针指向的变量,应先将其转换成确定的类型。

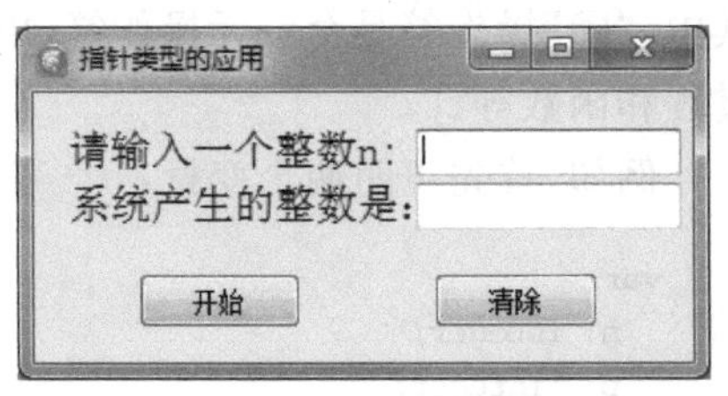

图 5-7 “指针类型的应用”操作界面

【例 5.7】 由用户输入一个整数 n,系统产生一个小于 n 的随机数并输出。

1) 界面设计

使用 Button、Edit、Label 组件即可设计界面,如图 5-7 所示。

2) 属性设置

各组件的属性设置如表 5-10 所示。

表 5-10 各组件属性

对象	属性	属性值	说明
Label1	Caption	请输入一个整数 n:	标签的内容
Label2	Caption	系统产生的整数是:	标签的内容
Edit1	Text	空白	输入整数
Edit2	Text	空白	系统产生的整数
Button1	Caption	开始	按钮的标题
Button2	Caption	清除	按钮的标题

3) 程序设计

```
procedure TForm1.Button1Click(Sender: TObject);    //"开始"按钮
type
  piny = ^integer;
var                                                //关键分析 1
  pany: pointer;
  p1: pint;
  n: integer;
begin
  n: = strtoint(edit1.Text);
  pany: = @n;
  p1: = pint(pany);                                //关键分析 2
  randomize;
  p1^: = random(n);                                //关键分析 3
  edit2.text: = inttostr(p1^);
end;

procedure TForm1.Button2Click(Sender: TObject);    //"清除"按钮
begin
  edit1.Text: = '';
  edit2.Text: = '';
end;
```

4) 程序分析

关键分析 1: 指针类型的定义和声明,本例定义了一个整型的指针类型 pint,声明了两个指针变量,一个是整型指针 pint 的变量 p1,另一个是无类型指针变量 pany。

关键分析 2：无类型指针的操作,首先是赋值操作@,无类型指针可以指向任何类型的变量,本例中 pany 指向整型变量 n。然后是类型转换和赋值操作,将无类型指针 pany 转换为整型后再赋值给整型指针 p1。

关键分析 3：指针变量的引用,当整型指针变量 p1 指向整型变量 n 时,可以用 p1^的形式引用 n,则代码行 p1^：=Random(n)；的作用是生成一个小于 n 的随机数,并赋值给指针 p1 所指向的变量。因为指针 p1 指向变量 n,所以该行代码运行的结果是：变量 n 的值被改变,而指针 p1 的值未改变,仍然是变量 n 的地址。

5.5.4　字符指针类型

字符指针类型即 Pchar 数据类型,是一个指向以 NULL 字符结尾的字符串的指针。这种类型主要用于与外部函数如在 Windows API 中所用的函数兼容。在 Windows API 提供的许多函数中,字符串结束的标志都是 NULL,所以在 Object Pascal 中如果要使用这些函数,就要用到 Pchar 类型的变量。

在 Delphi XE8 中,可以把一个字符串直接赋值给一个 Pchar 类型的变量。例如：

```
var
  P: Pchar;
begin
  P: = 'Hello world';
end;
```

上面赋值语句首先申请一块区域,该区域包含字符串'Hello world',并在最后加上 NULL,然后 P 指向这块内存区。上述程序段等价于下列程序段：

```
var
   P: Pchar;
  S: string;
begin
  S: = 'Hellow world' + #0;
  P: =@s;
end;
```

5.5.5　指针变量的动态使用

1. New 过程和 Dispose 过程

如果不使用@运算符为指针变量赋值,则指针变量称为动态指针变量,动态变量在访问之前必须首先分配内存单元。Object Pascal 提供了标准过程 New,用来为动态变量分配内存单元,并把该单元的地址赋给指针变量,所分配单元的大小由指针所指的类型决定。如果应用程序的堆栈中已没有足够的空间,将触发 EoutOfMemory 异常。调用 New 过程的格式如下：

```
New(<指针变量名>);
```

调用过程 New(p)之后,可以用“p^”表示一个整型的动态变量,对其进行操作。

当程序不再需要使用动态变量时,就调用标准过程 Dispose 删除 New 所创建的动态变量,并释放所分配的内存单元。调用 Dispose 过程的格式如下：

```
Dispose(<指针变量名>);
```

例如：

```
var
  P: ^integer;
begin
  New(p);              //在内存中分配适合存储整型数据的单元,并将单元地址赋给指针 p
  P^: =10;             //为 p 指向的内存单元赋值
  Dispose(p);          //删除动态变量,释放 p 相应的内存单元
end;
```

2. GetMem 过程和 FreeMem 过程

标准过程 GetMem 用于为动态变量申请一块指定大小的内存区域,并把该区域的起始地址赋给指针变量。如果应用程序的堆栈中已没有足够的空间,将触发 EoutOfMemory 异常。调用 GetMem 过程的格式如下：

```
GetMem(<指针变量名>,<区域大小>);
```

如果程序不再需要使用动态变量时,就调用标准过程 FreeMem 删除 GetMem 创建的动态变量,并释放所分配的内存单元。调用 FreeMem 过程的格式如下：

```
FreeMem(<指针变量名>);
```

3. 动态指针的应用举例

动态指针类型,常用来描述动态存储结构的实现。动态存储结构中较常用的有链表、堆栈、队列等存储结构。可以把堆栈和队列看成特殊的链表。因此,本节只是简单介绍一下如何利用指针和记录来实现链表结构。

链表是一组元素的序列,在这个序列中,每个元素总是与它前面的元素相链接(第一个元素除外)。这种链接关系可通过指针来实现。如图 5-8 所示就是一个链表。

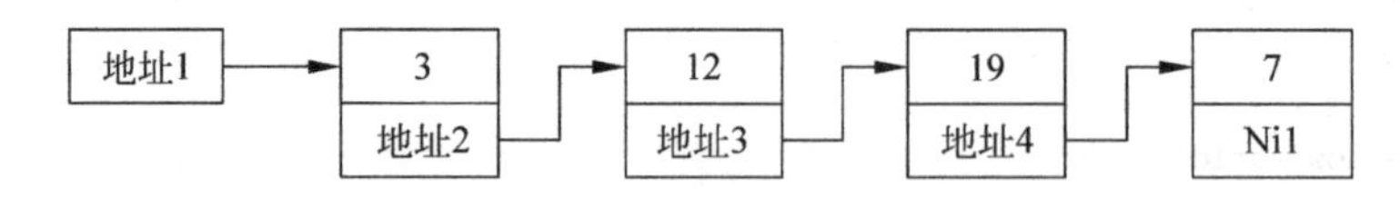

图 5-8 自然数链表

链表中的元素通常称为节点,第一个节点称为表头,最后一个节点称为表尾。指向表头的指针称为头指针,在这个头指针中存放着表头的地址。节点一般用记录来描述,描述节点的记录至少含有两个域,一个域用来存放数据,该域的类型根据要存放的数据类型而定,称为值域;另一个域用来存放下一个节点的地址,称为指针域。表尾不指向任何节点,其指针的值为 Nil。

那么节点可以通过记录类型来描述,并且记录类型里包含一个指针域,链表节点的声明如下。

```
type
  Node = record
    data: string;
    next: ^Node
  end;
var
```

```
    Head: ^Node;              //定义头节点变量 Head;
```

或者采用如下方式：

```
type
  Link = ^Node
  Node = record
    data: string;
    next: ^Node
  end;
var
  Head: Link;
```

提示：在上面的声明中，定义指针类型 Link 时用到了记录类型 Node，而这时 Node 尚未定义，其定义是在 Link 的声明之后给出的，也就是说这里使用了未定义的标识符。在对 Object Pascal 中，这种情况只对指针类型的定义适用，也就是指针所指的对象可以后定义。

4. 动态指针的使用

【例 5.8】 本例是一个关于在链表中利用指针来处理学生信息的程序。

1) 界面设计

创建一个新的工程，在窗体中添加 6 个 Label 组件、三个 ListBox 组件、三个 Edit 组件和三个 Button 组件。各个组件的属性设置如图 5-9 所示。

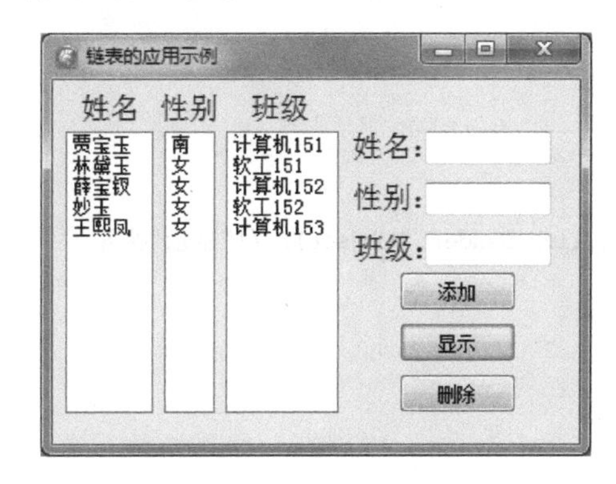

图 5-9　链表的应用示例操作界面

2) 程序设计

```
implementation
{$R *.dfm}
type
  Plink = ^student;                          //关键分析 1
  student = record
    xm: string[8] ;
    xb: string[2];
    bj: string[16];
    next: plink;
  end;
var
  Dtrec: plink;

procedure TForm1.FormCreate(Sender: TObject);    //窗体生成
begin
```

```
  dtrec: = nil;                                     //关键分析 2
end;

procedure TForm1.Button1Click(Sender: TObject); //"添加"按钮
var
  tempp,p: plink;
begin
  new(tempp);                                       //关键分析 3
  tempp^.xm: = edit1.Text;
  tempp^.xb: = edit2.Text;
  tempp^.bj: = edit3.Text;
  tempp^.next: = nil;
  if dtrec = nil then
    begin
      dtrec: = tempp;
    end
   else
    begin
      p: = dtrec;
      while p^.next <> nil do                       //关键分析 4
        p: = p^.next;
      p^.next: = tempp;
    end;
  edit1.Clear;
  edit2.Clear;
  edit3.Clear;
  edit1.SetFocus;
end;

procedure TForm1.Button2Click(Sender: TObject); //"显示"按钮
var
  p: plink;
begin
  listbox1.Clear;
  listbox2.Clear;
  listbox3.Clear;
  p: = dtrec;
  if dtrec = nil then
    exit
  else
  repeat                                            //关键分析 5
    listbox1.Items.Add(p^.xm);
    listbox2.Items.add(p^.xb);
    listbox3.Items.Add(p^.bj);
    p: = p^.next;
  until p = nil;
end;

procedure TForm1.Button3Click(Sender: TObject); //"删除"按钮
var
  p,p1: plink;
  i: integer;
begin
   if edit1.Text = '' then
   begin
```

```
        showmessage('请输入姓名,姓名不能为空!');
        exit;
    end ;
    i: = 0;
    p: = dtrec;
    if p = nil then
      showmessage('链表为空!')
    else
      if p^.xm = edit1.Text then                    //关键分析 6
      begin
        dtrec: = p^.next;
        p^.next: = nil;
        p: = dtrec;
      end
      else
      begin
        p1: = p^.next;
        if p1 <> nil then
        repeat
          if p1.xm = edit1.Text then
          begin
            p^.next: = p1^.next;
            p1: = p;
            i: = i + 1;
          end
           else
          begin
            p: = p1;
            p1: = p1^.next;
          end;
        until p1 = nil;
        if i = 0 then
          showmessage('无匹配数据!') ;
    end;
end;
```

3) 程序分析

关键分析1：记录指针类型的定义，本例定义的指针类型Plink比较特殊，其基类型为记录类型Student，而Student有4个记录域，其中记录域Next的类型又是指针类型Plink，即每个Student节点的Next域为一个指针，指向另一个Student节点。

关键分析2：通过FormCreate事件将头节点指针变量dtrec初始化为nil，表示当前链表为空，没有任何节点，如果有第一节点插入时，将dtrec指针指向该节点。

关键分析3：链表的初始化，一个链表至少有一个节点有值，并且有头节点和尾节点，链表初始化过程如下：创建链表的第一个节点tempp，并将Edit1，Edit2，Edit3中的数据分别赋给tempp的xm、xb和bj域，因为只有一个节点，所以该节点的next域指向空nil。

关键分析4：生成整个链表，此处用到while循环语句，将新节点插入到链表尾，本循环的作用就是找到尾节点。

关键分析5：链表的遍历，从链表的头节点开始，逐个访问链表的各个节点，直到链表的末节点，本例repeat循环语句实现链表的遍历。

关键分析6：删除一个节点，如果本条件成立说明要删除的是第一个节点，在删除完后要将头指针指向第二个节点。

小　　结

本章主要介绍了 Object Pascal 语法中的高级数据类型,主要包括枚举、子界与集合类型、数组与记录类型、指针类型等。需要熟练掌握的知识点包括:

(1) 枚举类型的定义与运算。

(2) 子界类型的定义与子界类型变量的运算。

(3) 集合类型的定义与集合类型数据的运算。

(4) 静态数组和动态数组的应用。

(5) 记录类型的声明与记录域的访问。

(6) 指针类型的声明与指针的运算。

(7) 动态存储结构的实现。

本章所涉及的高级数据类型比较复杂,希望能够结合实例来理解本章内容。

习　　题

5-1　数组类型与记录类型有何区别和联系?

5-2　简述 Delphi XE8 中指针类型的作用。

5-3　举例说明在指针类型中运算符@和^的应用。

5-4　举例说明字符型指针及其应用。

5-5　如果要声明高级数据类型的变量,首先应做一些什么工作?

第6章

键盘、鼠标和文件编程

键盘和鼠标是重要的输入方式，学习使用 Delphi XE8 进行 Windows 程序设计，键盘和鼠标的编程是不可或缺的。大多数的应用程序都需要读写文件，对文件的操作是不可避免的。在本章中将介绍 Delphi XE8 中的键盘、鼠标和文件的编程。

6.1 键盘的编程

6.1.1 关于键盘

在计算机发展过程中，一开始是就使用键盘作为输入方式，在 DOS 环境中，大多只有判断是否按键，以及按的是哪个键，在 Windows 之中，可以判断按键的事件有三种，如图 6-1 所示。

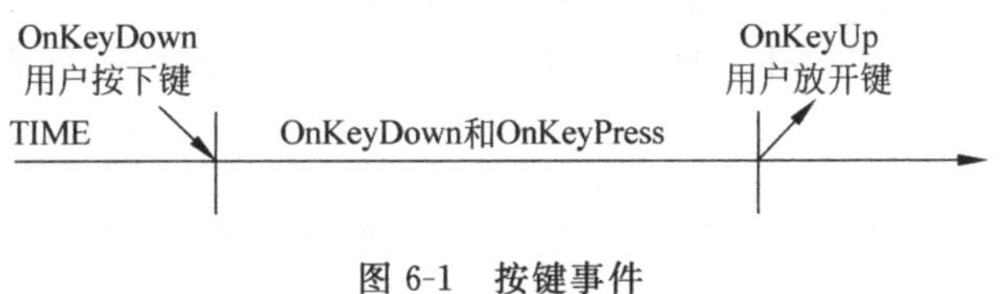

图 6-1 按键事件

在这些事件中，OnKeyDown 和 OnKeyUp 都会传入用户单击的 Key 值(word 值)，可以利用这些值，来判断用户按了哪些键，而这些值代表了 Windows 中的 Virtual Key Code。而 OnKeyPress 所返回的是一个 Char 值，代表一个 ASCII 字符。

ASCII 字符和 Virtual Key Code 是不相同的，因为 Virtual Key Code 中有代表 ASCII 的字符，但 ASCII 字符不包含全部的 Virtual Key Code，因为 Virtual Key Code 中内含很多功能键，如下所示。

VK_LBUTTON=1；VK_RBUTTON=2；VK_CANCEL=3；VK_MBUTTON=4；VK_BACK=8；VK_TAB=9；VK_CLEAR=12；VK_RETURN=13；VK_SHIFT= $10；VK_CONTROL=17；VK_MENU=18；VK_PAUSE=19；VK_CAPITAL=20；VK_KANA=21；VK_HANGUL=21；VK_JUNJA=23；VK_FINAL=24；VK_HANJA=25；VK_KANJI=25；VK_CONVERT=28；VK_NONCONVERT=29；VK_ACCEPT=30；VK_MODECHANGE=31；VK_ESCAPE=27；VK_SPACE= $20；VK_PRIOR=33；VK_NEXT=34；VK_END=35；VK_HOME=36；VK_LEFT=37；VK_UP=38；VK_RIGHT=39；VK_DOWN=40；VK_SELECT=41；VK_PRINT=42；VK_EXECUTE=43；VK_SNAPSHOT=44；VK_INSERT=45；VK_DELETE=46；VK_HELP=47；{ VK_0 thru VK_9 are the same as ASCII '0' thru '9'($30 - $39)} { VK_A thru VK_Z are the same as ASCII 'A' thru 'Z'($41 - $5A)} VK_LWIN=91；VK_RWIN=92；VK_APPS=93；

VK_NUMPAD0=96；VK_NUMPAD1=97；VK_NUMPAD2=98；VK_NUMPAD3=99；VK_NUMPAD4=100；VK_NUMPAD5 = 101；VK_NUMPAD6 = 102；VK_NUMPAD7 = 103；VK_NUMPAD8 = 104；VK_NUMPAD9=105；VK_MULTIPLY=106；VK_ADD=107；VK_SEPARATOR=108；VK_SUBTRACT=109；VK_DECIMAL=110；VK_DIVIDE=111；VK_F1=112；VK_F2=113；VK_F3=114；VK_F4=115；VK_F5=116；VK_F6=117；VK_F7=118；VK_F8=119；VK_F9=120；VK_F10=121；VK_F11=122；VK_F12=123；VK_F13=124；VK_F14=125；VK_F15=126；VK_F16=127；VK_F17=128；VK_F18=129；VK_F19=130；VK_F20=131；VK_F21=132；VK_F22=133；VK_F23=134；VK_F24=135；VK_NUMLOCK=144；VK_SCROLL=145；VK_LSHIFT=160；VK_RSHIFT=161；VK_LCONTROL=162；VK_RCONTROL=163；VK_LMENU=164；VK_RMENU=165；VK_PROCESSKEY=229；VK_ATTN=246；VK_CRSEL=247；VK_EXSEL=248；VK_EREOF=249；VK_PLAY=250；VK_ZOOM=251；VK_NONAME=252；VK_PA1=253；VK_OEM_CLEAR=254；

6.1.2 键盘常用事件

1. OnKeyDown

当按下键盘上的任一个键时，就会触发此事件。如字母键、数字键、功能键(F1～F12)、Ctrl 键、Shift 键或 Alt 键等，都将产生一个 OnKeyDown 事件。

下面的一段代码说明了 OnKeyDown 事件的用法：当打印的时候在窗体中按下 Esc 键后，取消打印作业。

```
procedure TForm1.FormKeyDown(Sender:TObject;varKey:Word;Shift:TShiftState);
begin
  if (Key = VK_ESCAPE) and Printer.Printing then
  begin
    Printer.Abort;              //中止打印
    MessageDlg('打印中止.',mtInformation,[mbOK],0);
  end;
end;
```

2. OnKeyPress

当用户按下键盘上的一个字符键，如字母键、数字键等会产生一个 OnKeyPress 事件，但是单独按下功能键(F1～F12)、Ctrl 键、Shift 键或 Alt 键等，不会产生 OnKeyPress 事件。

下面的一段代码说明了 OnKeyPress 事件的用法：弹出一个对话框显示所按下的键。

```
procedure TForm1.FormKeyPress(Sender:TObject;varKey:Char);
begin
  MessageDlg('你按下了' + Key + '键.',mtInformation,[mbOK],0) ;    //显示按下的键
end;
```

3. OnKeyUp

当按下键盘上的任一个键后松开时，都会产生一个 OnKeyUp 事件。对于功能键(F1～F12)、Ctrl 键、Shift 键或 Alt 键等，也会产生一个 OnKeyUp 事件。

下面的一段代码说明了 OnKeyDown 事件和 OnKeyUp 事件的用法：当键按下时先保存窗体的颜色然后再改变窗体的颜色，当键弹起时恢复窗体的颜色。

```
var
  FormColor:TColor;            //用来保存窗体原来的颜色
procedure TForm1.FormKeyDown(Sender:TObject;varKey:Word;Shift:TShiftState);
begin
  FormColor: = Form1.Color;    //当键按下时先保存窗体的颜色然后再改变窗体的颜色
  Form1.Color: = clAqua;
end;

procedure TForm1.FormKeyUp(Sender:TObject;varKey:Word;Shift:TShiftState);
begin
  Form1.Color: = FormColor;    //当键弹起时恢复窗体的颜色
end;
```

程序运行后，在窗体中按下某个键然后松开，窗体的颜色会随之改变。

【例 6.1】 模拟按下键盘上的某个键。

有时在一些应用程序中，也需要模拟在键盘上按下某个键的过程，这可以通过向特定对象发送按键事件来实现。

1) 界面设计

创建一个新的工程，在窗体中添加一个 Edit 组件、一个 Button 组件和一个定时器 Timer1 组件（位于 System 标签页），用户界面如图 6-2 所示。

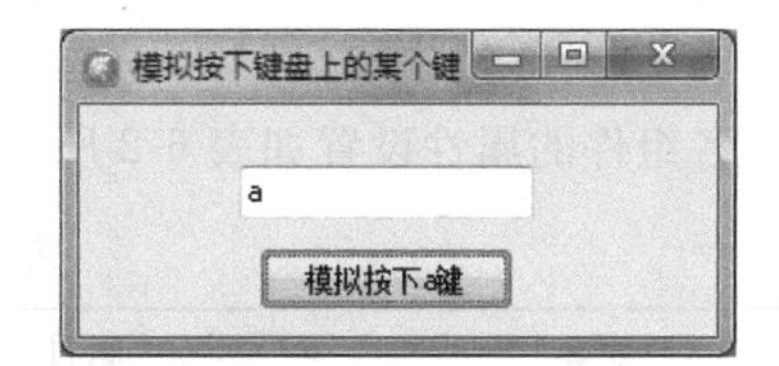

图 6-2　“模拟按下键盘上的某个键”界面

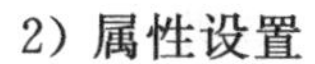
2) 属性设置

各组件的属性设置如表 6-1 所示。

表 6-1　窗体及组件属性设置

对象	属性	属性值	说明
Edit1	Text	空白	等待模拟输入
Button1	Caption	模拟按下 a 键	按钮的标题
Timer1	Interval	1000	触发时间间隔
Timer1	Enable	True	该组件有效

3) 程序设计

```
procedure TForm1.Button1Click(Sender:TObject);        //模拟在 Edit1 组件中按下 A 键
begin
  PostMessage(Edit1.Handle,WM_KEYDOWN,65,0);          //关键分析 1
end;

procedureTForm1.Timer1Timer(Sender:TObject);          //模拟在窗体 Form1 中按下 Tab 键
begin
  PostMessage(Form1.Handle,WM_KEYDOWN,VK_TAB,0);      //关键分析 2
end;
```

4) 程序分析

程序运行时，可以看到窗体的输入焦点在不断地变化，尽管并没有在键盘上按下 Tab 键。如果单击 Button1 按钮，则 Edit1 组件中的字符串会自动增加一个字母 a。

关键分析 1：通过向 Edit1 对象发送按键码值为 65（即 A 键）事件来实现对 Edit1.text 值的更改。

关键分析 2：通过向 Form1 对象发送按键码值为 VK_TAB(即 Tab 键)来实现对窗体的输入焦点的变化。

4. 检测功能键

在组件的 OnKeyDown、OnKeyUp、OnMouseDown 和 OnMouseUp 等事件的处理过程中，有一个 TShiftState 类型的变量 Shift，TShiftState 类型定义如下：

```
TypeTShiftState = setof(ssShift,ssAlt,ssCtrl,ssLeft,ssRight,ssMiddle,ssDouble);
```

所以根据 Shift 的值就可以判断当键盘上的键按下时 Shift、Alt 和 Ctrl 键的状态，或者按下鼠标左键、中键时的状态或者是否双击了按键。当然，如果有 OnMouseDown 事件发生了，而又不是按下左键和中键，则按下的一定是右键。

【例 6.2】 检测 Shift、Alt 和 Ctrl 键是否按下。

1) 界面设计

创建一个新的工程，添加一个 Label 组件。

用户界面如图 6-3 所示。

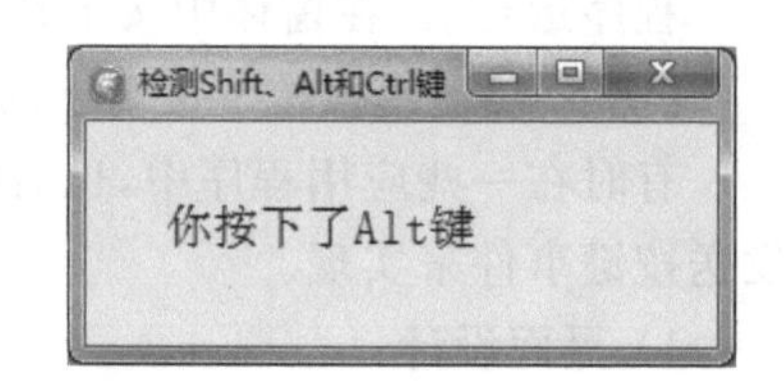

图 6-3 "检测 Shift、Alt 和 Ctrl 键"界面

2) 属性设置

各组件的属性设置如表 6-2 所示。

表 6-2 窗体及组件属性设置

对象	属性	属性值	说明
Label1	Caption	请等待检测	无

3) 程序设计

```
procedure TForm1.FormKeyDown(Sender:TObject;varKey:Word;Shift:TShiftState);
begin
  ifShift>=[ssShift]then                          //关键分析
    label1.caption:='你按下了 Shift 键';
  ifShift>=[ssAlt]then
    label1.caption:='你按下了 Alt 键';
  if Shift>=[ssCtrl]then
    label1.caption:='你按下了 Ctrl 键';
end;

procedureTForm1.FormMouseDown(Sender: TObject; Button: TMouseButton; Shift: TShiftState; X, Y:
Integer);
begin
  if Shift>=[ssLeft]then
    label1.caption:='你单击鼠标左键';
  if Shift>=[ssMiddle]then
    label1.caption:='你单击鼠标中键';
  if Shift>=[ssDouble]then
    label1.caption:='你双击了鼠标';
  if ssRight in Shift then
    label1.caption:='你单击鼠标右键';
end;
```

4) 程序分析

程序运行时，可以看到当鼠标或者键盘中的 Shift、Alt 和 Ctrl 键按下时，在 Label1 上会实

时显示出来。

关键分析：假设当Shift键按下时，程序会触发KeyDown事件，同时通过参数Shift传送一个[ssShift]值，Shift的取值为TshiftState集合类型，这时Shift>=[ssLeft]条件成立，label1显示按下了Shift键，其他条件和本情况类似。

6.2 鼠标的编程

早期的计算机没有鼠标，后来有了鼠标，但只有一个键并且鼠标一开始就使用在图形界面上，因此当时可以判断鼠标的移动、按一下或按两下。而现在的鼠标，不但多了右键和左键，甚至中键和滚轮，而滚轮也有上下移动的事件。所以鼠标的事件相当多，应用范围也很广，常用鼠标的事件有以下几种。

1. 常用鼠标事件

(1) OnClick：当用户单击鼠标任何一个键时，就会触发此事件。

(2) OnMouseDown：当用户单击鼠标时，就会触发此事件。

(3) OnMouseMove：当用户单击鼠标在对象上移动时，就会触发此事件，但停止就不触发了。

(4) OnMouseUp：当鼠标的某个按键按下，然后松开后会产生一个此事件。

在这些事件中，OnMouseDown和OnMouseUp都会触发事件，但是在用户单击时，可能会移动鼠标位置，使得两者被触发的对象是不同的，但OnClick和OnMouseDown是会触发在同一个对象上的。

当用户在对象A处单击一下时，A会同时触发OnMouseDown、OnClick、OnMouseUp、OnMouseMove等事件。

当用户在对象A处单击但在对象B处放开时，A会触发OnMouseDown、OnMouseMove、OnMouseUp等事件；B会触发OnMouseMove事件。

因此如果要触发OnClick事件，就必须要在一个对象处单击一下才行，否则只会有OnMouseDown、OnMouseMove、OnMouseUp事件。

2. 拖放事件

(1) OnDragDrop：在拖曳事件开始时会触发此事件。

(2) OnDragOver：当拖曳对象跨过一个组件时会触发此事件。

(3) OnEndDrag：当拖曳事件结束后会触发此事件。

具体过程如下。

1) 拖曳操作开始

大多数的组件具有DragMode属性，表示开始拖曳操作的方式。DragMode属性的默认值为dmManual，也就是要在被拖动组件的OnMouseDown事件的处理过程中调用BeginDrag过程才开始拖曳操作。如果将DragMode属性设置为dmAutomation，则鼠标左键在被拖动组件上按下后就自动开始拖曳操作。

2) 接受拖曳操作

当拖动一个组件经过第二个组件的时候，第二个组件会产生一个OnDragOver事件。在该事件的处理过程中有一个布尔类型的参数，该参数的设置直接影响是否产生OnDragDrop事件。

一般情况下,在 OnDragOver 事件的处理过程中,根据参数 Source 判断拖曳操作的源。如果是可以接受的源,则将 Accept 参数设置为 True; 否则,将其设置为 False。

3) 处理拖曳操作

在第二个组件的 OnDragDrop 事件的处理过程中,根据拖曳操作的源做一些相应的处理。

4) 拖曳操作结束

拖曳操作完成后释放鼠标左键,会在第一个组件中产生一个 OnEndDrag 事件,可以根据参数 Target 的数值进行相应的处理。如果参数 Target 的值为 nil,则表示拖曳操作没有被接受; 如果 Target 的值不为 nil,则 Target 的值就是接受拖曳操作的组件。

图 6-4 "鼠标的拖动操作"界面

【例 6.3】 鼠标的拖动操作。

1) 界面设计

创建一个新的工程,添加一个 Edit 组件和一个 Memo 组件。用户界面如图 6-4 所示。

2) 属性设置

各组件的属性设置如表 6-3 所示。

表 6-3 窗体及组件属性设置

对象	属性	属性值	说明
Edit1	Text	Edit1	输入文本
Memo1	Lines	Memo1	拖曳到此处

3) 程序设计

```
procedure TForm1.Edit1MouseDown(Sender: TObject; Button: TMouseButton; Shift: shiftSta te; X, Y:
Integer);
begin
  if Button = mbLeft then                              //条件成立开始进行拖动操作
    (Sender As TEdit).BeginDrag(False);                //关键分析 1
end;

procedure TForm1.Memo1DragOver(Sender, Source:TObject;X,Y:Integer;State:TDragState;
var Accept:Boolean);
begin
  if Source Is Tedit then
    Accept: = True;                                    //关键分析 2
end;

procedure TForm1.Memo1DragDrop(Sender, Source:TObject;X,Y:Integer);
begin
  if (Sender Is TMemo) and (Source Is TEdit) then
    (Sender As TMemo).Lines.Add((Source As TEdit).Text);  //关键分析 3
end;
```

4) 程序分析

程序运行后,可以在 Edit 组件中输入一些文字,然后将鼠标移动到 Edit 组件上并按住左键,拖动到 Memo 组件并松开左键,则 Edit 组件中的文字就被添加到 Memo 组件中了。

关键分析 1：过程 BeginDrag 具有一个布尔类型的参数，如果该参数设置为 False，表示当按下鼠标左键并拖动一小段距离后才进行拖曳操作；如果设置为 True，表示当按下鼠标左键后立即进行拖曳操作。通常将该参数设置为 False。

关键分析 2：当从 Edit1 对象中拖动进入时，可以接受拖动操作。

关键分析 3：如果是从 Edit1 对象中拖入到 Memo 对象中，则将 Edit 组件中的内容添加到 Memo 组件的最后。

3. 滚轮事件

（1）OnMouseWheel：当用户单击滚轮按钮时，就会触发此事件。

（2）OnMouseWheelDown：当用户用滚轮按钮向下转动时，就会触发。

（3）OnMouseWheelUp：当用户滚轮按钮向上转动时，就会触发。

上述事件可以判断鼠标是否单击或移动，但也可以利用传入参数来判断是由鼠标哪个键来触发事件的。鼠标传入的参数，如表 6-4 所示。

表 6-4　鼠标传入的参数

参　　数		事　　件
Sender		判断是由哪个对象触发了这个事件
Button	mbLeft	鼠标左键被单击
	mbRight	鼠标右键被单击
	mbMiddle	鼠标中键被单击
Shift	ssShift	Shift 键被单击
	ssAlt	Alt 键被单击
	ssCtrl	Ctrl 键被单击
	ssLeft	鼠标左键被单击
	ssRight	鼠标右键被单击
	ssMiddle	鼠标中键被单击
	ssDouble	鼠标被双击
X or Y		鼠标目前 X 和 Y 的位置
WheelDelta		滚轮所转动的角度
MousePos		鼠标目前的位置

6.3　文件的编程

Delphi XE8 的文件分为文本文件、有类型文件和无类型文件。在一般情况下，文件仅指磁盘文件，外设如打印机、显示器也是文件，这里的文件仅指磁盘文件。在有关文件的标准过程和函数中，有些是适用于所有文件的，有些是只适用于个别文件类型。下面将分别介绍适合所有文件的基本操作函数与过程及只适合于某种文件类型的基本操作函数的过程。

6.3.1　适合于各种文件的基本操作

1. 与外部文件联系的建立与中断

在 Delphi XE8 中要对外部文件进行读写操作前后，需将该外部文件名分配给一个文件类型的变量以及中断文件变量与该外部磁盘文件的联系。下面说明这两种使用方法。

1) 文件变量与外部文件建立联系

通过调用 AssignFile 过程可以初始化一文件变量即建立文件变量(F)与外部文件之间的联系。AssignFile 过程的声明如下：

```
procedure AssignFile(var F;FileName:string);
```

其中,F 是一个文件变量,它可以代表各种类型的文件。FileName 是一个字符串表达式,代表某个特定的文件名。在调用该过程中文件变量(F)将一直和外部文件相联系,直到关闭该文件变量。在由 FileName 所指定的外部文件中,同样进行对该文件变量的各种操作。

调用 AssignFile 过程,当文件名参数为空时,文件变量(F)将同标准输入输出文件建立联系。对于已经打开的文件变量,不要使用该过程调用。

2) 文件变量与外部文件中断联系

通过调用 CloseFile 过程可以中断文件变量(F)与外部磁盘文件之间的联系。CloseFile 过程的声明如下：

```
procedure CloseFile(var F);
```

其中,F 是一个文件类型的变量,可以代表各种文件的类型,该文件可以由读方式打开、写方式打开或者由添加方式打开。在对同文件变量相联系的外部磁盘文件修改后,调用 CloseFile 过程将释放文件变量,并关闭该外部文件。

2. 文件的打开与关闭

在对文件进行读写操作前后要打开或关闭该文件。下面说明打开与关闭文件的各种方法。

1) 以读方式打开文件(Reset)

通过调用 Reset 函数可打开一个已经存在的文件。如果该文件是一个文本文件,那么文件变量(F)的属性为只读。如果指定的文件不存在,则会产生错误,如果指定的文件已经打开,则先关闭再重新打开。当前文件的位置设置在文件的开始。调用 Reset 后,如果文件为空 Eof(F)为 True,否则为 False。Reset 过程的声明如下：

```
procedure Reset(var F[:File;RecSize:Word]);
```

其中,F 是一个任意文件类型的变量,RecSize(记录长度)是一个可以默认的表达式,并且仅当 F 是一个无类型文件时才用,该参数指定数据传送时的文件大小。

2) 以写方式打开文件(Rewrite)

通过调用 Rewrite 函数可创建并打开一个新文件。如果 F 是一个文本文件,那么文件变量(F)的属性为只读。如果存在一个相同文件名的外部磁盘文件,则将删除原有文件并在该位置生成一个空文件。如果文件已经打开,则先关闭然后再重新创建,当前文件的位置设置在文件开始。调用 Rewrite 后,则 Eof(F)必为 True。Rewrite 过程的声明如下：

```
procedure Rewrite(var F:File[;Recsize:Word]);
```

其中,F 是一个任意文件类型的变量,Recsize(记录长度)是一个可以默认的表达式,并且仅当 F 是一个无类型文件时才用,该参数指定数据传送时的文件大小。

3) 用 Erase 过程删除文件。

通过调用 Erase 过程可删除一外部文件。Erase 过程的声明如下：

```
procedure Erase(var F);
```

其中，F 是一个任意文件类型的变量，调用 Erase 过程将删除同 F 相连的文本文件。在删除一个文件之前总是先关闭该文件。

3. 文件的基本操作

如下将说明更多的适用于所有文件的基本操作函数或过程，函数功能表如表 6-5 所示。

表 6-5　函数与过程功能

函数与过程名	实 现 功 能
functon IOResult:Integer;	返回最近一次 I/O 操作的状态值
procedure Rename(var F;Newname:string);	用 Newname 重新命名文件
procedure Rename(var F;Newname:PChar);	
procedure ChDir(S:string);	将当前目录改为字符串 S 指定的目录
function Eof(var F):Boolean;Text files; function Eof[(var F:text)]:Boolean;	检测文件是否结束，如果结束或文件为空则为 Ture，否则为 False
procedure GetDir(D:Byte;var S:string);	检测由 D 指定驱动器的当前目录。D 的取值可为(0,1,2,3)，其分别代表(默认，A,B,C)
procedure RmDir(S:string);	删除由字符串 S 指定的目录
procedure MkDir(S:string);	新建一个由字符串 S 指定的目录，该目录原来并不存在

6.3.2　适合于文本文件的基本操作

文本文件是由若干行组成的，若干个字符串组成一行，一行的结尾由回车换行符表示。如果对文本文件进行操作，则首先应通过调用 AssignFile 过程建立文件变量与外部文件的联系，并且使用 Reset 或者 Rewrite 或者 Append 方法打开。由于文本文件是以行为单位进行读写操作的，并且每一行的长度不一定相同，所以不能计算出指定行在文件中的准确位置，因此对于文件只能顺序读写。要对文件进行读写操作，必须相应地对文件进行以读或以写的方式打开，也就是对一个打开的文本文件只能单独地进行读或写操作，不能同时进行。

下面介绍只适用于文本文件操作的基本操作函数或过程。

1. 以添加方式打开文件

通过调用函数 Append 可打开一个已经存在的文件以便于在文件末尾添加文本。如果在文件最后的 128 个字节块中，存在字符＜Ctrl＞＋＜Z＞(ASCII 26)，那么文件将在该字节处插入，并且覆盖该字符。也就是说，文本可被插入到以字符＜Ctrl＞＋＜Z＞终止的文件后。

Append 过程的声明如下：

```
Procedure Append(var F:Text);
```

其中，F 是一个任意文件类型的变量，并且必须同用 AssignFile 函数打开的外部文件相联系。如果指定名称的外部文件不存在，就会产生错误。如果指定的文件已经打开，则先关闭再重新打开。当前文件的位置设置在文件末尾。如果分配给 F 的是一个空名字，则在调用 Append 函数后，文件变量(F)将同标准输出文件建立联系。

2. 文本文件的读取与写入

文本文件通过调用 Reset 过程后以读方式打开后，就可以使用 Read 或 Readln 过程来读取文件数据了。文本文件通过调用 Rewrite 或 Append 过程打开一文件后就可以使用 Write 或 Writeln 过程来写入数据。下面简单介绍文本文件的读取与写入方法。

1) 用 Read 过程读取数据

通过调用 Read 过程可以从文本文件中读取字符串、字符或数字。其声明如下：

```
procedure Read([var F:Text; ]V1[,V2, … ,Vn]);
```

其中,F 是文本文件变量,V1,V2,…,Vn 用于存储读取的数据,其必须为相同的类型,可以定义为字符串类型变量、字符型变量或整型变量、实型变量。当 V1,V2,…,Vn 定义为字符串型或字符型变量时,则 Read 过程将按照定义的长度读取字符。当 V1,V2,…,Vn 定义为整型变量或实型变量时,则 Read 过程将以空格作为分隔符,如果在数字中出现逗号、分号或其他字符将产生异常。

2) 用 Readln 过程读取数据

通过调用 Readln 过程可以从文本文件中读取字符串、字符或数字,直到一行的结束。其声明如下：

```
procedure Readln([var F:Text; ]V1[,V2, … ,Vn]);
```

其中,F 是文本文件变量,V1,V2,…,Vn 用于存储读取的数据,其可以定义为字符串型变量、字符型变量或整型变量、实型变量。

3) 用 Write 过程写入数据

通过调用 Write 过程可以向文件中写入数据。其声明如下：

```
procedure Write([var F:Text; ]P1[,P2, … ,Pn]);
```

其中,F 是文本文件变量,P1,P2,…,Pn 用于存放写入的数据,其可以是字符串类型、字符类型、整型或浮点型。

4) 用 Writeln 过程写入数据

通过调用 Writeln 过程可以向文件中写入一行数据,并在结尾处输入回车换行符。

```
procedure Writeln([var F:Text; ]P1[,P2, … ,Pn]);
```

3. 文件的基本操作

对文本文件进行操作的基本函数与过程如表 6-6 所示。

表 6-6　文本文件操作的基本函数与过程

函数与过程名	实 现 功 能
Procedure AssignPrn(var F:Text);	建立文本文件变量同打印机之间的联系
Function Eoln[(var F:Text)]:Boolean;	检测文件指针是否指向行尾
Procedure Flush(var F:Text);	输入方式(Rewrite 或 Append)打开的文件缓冲区,以确保所有写入文件的字符都被写入外部文件
Function SeekEof[(var F:Text)]:Boolean;	返回文件尾状态
Function SeekEoln[(var F:Text)]:Boolean;	返回文件行尾状态
Procedure SetTextBuf(varF:Text;varBuf[;Size:Integer]);	设置文件缓冲区

【例 6.4】 设计一个简易文本编辑器，具有创建、编辑、保存普通文本文件的功能。

1）界面设计

建立一个备注 Memo1、一个控制面板 Panel1 和 7 个按钮 Button1～Button7，如图 6-5 所示。

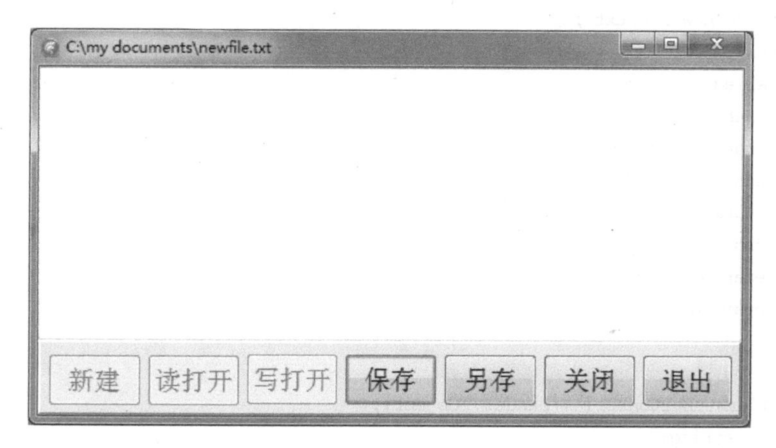

图 6-5 简易文本编辑器

2）属性设置

设置各 Button 的 Caption 属性值如图 6-5 所示。其他属性设置如表 6-7 所示。

表 6-7 窗体及组件属性设置

对象	属性	属性值	说　明
Panel1	Align	Albottom	控制面板始终位于窗体的下部
Memo1	Align	Alclient	备注框撑满整个窗体
	Enabled	False	程序开始运行时 Memo1 不可用，只有当写入数据时可用
OpenDialog1	Filter	Textfile| *.txt all files| *.*	设置可打开的文件类型为文本文件或所有文件
	Initialdir	C:\my documents	设置对话框打开初始路径为 C:\my documents
SaveDialog1	Filter	Textfile| *.txt |all files| *.*	设置可打开的文件类型为文本文件或所有文件
	Initialdir	C:\my documents	设置对话框打开初始路径为 C:\my documents
Button1 ～ Button3，Button7	Enabled	True	在程序开始运行时，该按钮可用
Button4～Button6	Enabled	False	在程序开始运行时，该按钮不可用

3）程序设计

```
var
   Form1:Tform1;
   f:texfile;
   wfilename:string
   flag:Boolean;

implementation
   {$R*.DFM}
```

```
procedure Tform1.Button1Click(Sender:TObject);
begin
    assignfile(f,'C:\\my documents\\newfile.txt');
  form1.caption:='newfile.txt';
  wfilename:='newfile.txt';
  rewriter(f);
  memo1.enabled:=true;
  button1.enabled:=false;
  button2.enabled:=false;
  button3.enabled:=false;
  button4.enabled:=true;
  button5.enabled:=true;
  button6.enabled:=true;
  button7.enabled:=true;
end;

procedure Tform1.Button2Click(Sender:TObject);
    var line:string;
begin
  if opendialog1.Execute then
  begin
      assignfile(f,opendialog1.filename);
  memo1.enabled:=false;
   end;
  while not eof(f) do                                        //关键分析 1
  begin
       readln(f,line);
       memo1.LineS.add(line);
  end;
  button1.enabled:=false;
  button2.enabled:=false;
  button3.enabled:=false;
  button4.enabled:=false;
  button5.enabled:=false;
  button6.enabled:=true;
  button7.enabled:=true;
   closefile(f);
end;

procedure Tform1.Button3Click(Sender:TObject);
var line:string;
begin
  if opendialog1.Execute then
    begin
       wfilename:=opendialog1.filename;
       assignfile(f,wfilename);
    reset(f);
    memo1.enabled:=true;
    while not eof(f) do
    begin
          readln(f,line);
```

```
            memo1.LineS.add(line);
        end;
        button1.enabled: = false;
        button2.enabled: = false;
        button3.enabled: = false;
        button4.enabled: = true;
        button5.enabled: = true;
        button6.enabled: = true;
        button7.enabled: = true;
        closefile(f);
    end;
end;

procedure Tform1.Button4Click(Sender:TObject);
var i,lastline:integer;
begin
  lastline: = memo1.lines.add('') - 1;                    //关键分析 2
  assignfile(f,wfilename);
  rewrite(f);
  for i: = 0 to lastline do
  begin
    writeln(f,memo1.lines[i]);
  end;
   closefile(f);
end;

procedure Tform1.Button5Click(Sender:TObject);
var i,lastline:integer;
writefile:textfile;
begin
  if savedialog1.execute then                             //关键分析 3
  begin
    wfilename: = savedialog1.Filename;
    assignfile(writefile,savedialog1.Filename);
    rewrite(writefile);
    form1.caption: = wfilename;
    lastline: = memo1.lines.add('') - 1;
    for i: = 0 to lastline do
    begin
      writeln(writefile.memo1.lines[i]);
    end;
    closefile(writefile);
  end;
end;

procedure Tform1.Button6Click(Sender:TObject);
var t:integer;
begin
  if not flag then
  t: = MessageDlg('是否保存文件',mtConfirmation,mbYesNoCancel,0);
  if t<>2 then
  begin
```

```
    if t = 6 then
          button4click;
    memo1.Clear;
    form1.caption: = '';
    memo1.enabled: = false;
    button1.enabled: = true;
    button2.enabled: = true;
    button3.enabled: = true;
    button4.enabled: = false;
    button5.enabled: = false;
    button6.enabled: = false;
    button7.enabled: = true;
  end;
    flag: = false;
end;

procedure Tform1.Button7Click(sender:TObject);
begin
   close;
end;
```

4) 程序分析

本例是文件操作的综合应用示例,包括文件的定义、读、写等操作。

关键分析 1:根据打开文件对话框选定的文件,将文件的内容添加到 Memo 中。

关键分析 2:首先获取 Memo 中文件内容的行数,分行将内容存入到文件 f 中。

关键分析 3:将文件另存,需要对文件重新定义,再写入,保存。

6.3.3 有类型文件

有类型文件是一种具有一定数据类型的文件,它是由指定数据组成,读写过程所操作对象的单位是一个指定类型的数据。有类型文件的变量可声明如下:

```
Type fileTypeName = file of type
```

其中,file of 为保留字,type 可以是各种数据类型如整型、实型及记录型。fileTypeName 为类型文件名。

由于数据类型已指定,每条记录的存储长度是固定的,所以可以确定文件指针在文件中的位置,并且可以随机存取。

1. 有类型文件的读取和写入方法

对于有类型文件允许同时为读和写打开。通过调用 Read 过程可以从文件中读取数据。其中,F,及 V1,V2,…,Vn 的定义同文本文件。其声明如下:

```
procedure Read(F,V1[,V2, … ,Vn]);
```

通过调用 Write 过程可以向文件中写入数据。其声明如下:

```
procedure Write(F,V1, … ,Vn);
```

2. 文件的基本操作

对有类型文件进行操作的基本函数与过程如表 6-8 所示。

表 6-8　有类型文件操作的基本函数与过程

函数与过程名	实现功能
Function FilePos(var F):Longint;	返回文件的当前文件指针位置
Function FileSize(var F):Integer;	返回文件的大小
Procedure Seek(var F;N:Longint);	将文件指针移至文件位置
Procedure Truncate(var F);	截去当前位置后的所有数据

【例 6.5】　如图 6-6 所示，利用有类型文件保存学生成绩，可以输入学生的学号、姓名以及三门功课的成绩，浏览或删除数据。设计步骤如下。

1) 界面设计

选择“新建”工程，进入窗体设计器，在窗体中增加两个组框 GroupBox1、GroupBox2，在 GroupBox1 中增加 5 个标签 Label1～Label5、5 个编辑框 Edit1～Edit5 和两个按钮 Button1、Button2，在 GroupBox2 中增加一个列表框 ListBox1 和一个按钮 Button3，如图 6-6 所示。

2) 属性设置

设置按钮 Button1 ～ Button3、标签 Label1 ～ Label5、编辑框 Edit1 ～ Edit5、组框 GroupBox1、GroupBox2、列表框 ListBox1 的属性如图 6-6 所示。将 Button3 的 Enabled 属性设置为 False。

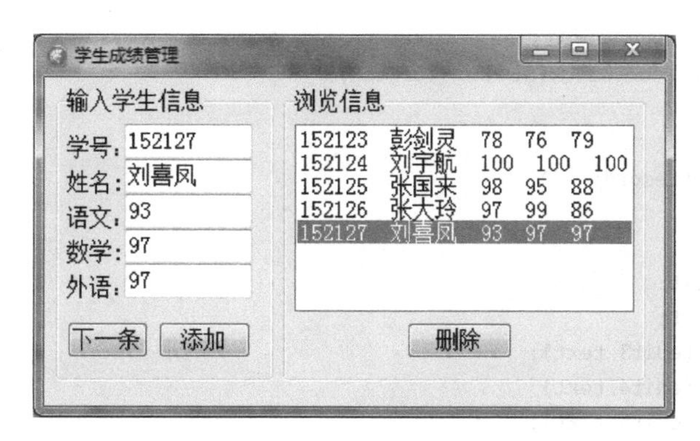

图 6-6　学生成绩管理系统

3) 程序设计

```
var
  Form1: TForm1;
type
  studentrecord = record
    xh,xm: string[6];
    yw,sx,wy:integer;
    end;

implementation
{ $R *.DFM}

procedure TForm1.FormCreate(Sender: TObject);
var
  t:studentrecord;
  f:file of studentrecord;
begin
```

```
  assignfile(f,'c:\my documents\文件.dat');
  if fileexists('c:\my documents\文件.dat') then
    reset(f)
  else
    rewrite(f);
  while not eof(f) do                                    //关键分析 1
  begin
    read(f,t);
    ListBox1.Items.Add(t.xh+'  '+t.xm+'  '+inttostr(t.yw)+'  '+inttostr(t.wy)+'  '+
inttostr(t.sx));
  end;
  closefile(f);
  button3.enabled:=false;
end;

procedure TForm1.Button1Click(Sender: TObject);
begin
  edit1.text:='';
  edit2.text:='';
  edit3.text:='';
  edit4.text:='';
  edit5.text:='';
end;

procedure TForm1.Button2Click(Sender: TObject);
var
  t:studentrecord;
  f:file of studentrecord;
  size:integer;
begin
  t.xh:=edit1.text;
  t.xm:=edit2.text;
  t.yw:=strtoint(edit3.text);
  t.wy:=strtoint(edit4.text);
  t.sx:=strtoint(edit5.text);
  assignfile(f,'c:\my documents\文件.dat');
  reset(f);
  size:=filesize(f);
  seek(f,size);
  write(f,t);
  ListBox1.Items.clear;
  seek(f,0);
  while not eof(f) do
  begin
    read(f,t);
    ListBox1.Items.Add(t.xh+'  '+t.xm+'  '+inttostr(t.yw)+'  '+inttostr(t.wy)+'  '+
inttostr(t.sx));
  end;
  closefile(f);
end;

procedure TForm1.Button3Click(Sender: TObject);
var
  pos:integer;
  t:studentrecord;
```

```
  f:file of studentrecord;
begin
  pos: = listBox1.ItemIndex;
  assignfile(f,'c:\\my documents\\文件.dat');
  reset(f);
  seek(f,pos + 1);
  while not eof(f) do                                    //关键分析 2
  begin
    read(f,t);
    seek(f,pos);
    pos: = pos + 1;
    write(f,t);
    seek(f,pos + 1);
  end;
  seek(f,pos);
  truncate(f);
  seek(f,0);
  ListBox1.Items.clear;
  while not eof(f) do
  begin
    read(f,t);
    ListBox1.Items.Add(t.xh + '   ' + t.xm + '   ' + inttostr(t.yw) + '   ' + inttostr(t.wy) + '   ' +
inttostr(t.sx));
  end;
  closefile(f);
end;

procedure TForm1.ListBox1Click(Sender: TObject);
begin
if listbox1.ItemIndex > - 1 then
  button3.enabled: = true
else
  button3.enabled: = false;
end;
```

4) 程序分析

本程序利用记录类型文件保存学生成绩，可以输入学生的学号、姓名以及三门功课的成绩，浏览或删除数据。

关键分析 1：在 FormCreate 事件中，首先寻找到文件头，然后通过循环用于将文件. dat 中的数据记录逐条读入到 ListBox1 中显示出来。

关键分析 2：在 Button3 的 Click 事件中(删除)，首先定位到要删除的记录，然后把要删除的记录后面的数据通过循环逐条上移，最后把文件尾的最后一条重复记录删除。

6.3.4　无类型文件

无类型文件无固定的数据结构，可由使用者决定每个数据记录的长度，它的声明如下：

```
Var DataFiel:file;
```

在对无类型文件用 Reset 和 Rewrite 过程打开时，可带有第二个参数，用来说明数据记录的长度，如果默认则为 128B。也就是说，有类型文件的长度是固定的，无类型文件的长度是自定义的。

无类型文件的读取和写入方法,通过调用 BlockRead 和 BlockWrite 函数实现读入或写入一个或多个记录的数据,其声明如下:

```
procdure BlockRead(var F:File;var Buf;Count:Integer[;var AmtTransferred:Integer]);
procdure BlockWrite(var F:File;var Buf;Count:Integer[;var AmtTransferred:Integer]);
```

其中,F 是无类型文件变量,Buf 用于存储读取或写入的数据,Count 则确定了每次应读写的记录的个数,AmtTransferred 将返回每次实际读写的记录的个数。在变量中有关系式 Buf 的大小=Count×RecSize(RecSize 为记录的长度)。在一般情况下,AmtTransferred 同 Count 应相等,但在文件末尾或在磁盘已满的情况下,AmtTransferred 将小于 Count。

小　　结

本章中首先介绍键盘和鼠标的响应事件,并用实例予以说明。然后介绍了文件编程,文件的用途主要有两点,一是保存数据,二是用于不同应用程序之间的数据交换。本章中只是介绍了文件操作的一些基本知识,文件操作在应用程序中是非常重要的,因此,读者需要多参阅有关资料并通过 Delphi XE8 的帮助文件进行学习和提高。

习　　题

6-1　键盘的单击事件有几种?

6-2　鼠标的拖曳事件的含义是什么? 如何实现?

6-3　文本文件的读、写操作用什么方法?

6-4　有类型文件和无类型文件读、写操作有何区别?

6-5　使用 Rewrite 方法打开一个已存在的文件会发生什么情况?

6-6　通过键盘输入数据,将包括学号、姓名、性别、英语、数学、物理等学生成绩数据输入到一个顺序文件(Stuscore. dat)中,如图 6-7 所示。

6-7　从 Stuscore. dat 文件中读出全部学生的成绩,并显示在窗口中,如图 6-8 所示,将其中需要补考的学生数据存入一个新的文件(Stubk. dat)中。

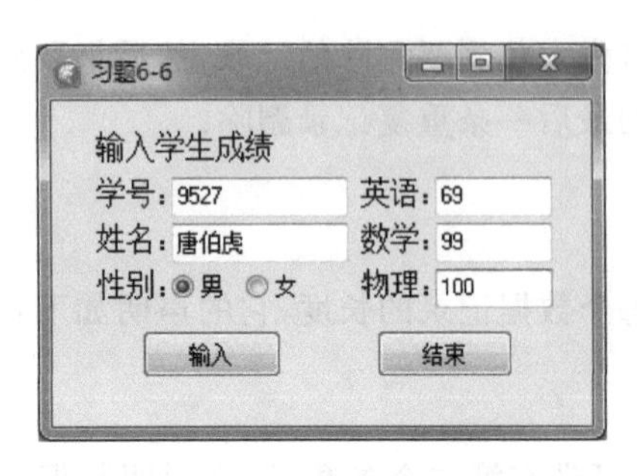

图 6-7　学生成绩录入系统

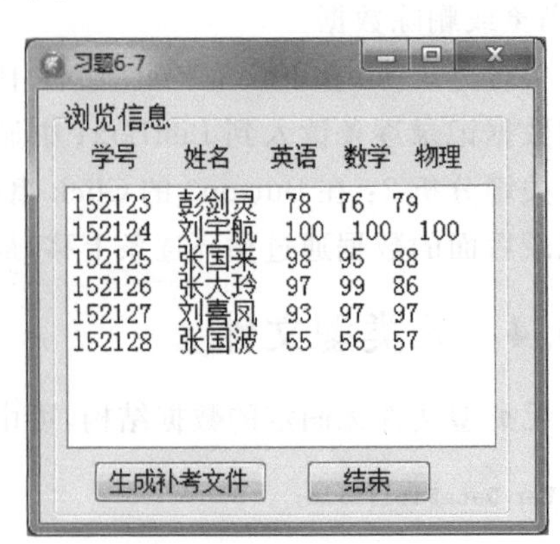

图 6-8　显示所有学生成绩

6-8 从 Stubk. dat 文件中读出数据，并把需要单科补考的学生信息显示出来，如图 6-9 所示。

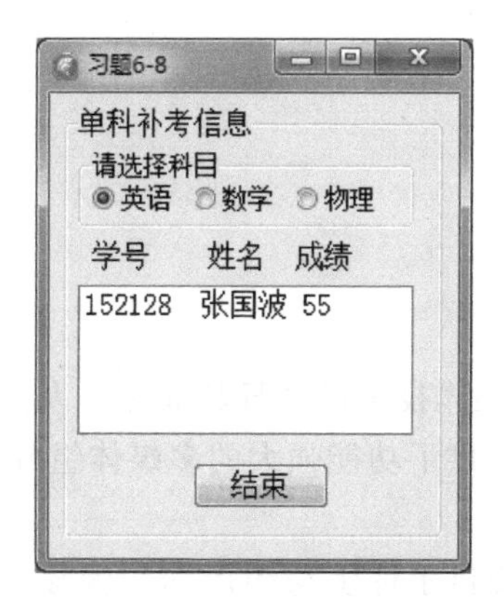

图 6-9 显示学生补考信息

第7章

多媒体编程

随着计算机技术的发展，多媒体技术已经日趋成熟。人们要经常使用图形、图像、声音、动画等多媒体信息。Delphi XE8 提供了功能强大的多媒体组件，因此实现多媒体程序设计是非常方便的。

Delphi XE8 集成开发环境提供了许多与图形和图像显示有关的组件，在程序设计期间，可以调用预先制作好的图形图像，也可以使用组件来创建图形图像。在程序运行期间，可以使用相关组件来定制图形图像，还可以使用绘图对象来动态地绘制图形图像。

如果要在 Delphi XE8 程序中添加动画、声音和视频剪辑等媒体元素，可以使用媒体播放器组件，这是一个完备的多媒体开发平台。

7.1 图形图像基础知识

在 Delphi XE8 中，图形图像的产生有以下 4 种方式。

(1) 在程序执行时由程序绘制；

(2) 设计期间使用 Shape 组件给出；

(3) 执行期间由用户自己制作；

(4) 直接读取已存在的图形图像文件。

一般来说，最常用的绘图方式是各种几何图形的绘制，如直线、圆、椭圆、矩形等。

7.1.1 图形图像对象组件与图像的种类

Delphi XE8 环境的许多对象和组件，如画布对象、图片对象、图像组件和图形组件等，都可以用来进行图形图像的存储和显示。这些对象和组件都支持常见的图像文件格式，如位图、图标、图元，以及压缩格式的 JPEG 图片等的处理。

1. 图形图像对象组件

(1) 画布对象(TCanvas)：TCanvas 是许多组件都具备的一个属性。同时它本身也是一个对象，包含自己的属性，其中最重要的有 4 个：画笔、画刷、字体组件，以及图形像素数组。TCanvas 对象提供了作图操作的平面及各种工具，使用这些工具在这个平面上绘制各种线条、曲线以及其他形状。

(2) 图形对象(TGraphics)：TGraphics 对象是图像文件在内存中的抽象代表，用于存储图像文件，以便将其从磁盘装入内存，或从内存存放到磁盘。TGraphics 有三个派生类：TBitmap、TIcon 和 TMetafile(分别为位图、图标和图元类)。如果知道具体的图像类型，则应将其存储在相应类的对象中，而不是基类 TGraphics 的对象中。

(3) 图片对象(TPicture)：TPicture 对象是图形对象(TGraphics 及其派生类的实例)的

容器。也就是说，它可以装载 TBitmap、TIcon 和 TMetafile 及其他 TGraphics 类的图。

(4) 图像组件(Image)：以上讨论的三个类可以画图或存储图形，但都不能显示图形。它们实际上是某种组件(Form 等)的属性。Image 就是具有 TCanvas 和 TGraphics 属性的组件，它在应用程序的窗体上提供一个矩形区域，用于显示和输出图形(组件)。

(5) 图形组件(Shape)：Shape 组件在窗体中提供一个可用来绘制几何图形的矩形区域，利用该组件可将绘图操作限定在一个区域内，而不使用窗口的整个客户区进行操作。

(6) 画框组件(PaintBox)：PaintBox 组件在窗体中提供一个用来绘制几何图形的矩形区域，可使用绘图语句在这个区域内绘制各种图形。

2. 图形图像文件的种类

图形文件种类繁多，常见的有位图、图标、图元，以及各种压缩格式(JPEG、GIF 等)的图形文件。

(1) 位图(TBitmap)：Win32 位图是以位形式存储的二进制信息。具体地说，位图保存了像素的颜色信息。位图是各种绘图工具都支持的通用的图形文件格式。Delphi XE8 环境的各种图形对象或组件也都支持位图的存储和显示。

(2) 图标(TIcon)：图标作为 Windows 资源常以. ico 为扩展名保存。它们可以存在于资源文件(. res)中。在 Windows 中，有两种典型大小的图标，一是 32×32 像素的大图标，二是 16×16 的小图标。小图标显示在应用程序主窗口的左上角或列表视图控件中。Delphi XE8 环境将这个控件封装为 TListView 组件，位于组件面板的 Win32 页。图标由两个位图组成。一个是实际要显示的图像，另一个是图标显示时的蒙版。图标有多种用途，例如，可以出现在应用程序的任务栏，或者需要惊叹号、停止符的消息框中。

(3) 图元(TMetafile)：图元是基于矢量的图像。图元文件是保存了一系列 GDI(Graph Display Interface，图形显示界面)例程的文件，允许将对 GDI 函数的调用保存到外存。这样，以后就可以再次显示了。同时，可与其他程序共享作图例程。图元文件可以平滑地改变大小(位图在放大后会失真)。图元文件有两种格式：标准图元文件(. wmf)和增强图元文件(. emf)。Delphi XE8 TMetaFile 支持这两种图元文件。

(4) JPeg 图：JPEG 文件扩展名为. jpg。JPEG 是一种静态图形压缩算法，图像质量可以调节，压缩比率较高。这种文件的读写以及和位图的转换都要经过压缩或者解压。在 Delphi XE8 中，如果要操作 JPEG 文件，需要在单元中包含 JPEG 单元名。

7.1.2　图像组件 Image

Image 组件是一种图像的容器，在应用程序窗体上提供一个矩形区域，用于显示各种以文件形式存储在磁盘(光盘)上的位图、图标、图元文件或用户自定义的图形文件。该组件与作图有关的属性如表 7-1 所示。

表 7-1　Image 组件常用属性

属性	类型	作　用
Picture	Tpicture	指定图片，可为位图(BMP)、图标(ICO)或图元(EMF、WMF)文件，若为 JPEG 图片，当前单元 Uses 语句中应包含 JPEG 单元
Canvas	Tcanvas	提供图像组件进行绘图操作的平面
Autosize	Boolean	其值为 True 时，Image 自动调节大小以适应图像。默认为 True
Streth	Boolean	其值为 True 时，图像自动调节大小以适应 Image，但. ico 文件不能。默认为 False
Transparent	Boolean	默认值为 False。确定是否允许图像组件下面的物体显示出来
Center	Boolean	其值为 True 时，图像居中，否则从左上角开始显示。默认值为 False

可以在设计阶段指定要在 Image 上显示的图片,也可以在程序运行期间载入图片。

设计阶段指定图片的方法是:单击对象编辑器的 Picture 属性行的右格中的 ··· 按钮,打开图片对话框,然后选择一幅图片。

在应用程序运行期间,可以调用相关的函数或过程动态地从文件中载入图形图像。

【例 7.1】 打开图片对话框装载图片。

1)界面设计

创建一个新的工程,在窗体中添加一个 Image 组件、一个 OpenPictureDialog 组件(位于 Dialog 标签页)和一个 Button 组件,用户界面如图 7-1 所示。

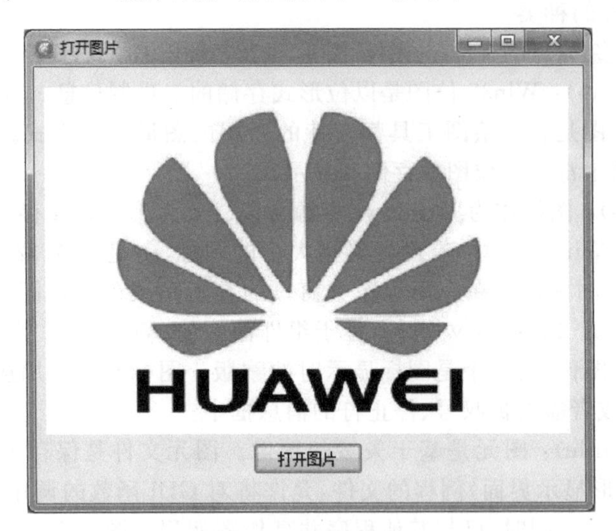

图 7-1 打开图片示例

2)属性设置

各组件的属性设置如表 7-2 所示。

表 7-2 窗体及组件属性设置

对　　象	属性	属性值	说　　明
Form1	Caption	打开图片	窗体标题栏
Button1	Caption	打开图片	按钮的标题
Image1	Stretch	True	图像自动调节大小
OpenPictureDialog1	InitialDir	C:\	对话框初始目录

3)程序设计

```
procedure TForm1.Button1Click(Sender: TObject);
var openfilepath:string;
begin
  if OpenPictureDialog1.Execute then                //"打开图片"对话框
  begin
    openfilepath:= OpenPictureDialog1.FileName;     //在对话框中选择图片文件
    image1.Picture.LoadFromFile(openfilepath);      //关键分析
  end;
end;
```

4）程序分析

关键分析：调用 Tpicture 对象的 LoadFromFile 方法，将用户在对话框中选择的图片装入 Image1 中。

【例 7.2】　载入图片并按图片大小修改窗体。

1）界面设计

创建一个新的工程，在窗体中添加一个 Image 组件，用户界面如图 7-2 所示。

2）属性设置

Form1 属性如图 7-2 所示，Image1 使用默认属性无须设置。

3）程序设计

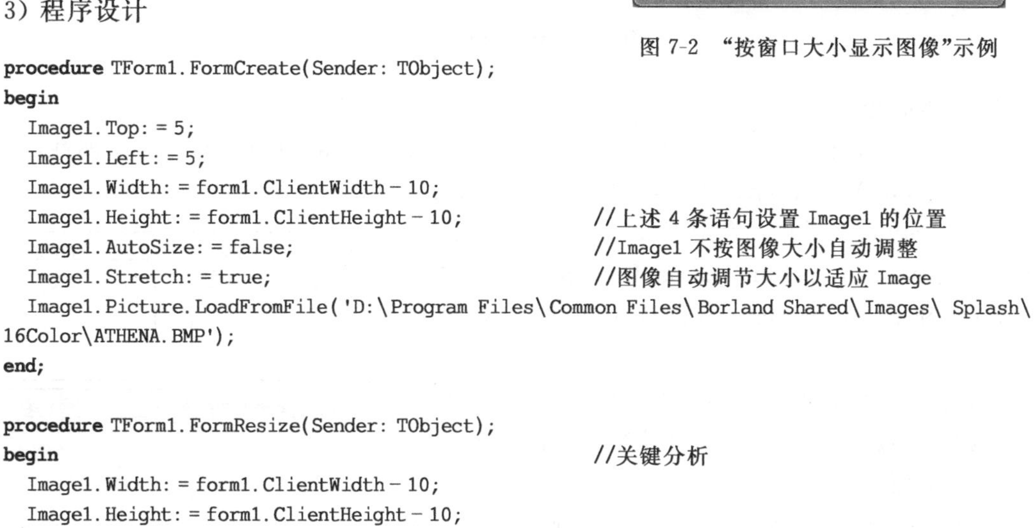

图 7-2　“按窗口大小显示图像”示例

```
procedure TForm1.FormCreate(Sender: TObject);
begin
  Image1.Top: = 5;
  Image1.Left: = 5;
  Image1.Width: = form1.ClientWidth - 10;
  Image1.Height: = form1.ClientHeight - 10;          //上述 4 条语句设置 Image1 的位置
  Image1.AutoSize: = false;                          //Image1 不按图像大小自动调整
  Image1.Stretch: = true;                            //图像自动调节大小以适应 Image
  Image1.Picture.LoadFromFile('D:\Program Files\Common Files\Borland Shared\Images\ Splash\
16Color\ATHENA.BMP');
end;

procedure TForm1.FormResize(Sender: TObject);
begin                                                //关键分析
  Image1.Width: = form1.ClientWidth - 10;
  Image1.Height: = form1.ClientHeight - 10;
end;
```

4）程序分析

本程序完成在窗口中央显示图像，如果窗口改变大小，则重新计算并显示图像。

关键分析：此过程实现的功能是当窗口大小改变时，重新计算窗口大小并且重新显示图像。

7.1.3　图形组件 Shape

Shape 组件用于在窗体上绘制一些常见的几何图形，如矩形、圆和圆角矩形等。作图时常用的属性有 Shape、Brush 和 Pen 等。

1. Shape 属性

Shape 组件的 Shape 属性用于指定要绘制的几何图形种类，属于 TShapeType 类型。该属性可能的取值有：stCircle（图）、stEllipse（椭圆）、stRectangle（矩形）、stRoundRect（圆角矩形）、stRoundSquare（圆角正方形）和 stSquare（正方形）。

在设计期间，可以通过鼠标拖放改变图形的大小，在运行期间，可以通过 Height 和 Width 属性改变图形大小。

2. Brush 属性

Brush（画刷）属性指定图形填充的模式和颜色。在对象编辑器中，Brush 属性栏中有⊞符号,展开后可看到子属性 Color 和 Style。

(1) Color 子属性:包含一系列预定义的颜色,用作几何图形的填充色。

(2) Style 子属性:确定几何图形的填充样式。可取 8 种不同的值,如图 7-3 所示。

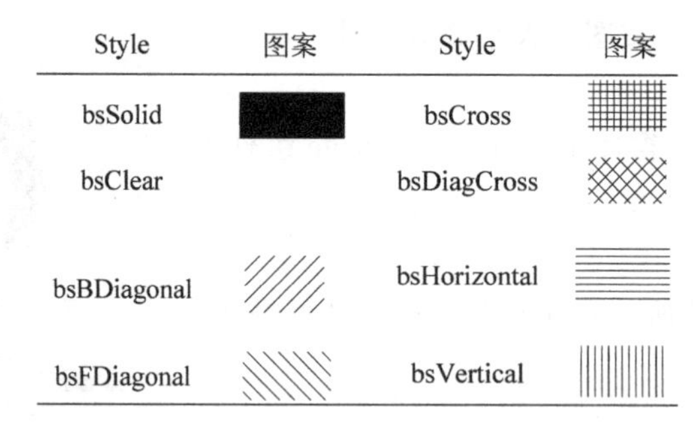

图 7-3 Style 的取值以及图案

3. Pen 属性

Pen(画笔)属性指定线型、线宽和线的颜色。它也像 Brush 属性一样包含子属性,它的子属性是 Color、Mode、Style 和 Width。其中最常用的是 Style 和 Width。

(1) Style 子属性:确定线型。子属性的取值有 psSolid、psDash、psDot、psDashDot、psDashDotDot、psClear 和 psInsideFrame,分别表示实线、破折号、圆点等。

(2) Width 子属性:表示线宽(点数),默认值为 1。

【例 7.3】 使用 Shape 组件绘制椭圆和矩形。

1) 界面设计

创建一个新的工程,在窗体中添加两个 Shape 组件,任意形状均可(程序中将改变组件的形状),用户界面如图 7-4 所示。

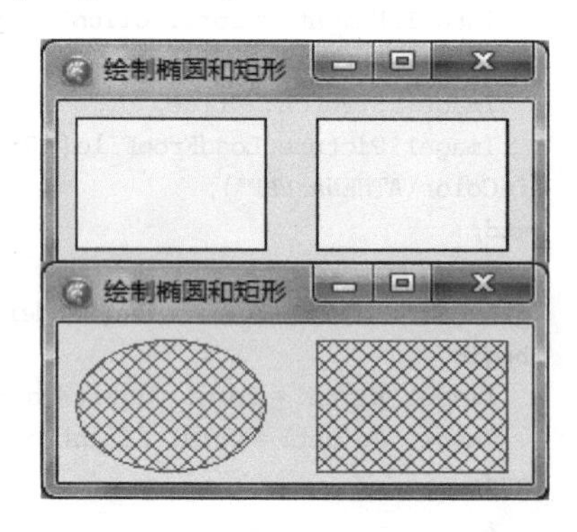

图 7-4 单击窗体绘制椭圆和矩形

2) 属性设置

Form1 属性如图 7-4 所示,Shape1、Shape2 使用默认属性无须设置。

3) 程序设计

```
procedure TForm1.FormMouseDown(Sender: TObject; Button: TMouseButton;
  Shift: TShiftState; X, Y: Integer);
begin
  with shape1 do
   begin
    Shape: = stEllipse;
    Pen.Color: = clred;
    Pen.Style: = psSolid;
    Brush.Color: = ClGreen;
    Brush.Style: = bsDiagCross;
  end ;                                                    //关键分析 1
  with shape2 do
  begin
    Shape: = stRectangle;
    Pen.Color: = clGreen;
```

```
        Pen.Style: = psSolid;
        Brush.Color: = Clblue;
        Brush.Style: = bsDiagCross;
    end;                                                //关键分析 2
    end;
```

4）程序分析

关键分析 1：第一个图形，图形种类：椭圆；边线颜色：红色；边线形状：实线；图形填充颜色：绿色；图形填充样式：交叉线。

关键分析 2：第二个图形，图形种类：矩形；边线颜色：绿色；边线形状：实线；图形填充颜色：蓝色；图形填充样式：交叉线。

7.2　画布对象

画布对象 Tcanvas 封装了 Windows 的大部分图形输出功能，是许多组件都具备的一个属性。同时，它本身也是一个对象（组件），包含绘图中使用的各种方法和属性，其中，最重要的有画笔、画刷、字体组件以及图形像素数组 4 个组件，但一般不能单独使用。

7.2.1　像素操作

像素是构成图形最基本的单位。画布上的每个点都有一个对应的像素，用来代表图形上某点的颜色。一般情况下，并不需要直接存取像素，而是调用画笔和画刷这样的处理像素的工具。

直接读取像素也很简单：画布上的一幅画对应一个存储像素的矩阵（二维数组），矩阵中的一个元素代表一个点的颜色。可以读取一个像素或者设置它的颜色。例如，下面语句的功能是：读取一个像素，并将它设置为红色。

```
Canvas.Pexels[X,Y]: = clRed;
```

【例 7.4】 绘制圆的渐开线。

1）界面设计

在窗体中添加一个按钮组件，如图 7-5 所示。

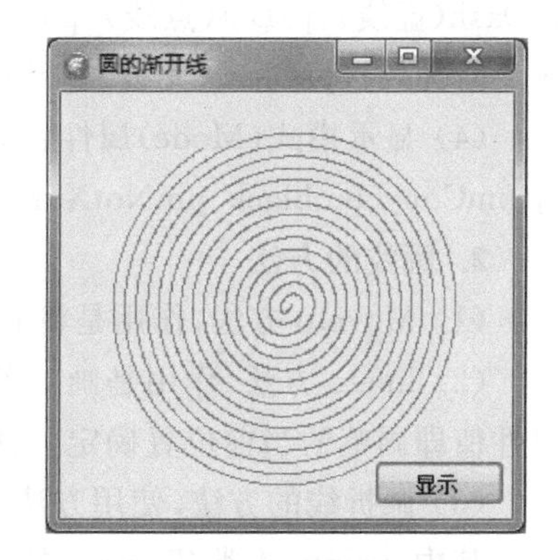

图 7-5　“圆的渐开线”示例

2）属性设置

将 Button1 的 Caption 属性设置为“显示”。

3）程序设计

```
procedure TForm1.Button1Click(Sender: TObject);
var
  xpixel,ypixe,t:integer;
  x,y:real;
begin
  x: = form1.ClientWidth/2;
  y: = form1.ClientHeight/2;
for t: = 0 to 10000 do
begin
xpixel: = round(cos(t/100) + t * sin(t/100)/100 + x);
ypixel: = round( - sin(t/100) - t * cos(t/100)/100 + y);
    canvas.Pixels[xpixel,ypixel]: = clred;            //关键分析
```

```
  end;
end;
```

4) 程序分析

本程序利用Canvas对象的Pixels属性实现绘制数学图形。

关键分析：通过x,y两个参数首先获得窗体的中心点(即渐开线的中心点)，通过圆的渐开线参数方程得到渐开线的每个点的坐标，并且把坐标赋值给xt和yt，最后通过canvas.Pixels[xt,yt]:=clred语句把坐标点设置为红色从而画出圆的渐开线。如果要画出光滑的曲线，可在两点之间利用各种插值法(参考计算机图形学相关书籍)插入一些点，可以得到更光滑的曲线。

7.2.2 画笔

画布(Canvas)中的画笔(Pen)属性控制线条的宽度、形状和颜色。画笔本身又包含4个可以设置的属性：Color、Width、Style和Mode，以及多个画直线和其他图形的方法。

1. 画笔的属性

(1) 颜色(Color)属性：Color属性设置画笔的颜色，默认为黑色。它的取值有ClBlack(黑)、ClMaroon(褐红)、ClPuple(紫)、ClSilver(银)、ClBackGround(Windows背景色)、ClWindow(窗体色)、ClBtnHignlight(按钮反白色)、cl3Ddkshadow(三维对象阴影色)等。例如，将画笔设置为红色的代码是：

```
Canvas.Pen.Color: = clRed;
```

在“颜色”对话框中选取颜色时，将会出现字符串。例如，$002233ff是一个4字节十六进制数，其中低位三字节依次代表蓝、绿、红的分量的强度值。

(2) 宽度(Width)属性：Width属性设置画笔的粗细程度(像素个数)。例如，设为两点(默认为1)的代码是：

```
Canvas.Pen.Width: = 2;
```

(3) 样式(Style)属性：Style属性设置画笔所画线条的类型，其值有psSolid(实线，默认)、psDash(虚线)、psDot(点线)、psDashDot(点划线，宽非1无效)、psDashDotDot(双点划线，宽非1时无效)、psClear(无线)、psInsideFrame(实线，宽大于1抖动)。

(4) 显示模式(Mode)属性：Mode属性确定画笔与屏幕上原有点的混合方式，可选的值有pmCopy、pmblack、pmNotXor等显示模式，默认值pmNotXor使用背景显示模式。

2. 画线的方法

(1) Moveto方法，作用是将画笔移到指定位置，使用方法为：moveto(x,y,integer)。

(2) lineto方法，作用是画一条到指定位置的直线段，线段起始位置由画布对象的Penpos属性值即画笔的当前位置确定。使用方法为：lincto(x,y: Integer)。

(3) 画折线的方法，使用方法为：Polyline(points:array of TPoint)。

其中，points为类Tpoints的一个数组，points定义为：

```
Tpoint = record
  X:longint;
  Y:longint
  End;
```

```
Points:array of Tpoint;
```

3. 画矩形的方法

Rectangle 方法用于画矩形。使用方法为：Rectangle(x1,y1,x2,y2:integer)。其中,(x1,y1)为矩形左上角的坐标,(x2,y2)为右下角的坐标。

4. 画圆或椭圆的方法

Ellipse 方法用于画圆或椭圆。使用方法为：Ellipse(x1,y1,x2,y2:integer)。其中,(x1,y1)为圆或椭圆外切矩形左上角的坐标,(x2,y2)为右下角的坐标。

5. 画弧形曲线的方法

Arc 方法用于画圆弧形曲线。使用方法为 Arc(x1,y1,x2,y2,x3,y3,x4,y4:integer)。其中,(x1,y1),(x2,y2)为圆或椭圆外切矩形左上角的坐标及右下角的坐标。使用 Arc 方法确定的弧线曲线就是该椭圆曲线的一部分,并且(x3,y3),(x4,y4)分别确定了弧形曲线的起始点。这样就可由起始点,在椭圆曲线上沿逆时针方向得到该弧形曲线。

6. 圆角矩形

Roundrect(x1,y1,x2,y2,x3,y3:integer); 其中(x1,y1),(x2,y2)确定了直角矩形左上角、右下角的坐标。x3,y3 为圆角的长短半径。

7. 写字符串

```
TextOut(x,y:Integer,Const text:String);
TextRect(Rect:Trect;x,y;Integer;Const text:String);
```

TextOut 和 TextRect 方法用于在画布指定位置或矩形区域内绘制字符串。

【例 7.5】 使用画笔基本作图方法,画出如图 7-6 所示的图形。

1) 界面设计

创建一个新的工程,在窗体中无须添加任何组件(画线由代码实现),用户界面如图 7-6 所示。

图 7-6 “画笔操作”界面

2) 属性设置

Form1 属性如图 7-6 所示,其他属性无须设置。

3) 程序设计

```
procedure TForm1.FormPaint(Sender: TObject);
```

```
begin
  canvas.pen.color: = clred;
  with canvas do
  begin
    pen.color: = clnavy;
    polyline([Point(120,10),Point(80,110),Point(180,50),Point(60,50),Point(160,110),
Point(120,10)]);                                        //关键分析 1
    pen.color: = clred;
    arc(220,10,420,110,220,10,420,10);                  //关键分析 2
    moveto(100,160);
    lineto(10,250);
    pen.color: = clolive;
    ellipse(110,160,300,250);
    pen.color: = clteal;
    roundrect(310,160,400,250,50,240);
    pen.color: = clblue;
    rectangle(410,160,500,250);
  end;
end;
```

4) 程序分析

本程序实现使用画笔通过相关函数作图。

关键分析 1：使用方法 Polyline 可以画折线，其中，Point(120,10)，Point(80,110)，Point(180,50)，Point(60,50)，Point(160,110)，Point(120,10)为折线的各个折点。

关键分析 2：Arc 方法用于画圆弧形曲线，其中，(220,10)，(420,110)为椭圆外切矩形左上角的坐标及右下角的坐标，确定的弧线曲线就是该椭圆曲线的一部分，并且(220,10)，(420,10)分别确定了弧形曲线的起始点和终点。这样就可由起始点，在椭圆曲线上沿逆时针方向得到该弧形曲线。

7.2.3 画刷与作图区域

画布的画刷(Brush)属性决定图形内部区域的填充方式。画刷属性本身又包含 4 个属性：Color 颜色属性、Style 风格属性、Bitmap 位图属性和 Handle 属性。其中，Handle 属性提供对 Windows GDI 对象句柄的访问。

1. 画刷的属性

(1) 颜色(Color)属性：Color 属性设置画刷填充区域的颜色，默认为白色。例如，将画刷设为蓝色的代码是：

```
Canvas.Brush.Color: = clBlue;
```

(2) 样式(Style)属性：Style 属性用于设置画刷的填充区域样式，其值有：psSolid(实线)、bsClear(空白，默认值)、bsFDiagonal(主对角线)、BsHorizontal(水平线)、bsVertical(垂直线)、BsBDiagonal(副对角线)、bsCross(十字线)、bsDiagCross(对角交叉线)。

(3) 位图(Bitmap)属性：Bitmap 属性是一个存放图形数据的对象。它允许在窗体上指定一块区域放入图形或图像对象，如位图或者图形文件，并允许用户在程序运行过程中调整图形图像的大小。位图对象一般可在程序运行阶段动态地创建或删除。位图常用的命令有：

```
bitmap.creat                          //通过执行 creat 命令创建一个位图图像
bitmap.loadfromfile('文件路径')        //通过文件路径调入位图，装载在位图对象中
```

```
bitmap.free                                  //释放位图对象
bitmap.draw                                  //在指定位置按原图大小显示
```

2. 作图区域

Rect 属性是类 TRect 属性的对象，同时也是一个函数。Rect 对象的作用就是定义一个矩形区域对象，而作为函数使用时则用于定义此区域的具体范围或者就是绘制一个矩形。Rect 对象用两个 Tpoint 类型指明区域范围，可以确定绘图区域的范围。

Rect 对象用两个坐标点（Tpoint 类型）指定区域范围，或者用 4 个整型变量定义区域范围。这些属性是：TopLeft（左上角）、BottomRight（右下角）、TopLeft. X（左上角 X）、TopLeft. Y（左上角 Y）、BottomRight. X（右下角 X）、BottomRight. Y（右下角 Y）。

Canvas 有如下三个绘制图像的方法。

（1）Draw（x，y：ineger，Graphic：Tgraphic）：其中，x，y 为绘图区域右上角的坐标。Graphic 参数指明需要绘制的图像、图标或图元文件。

（2）procedure FillRect(cost Rect：Trect)：其中，Rect 为绘图区域，在调用该过程之前，先由 Brushi. bitmap 指明需要绘制的图像、图标或图元文件。

（3）Strecthdraw(Rect：Trect，Graphi：Tgraphic)：其中，Rect 为绘图区域。

【例 7.6】 在窗体指定区域中显示图片，如图 7-7 所示。

1）界面设计

创建一个新的工程，在窗体中无须添加任何组件（显示图片由代码实现），用户界面如图 7-7 所示。

2）属性设置

Form1 属性如图 7-7 所示，其他属性无须设置。

3）程序设计

图 7-7　在窗体指定区域显示图片

```
procedure TForm1.FormPaint(Sender: TObject);
var
  bitmap:tbitmap;
  rect1:trect;
begin
  bitmap: = tbitmap.create;
  bitmap.loadfromfile('d:\program files\common files\borland shared\images\splash\ 256color\
handshak.bmp');
  rect1: = rect(0,0,form1.width,form1.height);
  canvas.StretchDraw(rect1,bitmap); //关键分析
end ;
```

4）程序分析

本程序实现在窗体指定区域中显示图片。

关键分析：本程序使用算法，首先创建一个位图对象，然后获得窗体的区域信息，最后通过 StretchDraw 方法把创建的位图对象在获得的窗体区域中显示。

除本例中用到的几种方法之外，Rect 对象常用的方法还有：FloodFill（填充 Rect 之外的区域）和 TextRect（在 Rect 对象中显示文本）。

7.2.4　PaintBox 画框组件

PaintBox 在窗体中可以在工程运行期间，提供给用户一个可以用来绘制几何图形的矩形区域,可以使用绘图语句,在这个区域内绘制各种图形,它使用的主要资源是画布工具,它的主要执行事件是 OnPaint。PaintBox 组件在 system 页中,双击则可在窗体中添加。

【例 7.7】 利用画框输出文本与图形,如图 7-8 所示。

1) 建立应用程序用户界面

选择 File 菜单下的 New Application 选项,进入窗体设计器,增加一个 PanitBox1 组件,一个主菜单 MainMenu1 组件,如图 7-8 所示。

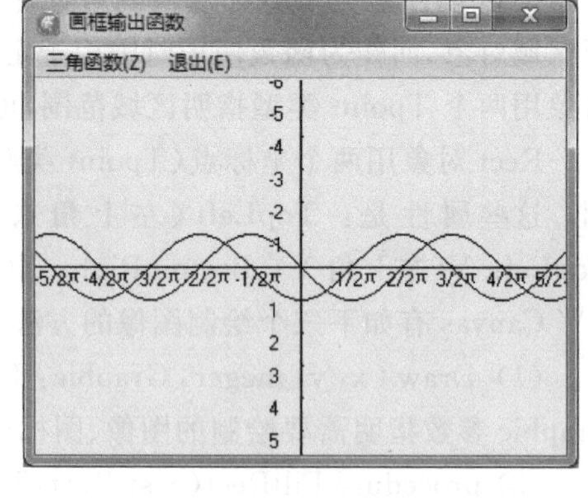

图 7-8 “画框输出函数”界面

2) 属性设置

Form1 属性如图 7-8 所示,其他属性无须设置。

3) 编写程序代码

```
procedure TForm1.FormPaint(Sender: TObject);
var
  oldx,oldy,xt,yt:integer;
  st:real;
  rect1:trect;
const pi = 3.14159;
begin
  with paintbox1 do
  begin
     top: = 0;
    left: = 0;
    width: = form1.clientwidth;
    height: = form1.clientheight;
    canvas.Pen.color: = clblack;
  end;
  oldx: = round(form1.clientwidth/2);
  oldy: = round(form1.clientheight/2);
  paintbox1.canvas.moveto(oldx,0);
  paintbox1.canvas.lineto(oldx,paintbox1.height);
  paintbox1.canvas.moveto(0,oldy);
  paintbox1.canvas.lineto(paintbox1.width,oldy);
  for xt: = -9 to 9 do
  if xt<>0 then
  begin
     st: = xt * 10 * pi;
    paintbox1.canvas.moveto(oldx + round(st),oldy - 1);
    paintbox1.Canvas.lineto(oldx + round(st),oldy);
    paintbox1.canvas.textout(oldx + round(st) - 10,oldy + 1,inttostr(xt) + '/2π');
  end;
  for yt: = -9 to 9 do
  if yt<>0 then
  begin
    st: = yt * 20;
    paintbox1.canvas.moveto(oldx + 1,oldy + round(st));
    paintbox1.Canvas.lineto(oldx,oldy + round(st));
    paintbox1.canvas.textout(oldx - 20,oldy + round(st),inttostr(yt));
  end;
end;

procedure TForm1.sin1Click(Sender: TObject);
var oldx,oldy,t:integer;
```

```
  xt,yt:real;
begin
  oldx: = round(form1.clientwidth/2);
  oldy: = round(form1.clientheight/2);
  for t: = - oldx to oldx do
  begin
    xt: = t/20;
    yt: = sin(xt);
    paintbox1.Canvas.pixels[t + oldx,oldy + round(yt * 20)]: = clblack;
  end;
end;

procedure TForm1.cos1Click(Sender: TObject);
var oldx,oldy,t:integer;
  xt,yt:real;
begin
  oldx: = round(form1.clientwidth/2);
  oldy: = round(form1.clientheight/2);
  for t: = - oldx to oldx do
  begin
    xt: = t/20;
    yt: = cos(xt);
    paintbox1.Canvas.pixels[t + oldx,oldy + round(yt * 20)]: = clblack;
  end;
end;

procedure TForm1.cls1Click(Sender: TObject);
begin
  paintbox1.refresh;
end;

procedure TForm1.exit1Click(Sender: TObject);
begin
  form1.free;
end;
```

7.3　音频和视频播放

计算机上使用的音频、视频和带声音的动画都称为多媒体信息。对于一个 Delphi XE8 工程来说，增加声音和动画除其自身功能之外，还可增加整个系统的可视性，当然，也会大大增加系统的开销。

在 Delphi XE8 应用程序中，可以调用专门的播放器组件来播放音频和视频，也可以直接调用 Windows API 函数播放。

7.3.1　音频播放

早期计算机中，用户通过键盘向计算机输入由数字和字符组成的操作命令，计算机输出数字和文字来反映程序运行情况，这就是所谓的字符用户界面。随着计算机技术的发展，出现了图形界面，用户可以通过鼠标器和键盘来操纵菜单和工具栏，方便快速地输入信息，计算机则以图片、图标、声音、文字等更加直观的方式来反映程序运行情况。随着多媒体技术的出现，用户和计算机的交互手段进一步扩展到音频和视频方面。

Delphi XE8 环境的 MediaPlayer 组件封装了 Windows MCI（Multimedia Control Interface，多媒体控制接口）的大量函数。Windows 媒体播放器支持的格式，如 WAV、MID、DAT、AVI、MPG、MPA、MP3、ASF、WMV、WMA 和 CD 等，都可以用它来播放。

提示：MCI 是 Windows API 的一部分，用于控制多媒体设备。

如果播放通用的 WAV（Windows 标准声音格式）文体，则不必调用 MediaPlayer 组件，改为调用 MMSystem 单元中的 PlaySound 函数即可。这样制作出来的程序要小得多。

PlaySound 函数用于播放 WAV 声音文件，或者播放一种默认的系统声音文件，在播放声音的同时，可以继续执行应用程序的其他功能，也可以暂停应用程序，直到声音播放完毕。调用 PlaySound 函数的语法格式为：

```
PlaySound(声源,资源,播放方式);
```

其中三个参数的意义如下。

(1) “声源”参数：指定要播放的声音文件，可以是带路径的文件名、资源文件名或 Win.Ini 文件中[Sound]部分的条目，也可以是指向内存某处声音的指针。

(2) “资源”参数：包含声音资源的可执行文件句柄。如果“播放方式”参数未设为 SDN-RESOURCE，则该参数必须设为零。

(3) “播放方式”参数：指定如何播放。可以是下列值的任意组合：SDN_YNC、SDN_ASYNC、SDN_NODEFAULT、SDN_MEMORY、SDN_LOOP、SDN_NOSTOP、SDN_NOWAIT、SDN_ALIAS、SDN_ALIAS_ID、SDN_FILENAME、SDN_RESOURCE、SDN_PURGE、SDN_APPLICATION、SDN_ALIAS_START。

【例 7.8】 调用 Windows API 函数播放声音。

1) 建立应用程序用户界面

选择 File 菜单下的 New Application 选项，无须添加任何组件，将单元文件名 mmsystem 添加到当前单元的 Uses 语句中。

2) 编写程序代码

```
uses
  Windows, Messages, SysUtils, Variants, Classes, Graphics, Controls, Forms,  Dialogs,
mmsystem;

implementation
{$R *.dfm}
procedure TForm1.FormShow(Sender: TObject);
begin
  sndplaysound('C:\WINDOWS\Media\Windows XP 关机.wav',snd_async);      //关键分析
end;

procedure TForm1.FormClose(Sender: TObject; var Action: TCloseAction);
begin
  sndplaysound('',snd_async);
end;
```

3) 程序分析

程序运行后，窗体显示事件过程播放声音，编写窗体关闭事件过程停止播放。

关键分析：Windows API 的 sndplaysound 函数中第一个参数所指定的声音文件将会按照第二个参数指定的方式播放。

7.3.2　卡通控件

卡通控件是 Windows(Windows 95 以上版本)提供的具有媒体播放能力的窗口控件,可连续播放无声的 AVI 剪辑文件。在应用程序中,卡通控件常用于形象化地反映计算机操作的进展情况。例如,Windows 系统中用一个扔纸片的动画来说明文件复制过程。

AVI 文件格式是微软公司标准的音频和视频文件存储格式。在 AVI 文件中,音频和视频交织存储,每帧都有音频和视频,且实时、直接地送往音频和视频硬件。这种交织格式的缺陷是难以编辑和适应扩充了的多媒体"展播"。

Delphi XE8 环境的卡通控件 Animate 封装了 Windows 的卡通控件,它的属性和方法如下。

1. Animate 组件的主要属性

1）FileName 属性

指定要播放的 AVI 剪辑文件名称。

2）Open 属性

确定 AVI 剪辑是否装入内存。

3）StartFrame 属性。

设置 AVI 剪辑播放的起始帧。其值为 1 时,从装入第 1 帧播放,为 2 时从第 2 帧播放。

4）StopFrame 属性

设置 AVI 剪辑播放的中止帧。

5）Active 属性

判定是否正在播放 AVI 剪辑文件。

6）AutoSize 属性

确定卡通组件窗口是否根据 AVI 窗口大小而变化。

7）Center 属性

值为 True 时,播放窗口位于计算机屏幕中央。

8）Repetitions 属性

确定 AVI 剪辑和重复播放次数。

2. Animate 控件的方法有

(1) Play 方法：播放 AVI 剪辑文件。方法原型为：

```
Procedure Play(FromFrame,ToFrame:Word;Count:Integer);
```

其中,FromFrame 指定起始帧,ToFrame 指定终止帧,Count 指定播放次数。

(2) Reset 方法：使组件复位为默认值。方法原型为：

```
Procedure Reset;
```

(3) Seek 方法：播放所指定的帧。方法原型为：

```
Procedure Seek(frame:Fmallint);
```

其中,Frame 参数用于设置播放的帧序号。

(4) Stop 方法：终止播放操作。方法原型为：

```
Procedure Stop;
```

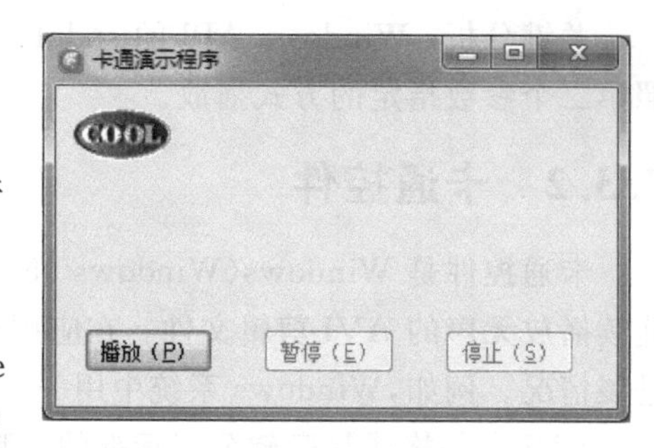

图 7-9 "卡通演示程序"界面

【例 7.9】 设计一个类似于 Windows 复制文件时的卡通图像。

1) 界面设计

创建一个新的工程，在窗体中添加两个 Animate 组件、三个按钮 Button1、Button2 和 Button3。用户界面如图 7-9 所示。

2) 属性设置

各组件的属性设置如表 7-3 所示。

表 7-3 窗体及组件属性设置

对象	属性	属 性 值	说 明
Form1	BorderStyle	bsDialogs	窗体显示风格
Animate1	CommonAVI	aviCopyFile	系统"复制文件"动画
Animate2	FileName	D:\ program Files \ borland \ Delphi \ Demos \ CoolStusf\Cool. avi	调用动画文件
Button1	Caption	播放(&P)	按钮标题
Button2	Caption	暂停(&E)	按钮标题
Button3	Caption	停止(&S)	按钮标题

3) 程序设计

```
procedure TForm1.FormCreate(Sender: TObject);
begin
  Button2.Enabled: = false;
  button3.Enabled: = false;
end;

procedure TForm1.Button1Click(Sender: TObject);
begin
  animate1.Play(animate1.StartFrame,animate1.StopFrame,0);      //关键分析 1
  animate2.Play(animate2.StartFrame,animate2.StopFrame,0);
  button2.Enabled: = true;
  button3.Enabled: = true;
end;

procedure TForm1.Button2Click(Sender: TObject);
begin
  animate1.Seek(12);                                            //关键分析 2
  animate2.Seek(12);
end;
procedure TForm1.Button3Click(Sender: TObject);
begin
  animate1.Stop;
  animate2.Stop;
end;
```

4) 程序分析

程序运行后,“暂停”和“停止”按钮为暗淡显示,单击“播放”按钮或按 Alt+P 键后,两个卡通组件同时播放,同时“暂停”和“停止”按钮变为正常显示。

关键分析 1: Play 方法,播放 AVI 剪辑文件, animate1. StartFrame 为卡通文件的起始帧,animate1. StopFrame 为卡通文件的结束帧,0 为连续播放。

关键分析 2: 暂停于第 12 帧。

7.3.3 媒体播放器控件

媒体播放器控件是一个具有多媒体播放能力的窗口控件。它通过 Windows 操作系统的 MCI 接口直接控制各种类型的媒体播放设备,如 CD-ROM 设备、MIDI 序列发生器和 VCR 等设备。将媒体播放器放到窗体上时,表现为不同的按钮,如图 7-10 所示。

图 7-10　媒体播放器组件的形式

图 7-10 中的按钮从左到右分别为: Play(播放)、Pause(暂停播放和录制)、Stop(停止播放和录制)、Next(跳到下一磁道,媒介不支持磁道时,跳到最后)、Prev(跳到前一磁道,媒介不支持磁道时,跳到最前)、Step(前进若干帧)、Back(返回若干帧)、Record(开始录制)、Eject(释放媒介)。

1. 媒体播放器的属性

1) Device 属性

TMPDeviceTypes 类型指定进行播放的设备类型,取值如表 7-4 所示。

表 7-4　DeviceType 属性的值

设备类型	播放的媒体文件类型
dtAVIVideo	AVI 视频文件
dtCDAudio	CD 唱盘
dtDAT	数字音频磁带
dtDigitalVideo	AVI、MPG、MOV 文件
dtMMMovie	MM 电影
dtOverlay	模拟视频
dtScanner	图像扫描设备
dtSequencer	MIDI 文件
dtVCR	WAV 文件
dtAutoSelect	默认值,依 FileName 指定的文件确定使用哪种播放设备

2) FileName 属性

FileName 属性是字符串类型,指定要播放的多媒体文件。

3) 媒体播放器状态的属性

(1) AutoOpen 属性: 布尔类型。其值为 True 时,程序运行自动打开指定的播放设备;为 False 时,各按钮工作状态由应用程序管理。

(2) Capabilities 属性: TMPDevCaps 类型。打开媒体播放设备后,应用程序可通过该属性了解播放设备的功能。其取值有：DtAVIVideo(当前播放设备可弹出媒介)、DtCDAudio(当前设备有媒介播放媒介能力)、DtDAT(当前设备有媒介录制能力)、DtDigitalVideo(当前设备有媒介前进、后退的能力)、DtMMMovie(当前设备需窗口输出)。

(3) Display 属性：TWinControl 类型。要在指定窗口播放时，可通过该属性(默认为 Nil)为媒体播放器指定视频窗口，表示由播放设备创建一个窗口来输出视频信息。

(4) Mode 属性：TMPModes 类型。其指定当前多媒体设备的工作状态，取值有：mpNotReady(播放设备未准备好)、mpStopped(设备为停止状态)、mpPlaying(设备为播放状态)、mpRecording(设备为录制状态)、mpPause(设备为暂停状态)和 mpOpen(设备为打开状态)。

4) 播放的属性

(1) VisibleButtons 属性：TMPBtnType 类型。确定媒体播放控件中显示哪几类按钮，其值为 btPlay、btRecord、btStop、btNext、btPrev、btStep、btBack、btPause 和 btEject 的组合。

(2) AutoEnable 属性：布尔类型。其值为 True 时，在多媒体程序运行时，播放器按自身工作状态自动设置各按钮工作状态；为 False 时，各按钮工作状态由应用程序管理。

(3) AutoRewind 属性：布尔类型。控制媒体播放器是否自动重播，其值为 True 时，重回媒体头部播放。

(4) TimeFormat 属性：因为媒体类型的多样性，需要以不同的方式来衡量媒体的播放量，如播放时间、播放帧数等。该属性用于定义媒体播放器组件的 Start、Length、StartPos、EndPos 属性的值，取值有：tfMilliSeconds(组件的 Start、Length、StartPos、EndPos 属性单位为 ms)和 tfFrames(组件的 Start、Length、StartPos、EndPos 属性单位为帧)。

(5) Frames 属性：确定播放器组件的 Step 方法在前进或后退时移动的帧数。

(6) Position 属性：确定媒体播放器在媒介的当前位置。

5) 关于事件和方法的属性

(1) Notify 属性：布尔类型。确定播放器组件是否产生 OnNotify 事件，其值为 True 时，任何操作都产生 OnNotify 事件，并将此次操作结果存储在组件 NotifyValue 属性中。

(2) NotifyValue 属性：TMPNotifyValue 类型。指定播放器组件的方法，调用后操作的可能结果有：nvSuccessful(操作成功)、nvSuperseded(操作暂停)、nvAborted(操作被用户终止)和 nvFailure(操作失败)。

2. 媒体播放器的方法

(1) Open 方法：打开媒体播放设备。打开前要指定设备类型，操作完成后产生 OnNotify 事件。应用程序可检查组件的 Error 属性和 ErrorMessage 属性，以便得到操作成功或出错的类型。

(2) Close 方法：关闭已打开的媒体播放设备。

(3) Eject 方法：强制性打开媒体播放设备并释放装入的媒介。

(4) Step、Back 方法：指定媒体播放设备前进或后退的帧数。帧数由组件的 Frames 属性确定。

(5) Play 方法：播放已打开设备中装入媒体信息。

(6) Previous 方法：使设备处于媒体的头部。

(7) Save 方法：将已装入的媒体信息存储到 FileName 确定的文件中。

(8) Stop 方法：停止录制和播放操作。

（9）Pause 方法：暂停录制或播放操作。

【例 7.10】 设计一个媒体播放器。

1）界面设计

创建一个新的工程，在窗体中添加一个 MediaPlayer 组件和一个 Panel 组件，5 个 Button 组件，一个 OpenDialog 组件，用户界面如图 7-11 所示。

图 7-11 “媒体播放器”界面

2）属性设置

各组件的属性设置如表 7-5 所示。

表 7-5　窗体及组件属性设置

对象	属性	属性值	说　明
Form1	Caption	媒体播放器	窗体标题栏
MediaPlayer	Display	Panel1	Panel1 为播放器显示屏
OpenDialog1	无	无	无须设置，默认值
Panel	Caption	空	面板标题
Button1	Caption	打开	按钮标题
Button2	Caption	快进	按钮标题
Button3	Caption	快退	按钮标题
Button4	Caption	暂停	按钮标题
Button5	Caption	播放	按钮标题

3）程序设计

```
procedure TForm1.Button1Click(Sender: TObject);
begin
  opendialog1.DefaultExt: = 'AVT';
  opendialog1.FileName: = '*.avi';
  if opendialog1.Execute then
  begin
    mediaplayer1.FileName: = opendialog1.FileName;
    mediaplayer1.Open;
  end;
end;

procedure TForm1.Button2Click(Sender: TObject);
```

```
begin
  mediaplayer1.Next;
end;

procedure TForm1.Button3Click(Sender: TObject);
begin
  mediaplayer1.Back;
end;

procedure TForm1.Button4Click(Sender: TObject);
begin
  mediaplayer1.Open;
  mediaplayer1.Play;
end;

procedure TForm1.Button5Click(Sender: TObject);
begin
  if button5.Caption = '暂停' then
    button5.Caption: = '恢复'
  else
    button5.Caption: = '暂停';
  mediaplayer1.Pause;
end ;
```

4) 程序分析

程序运行后,单击“打开”按钮,弹出对话框,在其中选择要打开的文件。之后,可单击“播放”按钮开始播放。单击“快进”和“后退”按钮前进或后退(一帧)。如果单击“暂停”按钮,则暂停播放,同时按钮标题文字变为“恢复”,再单击一次,则继续往后播放,同时按钮标题文字变为“暂停”。

小　结

多媒体技术一般包括图形、图像的处理以及声音、动画、视频等处理技术。Delphi XE8 对多媒体编程提供了强大的支持,它可以方便地绘制图形、显示图像、播放声音以及动画和视频文件。本章讲述了处理图形图像的组件的使用方法,并且介绍了音频与视频处理技术。

习　题

7-1　描述画布对象常用的属性。

7-2　编制一个时钟程序,显示当前的系统时间,利用 Timer 组件来控制指针的转动。

7-3　描述使用 PlaySound 函数播放音频文件的过程。

7-4　描述 Media Player 组件常用的属性。

7-5　制作一个简单的图片浏览器

7-6　Hanoi 塔问题:传说印度教的主神梵天在创造世界时,印度北部佛教圣地贝拿勒斯圣庙里,安放了一块黄铜板,板上插着三根针,在其中一根针上自下而上放着由大到小的 64 个金盘。这就是所谓的梵塔(Hanoi)。梵天要僧侣坚定不移地按下面的规则把 64 个盘子移到另一根针上。

(1) 一次只能移一个盘子。

(2) 盘子只许在三根针上存放。

(3) 永远不许大盘压小盘。

梵天称,当把他创造世界时所安放的 64 个盘子全部移到另一根针上之时,就是世界毁灭之日。请编制程序解决该问题。程序运行效果,如图 7-12 所示。

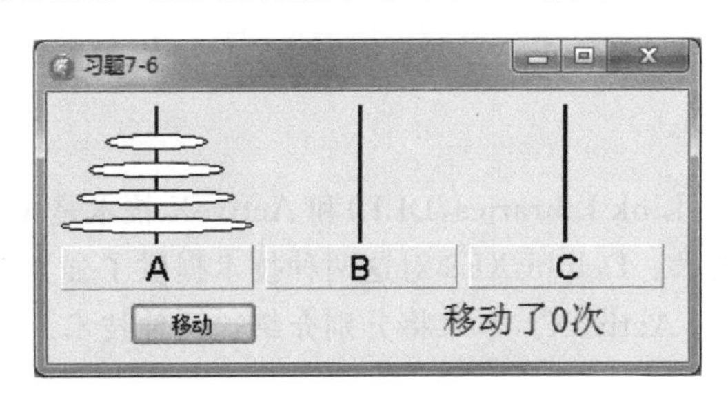

图 7-12　汉诺塔问题

第8章

Windows 高级编程

动态链接库(Dynamic Link Libraries,DLL)和 ActiveX 技术是 Windows 编程中两种比较重要同时又比较流行的技术。Delphi XE8 对这两种技术提供了强大的支持,可以方便快速地创建 DLL 以及注册和引用 ActiveX。本章将分别介绍这两种技术。

8.1 动态链接库编程

8.1.1 动态链接库简介

1. 动态链接库简介

动态链接库是从 C 语言函数库和 Pascal 库单元的概念发展而来的。所有的 C 语言标准库函数都存放在某一函数库中,在链接应用程序的过程中,链接器从函数库中复制程序调用的函数代码,并把这些函数代码添加到可执行文件中。这种方法同只把函数存储在已编译的 .obj 文件中相比更有利于代码的重用。但是随着 Windows 这种多任务环境的出现,函数库的方法显得过于累赘。如果每个程序都不得不拥有自己的函数,那么 Windows 程序将变得十分庞大。Windows 的发展要求允许同时运行的几个程序共享一组函数的单一拷贝,动态链接库技术就在这种情况下应运而生了。

动态链接库是一些编译过的可执行程序模块,它包含代码、数据或资源,可以在应用程序或其他 DLL 中调用动态链接库的文件扩展名一般为.dll,也可以是.drv(设备驱动程序)、.sys(系统文件)和.fon(字体文件)。DLL 应用广泛,可以实现多个应用程序共享代码和资源,是 Windows 程序设计中的一个非常重要的组成部分。本节将从 DLL 的一些基础知识讲起,说明如何在 Delphi XE8 开发环境中创建和使用 DLL。

2. 动态链接库的工作原理

使用普通的函数库时,可以在程序链接时将库中的代码复制到可执行文件中,这是一种静态链接。在多个同样的程序执行时,系统保留了许多重复的代码副本,造成了内存资源的浪费。如果使用 DLL,当建立应用程序的可执行文件时,则不必将 DLL 链接到程序中,而是在应用程序运行时动态地装载 DLL,装载时 DLL 将被映射到进程的地址空间中。因此,使用 DLL 的动态链接并不是将库代码复制出来,只是在程序中记录了函数的入口点和接口,在程序执行时才将库代码装入内存。所以不管多少程序使用了 DLL,内存中都只有该 DLL 的一个副本。当没有程序使用它时,系统就将它移出内存,减少了对内存和磁盘的要求。由此可见,使用 DLL 的一个明显的好处就是可以节省系统资源

动态链接库属于 Windows 可执行文件,但它又不是 EXE 文件,它不像 EXE 文件那样可以直接执行,DLL 文件中包含的可执行代码是由 EXE 文件调用的。

3. 动态链接库的特点

DLL 最大的特点就是它的代码在运行期间被动态地链接至调用它的程序中。它不用重复编译或链接，一旦装入内存，DLL 函数可以被系统中的任何正在运行的应用程序所使用，它们共享该 DLL 函数的单一拷贝。

DLL 中一般由程序通用的过程、函数等构成，当然也可以包括各种资源。使用 DLL 的 EXE 文件在编译时，编译器将把程序中用到的 DLL 文件中的例程（函数、过程）、数据（图片、字符串等资源）等建立一个列表放在 EXE 中。也就是说，在创建 Windows 应用程序时，链接过程并不把 DLL 文件中的例程链接到程序上，只有当 EXE 文件运行并需要调用一个 DLL 文件中的函数或过程时，Windows 才在 DLL 中寻找被调用函数并把它的地址传递给调用程序。这正是"动态链接"的含义。这样就不需要在 EXE 文件中存放这些代码，所以 EXE 文件的体积比普通不使用 DLL 的 EXE 文件要小，只不过发行时需要连同 DLL 文件一起发行。

由于 DLL 文件在内存中仅装载一次，因此可节约系统内存；DLL 文件独立于编程语言，也就是说用某种语言编写的 DLL 文件可以被其他的编程语言调用，比如用 Delphi XE8 编写的 DLL 可以被 VC、VB 等使用。DLL 的另外一个好处就是对 DLL 文件的升级和更新是和应用程序无关的，任何升级都可以自动传播到所有调用该 DLL 的应用程序中。

8.1.2　创建 DLL

可以利用 Delphi XE8 提供的 DLL 模板轻松地创建一个 DLL 文件的框架，开发人员所需要做的就是设计 DLL 函数或资源。Delphi XE8 创建的框架为开发人员屏蔽了大量的 Windows 实现细节，这使得开发人员可以集中更多的精力设计 DLL 的实现功能。

选择 Delphi XE8 主菜单的 File|New|Other 命令，在弹出的 New Items 对话框中，如图 8-1 所示，选择 Dynamic-link Library 图标，单击 OK 按钮，系统将自动创建一个 DLL 项目。

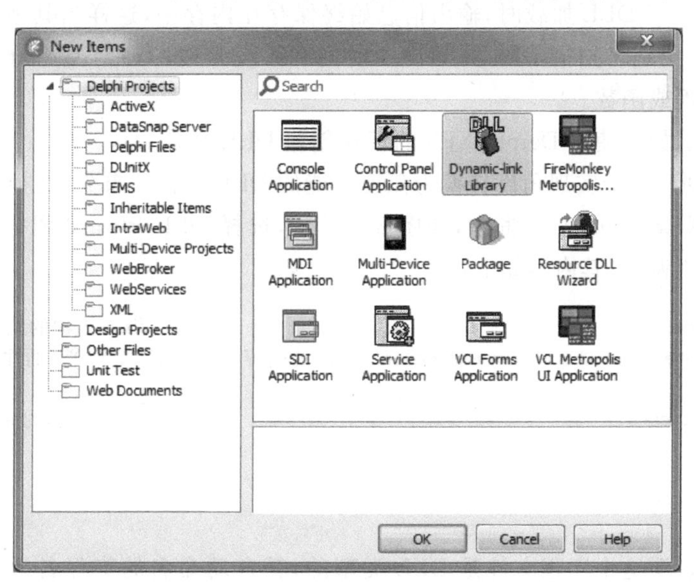

图 8-1　创建 DLL 向导的对话框

DLL 项目文件的主要格式如下：

```
Library 项目名;
```

Application 项目文件的主要格式如下：

```
Program 项目名;
```

```
Uses 子句;                                Uses 子句;
Exports 子句;     //数据接口函数            Begin          //程序执行体
Begin            //程序执行体               End
End
```

根据以上的比较可以看出,DLL 项目文件和一般项目文件主要存在以下两个方面的区别。

(1) Application 项目文件用 Program 关键字作程序头,而 DLL 项目文件用 Library 关键字作程序头,因此编译器会根据不同的关键字来生成不同的可执行文件。用 Program 关键字生成的是.exe 文件,而 Library 关键字生成的是.dll 文件。

(2) 第二个区别是 DLL 非常重要的关键字,DLL 提供接口都是通过此关键字来实现的,那就是 Exports 关键字。在 DLL 项目文件中,将想要输出的函数或过程,列在 Exports 子句中,就可以实现输出了。

用关键字 Exports 引出函数或过程,表明编译时要使用远程地址调用,使得函数或过程在 DLL 内可被其他模块访问。Exports 有如下几种形式。

(1) exports 例程名;　　　　　　　　//名字引出

(2) exports 例程名 index 索引值;　　　//索引值引出

index 用来指示为一个函数或过程分配一个顺序号,其值的范围是为 1～32 767。如果不使用 index 指示,则由编译器按顺序自动进行分配,使用 index 可以加速应用程序的调用过程。

(3) exports 例程名　name 别名;　　　//别名引出

name 后面接的是字符串常量,用来指出该过程或函数的输出名。用 name 指示后,其他应用程序必须用新名字(别名)调用该过程或函数,否则将无法调用。

(4) exports 例程名 name 别名 resident　　//resident 选项

使用 resident,当 DLL 加载时,输出信息始终保存在内存中,这样当其他应用程序使用该例程时,可以比利用别名扫描 DLL 入口减少时间和系统开销,因此 resident 特别适用于那些经常被调用的过程或函数。

下面举例说明如何使用 Delphi XE8 的模板创建 DLL 文件。

【例 8.1】 创建一个实现角度转换为弧度功能的 DLL 文件。首先,选择 File|New|Other 命令,在弹出的 New Items 对话框中,如图 8-1 所示,选择 DLL Wizard 图标,单击 OK 按钮,打开一个工程代码窗口,其内容如下:

```
library Project1;                                                    //DLL 工程的工程名
{ Important note about DLL memory management:下面的内容省略 }  //关于 DLL 的注释
uses
  SysUtils, Classes;                                                 //默认加载的库单元
{$R *.res}
begin
end
```

第一行代码说明这个工程文件是 DLL 类型的,其自动命名的工程名为 Project1,可以修改该工程名,例如本例中就将其改为 AngToArcDLL,USE 部分是系统默认自动添加的库单元,如果确定用不到这两个单元可以去掉它。同时还可以像设计 EXE 工程一样,在这里添加任何所需要的库单元。begin 和 end 之间用来写 DLL 运行时的启动代码,一般情况下,无须在此处写任何代码。

下面是将工程名改为 AngToArcDLL 并且设计了一个可以被外部调用的函数 FunAngToArc 的完整代码。

```
library AngToArcDLL;                                              //DLL 的工程名
{ Important note about DLL memory management:下面的内容省略 }  //关于 DLL 的注释
uses
  SysUtils,Classes;
{ $R *.res}
function FunAngToArc( d:double):double; stdcall ;                 //函数的书写形式
begin
  result: = d/190.0 * pi;
end;
exports                                                  //该关键字表明下面将列出需要输出的函数
  FunAngToArc;
begin
end
```

在上面的代码中，设计了函数 FunAngToArc 的实现，该函数有一个参数 d，该参数值将由调用程序给出。在函数声明部分后边的关键字 stdcall 是不能缺少的，它指定了函数的调用方式。函数的其余实现没有任何特殊的要求。

另外一个重要的关键字是 Exports。在 DLL 中设计的函数或过程，如果需要被外部的应用程序调用，就必须在 Exports 后面输出，输出的方式为直接书写该函数或过程的名称即可。如果有多个例程（函数、过程等）需要输出，依次书写在下面。没有书写在 Exports 下面的例程，表示该例程仅在 DLL 工程内部使用，不能被外部应用程序调用。

设计 DLL 最后一步是将该工程文件编译并存盘。方法同 EXE 文件相同。保存时需要使用修改后的工程名作为文件名，否则会导致编译不通过。被编译完成的 DLL 应该在应用程序所在的目录文件夹下生成一个 DLL 文件。例如，本例的 DLL 文件名称为 AngToArcDLL.dll。

下面将介绍如何调用生成的 DLL 文件。

8.1.3 DLL 文件的静态调用

DLL 文件的调用一般有两种方法，即静态调用方法和动态调用方法。静态调用方式，就是在本单元的 Interface 部分用 External 指示字列出要从 DLL 中调用的过程；动态调用方式是通过调用 Windows API 中的 LoadLibrary 函数、GetProcAdrress 函数和 FreeLibrary 函数来实现 DLL 文件的动态调用。

1. 静态调用

静态调用又称为隐式加载方式，它是通过单元体中 Interface 部分的 External 指示字所列出需要调用 DLL 文件的过程或函数。这些被指定的 DLL 文件中的过程是在程序执行之前被加载进内存的。

静态调用方式比较简单，在使用 DLL 中的函数或过程之前，先引入 DLL 中的函数或过程。引入 DLL 中的例程一般有以下三种方法。

(1) 通过过程名或函数名来调用：

```
function funcName(参数): DataType;tdcall ;external 'DLL 文件名'
```

(2) 通过过程或函数的别名来调用：

```
function funcName(参数): DataType;stdcall ;external 'DLL 文件名' name '别名'
```

(3) 通过过程或函数的索引来调用:

```
function funcName(参数): DataType;stdcall ;external 'DLL 文件名' index n
```

后两种调用方式给用户编程提供了很大的灵活性,增加了 CPU 执行 DLL 的速度。

在 Delphi XE8 中,存在一个调用约定的问题。调用约定就是指调用例程时参数的传递顺序,在 Delphi XE8 中 DLL 支持的调用约定如表 8-1 所示。

表 8-1 DLL 支持的调用约定

调用约定	参数传递顺序
Register	从左到右
Pascal	从左到右
Stdcall	从右到左
Cdecl	从右到左
Safecall	从右到左

使用 Stdcall 方式,能够保证不同语言写的 DLL 的兼容性,同时它也是 Windows API 的约定调用方式; Safecall 适合于声明 OLE 对象中的方法。

但是使用静态调用方式,有两个缺点。一是当要加载的 DLL 文件不存在或者该 DLL 文件中没有指定调用的过程时,程序就会自动停止运行,或可能致使程序出错;二是一旦所需的 DLL 文件被加载至内存后,即使该 DLL 文件已经不再需要了,其仍然停留在应用程序的地址空间中。

2. 静态调用的使用

【例 8.2】 DLL 文件的静态调用示例。

1) 界面设计

使用两个 Label 组件、两个 Edit 组件、一个 Buttton 组件。具体的界面设计如图 8-2 所示。

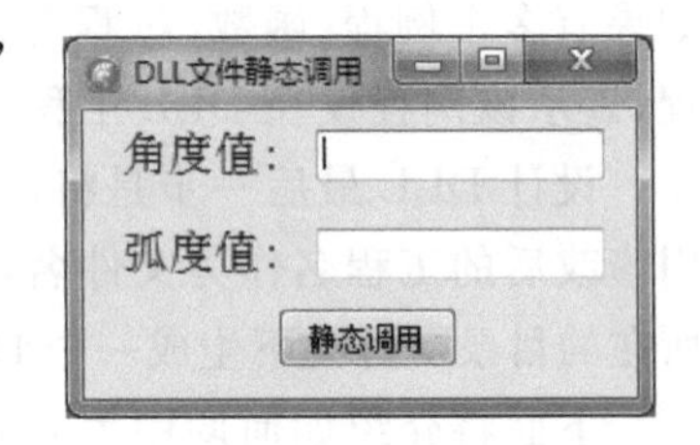

图 8-2 动态链接库静态调用

2) 属性设置

各组件属性如表 8-2 所示。

表 8-2 各组件属性

对象	属性	属 性 值	说 明
Form1	Caption	DLL 文件静态调用	窗体的标题
	BorderStyle	bsDialog	对话框风格
Label1	Caption	角度值:	标签的标题
Label2	Caption	弧度值:	标签的标题
Edit1	Text	空	文本内容为空
Edit2	Text	空	文本内容为空
Button1	Caption	静态调用	按钮标题

3) 程序设计

```
implementation
{$R *.dfm}
//关键分析 1
Function FunAngToArc(d:double):double; stdcall ;external 'AngToArcDLL.dll'; 1
```

```
procedure Tform1.Button1Click(Sender: TObject);
begin
   edit2.Text: = floattostr(FunAngToArc(strtofloat(edit1.text))) ;   //关键分析 2
end;
```

4) 程序分析

关键分析 1：静态调用需要首先指明 DLL 工程所在的位置以及需要调用的例程的名称和形式。这种调用方式 DLL 在程序运行之前就被装入，因此如果调用一个不存在的 DLL 或调用的例程不存在则应用程序无法运行。该部分声明的位置可以在应用程序的 implementation 之后，声明的函数必须和在 DLL 中声明的相同。External 关键字表明这是一个外部调用，如果不指定外部 DLL 所在的位置，则应用程序按照下面的路径顺序进行搜索。

(1) 当前目录；

(2) Windows 目录，函数 GetWindowDirectory 返回这一目录的路径；

(3) Windows 系统目录，函数 GetSystemDirectory 返回这一目录的路径；

(4) 包含当前任务可执行文件的目录，以及列在 PATH 环境变量中的目录等。因此可以将 DLL 放置在上面的任何目录下。

当然也可以直接指定搜索 DLL 的目录，例如“C:\Windows\DLL 文件名”。

关键分析 2：在该事件中只有一句代码，通过声明的函数 FunAngToArc 将 edit1 中的输入数值转换为 double 类型后传入到 DLL 函数内部，系统会根据在关键分析 2 中指定的 DLL 中调用相应的同名函数，如前所述，实际上在系统运行之前，应用程序已经将需要使用到的 DLL 装入到了内存中，因此这里如同运行已经装载的其他函数一样。函数运算后的返回值将显示在 edit2 中。

8.1.4 DLL 文件的动态调用

虽然静态调用 DLL 非常方便，但并不是最好的方式。假设一个 DLL 含有许多的例程，如果把整个 DLL 都载入内存显然是很浪费的，所以用动态调用就比较合理了。

1. 动态调用

动态调用又称为显式加载方式，它可以解决静态调用中存在的局限性。动态调用不需要在单元体 Interface 部分中把需要调用的所有 DLL 过程都列出，其只要在调用前引用，并且使用 LoadLibrary 函数指定需要加载的 DLL 文件，使用 GetProcAddress 函数指定所调用的过程或函数，并返回该过程或函数的入口地址，使用 FreeLibrary 函数实现将该函数从内存中移除。此外，如果指定的 DLL 文件出错，不会导致程序终止运行。

动态调用 DLL 主要用到了三个 Win32 API 函数：LoadLibrary()、FreeLibrary()、GetProcAddress()。下面简要叙述一下这三个 API 的声明和参数说明。

(1) Loadlibrary()：把指定库模块装入内存。

其使用的语法为：

```
function Loadlibrary(LibFileName: PChar): THandle;
```

LibFileName 指定了要装载 DLL 的文件名，如果 LibFileName 没有包含一个路径，则 Windows 按下述顺序进行查找：当前目录；Windows 目录；Windows 系统目录；包含当前任务可执行文件的目录。列在 PATH 环境变量中的目录以及网络的映像目录列表。

如果函数执行成功,则返回装载库模块的实例句柄。否则,返回一个小于 HINSTANCE_ERROR 的错误代码以指明错误的种类。

假如在应用程序中用 Loadlibrary 调用某一模块前,其他应用程序已把该模块装入内存,则 Loadlibrary 并不会装载该模块的另一实例,而是使该模块的"引用计数"加 1。这样就保证了在本章开始介绍 DLL 的特点时提到的 DLL 在内存中仅被装载一次,所有的应用程序都共享这一个单一的拷贝。

(2) GetProcAddress:取得给定模块中函数的地址。

语法为:

```
function GetProcAddress(Module: THandle; ProcName: PChar): TFarProc;
```

Module 包含被调用的函数库模块的句柄,这个值由 Loadlibrary 返回。如果把 Module 设置为 nil,则表示要引用当前模块。

ProcName 是指向含有函数名的以 nil 结尾的字符串的指针,该字符串指针中所含有的函数名的拼写必须与动态链接库文件 exports 中的对应拼写相一致,否则会出错。注意这里使用的是 pchar 类型,而不是在 Delphi XE8 中常用的 string 类型。如果 GetProcAddress 执行成功,则返回模块中函数入口处的地址,否则返回 nil。

(3) Freelibrary():从内存中移出库模块。

语法为:

```
procedure Freelibrary(Module : THandle);
```

Module 为库模块的句柄。这个值由 Loadlibrary 返回。由于库模块在内存中只装载一次,因而调用 Freelibrary 首先使库模块的引用计数减 1。如果引用计数减为 0,则卸出该模块。每调用一次 Loadlibrary 就应调用一次 Freelibrary,以保证不会有多余的库模块在应用程序结束后仍留在内存中。

2. 动态调用的使用

【例 8.3】 DLL 文件的动态调用示例。

1) 界面设计

使用两个 Label 组件、两个 Edit 组件、一个 Buttton 组件。具体的界面设计如图 8-3 所示。

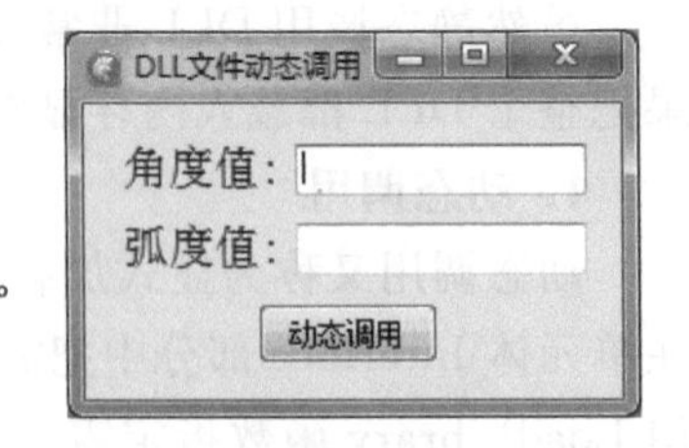

图 8-3 动态链接库动态调用

2) 属性设置

各组件属性如表 8-3 所示。

表 8-3 各组件属性

对象	属性	属性值	说明
Form1	Caption	DLL 文件动态调用	窗体的标题
	BorderStyle	bsDialog	对话框风格
Label1	Caption	角度值:	标签的标题
Label2	Caption	弧度值:	标签的标题
Edit1	Text	空	文本内容为空
Edit2	Text	空	文本内容为空
Button1	Caption	动态调用	按钮标题

3）程序设计

```
Type
//定义函数类型
TFunAngToArc = function (d:double):double;stdcall ;          //关键分析 1
procedure Tform1.Button2Click(Sender: TObject);
var
  pfunc:TFarProc;
  hdl:THAndle;
begin
  //将指定动态链接库装入内存,返回动态链接库句柄
  hdl: = loadlibrary('AngToArcDLL.dll');
if hdl>32 then
  begin
     pfunc: = getprocaddress(hdl,'FunAngToArc');              //得到具体函数地址
    edit2.Text: = floattostr(TFunAngToArc(pfunc)(strtofloat(edit1.Text)));       //关键分析 2
  end;
  freelibrary(hdl);                                          //释放动态链接库占用的内存
end;
```

4）程序分析

动态调用的方法和静态调用的方法有些不同，它需要使用到三个API函数。另外不同于静态调用的特点是动态调用是在程序运行之后才决定调用的函数，因此如果调用失败，应用程序仍然可以运行，只是得不到预期的结果。

关键分析1：该部分声明的位置可以在应用程序的implementation之后，当然也可以在其之前。主要作用是定义一个函数类型TfunAngToArc。定义该类型的目的是在后面得到函数的引用地址后，强制转换为函数，才可以进行参数的传递和得到返回值。

关键分析2：因为函数GetProcAddress返回的是一个函数指针，因此必须对其进行强制类型转换，类型转换就使用前面定义的函数类型，因此有下面的转换形式：

```
TFunAngToArc(pfunc)(strtofloat(edit1.Text)。
```

8.2 ActiveX编程

ActiveX控件是一个典型的COM对象，它能够集成到支持ActiveX的程序如C++ Builder，Delphi XE8，VB，VC等中运行。ActiveX控件可以是一个简单的文本框，也可以是一个复杂的电子表格。Delphi XE8使创建ActiveX控件非常容易，这是因为Delphi XE8完全支持COM的体系结构。本节将介绍如何基于已有的VCL控件创建新的ActiveX控件，同时介绍如何注册、安装和使用新的ActiveX控件。

8.2.1 创建ActiveX控件Button

运用Delphi XE8提供ActiveX框架来创建ActiveX控件，实际上就是把已有的基于TwinControl的控件转换为ActiveX控件。下面通过将Tbutton控件转换为ActiveX控件并添加一个新的属性来介绍创建的过程。其步骤如下。

(1) 从Delphi XE8菜单中选择File | New | Other命令打开New Items对话框，打开ActiveX页，然后选择ActiveX Control图标，如图8-4所示。

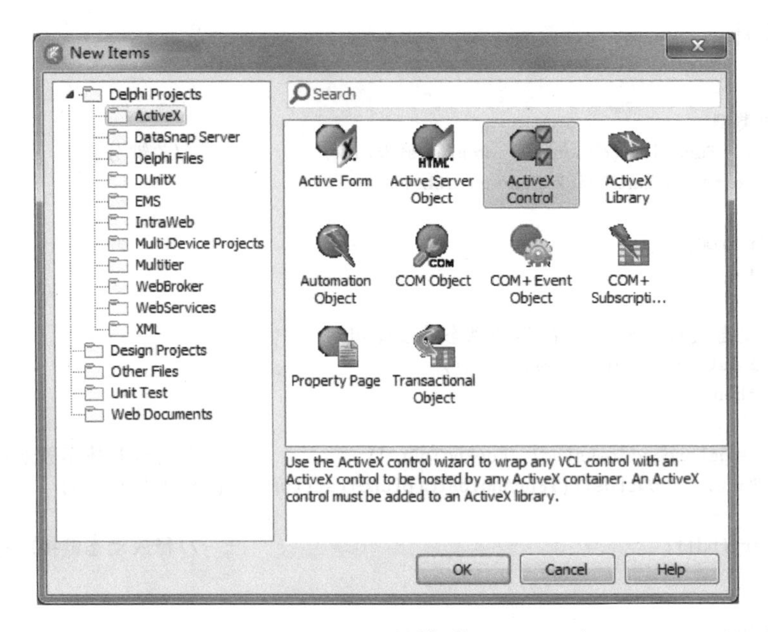

图 8-4　New Items 对话框的 ActiveX 页

(2) 单击 OK 按钮,显示 ActiveX 控制向导,如图 8-5 所示。

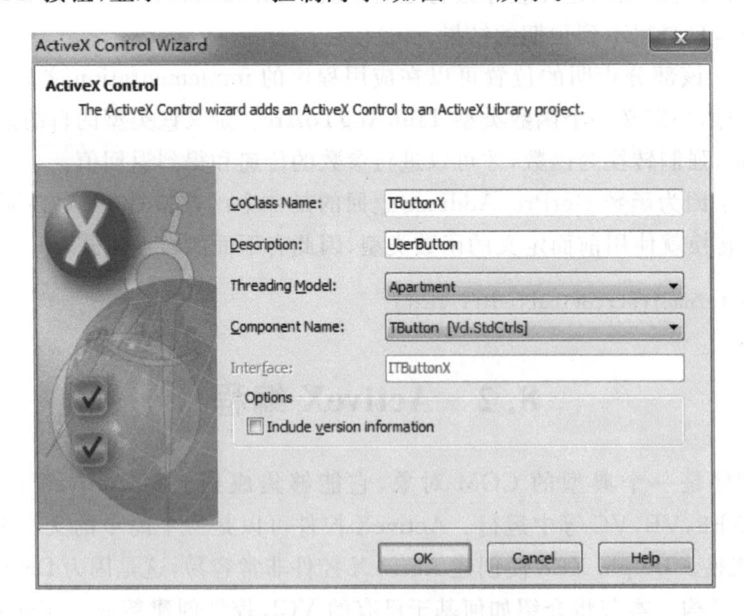

图 8-5　ActiveX 控制向导

在 Component Name 框内选择组件模板上的一个可视组件,这里选择 TButton。然后在 CoClass Name 框内输入要创建的 ActiveX 控件名,通常最后一个字母是大写的 X。也可以接受默认的控件名,如:TButtonX。

在 Component Name 列表框中并没有包含所有的 VCL 控件,只有符合下面三个条件的 VCL 控件才会被列出来。一是该 VCL 控件必须已经安装到了组件面板上;二是该控件必须继承于 TwinControl;最后一个条件是该控件没有调用过 RegiserNonActiveX()。许多标准的 ActiveX 控件无法转换为 ActiveX 控件,其中有些是因为转换起来没有意义,例如

TDBGrid，它需要和另外一个控件 TdataSource 一起才可以工作。另外一些是因为转换起来比较费力，例 TtreeView，因为比较难于表现它的节点。

在 Threading Model 中显示用于选择线程的模式，可以选择 Apartment，Free，Single 或 Both。

如果选中 Include version information 复选框，表示要在 ActiveX 控制中包含版本信息。

(3) 单击 OK 按钮。Delphi XE8 将创建下面的文件。

① ActiveX 项目文件：ButtonXControl1. DPR。

② 类型库文件：ButtonXControl1. TLB。

③ 类型库的接口源文件：ButtonXControl1_TLB. pas。

④ ActiveX 接口实现单元文件：ButtonImpl1. PAS。

在上面这 4 个生成的文件中，其中项目文件 ButtonXControl1. DPR 是由 ActiveX 自动生成并维护的，一般不需要手工修改它。项目文件是 ActiveX Library 类型的工程文件，编译后将生成 OCX 文件。

类型库文件 ButtonXControl1. TLB 是一个特殊的文件，在 IDE 中不能直接查看该文件，它是一个二进制文件，需要用 View|Type Library|Type Library 编辑器进行查看和修改。类型库文件 ButtonXControl1. TLB 对应于类型库的接口源文件：ButtonXControl1_TLB. pas。这个文件是类型库文件的 object Pascal 的外套，不要直接修改它，因为该文件是由 Type Library 编辑器进行维护，即使修改了这个文件，刷新类型库时仍会忽略修改。

ActiveX 接口实现单元文件 ButtonImpl1. PAS 定义了 ActiveX 控件的属性、方法和事件的实现。如果要给实现的控件添加新的属性、方法或事件，则需要修改该文件。

8.2.2 添加新属性

下面以添加一个新的 Mycaption 属性为例，该属性显示控件实例的创建时间。下面介绍如何为转换的控件添加新的属性。

要给接口增加属性或方法，需要用 View|Type Library|Type Library 编辑器，同时在 IButtonX 上单击鼠标右键，选择 New|Property 命令，如图 8-6 所示。

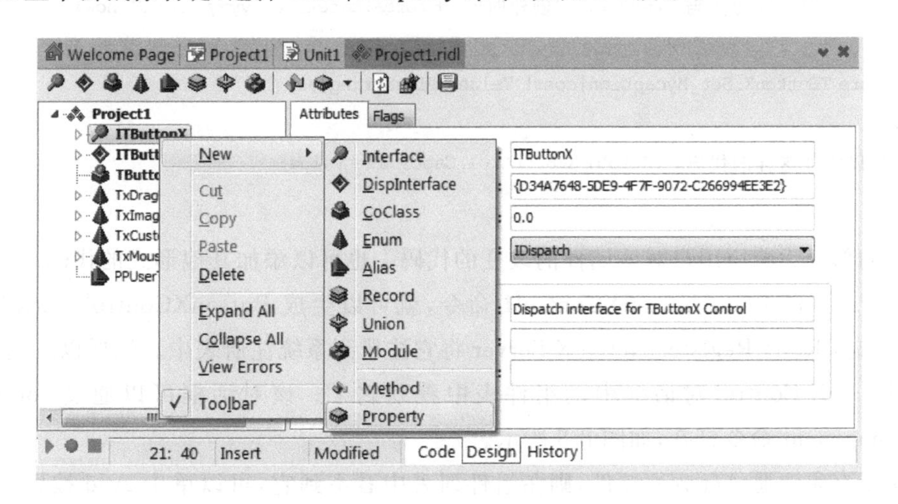

图 8-6 添加新属性示意图

单击该菜单项后,将弹出如图 8-7 所示的对话框。

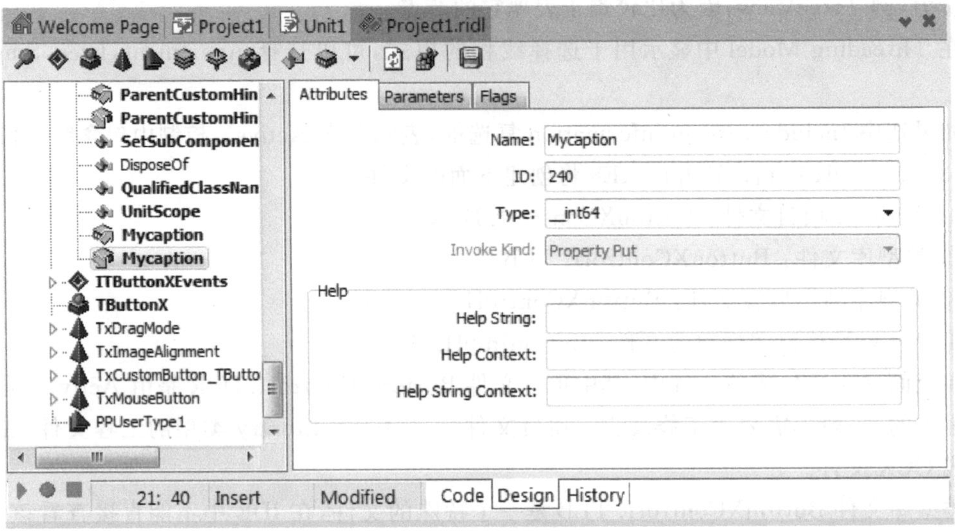

图 8-7　添加新属性

添加属性 Mycaption,其 Type(数据类型)选择 BSTR。相当于 WideString 类型。可以看到在左侧的树型列表框中增加了两个 Mycaption。通过查看 ButtonXControl1_TLB. pas 文件,可以在 IbuttonX 接口的声明中看到这样的声明:

```
property Mycaption: WideString read Get_Mycaption write Set_Mycaption;
```

其中,Get_Mycaption 和 Set_Mycaption 是属性 Mycaption 的访问方法,在 ActiveX 接口实现单元文件 ButtonImpl1. PAS 中可以看到增加了这两个例程的实现形式:

```
function TButtonX.Get_Mycaption: WideString;
begin
  //可以添加这样的代码: result: = '创建时间' + formatdatetime('yyyy - m - d',now);
end;
procedure TButtonX.Set_Mycaption(const Value: WideString);
begin
  //可以添加这样的代码: fDelphi XE8control.Caption: = value;
end;
```

其中注释的部分为响应用户对该属性的改变的代码。也可以添加其他形式的代码。

选择 Project| Build ButtonXControl1 命令,就可以生成 ButtonXControl1. ocx 文件了。此时可以选择 Run| Register ActiveX Server 将它注册到系统注册表中。注册以后,就可以在 Import ActiveX Control 对话框中的组件表中看到它了。该对话框可以通过 component| import component 命令打开,如图 8-8 所示。

如果没有先注册 ActiveX 控件,则在组件列表中看不到它,可以单击 Add 按钮将其加进来,使用 Add 时实际也是执行了注册操作。下面将介绍如何添加 ActiveX 控件到应用程序中。

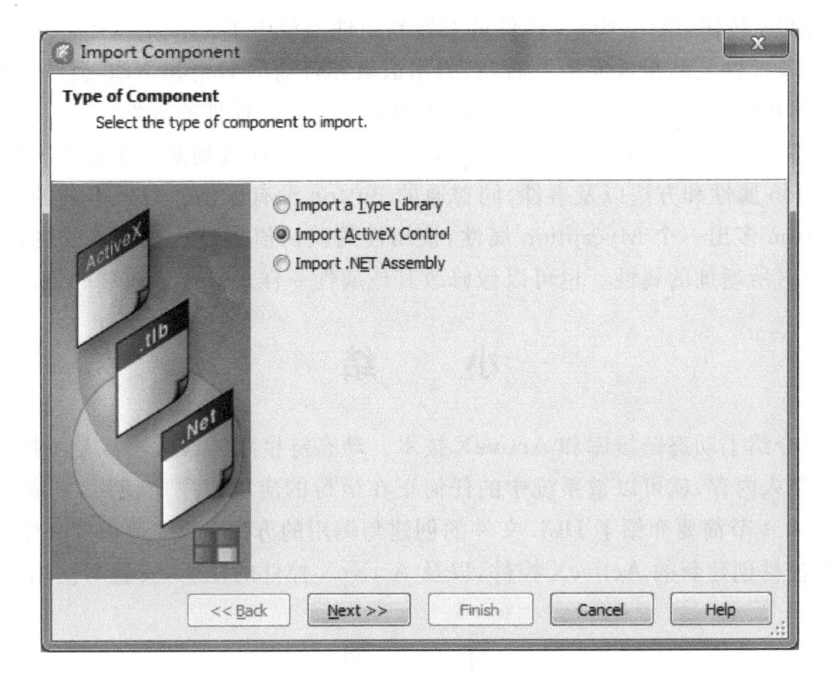

图 8-8 Import ActiveX Control

8.2.3 ActiveX 的使用

一般在下列两种情况下考虑使用 ActiveX 控件。

(1) 没有合适的 Delphi XE8 组件可以使用时。

(2) 想使用多种编程语言进行开发,想在多个开发平台间共享一些控件时。

但需要注意的是,尽管 ActiveX 控件可以无缝地集成到 Delphi XE8 的 IDE 中,但在应用程序中使用 ActiveX 控件也有缺点。最明显的问题是,Delphi XE8 本身的组件可直接内建在应用程序的可执行文件中,它可以和应用程序中的其他组件直接通信,但 ActiveX 控件是通过 COM 与应用程序通信的,所以它的速度没有 Delphi XE8 自带的组件快。

当 ActiveX 控件安装到 Delphi XE8 后,ActiveX 控件就会出现在 Delphi XE8 组件面板的 ActiveX 页中,我们就可以像使用 Delphi XE8 组件一样来使用 ActiveX 控件。把 ActiveX 控件安装到 Delphi XE8 组件面板的步骤如下。

(1) 单击菜单 component|import activex control。

(2) 新窗口的上半部显示了在系统中已经注册过的 ActiveX 控件的列表。例如,如果前面已经注册了 Button XControl1. ocx,则在该列表中会出现该控件。如果该 ActiveX 控件还没有注册,单击 Add 按钮,然后在某个文件夹中选择这个控件的 OCX 文件,单击 Open 按钮,就完成注册了。

(3) 注册后,在窗口的下半部就可以安装已注册过的 ActiveX 控件。首先在窗口上半部的列表中选择该 ActiveX 控件,在下半部指定单元文件名、组件面板的页标签(默认是 ACTIVEX 页)、搜索路径以及封装 OCX 的类名(这些都可用默认值),然后单击 Install 或 Create 按钮,会打开 Install 对话框,选择安装组件的包,这里可以选择一个已有的包来安装该控件,也可创建一个新的包来安装该控件。

(4) 单击 OK 按钮,该 ActiveX 控件就安装到组件面板中了。

当 ActiveX 控件放到组件面板上后,它的用法就和普通的 Delphi XE8 组件没有什么区别了。可以拖放,也可以用 Object Inspector 面板设置 ActiveX 控件的属性。

例如,当将上面设计的 ActiveX 控件 Button XControl1 拖放到某个主窗体上时,可以使用它全部的 Button 属性和方法以及事件,同普通的 Button 没有区别。另外不同的是,该控件会比普通的 Button 多出一个 Mycaption 属性,该属性的默认值将显示该控件的创建时间,这正是设计该控件时所增加的属性。也可以像修改其他属性一样来修改该属性的值。

小　　结

本章重点介绍了动态链接库和 ActiveX 技术。动态链接库的最大特点是不用重复编译或链接,其一旦装入内存,就可以被系统中的任何正在运行的应用程序所使用,它属于 Windows 可执行文件。8.1 节简要介绍了 DLL 文件的创建与调用的方法。8.2 节主要介绍了如何基于已有的 VCL 控件创建新的 ActiveX 控件,以及 ActiveX 控件的注册,安装与使用。

习　　题

8-1　简述动态链接库(DLL)的原理。

8-2　动态链接和静态链接有何区别?动态链接有什么优点?

8-3　如何创建 DLL?

8-4　如何调用 DLL?

8-5　创建动态链接库 sushu.dll,要求在 sushu.dll 库中编写一个函数:

```
function sushu(a:integer):Boolean;
begin
end;
```

此函数将判断参数 a 是不是素数,如果是将返回 True,否则返回 False。编写一个程序,界面设置如图 8-9 所示,调用动态链接库 sushu.dll 中的 sushu 函数,判断任意输入一个整数是否为素数,要求使用静态调用和动态调用两种方式。

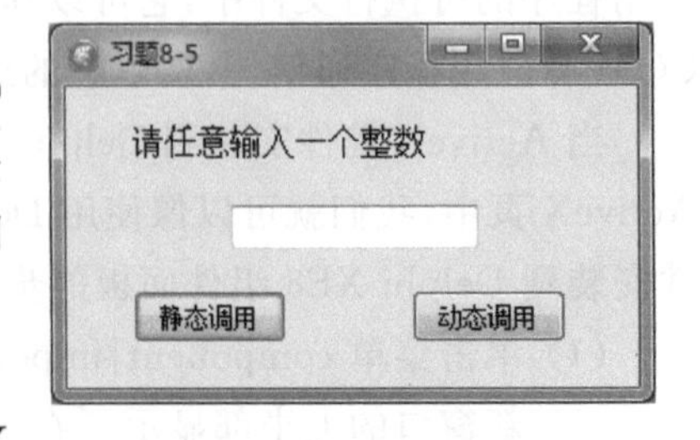

图 8-9　动态链接库的使用

8-6　DLL 与 EXE 文件有什么区别?

8-7　在 Delphi XE8 环境中,什么情况下使用 ActiveX 控件?

8-8　在 Delphi XE8 中如何安装 ActiveX 控件?

8-9　在 Delphi XE8 中如何使用 ActiveX 控件?

8-10　在 Delphi XE8 中如何创建 ActiveX 控件?

第9章

Delphi XE8 数据库编程

数据库管理系统是与操作系统同等重要的软件平台。没有它的帮助，许多简单的工作将变得效率低下、错误百出，甚至难以实现。无论是银行、医院、学校、车站和超市，还是日益火爆的互联网线上服务，都离不开数据库管理系统的强大支持。简单、快捷、高效地开发数据库应用系统，正是 Delphi XE8 集成开发环境一贯以来的重要特色，它提供一种把信息集中在一起并进行存储和维护的管理机制。

9.1 数据库系统应用开发基础

在开发数据库应用程序之前，对开发数据库的基本概念应当了解，对数据库的结构、开发数据库应用程序的步骤、开发体系以及方法都应当有清晰的认识。

数据库系统主要由以下三大部分组成。

(1) 数据库(Database，DB)：按照一定方式组织、存储和管理的数据集合。

(2) 数据库管理系统(Database Management System，DBMS)：负责组织和管理数据的程序。它对数据库进行统一管理和控制，以保证数据库的安全性和完整性。

(3) 数据库应用程序：它使用户能够获取、显示和更新 DBMS 存储的数据。

DBMS 和数据库应用程序可以同时驻留在同一台计算机上运行，两者可以同时结合在同一个应用程序中，以前使用的大多数数据库系统都是用这种方法设计的。但随着 DBMS 技术的发展，目前的数据库系统已经过渡到客户/服务器模式(Client/Server，C/S)。C/S 模式的数据库可以将 DBMS 和数据库应用程序分开，从而提高了数据库系统的处理及维护能力。一般情况下，数据库应用程序运行在一个或多个用户工作站(客户机)上，并且通过网络与运行在其他计算机上(服务器)的一个或多个 DBMS 进行通信。

9.1.1 数据库的基本概念

1. 数据库

数据库是由蕴涵着一定意义的数据，按照一定的规律组织起来的数据集合。在数据库中除了有作为外部信息的数据之外，还有内部信息数据。这些数据定义了数据库的用户及其相应的权限，数据库表单的定义等，通常把存放这些数据的地方叫做数据字典。数据字典是由数据库系统自行创建并自动维护的，它实际上也是数据库的一组表和视图，与其他的表单和视图并没有物理结构上的区别，唯一不同的是它的内容。

2. 关系数据库

关系数据库(Relational Database)是由若干个表组成的，每一张二维表对应着一种联系。表的每一行称为记录；表的每一列称为字段；域就是属性的取值范围。在 Delphi XE8 中，数据库概念对应到物理文件上是有一些不同的。对于 dBASE、FoxPro 和 Paradox 这三种数据库系统，数据库对应于某一个子目录，而其他类型如 MS Access、Btrieve 则是指某个文件。这是因为前者的表为单独的文件，而后者的表是聚集在一个数据库文件中的。

(1) 表(Table)：一个表就是一组相关的数据按行列排列组织在一起，就如一张二维表格，它是构成数据库的最直接单元。

(2) 数据集(DataSet)：严格来说，数据集并不是关系型数据库系统中的概念，而是指通过对一个或多个数据表的访问从数据库中获得的数据集合。

(3) 字段(Field)：在表中，每一列称为一个字段。每一个字段都有相应的描述信息，如数据类型、数据域等。

(4) 记录(Record)：在表中，每一行称为一条记录。

(5) 索引(Index)：为了加快访问数据库的速度，许多数据库都使用索引。

(6) 主键(Primary Key,PK)：主键是对于这张表的唯一标识，即一个列或几个列的组合。主键最显著的特点就是在任何给定的条件下，没有两个主键包含相同的值，这称作主键的唯一性原则。

关系型数据库系统具有如下优点。

(1) 关系数据库有深厚的理论基础，它是基于关系代数和关系理论的模型。

(2) 以二维表的形式表示数据。

(3) 不需要用户了解它在计算机中的物理存储形式。

(4) 用系统表来提供其本身的内容和结构。

(5) 可以通过 SQL 来操纵。SQL 是专门用于操作这种模型的语言。

正是由于关系数据库模型的诸多优点，使得它成为当今主流的数据库模型。

3. 数据库管理系统

数据库管理系统是一个用来管理数据库的软件，是数据库能够正常工作的核心。它对于数据库就如同操作系统对于硬盘，对数据库的所有操作，包括创建各种数据库的数据类型、表单、视图、存储过程，以及其他的数据库应用程序对于数据库中数据的读取和修改，都是经由数据库管理系统完成的。而前面所说的数据库应用程序所接触的只是数据库的接口，这个接口也就是数据库管理系统的接口函数，当数据库应用程序把对于数据库数据的操作指令通过数据库管理系统的接口函数发送给数据库管理系统后，其他一切工作都由数据库管理系统完成，数据库应用程序所要做的只是等候数据库管理系统把它所需要的数据给它，然后进行加工处理。

4. 数据库应用程序

数据库应用程序是通过 DBMS 访问数据库中的数据并向用户提供数据服务的程序。简单地说，它们是允许用户插入、删除和修改并报告数据库中数据的程序。这种程序是由程序员使用通用或者专用的程序设计软件(如 Visual Studio .NET 和 Delphi XE8)开发。

使用一些计算功能全面的普通程序设计语言或软件开发工具开发应用程序也可以包含数据文件，但这种应用程序中的数据存储和处理依赖于使用它们的程序，数据文件的设计是附属于应用程序设计的。数据库应用程序则不同，数据库中的数据要提供给不同的应用程序共享，数据库设计在整个系统开发过程中是独立开发的，一般需要在设计应用程序之前完成，数据库应用程序根据数据库管理系统提供的接口来操作访问数据库。

9.1.2　数据库的设计过程

1. 数据库的建立

创建一个数据库的过程有以下几个步骤。

(1) 确定数据库的使用范围。

(2) 确定支持数据库所需要的字段。

(3) 将字段划分成一些合理的数据表。

(4) 确定数据表之间的关联。

创建一个工程时，首先应当全面地分析工程的特点，根据工程的需要确定要建立的数据库，应当使数据库的内容既能达到工程的要求，同时内容上尽可能清晰简练。在确定数据库的需求后，要将这些需求划分成几个合理的数据表。

所谓合理的数据表，通常要满足以下几点。

(1) 数据表中的字段所描述的内容有一定的联系。

(2) 数据表中至少有一个字段的记录不是重复的。

(3) 一个数据表与数据库中其他的数据表至少一个能够关联。

(4) 一个数据表与数据库中其他的同一数据表不要有多对多的关联。

2. 数据表的结构

在划分了合理的数据表之后，就可以建立数据表的结构了。在为字段命名时，应使字段名能够反映字段的内容。字段的数据类型及数据宽度的选择要合理，既要满足使用要求，又要少占内存。在数据表结构中需要一个关键字段，数据表中的数据就是按主关键字段的顺序存放的，而且利用主关键字能够高效地与其他数据表建立关联。索引也是数据表常用的，在数据库中，利用索引可以加快访问速度。

9.1.3　数据库应用程序的开发步骤

数据库应用程序开发的目标是建立一个满足用户长期需求的产品，在开发的初期要分析用户的需求，程序开发的步骤有初步设计、功能实现及运行和维护程序等。

1. 初步设计

设计阶段要根据用户的需求，定义数据库和应用程序的功能，确定用户的需求功能哪些在设计阶段实现，哪些在程序中实现。

2. 功能实现

将客户需求功能分成几个合理的功能块，分别进行程序设计、调试。常见的划分方法是将其分为如下 4 个功能块。

(1) 信息处理。

(2) 数据库管理。

(3) 系统维护。

(4) 辅助功能。

信息处理是建立数据库应用程序的目的。设计数据库应用程序的目的是为客户提供所需要的信息服务，辅助管理工作，提高工作效率和水平。信息处理最基本的功能包括各类信息查询，统计报表等，对于特定的应用程序还可以有特定的功能。数据库管理的主要功能是负责数据库的更新、修改等。一个特定的数据库管理操作要由它的用户权限决定，这个权限要由有权的用户指定。系统维护的功能是保证数据库应用程序运行的可靠性和安全性,一般包括用户管理、口令设置、各类系统变量和数据字典的维护等。

3. 运行和维护程序

一个应用系统性能的优劣要由用户的使用来做出判断。用户在使用应用程序的过程中会对应用程序提出一些建议和要求,根据用户的建议和要求对数据库应用程序进行适当的修改和完善,从而提高程序的性能。

9.2 SQL 结构化查询语言基础

SQL 作为关系数据库管理系统中的一种通用的结构查询语言,已经被众多的数据库管理系统所采用,如 Oracle、Sybase 和 Informix 等数据库管理系统,它们都支持 SQL。Delphi XE8 与使用 SQL 的数据库管理系统兼容,在使用 Delphi XE8 开发数据库应用程序时,可以使用 SQL 编程。支持 SQL 编程是 Delphi XE8 的一个重要特征,这也是体现 Delphi XE8 作为一个强大的数据库应用开发工具的一个重要标志。

9.2.1 SQL 的发展

1970 年,美国 IBM 研究中心的 E. F. Codd 连续发表了多篇论文,提出了关系数据库模型。1972 年,IBM 开始研制实验型的关系数据库管理系统,当时配置的查询语言称为 SQUARE (Specifying Queries As Relation Expression)语言。在这种语言中使用了较多的数学符号,并采用英语单词表示结构式的语法规则,看起来像英语句子,因此用户比较欢迎这种形式的语言,后来 SQUARE 简称为 SQL(结构化查询语言)。1986 年 10 月,美国 ANSI 采用 SQL 作为关系数据库管理系统的标准语言(ABSIX3. 15—1986),后来被国际标准化组织(ISO)采纳为国际标准。目前,SQL 被广泛使用,这说明它具有强大的生命力,它使得所有数据库用户包括程序员、DBA 管理员和终端用户等都受益匪浅。

SQL 具有以下优点。

(1) SQL 是所有关系数据库的公共语言。

(2) SQL 是非过程化查询语言。

过程化语言是指像 Pascal、BASIC 和 C 这样的语言,程序员在使用这些语言的时候,需要把要执行的任务编写成一系列的模块,每个模块完成任务的一个部分。SQL 则不同,它是非过程化的,也就是说,不需要说明事情怎么做,只要描述事件是什么。例如,下面的 SQL 代码:

```
SELECT Name, Age , Sex FROM Tablename
WHERE Name = "DengKe";
```

用户只要在 SELECT 后写明需要什么,然后在 FROM 后写明从哪里找数据,以及在 WHERE 后写明要找的数据符合什么条件就可以了,剩下的工作由 SQL 完成。SQL 使用查询优化器,可以为查询配置一种最快速存储的方式,它提供了简单而丰富的命令,包括查询命令、数据更新命令、表更新命令、数据和数据对象的存储命令以及保持完整性命令等。

有两种方式使用 SQL,一种是在终端交互方式下使用,称为交互式 SQL;另一种是嵌入在高级语言编写的程序中使用,称为嵌入式 SQL。这些高级语言作为宿主语言,可以是 C、Ada、Pascal、COBOL 或 P/L 等。

9.2.2 SQL 的基本查询功能

SELECT 语句是使用最多的 SQL 语句，它完成的是数据库的查询功能，SELECT 语句的结构看起来很直观。SELECT 语句用于从数据表中选择符合条件的记录，例如：

```
SELECT Name,Age FROM Student WHERE Age > 20;
```

Distinct 语句的作用是对某个表所选择的字段数据，忽略重复的情况。也就是说，针对某个字段查询出来的记录结果是唯一的，例如：

```
SELECT Distinct(ID) FROM Student WHERE Age > 20;
```

1. TOP 和 ORDER BY 语句

TOP 语句实现从第一条或最后一条开始(利用 ORDER BY 条件子句)，返回特定记录的数据的功能。

例如，需要查询在 2006 年毕业，班级前 25 名的学生姓名数据时，SQL 语句如下：SELECT TOP 25 学生姓名 FROM 学生表 WHERE 毕业年份＝2006 ORDER BY 毕业成绩平均分数 DESC；

如果没有加上 ORDER BY 条件，所得到的数据将会是随机的数据。此外，在 TOP 语句之后，除了可以加上数字以外，还可以利用保留字 PERCENT 来查询。排序参数：ASC 递增顺序排列，默认值；DESC 递减顺序控制。例如，下面的代码实现在职员表中查询职员，依据出生的先后次序排列输出。

```
SELECT LastName,FirstName FROM Employees ORDER BY Birthday ASC;
```

2. IN 条件字句

指定要查询哪一个外部数据库的表。例如 Microsoft Jet DataBase，输入语句如下：SELECT 顾客编号 FROM 顾客表 IN CUSTOMER. MDB WHERE 顾客编号 LIKE "A*"；

3. HAVING 条件子句

指定一特定的分组记录，并满足 HAVING 所指定的条件或状态，但条件是针对分组的条件设置，例如：

```
SELECT 分类编号,Sum(库存数量) FROM 产品表 GROUP BY 分类编号  HAVING Sum(库存数量)> 100 AND 产品名称 LIKE "*纸";
```

4. GROUP BY 条件子句

依据指定的字段，将具有相同数值的记录合并成一条，例如：

```
SELECT 姓名,Count(姓名) AS 职员姓名 FROM 职员表 WHERE 部门名称 = '业务部' GROUP BY 姓名;
```

5. BETWEED…AND 运算符

决定某一数值是否介于特定的范围之内。如果要从职员表中查询出所有年龄介于 25～30 岁的员工，SQL 语句如下：

```
SELECT 姓名,年龄 BETWEEN 25 AND 30 FROM 职员表;
```

6. LIKE 操作数

用来将一字符串与另一特定字符串的样式进行比较，并将符合该字符串样式的记录过滤

出来。例如,要查询出所有以“张”为首的姓氏,SQL 语句如下:

```
Like '张 * ';
```

9.2.3 SQL 的其他应用

1. SQL 数字函数

(1) AVG:算数平均数。例如,如果要计算职员身高超过165cm 的职员平均身高,可以利用下面的 SQL 语句完成。

```
SELECT AVG AS 平均身高 FROM 职员表 WHERE 身高>165;
```

(2) COUNT:统计记录条数。如果要统计出业务部门的职员人数,并查询出职员的姓名,可以利用下面的 SQL 语句完成。

```
SELECT COUNT(姓名) AS 职员姓名 FROM 职员表 WHERE 部门名称="业务部";
```

(3) FIRST 与 LAST:返回某字段的第一条数据与最后一条数据。

(4) MAX 与 MIN:返回某字段的最大值与最小值。

(5) SUM:返回某特定字段或是运算的总和数值。

2. SQL 查询的嵌套

嵌套 SQL 查询的含义在于:在一个 SQL 语句中可以包含另一个 SQL 查询语句,形成内部嵌套的查询类型,SELECT 语句构成的多层 SQL 查询,必须用“( )”将该语句括起来。例如,先从订单表当中,查询出所有单位,再将产品表中的单位与订单表中的单位一一对比,查询出所有高于订单表的单位价格的记录。

```
SELECT * FROM 产品表 WHERE 单位价格>ANY(SELECT 单位价格 FROM 订单表 WHERE 折扣>=.25);
```

3. SQL 与数据库的维护

(1) CREATE TABLE 语句:可以利用这个命令建立一个全新的表,但前提是数据库必须已经存在。例如,建立一个拥有职员姓名与部门的字段的表。

```
CREATE TABLE 职员表(姓名 TEST,部门 TEST,职员编号 INTEGER CONTRAINT 职员字段索引 PRIMARY KEY);
```

在这一实例中,建立了一个表,名称为“职员表”,并且定义了该表的主键值以限制数据不能重复输入。

(2) CREATE INDEX 语句:这个命令主要是对一个已经存在的表建立索引。例如,在职员表中建立一个索引。

```
CREATE INDEX 新索引名称 ON 职员表(姓名部门);
```

(3) DELETE 语句:可以利用 DELETE 语句,将表中的记录删除。例如,要将职员表中姓名为“李四”的记录删除。SQL 语句如下:

```
DELETE * FROM 职员表 WHERE 姓名='李四';
```

说明:记录被删除后,无法再复原,所以条件设置要正确。

(4) SELECT…INTO 语句:可以通过这个命令,利用已经存在的表查询,来建立一个新表。例如,可以通过下面的 SQL 语句,建立一个新的“训练名册”表。

```
SELECT 职员表.姓名,职员表.部门 INTO 训练名册 FROM 职员表 WHERE  职称 = '新进人员';
```

(5) INNER JOIN 操作数：当某一个共同的字段数据相等时，将两个表的记录加以组合。例如，把分类表与产品表作组合。SQL 语句如下：

```
SELECT 分类名称,产品名称 FROM 分类表 INNER JOIN 产品表 ON 分类表.分类编号 = 产品表.分类编号;
```

(6) UNION 操作数：可以通过 UNION 操作数建立连接的查询条件，UNION 操作数可以将两个以上的表或是查询的结果组合起来。例如，利用 SQL 语句，将订单数量超过 100 的顾客表记录与新客户表作 UNION 的操作。SQL 语句如下：

```
TABLE 新客户表 UNION ALL SELECT * FROM 顾客表 WHERE 订单数量> 100;
```

(7) ALTER 语句：在一个表建立后，利用 ALTER 语句，可以去修改表的字段设计。例如，在职员表中新建一个"薪水"字段。SQL 语句如下：

```
ALTER TABLE 职员表 ADD COLUM 薪水 CURRENCY;
```

而要在职员表中删除一个"薪水"字段，可使用如下 SQL 语句：

```
ALTER TABLE 职员表 DROP COLUM 薪水;
```

(8) DROP 语句：针对所指定的表或字段加以删除，或是把索引删除。例如，从职员表中删除标号索引。SQL 语句如下：

```
DROP INDEX MyIndex ON Employees;
```

而从数据库中删除整个表，可使用如下 SQL 语句：

```
DROP TABLE 职员表;
```

(9) INSERT INTO 语句：新建一条数据到表当中。例如，在客户数据表中，从新的表插入数据，可使用如下 SQL 语句：

```
INSERT INTO 客户数据表 SELECT 新客户数据表.* FROM 新客户数据表;
```

(10) UPDATE 语句：建立一个 UPDATE 的查询，通过条件的限制来修改特定的数据。例如，要把订单表中的订单数量修改成 1.1 倍，运费为 1.3 倍。SQL 语句如下：

```
UPDATE 订单表 SET 订单数量 = 订单数量 * 1.1,运费 = 运费 * 1.3 WHERE 运达地点 = '上海';
```

9.3 数据库开发常用组件

数据库应用程序的功能是：使用数据访问组件，通过数据引擎（提供数据库驱动程序），建立与数据源（数据库）的连接，并使用数据控制组件来创建用户界面，以便用户存取和操纵数据库中的数据。

Delphi XE8 操作数据库主要是利用 BDE(Borland Database Engine)数据库引擎来进行，当然通过其他方式绕过 BDE 直接访问数据库在 Delphi XE8 中也可以实现。不过，对于本地数据库来说，通过 BDE 存取数据效率还是很高的。BDE 是负责用户和数据库打交道的中间媒介。事实上，应用程序是通过数据访问组件和 BDE 连接，再由 BDE 去访问数据库来完成对数据库的操作的，并非直接操作 BDE。这样用户只需关心数据组件即可，不用去直接和 BDE 打交道。通过 BDE 几乎可以操作目前所有类型的数据库。数据库组件主要有数据访问组件和数据控制组件，它们和数据库的关系可用下面的示意图来表示：

用户←→数据控制组件←→数据访问组件←→数据集组件←→BDE←→数据库

Delphi XE8 环境的数据读写组件是可视化的，它们都具备一定的属性，可以在设计过程中通过程序来设置组件的各种属性。

在数据应用程序中，通常包含三种数据库组件，如图 9-1 所示。

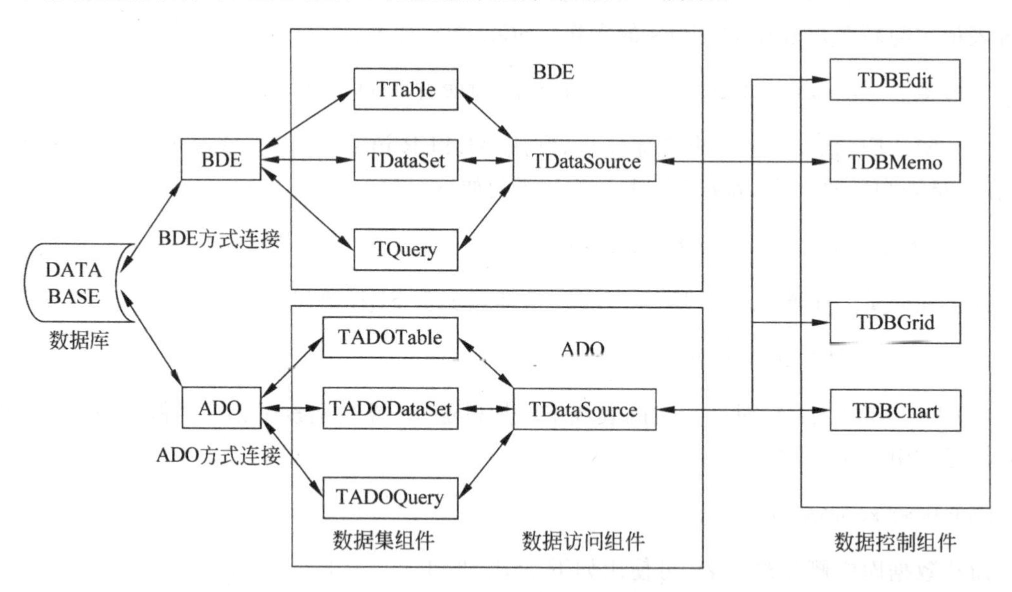

图 9-1 数据库应用程序开发框架

9.3.1 数据集组件

为了在 Delphi XE8 环境中访问数据库，通常需要数据源，用 DataSource 组件描述数据源。但该组件不能直接表示数据，而是引用数据库表、查询结果或存储过程。Table、Query 和 StoredProc 三个常用组件也称为数据集组件，它们直接与数据库连接，从中获取数据。因此常称为数据集组件(DataSet Component)，它们通过 BDE 为应用程序提供与数据库的连接。当要创建一个数据库应用程序时，先在窗体上放一个数据集组件(如图 9-2 所示)，然后为数据集组件设置有关的属性，指定要访问的数据库、数据表以及表中的记录等。

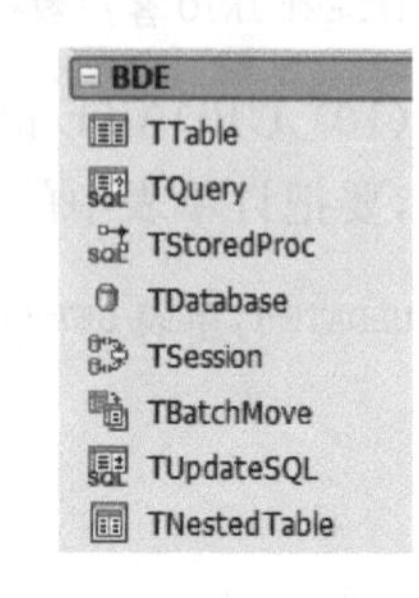

图 9-2 BDE 数据集组件

(1) Table 组件是通过数据库引擎 BDE 来存取数据库中的数据的，并通过 BDE 将用户对数据库的操作如添加、删除、修改等传递回数据库，这是非常重要的一个组件。

(2) Query 组件是利用结构化查询语言(Structured Query Language，SQL)通过 BDE 来操作数据库的，和 Table 组件完成的功能基本一样，只是采用了 SQL 来实现，是重要的组件之一。

(3) StoredProc 组件是通过 BDE 对服务器数据库进行操作的，常用于客户/服务器结构的数据库应用程序。

(4) Database 组件一般用于建立远程的数据库服务器——客户/服务器结构的数据库应用程序和数据库之间的连接。

(5) Session 组件是用于控制数据库应用程序和数据库连接的，主要用于复杂的功能，比如多线程数据库程序编程。

(6) BatchMove 组件用于大批数据的转移、复制等。

9.3.2 数据控制组件

数据控制组件(Data Control Component)的主要功能是和数据访问组件配合供用户对数据进行浏览、编辑等操作。由于数据集组件是不可见的，所以，还必须使用可见的数据控制组件来提供数据库的显示，它们通过数据访问组件 DataSource 相互连接。

数据控制组件也称为数据感知(Data-aware)组件或数据浏览组件，这些组件位于组件面板的 DataControl 页上，共有 14 个组件，如图 9-3 所示。

Data Controls
TDBGrid
TDBNavigator
TDBText
TDBEdit
TDBMemo
TDBImage
TDBListBox
TDBComboBox
TDBCheckBox
TDBRadioGroup
TDBLookupListBox
TDBLookupComboBox
TDBRichEdit
TDBCtrlGrid

图 9-3 数据控制组件

(1) TDBGrid 用网格的形式显示数据库表中的记录信息，网格中的各列可以在设计阶段使用字段编辑器创建，也可以在运行过程中用程序设定。

(2) TDBNavigator 提供了一组按钮用于数据库表中的导航，编辑修改、插入、删除记录以及刷新数据的显示。

TDBNavigator 中包含的控制按钮在设计阶段可以进行选择。

(3) TDBText 用于显示数据库表中当前记录的字段值。

(4) TDBEdit 用于显示和编辑数据库表中当前记录指定的字段值。

(5) TDBMemo 用于显示数据库表中的备注型字段，备注型字段中可以包含多行字符甚至可以是 BLOB(大二进制对象)数据。

(6) TDBImage 用于显示数据库表中的图像字段和 BLOB 数据。

(7) TDBListBox 当用户编辑修改表中当前记录的某个字段时，该部件是一个包含多个选择项的列表框，用户可以从中选择一个项作为字段的值。

(8) TDBComboBox 是一个组合框，当用户编辑修改表中当前记录的一个指定字段时，可以直接在该部件中输入字段值，也可以单击该部件从下拉列表框中选择一个字段值。

(9) TDBCheckBox 用于显示数据库中的字段信息的检查框，当表中字段的值与该检查框的 ValueChecked 属性值相匹配时，该检查框被选中。

(10) TDBRadioGroup 可以为用户提供一组选择项，但用户只能从中选择一个可选项。

(11) TDBLookupListBox 当用户要编辑修改数据库表当前记录的指定字段时，使用该部件提供多个可选项，这多个可选项是从相关的其他表中读取的，且以列表框的形式提供给用户。

(12) TDBLookupComboBox 结合了 TDBEdit 部件和 TDBComboBox 部件的功能，用户可以直接向该部件中输入字段值，也可以从下拉列表框中选择一个可选项，只是下拉列表框中的可选项是从相关的其他的数据库表中读取来的。

9.3.3 数据访问组件

数据访问组件(Data Access Component)在组件面板的 Data Access 组件页上，它是数据集组件和数据控制组件的连接媒介,如图 9-14 所示。

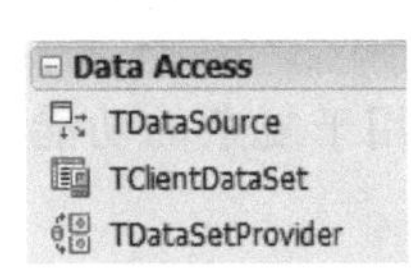

图 9-4 数据访问组件

Table 组件与数据库相连,通过 BDE 来访问数据库,但 Table 组件不能显示数据库中的数据;DBGrid 组件与用户相连,提供可视化的界面,显示数据库中的数据,但不具备访问数据库的能力;而数据访问组件 DataSource 负责双方数据的收发,使用户交互式地对数据库进行查询、修改、插入和删除等操作。在同一个窗体上,几个数据控制组件可以连接同一个 DataSource 组件,这几个数据控制组件可以保持同步,因为数据控制组件总是显示当前记录的数据。DataSource 组件最好放在数据模块上,与用户界面分开,这样易于统一管理程序中所有的数据源。

DataSource 组件的主要属性的意义如下:

(1) DataSet 属性:指定相连的数据集组件,如一个 Table 或一个 Query 组件。

(2) AutoEdit 属性:确定连接的数据集组件是否自动处于编辑状态。

9.4 三种常见的数据库连接方式

数据库应用程序不能直接访问它所引用的数据库资源,而是通过数据库引擎来建立与数据库的联系。下面介绍三种常见的 Delphi XE8 IDE 与数据库连接的方式。

9.4.1 基于 ODBC 的数据库连接方式

为了解决对不同种类数据库的访问问题,Microsoft、Sybase、Digital 公司于 1992 年共同制定了 ODBC(Open DataBase Connectivity,开放的数据库连接)标准接口,提供独立于数据库的驱动支持。时至今日,ODBC 已经成为标准的数据存取技术,可以访问目前流行的几乎所有的关系数据库。

因为 BDE 只能连接一部分数据库,如果要连接 BDE 不支持的数据库(如 Btrieve 等),可考虑使用 ODBC。下面以 Access 数据库为例说明创建 ODBC 数据源的方法(实际上 BDE 也支持 Access 数据库)。

具体操作步骤如下。

(1) 打开 ODBC 数据源管理器,在 ODBC 管理器窗口中,执行 Object | ODBC Administrator 命令,或使用 Windows 控制面板中的 ODBC 对象,打开“ODBC 数据源管理器”对话框,如图 9-5 所示。

为了便于访问数据,Windows 系统提供了 ODBC 数据源管理工具,该工具用来设置数据源的名字(Data Source Name,DSN)。所谓 DSN 只不过是一个数据源的标志,设置它的目的是便于应用程序访问数据。也就是说,只要某个数据设置了相应的 DSN,应用程序就不必理会该数据库存储的位置和驱动程序,可以按 DSN 直接访问数据库。DSN 有如下三种类型。

① 用户 DSN,只对设置它的用户可见,而且只能在设置了该 DSN 的机器上使用。

② 系统 DSN,对机器上的所有用户都是可见的,包括 NT 服务。

③ 文件 DSN,指将 DSN 的配置信息存在一个文件里,这样的文件就叫文件 DSN。

(2) 在该对话框中选择“用户 DSN”选项卡,然后单击“添加”按钮,打开如图 9-6 所示的“创建新数据源”对话框。在驱动程序列表中选择 Microsoft Access Driver(*. mdb)驱动程序,并单击“完成”按钮,打开如图 9-7 所示的“ODBC Microsoft Access 安装”对话框。

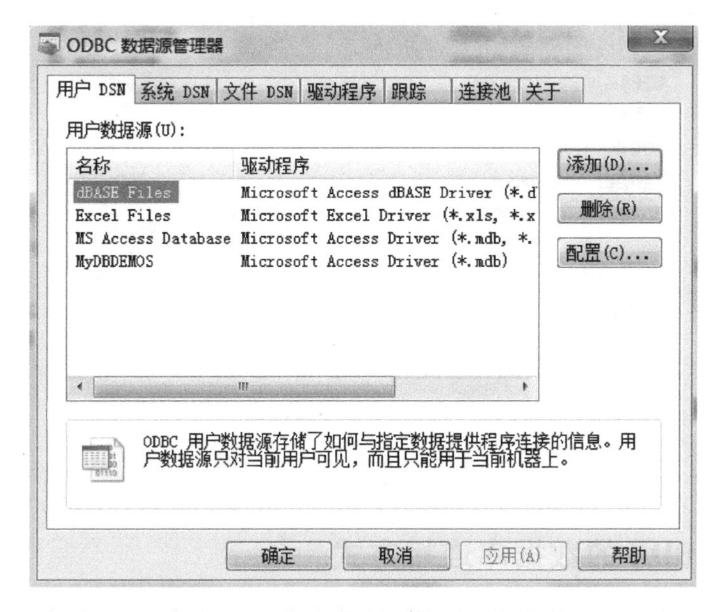

图 9-5 “ODBC 数据源管理器”对话框

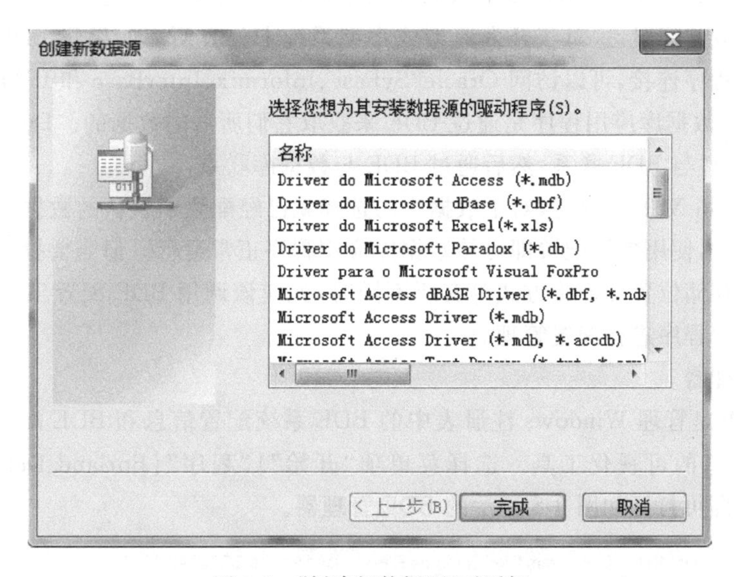

图 9-6 “创建新数据源”对话框

(3) 在打开的对话框中通过“选择”按钮可以选择数据库，通过“创建”按钮可以创建新数据库，还可以修复和压缩数据库，通过“高级”按钮设置登录名称和密码。在这里单击“选择”按钮，选择一个已经存在的 Access 数据库 C:\book.mdb 数据库(用户也可选择自行创建的其他 Access 数据库)。

(4) 在“数据源名”文本框中输入“CCZYTest”，“说明”文本框中输入一些对所创建的数据源进行描述的文字，也可不输入。设置之后，单击“确定”按钮保存设置，这样就配置好了 DSN，关闭 ODBC 数据源管理器。

关闭所有使用 ODBC 引擎的应用程序，打开 ODBC 管理器窗口，切换到 Databases 选项卡，即可看到新建的 ODBC 数据源 CCZYTest。

图 9-7 “ODBC Microsoft Access 安装”对话框

9.4.2 基于 BDE 的数据库连接方式

Delphi XE8 的 Borland 数据引擎(BDE)可直接访问某些本地数据库,包括 dBASE、Paradox、FoxPro、Microsoft Access 等,Delphi XE8 安装程序自动为这些数据库安装了驱动程序,并建立了相应的配置,这对于开发原型或小型系统十分方便。如果将 BDE 与 Borland 的 SQL Link 驱动程序连接,可以访问 Oracle、Sybase、Informix、InterBase 和 IBM DB2 数据库。

Delphi XE8 数据库应用程序是通过 BDE 来获取它们所需的数据的。Delphi XE8 环境首先通过数据集组件与 BDE 联系,然后通过 BDE 与数据库联系。

在安装 Delphi XE8 系统时,对于数据库的选择就已经配置了默认的数据库环境。一般情况下,安装完成后,使用默认配置即可使数据库应用程序正常运行。但当要操纵的数据库与默认配置的种类、存储位置和连接方式等有所不同时,就应该调用 BDE 配置工具来重新设定配置参数,并对应用程序进行配置管理。

1. BDE 管理器

BDE 管理器是管理 Windows 注册表中的 BDE 系统配置信息和 BDE 配置文件(IDAPI.cfg)中的别名信息的可视化工具。选择菜单项“开始”|“程序”|Borland Delphi XE8 |BDE Administrator,即可打开如图 9-8 所示的 BDE 管理器。

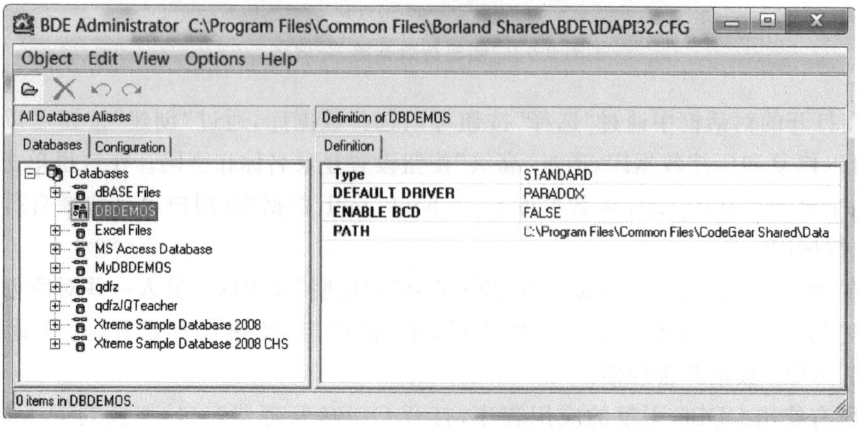

图 9-8 BDE 管理器

在 BDE 管理器窗口的 Databases 选项卡中，列出了可以使用的所有数据库别名，以类似于 Windows 资源管理器的树状结构显示出来。在 Databases 窗格列表中选择一个别名，即可在 Definition 窗格查看和修改它的定义。

2. 数据库别名

在实际应用中，计算机尤其是文件服务器会经常更换。相应地，各种数据库操作也要转移到新数据库服务器上进行，因此需要对数据库重新定位。BDE 通过数据库别名(数据源)解决这个问题。在数据库应用程序中，当数据从一个地方转移到另一个地方时，只要修改别名重新定位数据库位置即可，源程序不必修改。

Delphi XE8 中预先配置好的数据库别名是 DEDEMOS，并在其中为数据访问组件 Table 选择了数据表。在实际应用中，用户可根据数据库的种类和存储位置等来创建自己的数据库别名，以便为设计阶段创建一个方便的数据库连接方式，同时为数据库应用程序开发完成后建立安装程序做好准备。

3. 配置数据库驱动程序

BDE 管理器的 Configuration 选项卡用于显示和配置相关数据库的驱动程序，这些驱动程序可分为 Native 驱动和 ODBC 驱动两类。Native 驱动是由 Borland 公司提供的，ODBC 驱动是由 Microsoft 公司提供的，同一种数据库既可以有 Native 驱动，也可以有 ODBC 驱动，使用时按需要选择一种即可。在 Configuration 窗格的驱动程序列表中选择一个驱动程序，它的设置参数便会显示在右侧 Definition 窗格中，以便查看和修改，如图 9-9 所示。

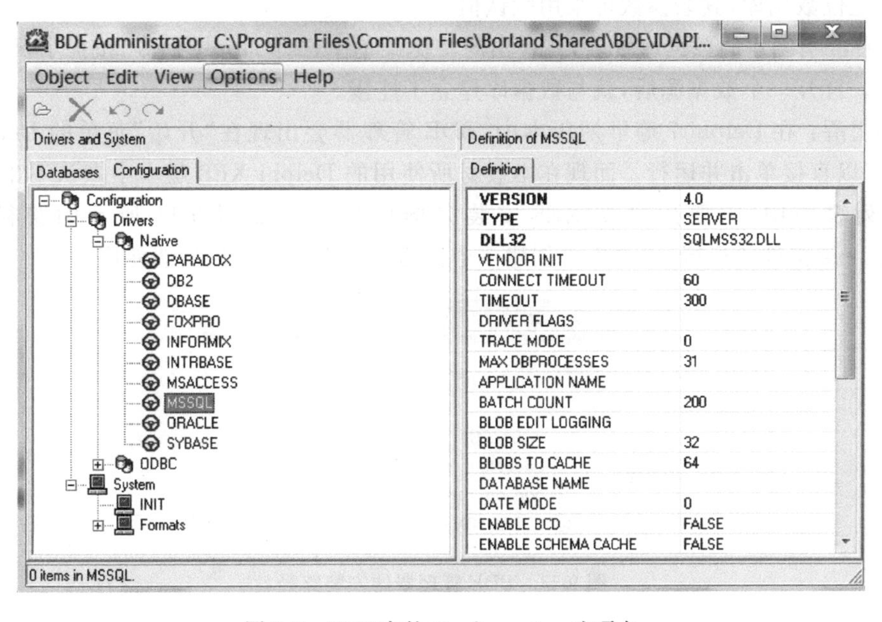

图 9-9 BDE 中的 Configuration 选项卡

配置好了驱动程序之后，执行 Object | Apply 命令，将配置保存起来。然后切换到 Databases 选项卡，即可使用配置好的驱动程序来建立数据源。

4. 建立 BDE 数据源

在 BDE 管理器中建立数据源(数据库别名)的步骤如下。

(1) 右击 Databases 选项卡，在弹出的快捷菜单中选择 New 命令，打开如图 9-10 所示的 New Database Alias 对话框。

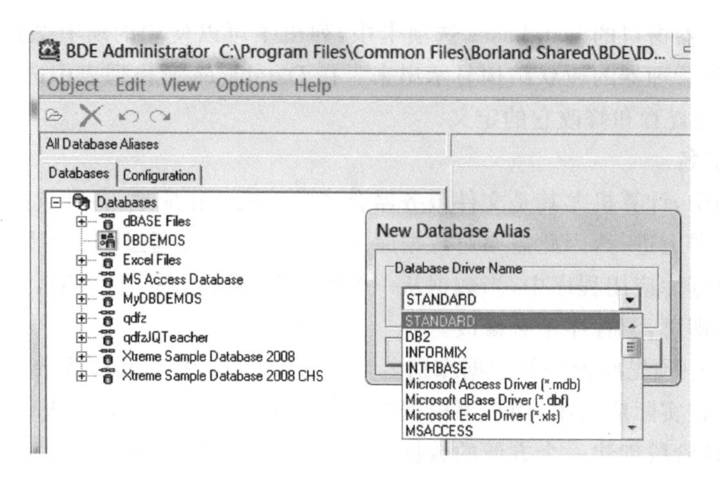

图 9-10 New Database Alias 对话框

(2) 在该对话框的 Database Driver Name 下拉列表框中选择一种数据库驱动程序,然后单击 OK 按钮,生成一个数据源。如果选择的是 STANDARD,则自动生成名为 Standard1 的数据源,并显示在 Databases 选项卡的树状数据库别名表中。

(3) 根据需要修改数据源的名称,配置右侧 Definition 选项卡中的参数值,如数据库名、打开方式和用户名等。对于不同种类的数据源,Definition 选项卡中的参数种类可能不同,一般来说需要定位数据库,其余参数可采用默认值。

(4) 右击刚创建的数据库别名,在弹出的快捷菜单中选择 Apply 命令,按提示保存数据库别名配置。打开一个数据源后,就与数据库建立了连接。

特别提醒:在 Delphi 7 等早期版本中,BDE 管理器会出现在“开始”菜单的 Delphi 列表内,用户可以直接单击并运行。而现在本教材所使用的 Delphi XE8 版本中默认不出现在“开始”菜单列表项中,需要用户在 XE8 安装完毕后自行去如图 9-11 所示的路径中寻找 bdeadmin.exe 文件并运行,用户也可创建一个快捷图标在桌面上供后续使用。

图 9-11 BDE 管理器的安装路径

9.4.3 基于 ADO 的数据库连接方式

ADO(ActiveX Data Object)是 Microsoft 公司提供的数据库应用程序设计接口,已经发展成为 Windows 平台存取数据的标准技术。ADO 的主要功能是实现与 OLE DB(提供对低层数据源的连接)兼容的数据源,如 Access、SQL Server 数据库等的连接。Delphi XE8 具有直接访问 ADO 的能力。

ADO 的主要优点是易于使用、高速度、低内存支出和占用磁盘空间较少。ADO 支持用于建立基于客户/服务器和 Web 应用程序的主要功能。ADO 同时具有远程数据服务(RDS)功能,通过 RDS 可以在一次往返过程中实现将数据从服务器移动到客户端应用程序或 Web 页,在客户端对数据进行处理然后将更新结果返回服务器的操作。

1. ADO 组件介绍

ODBC 技术能很好地处理关系数据库以及传统的数据库数据类型,却难以适应用表格表示的数据,因此,Microsoft 公司于 1996 年提出了 UDA(Universal Data Access,通用数据访问)策略。UDA 可以高性能地访问各种格式的数据,包括关系数据库和非关系数据库,传统的数据源(如 Jet 和 SQL Server)和非传统的数据源(如电子邮件、文件目录和视频)。

UDA 的核心是一系列 COM(Component Object Model,构件对象模型)接口,命令为 OLE DB。这些接口允许开发人员创建数据提供者,数据提供者能灵活地表达各种格式存储的数据。由于 OLE DB 过于底层化,使用非常复杂,因此,Microsoft 公司以 COM 技术将其中的大部分功能封装为 ADO 对象,大大简化了数据存取工作。

ADO 本身是一些数据对象,使用这些数据对象,应用程序可以访问许多类型的数据库。Delphi XE8 封装了 ADO 数据对象的功能,使这些功能可以在 Delphi XE8 环境中使用。最常使用的 ADO 对象是 Connection(连接)、Command (命令)和 Recordset(数据集)对象,这些 ADO 对象在 Delphi XE8 中相应的组件是 ADOConnection、ADOCommand 和多个 ADO 数据集组件。将它们与 Delphi XE8 的数据感知组件,如 DBGird、DBEdit 等结合,可以进行基于 ADO 的数据库应用程序设计。

说明:ADO 使用了一种通用程序设计模型来访问数据,而不是某一种数据库引擎,它需要 OLE DB 提供对低层数据源的连接。因此,使用 ADO 连接数据库的方式就与通过 BDE 连接的方式有所区别。

ADO 中捆绑了几个数据提供者,包括针对 SQL Server、Jet(访问 Access 数据库)和 Oracle 等的提供者。

ADO 组件(Delphi XE8 中称为 dbGo 组件)位于 Delphi XE8 组件面板上的 dbGo 页,如图 9-12 所示。这些组件可用于连接 ADO 数据存储、执行命令、检索基于 ADO 机制的数据库表中的数据。ADO 组件的使用方法也类似于 BDE 中的同类组件。

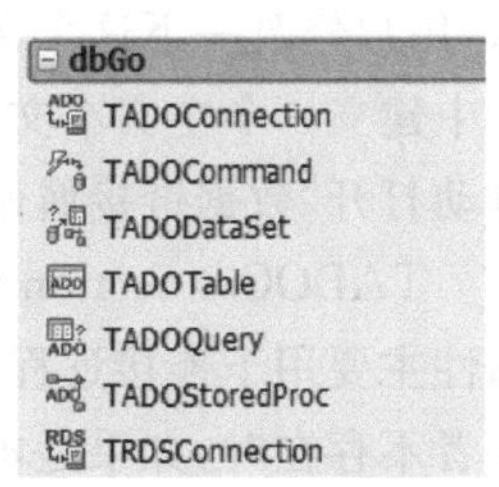

图 9-12 ADO 组件页面

dbGo 页面共有 7 个组件,如表 9-1 所示。

表 9-1 ADO 组件用途

ADO 组件	主要用途	相似 BDE 组件
ADOConnection	主要用于建立数据库的连接	Database
ADODataSet	ADO 提取和操作数据库的主要数据集,可以直接连接到数据库,也可以通过 ADOConnection 连接到数据库	
ADOTable	主要用于操作和提取单个基表的数据,可以直接连接到数据库,也可以通过 ADOConnection 连接到数据库	Table
ADOQuery	通过 SQL 提取数据,其连接数据库的方式和前两种一样	Query
ADOStoredProc	用于运行数据库中的存储过程	StoredProc
ADOCommand	用于运行一些 SQL 命令,这个组件可以和支持数据集的组件一起使用,也可以直接从一个基表中提取一个数据集	
RDSConnection	一个进程或一台计算机传递到另一个进程或计算机的数据集合	

(1) ADOConnection 组件调用 Execute 方法执行命令。

(2) ADOCommand 组件调用 Execute 方法直接执行 SQL 命令。

(3) ADOTable 组件调用 Open 方法执行命令。

(4) ADOQuery 组件调用 Open 方法或 ExecSQL 方法执行命令。

为了连接数据绑定控件,ADO 组件往往要和处于 Data Access 中的 DataSource 配合使用。

1) ADOConnection

ADOConnection 组件用于与数据库建立连接。当应用程序需要提取数据时会向它发出指令,然后它在数据库中提取数据并返回给应用程序;当应用程序需要对修改或者添加、删除的数据进行保存时也会向它发出连接指令,这个连接指令是用 ConnectionString 属性驱动的。在其他的 ADO 组件中也可以实现上述的功能。不过,在用 ADO 写比较复杂的数据库程序时最好还是用 ADOConnection 组件。因为 ADOConnection 组件起到了一个共享桥梁的作用,其他各个组件都可以通过它来操作数据库,这样就避免了每个组件都要建立自己的连接字符串。其实,ADOConnection 组件对其他各个组件来说相当于数据库别名。即若后台数据库的连接变化了,那么在程序里只需改变 ADOConnection 组件的连接属性即可。

现在说明一下 ConnectionString 属性设定时 Use Data Link File 的意义。

Connection String 属性值是一个连接字符串,为了便于程序移植,特别是当程序已经发布后需要修改连接数据库信息时,再重新编译发布执行文件比较麻烦,这时便用到一个数据连接文件(Data Link File)。它是一个以 udl 为扩展名的文本文件,该文件中存放了设置的连接信息,用户修改一下这个文件就可达到目的,无须再更新 EXE 文件。UDL 文件通常在记事本程序中建立一个空文本文件,例如,保存为 cczuTest. udl 后关闭窗口,双击 cczuTest. udl 文件会自动打开"数据链接属性"窗口,设定完毕退出后,再用记事本打开 cczuTest. udl 文件。

TADOConnection 组件中还有 CommandTimeout 和 ConnectionTimeout 属性。这两个属性主要用于连接远程数据库时相关参数的设定。当连接字符串中指定的数据库路径不正确或者不存在时,如果是本地数据库,系统会直接抛出异常通知程序数据库不存在。而当远程调用时,本地计算机将向远程计算机发送相应指令,然后一直等待远程计算机处理后返回信息。那么如果远程计算机连接不上时,就必须通过设定 CommandTimeout 和 ConnectionTimeout 属性的值来解决这个问题。这两个属性表示当本地计算机向远程计算机发送操作数据库指令、连接数据库指令后等待多少秒没有回应,就认为连接失败而不再等待,并给程序抛出一个连接超时的异常。

ADOConnection 组件和 BDE 组件面板中的 Database 组件功能相似。

2) ADOCommand

ADOCommand 组件有 CommandType 和 CommandText 两个重要属性,属性的设定方法和上述 ADODataSet 组件的这两个属性类似。不过,需要指出 ADOCommand 组件不是数据集组件,所以它无法与 DataSource 组件相连,属性设定好之后可以用其 ExecSQL 方法执行。实际上,ADO 本身有 Command 对象,但是 Delphi XE8 为了把这种 Command 对象对应于 VCL,才引入的 ADOCommand 组件。所以,它只是提供了另外一种操作方式而已。ADOCommand 组件主要用于数据定义操作,而且大部分功能都可以通过别的组件来实现,所以该组件并不常用。

其中的 ADOCommand 组件也能执行 SQL 命令并返回结果集,只不过结果集要通过

ADO 数据集组件来操纵。例如，下面的代码可以将 ADOCommand 组件的查询结果输入一个 ADODataSet 组件中。

```
ADODataSet.RecordSet : = ADOCommand.Execute;
```

在 BDE 组件面板中没有直接与 ADOCommand 组件对应的组件，其功能是 ADO 中独有的。

3) ADODataSet

通过 ADODataSet 组件，可以直接与一个表进行连接，也可以执行 SQL 语句，还可以执行存储过程。可以说该组件的功能是集 ADOTable、ADOQuery 和 ADOStoreProc 三者的功能于一身。

在使用时，首先设定其 Connection 属性为 ADOConnection 组件，没有 ADOConnection 组件就直接设定 ConnectionString 属性。接着有两个重要属性 CommandType 与 CommandText 需要设定，CommandType 属性用于决定采用哪种方式(如存储过程、数据表或是用户编写的 SQL 语句)获取数据，其中有 cmdTable、cmdText 和 cmdStoredProc 三种方式可供选择。随后，就可以设定 CommandText 属性了。例如，设定 CommandType 属性为 cmdTable，那么 CommandText 就会列出所有的数据表供选择；如果设定 CommandType 属性为 cmdStoredProc，则 CommandText 将会列出所有的存储过程供选择；如果设定 CommandType 属性为 cmdText，那么单击 CommandText 属性后的"…"按钮将会打开 CommandText Editor，在这里用户可以自己编写 SQL 语句。上述属性设定完毕后将 Active 属性改为 True，那么在相应的数据感知组件中即可显示 ADODataSet 组件所操作的数据中的数据了。

在 BDE 组件面板中没有直接与 ADODataSet 组件对应的组件，但 ADODataSet 组件的许多功能与 Table 和 Query 相同。

4) ADOQuery

ADOQuery 组件和 TADOTable 组件同样都是 Delphi XE8 为了提供数据库连接接口一致化所提出来的数据集组件。其使用方法和 TADOTable 组件类似，所不同的是二者获取数据的方式。TADOTable 组件通过 TableName 属性来制定数据表；TADOQuery 组件则通过 SQL 属性获取某些数据，该属性是一个 Tstrings 型属性，其满足 SQL 语句的语法格式。用户还可以在应用程序中通过对该属性的动态加载，实现数据集的动态更新与维护。

ADOQuery 组件与 BDE 组件面板中的 Query 组件对应。

5) ADOTable

ADOTable 组件和前面所讲到的 Table 组件非常类似，许多属性、事件和方法相同。如果程序中使用 ADOConnection 连接组件，那么 ADOTable 组件的 ConnectionString 属性就不需要重复设定了，直接设定该组件的 Connection 属性为 ADOConnection 组件即可。ADOTable 组件的另外一个重要属性是 Active 属性，该属性用来设置打开或关闭与该组件相连的数据表。其值若为 True，则打开数据表；若值为 False，则关闭数据表。

ADOTable 组件与 BDE 组件面板中的 Table 组件对应。

6) ADOStoredProc

ADOStoredProc 组件用于完成数据存储过程，无论它是否返回结果值。可直接连接，也可通过 ADOConnection 组件连接数据存储。

存储过程主要是对客户/服务器两层数据库或多层数据库而言的。存储过程就是存放在数据库服务器上的一段程序代码,用户程序可直接调用,从而无须在用户程序中再做更多的工作。之所以要把存储过程放在数据库服务器上,是因为放在服务器上的代码在执行时效率高,能减少网络数据流量,防止出现网络阻塞。比如,在查询数据时,调用存储过程可以只把结果传递回来而无须先传递数据到本地然后再查询结果。

一般来说,因为存储过程是放在数据库服务器上的,所以建议直接在数据库服务器上编写存储过程,当然也可以有其他办法进行。存储过程的语法规则:包含一个过程头和过程体。存储过程头包含一个过程名、一个可选的参数表以及一个可选的输出参数表。过程体中包含局部变量以及执行具体逻辑的 SQL 语句。这些语句组成了一个块,从 BEGIN 开始,以 END 结束。存储过程也可以嵌套。存储过程分为两类:选择型过程,它能够返回一个结果集,数据来自一个或多个数据库表或视图;执行型过程,它不返回结果集,但它可以对服务器端的数据进行某种逻辑操作。

ADOStoredProc 组件与 BDE 组件面板中的 StoredProc 组件对应。

2. 通过 ADO 连接数据库

基于 ADO 的数据库应用程序与基于 BDE 的程序相同,也是由包括数据控制组件的用户界面、用于连接数据库的数据集组件,以及用于连接数据集组件和数据控制组件的 DataSource 组件构成的。在建立了用户界面与应用程序的连接之后,数据库操纵的方法与前面见到过的程序相同,所以本节只介绍使用 ADO 的数据库连接方式。

1) 构造连接字符串

与 BDE 的数据库别名不同,ADO 使用连接字符串连接和访问数据库,连接字符串实现连接参数的配制。ADOConnection 及其他 ADO 访问组件都包括一个 ConnetctionString 属性,用于指定一个与 ADO 数据存储和属性的连接。在将 ADO 的数据集组件(如 ADOTable、ADOQuery 和 ADODataSet 等)放到窗体上后,可按以下操作方法构造连接字符串。

(1) 在对象观察器中选择数据集组件的 ConnectionString 属性,单击属性项右侧的符号按钮,打开连接字符串对话框,如图 9-13 所示。

图 9-13 连接字符串对话框

(2) 连接字符串对话框中有如下两个单选项,提供了两种不同的连接方式。

① 使用数据链接文件:数据链接文件是一个扩展名为.UDL 的文件,其中存放了一个连接字符,用户可以预先建立数据链接文件,以便连接字符串能够重复利用。

② 使用连接字符串:选择该项后需要自己创建一个连接字符串。可以在相应的文本框中输入一个连接字符串,但一般来说,还要进行数据引擎的选择,所以应单击 Build 按钮,打开"数据链接属性"对话框,如图 9-14 所示。

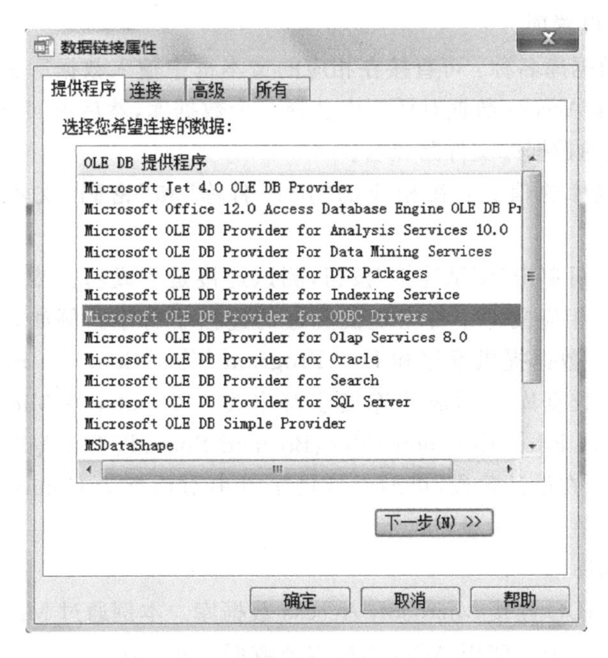

图 9-14　“数据链接属性”对话框

(3) 选择数据库引擎。在对话框的“提供程序”选项卡中，选择要连接的 OLE DB 提供程序。例如，如果要连接 Access 2000 数据库，则应选择 Microsoft Jet 4.0 OLE DB Provider for ODBC Drivers。

(4) 选择了数据提供程序后，可以单击“下一步”按钮或选择“连接”选项卡，该选项卡会按前面选择的数据提供者的不同而显示不同的设置项。如图 9-15 所示为选择了 Microsoft Jet 4.0 OLE DB Provider 后的“连接”选项卡。

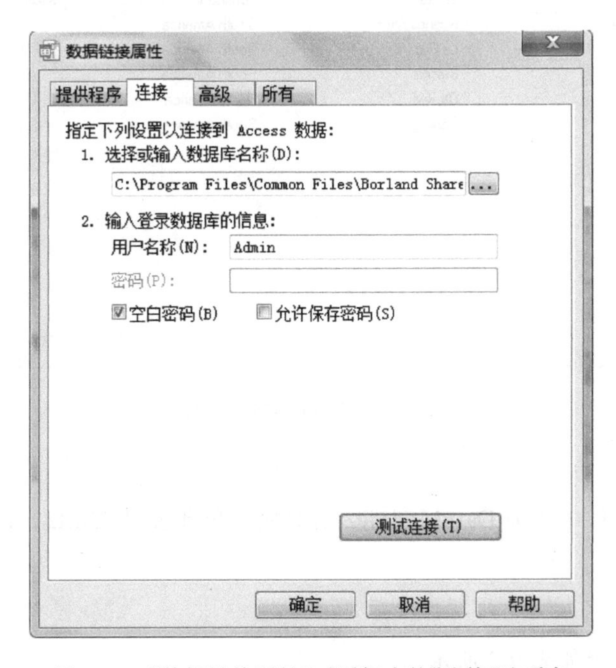

图 9-15　“数据链接属性”对话框中的“连接”选项卡

该页有如下两个设置项。

① 选择或输入数据库名称：可直接在相应的文本框中输入数据库文件的路径名，也可单击按钮，在打开的选择 Access 数据对话框中选择一个数据库，然后返回“连接”选项卡，则文本框中将出现自动形成的数据库文件路径名。

② 输入登录数据库的信息：在相应的“用户名称”和“密码”文本框中输入用户名和密码。

该页设置完成后，可单击“测试连接”按钮，测试连接是否成功。然后单击“确定”按钮，返回连接字符串对话框，相应文本中将出现设置好的连接字符串。例如，选择了 Microsoft Jet 4.0 OLE DB Provider 数据提供程序和 D：\Program Files\Common Files\Borland Shared\Data\ dbdemos. mdb 数据库后形成的连接字符串为：Provider ＝Microsoft Jet 4.0；Data Source= D：\Program Files\Common Files\Borland Shared\ Data\dbdemos. mdb；Persist Security Info＝False。在设计阶段，可通过连接字符串对话框为 ConnectionString 属性设定一个连接字符串(也可在程序中设定)。

2) 连接本地数据库

【例 9.1】 通过 ADO 连接 Microsoft Access 数据库。本例通过 Microsoft Access 示例数据库 Dbdemos 的连接来说明使用 ADO 连接本地数据库的方法。

具体操作步骤如下。

(1) 界面设计。

创建一个新的工程，在窗体中添加一个 DBNavigator、一个 DBGrid 组件，然后执行 File|New|Data Module 命令再创建一个数据模块 Data Madule2，在 Data Module2 上添加一个 ADOTable 组件和一个 DataSource 组件，用户界面如图 9-16 所示。

图 9-16 ADO 连接数据库

(2) 属性设置。

在 Unit1 单元文件中添加 DataModule2 所对应的单元文件 Unit2。代码如下。

```
implementation
uses  unit2;
```

各组件的属性设置如表 9-2 所示。

表 9-2　窗体及组件的属性设置

对象	属　性	属 性 值	说　明
ADOTable	ConnectionString	Provider=Microsoft. Jet. OLEDB. 4. 0; DataSource=D:\ProgramFiles \Common Files\Borland Shared\Data\dbdemos. mdb; Persist Security Info=False	所访问的数据库表
DataSource1	DataSet	ADOTable1	访问和操纵表
DBNavigator1	Align	alButtom	撑满窗体底部
DBNavigator1	DataSource	Datasource1	连接数据源
DBGrid1	Align	alTop	撑满窗体顶部
DBGrid1	DataSource	Datasource1	连接数据源

(3) 程序设计。

本例通过数据库 DBDEMOS 的连接来说明使用 ADO 连接本地数据库的方法。

9.5　数据库操纵

对数据库的存取和控制称为数据库操纵，包括数据的查询、读取、插入、删除和更新等各种操作。在 Delphi XE8 数据库应用程序中，既可利用 Delphi XE8 本身的功能进行数据库操纵，也可使用通用数据库的结构化查询语言(SQL)来进行。

9.5.1　字段的操作

Delphi XE8 用字段对象(TField 组件)来表示数据集中的字段。字段对象附属于数据集组件(Table、Query 或 StoredProc 组件的一个属性)，在程序设计和运行过程中都是不可见的。每当数据集组件从数据库中获得数据时，就将其(当前记录)放入字段对象中。利用字段对象可取得当前字段的值，设置它的值，而且能够通过修改字段对象的属性来改变数据集。

字段对象的创建有如下两种方式。

(1) 在应用程序打开数据集时自动创建。也就是说，将数据集组件的 Active 属性设为 True，或执行它们的 Open 方法，即可创建字段对象。这种方式称为动态创建，这样创建的字段对象在单元文件中没有声明语句。当数据集关闭，即当数据集组件的 Active 属性设为 False，或执行它们的 Close 方法时，便会自动撤销。

(2) 通过字段编辑器创建字段对象。这种方式创建的字段对象称为静态字段对象，在关闭数据集时不会撤销。

【例 9.2】 利用字段对象操纵共享数据库 DBDEMOS 中的 customer. db 表。

具体操作步骤如下。

(1) 界面设计。

创建一个新的工程，在窗体中添加一个 Table 组件、一个 DataSource 组件、一个 DBNavigator 和一个 DBGrid 组件，用户界面如图 9-17 所示。

(2) 属性设置。

各组件的属性设置如表 9-3 所示。

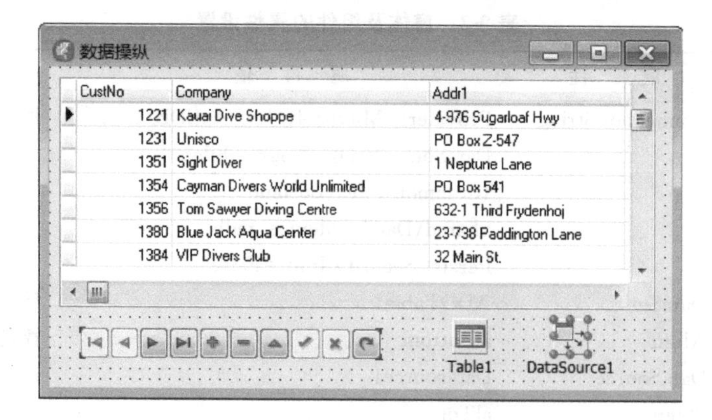

图 9-17　操纵 customer.db 表的窗体

表 9-3　各组件的属性设置

对象	属性	属　性　值	说　　明
Table1	DatabaseName	DBDEMOS	所访问的数据库
	TableName	customer.db	所访问的数据库表
	Active	True	打开数据库表
DataSource1	DataSet	Table1	访问和操纵的数据集
DBNavigator1	DataSource	Datasource1	与数据源组件连接
DBGrid1	DataSource	Datasource1	与数据源组件连接

利用数据集组件的 FieldDefs 属性可查看动态字段对象,这是一个数组,其中每个元素都代表一个字段,这样就可按序号(从 0 开始)来访问某个字段的值。例如,例 9.2 中的动态字段对象列表(单击 FieldDefs 属性格右侧的按钮打开)如图 9-18 所示。

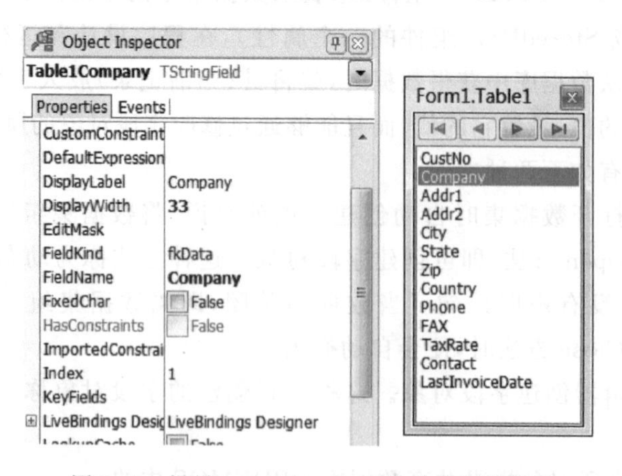

图 9-18　操纵 customer.db 表的动态字段对象

1. 字段的数据类型

一般来说,一个字段对象用来表示数据集中一列的特征,如数据类型和大小等。它也用于表示字段的显示特征,如排列对齐方式、显示格式和编辑格式等。另外,当在数据集的记录之间滚动时,字段对象将更新当前字段的值,并显示给用户查看。

数据集中的字段有多种数据类型,每种数据类型都有一个独立的 TField 类型与之对应。

常用的 TField 类型有 TBooleanField(布尔型)、TCurrencyField(货币型)、TStringField(字符串型)、TIntegerField(整数)、TFloatField(浮点型)和 TBLOB(二进制对象)。

使用最多的是 TStringField 和 TIntegerField 类型的字段对象。从程序设计的角度来看，不必关心字段对象的实际类型。

Delphi XE8 所创建的字段对象与字段的数据类型有关。例如，对于字符串类型的字段，创建的是 TStringField 对象；对于浮点类型的字段，创建的是 TFloatField 对象。对于不同类型的字段对象来说，它们的属性大部分是相同的，如 DisplayWidth 等。但也有一些属性是专用的，例如 TFloatField 的 Precision 属性就是其他字段对象所没有的。

2. 字段对象的访问

利用字段对象，可以存取数据集中字段的值。对于静态字段对象，与自动生成的动态字段对象的存取方法有所不同。下面几种方法适合于存取动态字段对象的值。

(1) 数据集组件有一个默认的数组属性 FieldValues，这个数组以 Variant 类型返回字段的值，利用它可以存取字段值。因为 FieldValues 是隐含的默认属性，因此在代码中不必写出。例如，下面的语句读取例 9.1 中与 Table1 相连的数据集中 company 字段的当前值。

```
Edit1.text： = Table1['company'];
```

设 VarArr 变量的定义为：

```
Var VArr: variant;
```

则下面几个语句读取例 9.1 中三个字段的值，并将其显示在消息框中。

```
Vrrr： = VarArrayCreate([0,2],VarVariant)                    //关键分析
Vrrr： = Table1['company; city; state'];
Showmessage(VAarr[0] + Varr[1] + varr[2]);
```

关键分析：VarArrayCreate([0,2],VarVariant)用于创建下标在[0,2]之内，元素类型为 VarVariant 的数组。

(2) 利用数据集组件的数组属性 Fields 也可以存取字段的值。Fields 属性的每个元素都代表一个字段，这样就可以按序号(从 0 开始)来访问字段的值。例如，下面的语句可以读取 company 字段的值。

```
Edit1.text： = table1.fields[1].value;
```

其中，value 是字段对象的一个属性，原则上，value 属性可以访问任何数据类型的字段值，但所读取的字段值必须赋给与它的数据类型相匹配的变量。如果类型不匹配，则要经过一定的转换才能相互赋值。字段对象包含一些执行转换功能的属性，如 AsBoolean(布尔型)、AsFloat(双精度浮点数)、AsInteger(长整数)、AsString(字符串)、AsDateTime(日期时间型)和 Value(可变类型)。

例如，下面的语句按字符串类型来访问数字型的 city 字段的值。

```
Edit1.text： = Table1.field[4].asstring;
```

按序号来访问字段的值在使用 For 循环对列号进行迭代时用处很大。

(3) 利用数据集组件的 FieldByName 方法，通过列名也可访问字段对象。FieldByName 方法以数据集的字段名作为参数(用引号)。例如，下面的语句也是按字符串类型来访问数字

型的 state 字段的值。

```
Edit1.text： = table1.fieldbyname('state').asstring;
```

(4) 编辑当前记录中的一个字段，其操作步骤如下。

① 调用数据集组件的 Edit 方法，使数据集处于编辑状态。

② 给当前字段赋新值。

③ 调用 Post 方法将数据的变化提交给数据集。如果未做这一步而直接转入下一步，对数据的修改也会自动提交给数据集。

例如，下面的语句修改了 custno 字段的当前值。

```
table1.Edit;
table1.['custno']： = 1224;
table1.post;
```

(5) 在数据集中插入或删除记录时需要以下操作。

① 调用 insert 或 append 方法，使数据集处于相应模式。

② 对数据集中的字段赋值。

③ 调用方法将数据的变化提交给数据。也可以不调用它，当指针转到下一个记录时，数据的变化会自动提交。

可以利用 Cancel 方法取消当前对数据集的修改。例如：

```
table1.Edit;
table1.['custno']： = 1224;
table1.cancel;
```

Cancel 方法不但取消了对数据的修改，也同时取消了当时数据集的模式状态，回到了浏览模式。

3. 创建静态字段

与动态字段对象比较，静态字段对象最明显的特点在于设计时可设置属性。此外，它们还具有可选择部分字段，增加新字段(如计算字段)，删除要保护(避免访问)的字段，以及改变原有字段的显示和编辑属性等特点。所以经常用静态字段对象来代替动态对象。

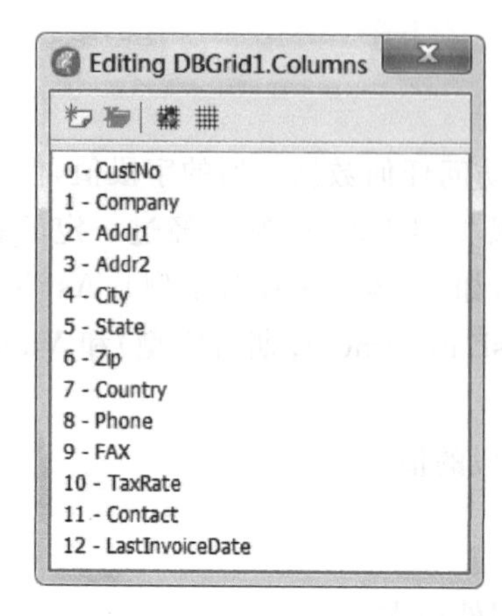

图 9-19 创建静态字段时的对话框

创建静态对象要用到字段编辑器。下面以例 9.2 为例来说明具体的操作方法。

(1) 双击 Table 组件，打开字段编辑器，如图 9-19 所示。

(2) 右击字段编辑器，在弹出的快捷菜单中选择 ADD Fields 命令，打开 Add Fields 对话框。

(3) 在 Add Fields 对话框中选定要创建静态字段对象的字段，单击 OK 按钮，将选定的字段添加到字段编辑器中。本例中选择将所有字段添加进去，即为 customer.db 表中的所有字段都创建相应的字段对象。也可利用快捷菜单中的命令删除已创建的静态字段对象。

创建完静态字段对象后，程序中将出现它们的声明，代码如下。

```
type
TForm1 = class(TForm)

  Table1CustNo: TFloatField;
  Table1Company: TStringField;
  Table1Addr1: TStringField;
  Table1Addr2: TStringField;
  Table1City: TStringField;
  Table1State: TStringField;
  Table1Zip: TStringField;

End;
```

字段编辑器有一个特点：其中列出的字段对象可以直接拖放到窗体上，这时，窗体上将出现相应的数据控制组件(如 DBEdit)和配套的标签。

4. 访问静态字段

字段对象虽然不可变，但它也有很多属性，可以在程序设计阶段进行设置。例如，设置上述静态字段对象的属性的操作方法是：双击窗体上的 Table1 标签，打开字段编辑器，如图 9-20 所示。选择要设置属性的字段，在对象观察器中修改字段对象的属性。

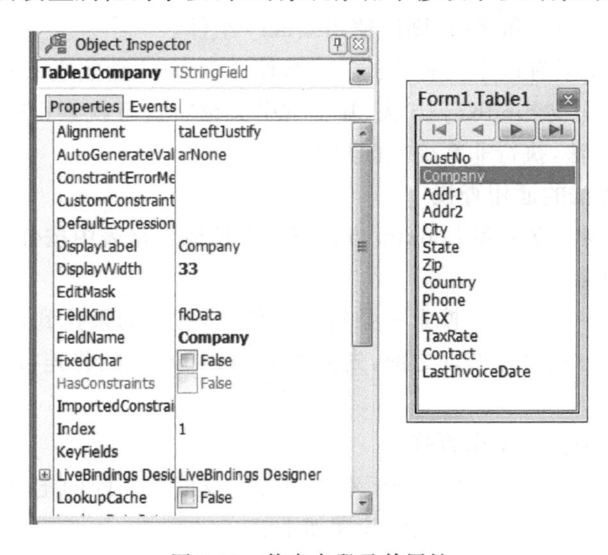

图 9-20　静态字段及其属性

选定已有的静态字段对象，即可在对象观察器中看到如下属性。

Alignment：设置字段在数据控制组件中的对齐方式，包括左对齐、右对齐和居中。

Display Label：说明字段对象在 DBGrid 组件中显示的标题，默认为字段对象名称。

Display Width：字段对象在 DBGrid 组件中显示的列的宽度。

FileName：字段对象对应的字段名称。

Index：字段对象在 DataSet 组件中的索引号，从 0 开始。

Name：字段对象名。

ReadOnly：相应字段是否能修改。

Visible：相应字段是否在 DBGrid 中显示。

EditMask：设置掩码编辑格式。

MaxValue 和 MinValue：设置字段的最大值和最小值，超范围时产生 EdatabaseError 异常。

静态字段对象的访问相对于动态字段对象来说要简单得多，在程序中可以直接通过字段对象的名称(即 Name 属性)来访问。例如，下面的语句将 Table1Name 字段的标题(可与字段名不同)改为“公司名称”。

```
Table1Company.DisplayLabel：= '公司名称';
```

下面的语句将 Table1City 字段宽度改为 14。

```
Table1City.DisplayWith：= 14;
```

9.5.2 使用 Table 组件的记录查找

使用 Table 组件可访问数据集中的所有记录和所有字段。在操纵数据集过程中，既可以显示和编辑其中的所有记录、所有字段，也可以选择一定范围的记录，或采用过滤技术检索一部分记录。

说明：Table 组件用于引用单个数据库表，如果想使用单个组件访问多张表，或只访问一个表或多个表中的部分记录和字段，则应使用 Query 组件。

在数据集中检索记录有以下几种方式：一是使用 Locate 函数或 Lookup 函数进行检索；二是使用 GotoKey 方法或 FindKey 方法，基于索引关键字进行检索；三是使用 GotoNearest 方法或 FindNearest 方法，执行非精确匹配检索。

1. 使用 Locate 方法的通用查找

Table 组件的 Locate 方法和 Lookup 方法可以在任何数据表中按任何类型的字段来搜索记录，数据表不必建立索引。

Locate 方法用来在数据表中搜索一条符合条件的记录，如果找到，该记录即可成为当前记录。在使用 Locate 方法执行查询之前，先要调用 SetKey 方法，将连接表的 Table 组件设置成查询状态。

2. 使用 GotoKey 方法的索引查找

Table 组件的 GotoKey 方法可以基于索引中的字段搜索匹配的记录，并使找到的记录成为当前记录。使用 GotoKey 方法查找的步骤如下。

(1) 确保待查字段是关键字段(索引中的字段)或已经为它定义了辅助索引。

(2) 调用 SetKey 方法，将连接表的 Table 组件设置成为查询状态。

(3) 为每个待查字段设置目标值。

(4) 调用 GotoKey 方法实现查询，并测试它的返回值，判断查询是否成功。

说明：对于 dBASE 表和 Paradox 表来说，只能基于定义了索引的字段进行查找。

3. 使用 FindKey 方法的索引查找

FindKey 方法为数据查找提供了一个简单的方法，它将设置查找状态、设置查找值以及执行查找这三个步骤的功能集中在一个方法调用中实现。FindKey 方法和 GotoKey 方法的最大区别在于：前者的查找值要作为参数传递给方法；而后者是不带参数的，它假定用户已经把查找值赋给了代表着被查找到的字段的查找缓冲区。

FindKey 方法接收的参数是放在方括号中的，是用逗号分开的查找值数组。数组中的每个值都对应于特定字段的查找值，即参数中允许有多个查找值，FindKey 允许用户同时查找数据集中的多个字段。例如，下面的代码查找第一个字段值为 custno，第二个字段值为 1221 的记录。

```
If not Table1.findkey('custno',1221) then
showmessage('对不起,没有您要找的记录!');
```

4. 使用 GotoNearest 和 FindNearest 方法的近似查找

Delphi XE8 提供了 GotoNearest 和 FindNearest 两个近似查找方法，它们不要求查找结果与查找值精确匹配。如果找到与指定值匹配的记录，则将记录指针指向该记录处；否则，将会找出与指定值最接近的记录并将记录指针指向它。可见，这样的查找不会失败，总会查找出一个结果来（两个函数都返回 Boolean 值），尽管这个结果可能不是用户需要的。

GotoNearest 和 FindNearest 的使用方法相同，但使用 GotoNearest 方法时，指定的查找值可以是不完整的。例如，如果要查找'20809'，则在指定查找值时，可以使用'20809'、'208'等作为查找值。FindNearest 与 FindKey 的使用方法相同，但使用 FindNearest 方法时，指定的查找值可以是不完整的，例如：

```
Table1.setkey;
table1.FieldByName('Custno').AsString： = inputbox('请输入查找的条件','请输入您要查找的顾客号：','');
table1.GotoNearest;
```

【例 9.3】 用 Locate 方法和 GotoKey 方法数据检索。

具体操作步骤如下。

（1）界面设计。

创建一个新的工程，在窗体中添加一个 Tabel 组件、一个 DataSource 组件、一个 DBNavigator、一个 DBGrid 组件、一个 Button 组件和两个 Edit 组件。用户界面如图 9-21 所示。

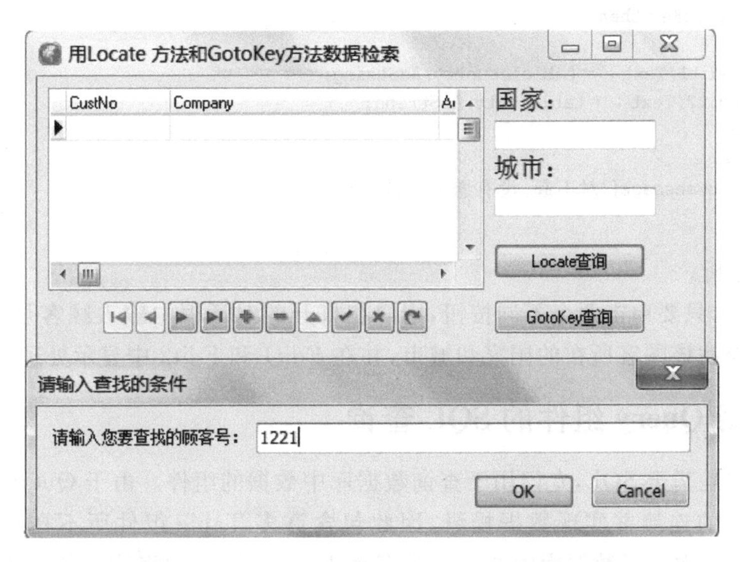

图 9-21　Locate 方法和 GotoKey 方法数据检索

（2）属性设置。

各组件的属性设置如表 9-4 所示。

表 9-4 各组件的属性设置

对 象	属 性	属 性 值	说 明
Table1	DatabaseName	DBDEMOS	所访问的数据库
	TableName	customer. db	所访问的数据库表
	Active	True	打开数据库表
DataSource1	DataSet	Table1	访问和操纵的数据集
DBNavigator1	DataSource	Datasource1	与数据源组件连接
DBGrid1	DataSource	Datasource1	与数据源组件连接
Button1	Caption	Locate 查询	按钮标题
Button2	Caption	GotoKey 查询	按钮标题

(3) 程序设计,代码如下。

```
procedure TForm1.Button1Click(Sender: TObject);
begin
  Table1.SetKey;
  table1custno.AsString: = inputbox('请输入查找的条件','请输入您要查找的顾客号: ','');
  if table1.Locate('custno',table1custno.AsString,[locaseinsensitive]) then
  begin
    edit1.Text: = table1country.AsString;
    edit2.Text: = table1city.AsString;
  end
  else
  showmessage('对不起,没有您要找的记录!');
end;

procedure TForm1.Button2Click(Sender: TObject);
begin
   Table1.SetKey;
  table1custno.AsString: = inputbox('请输入查找的条件','请输入您要查找的顾客号: ','');
  if table1.GotoKey then
  begin
          edit1.Text: = table1country.AsString;
         edit2.Text: = table1city.AsString;
        end
        else
         showmessage('对不起,没有您要找的记录!');
    end;
```

(4) 程序分析。

程序执行后,只要单击两个不同按钮,用户在打开的对话框中输入顾客号,就可实现两种不同的方法来查找该顾客所在的国家和城市,并在 Edit1 和 Edit2 中显示处理。

9.5.3 使用 Query 组件的 SQL 查询

Query 组件是基于 SQL,专门用于查询数据库中数据的组件。由于 Query 组件使用 SQL 建立与数据库表的连接并实现数据操纵,因此包含许多 Table 组件所不具有的功能。利用 Query 组件可以一次访问数据库中的一个或多个表,还可以自动将访问范围限制在表中部分数据内。而且,它所访问的表既可来自于本地数据库(如 dBASE、Paradox 等),也可来自于远程数据库服务器(如 SyBase、SQL Server、Oracle、Informix、DB2 和 InterBase 等),还可来自于 ODBC 数据库。在开发范围可变的数据库应用程序时,Query 组件非常重要。

1. 连接数据库表

使用 Query 组件构造数据库应用程序和使用 Table 组件有相似之处，它们都需要一个 DataSource 组件来和数据控制组件相连，而且都要通过 DataBaseName 属性指定数据库名称或目录路径。前面提到的移动当前记录位置、插入处修改记录等方法也适用于 Query 组件。但 Query 组件和 Table 组件的不同之处在于：Query 组件没有 TableName 属性，而是用 SQL 属性编写语句和某个数据集相连并选择要显示的域。

【例 9.4】 通过 Query 组件实现对共享数据库 DBDEMOS 中的 customer. db 表的操纵。

具体操作步骤如下。

(1) 界面设计。

创建一个新的工程，在窗体中添加一个 Query 组件、一个 DataSource 组件、一个 DBNavigator 和一个 DBGrid 组件。用户界面如图 9-22 所示。

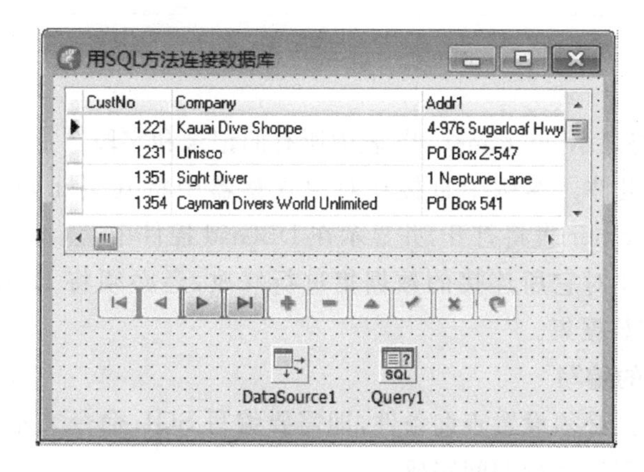

图 9-22 “用 SQL 方法连接数据库”界面

(2) 属性设置。

各组件的属性设置如表 9-5 所示。

表 9-5 窗体及组件的属性设置

对象	属 性	属 性 值	说 明
Query1	DatabaseName	DBDEMOS	所访问的数据库
	SQL	Select * from customer	SQL 语句 查询 customer 表
DataSource1	DataSet	Query1	访问和操纵的数据集
DBNavigator1	DataSource	Datasource1	与数据源组件连接
DBGrid	DataSource	Datasource1	与数据源组件连接

(3) 程序分析。

Query 组件连接数据表的过程如下。

选定 Query 组件并选择它的 SQL 属性，打开字符串列表编辑器(String List Editor)，如图 9-23 所示。

编写 SQL 语句。本例中输入 Select 语句，指定数据源为 customer. db 数据库表。

```
Select * from customer
```

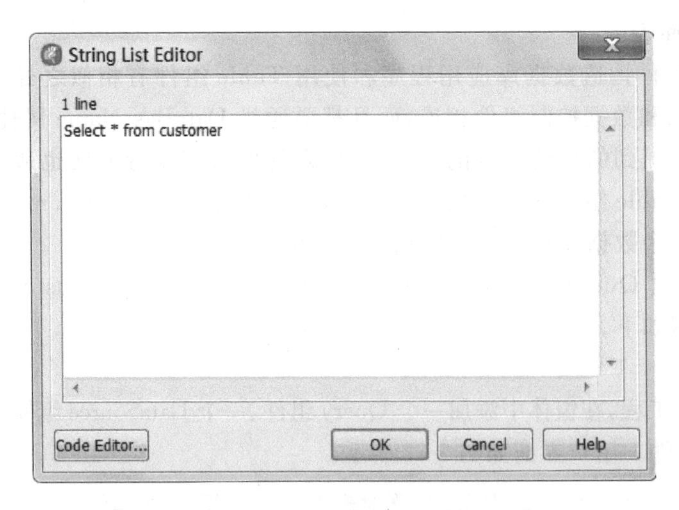

图 9-23 String List Editor

这条 Select 语句将显示 customer. db 表中所有的记录和字段。

(4) 激活 Query 组件。本例中直接在对象观察器中将其 Active 属性设置为 Truc，则 Select 语句指定的 customer 表将打开，并显示在 DBGrid 控件中。

如果该 SQL 语句要对它所连接的数据集进行修改，还必须将 RequeseLive 属性值设为 True，否则只能浏览该数据集。

2. SQL 命令文本的编写

进行数据库查询时，必须设置查询条件，即需要编写 SQL 命令文本。这项工作可在程序设计期间完成，也可在程序运行期间完成。

(1) 使用字符串列表编辑器编写。利用 Query 组件的 SQL 属性打开字符串列表编辑器，输入 SQL 语句后，单击 OK 按钮可将编辑器中的 SQL 命令文本装入 SQL 属性中。也可右击编辑器，在弹出的快捷菜单中选择 Save 命令，将编写好的 SQL 命令保存到一个文件中供以后使用。

打开字符串列表编辑器之后，还可右击编辑器，在打开的快捷菜单中选择 Load 命令，从一个 SQL 命令文件中调入 SQL 命令。

(2) 使用 SQL 构造器(SQL Builder)可编写 Select 语句。右击 Query 组件，在弹出的快捷菜单中选择 SQL Builder 命令，打开 SQL Builder 窗口，如图 9-24 所示。

SQL 构造器的上半部用于选择数据、数据表(一次可以选择多个表)，以及表中的字段等；下半部用于选择性地构造查询条件，如选择字段名，构造逻辑表达式，选择表与表之间的连接条件，以及设置分组、排序等。在 SQL 构造器中组织好一个查询并退出构造器时，其中的 SQL 命令会自动写入相应 SQL Builder 组件的 SQL 属性。

注：启动 SQL Builder 的方法是，选中 Query 组件，在对象观察器底端的状态栏单击 Excute SQL Builder，如图 9-25 所示。

3. 静态查询

在 Delphi XE8 数据库应用程序中使用的 SQL 语句有静态 SQL 语句和动态 SQL 语句两种。静态 SQL 语句在程序设计阶段就已经固定了。而动态 SQL 语句则在语句中加入了一些参数，在程序运行过程中，可以改变参数的值，即可以动态地给 SQL 语句中的参数赋值。

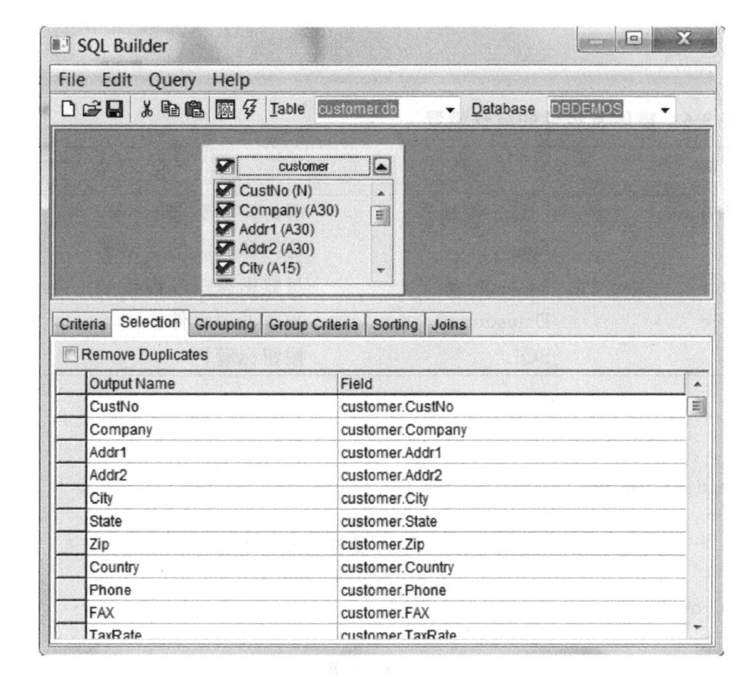

图 9-24　SQL Builder 窗口

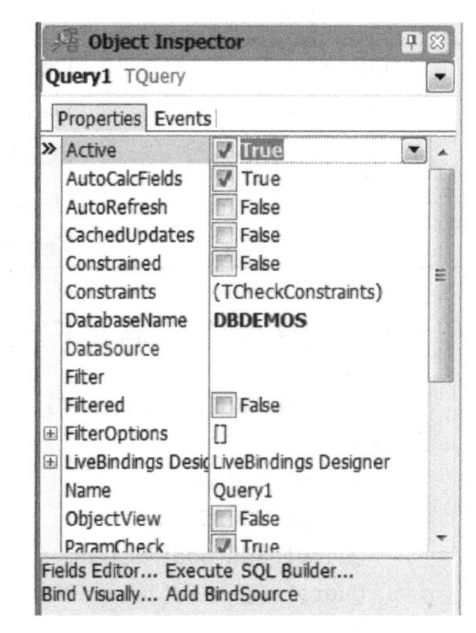

图 9-25　启动 SQL Builder 的方法

例如，下面的语句就是一条静态 SQL 语句。

```
Select * from Customer Where CustNo = 1983;
```

将这样的语句作为 Query 组件的 SQL 属性值，在程序中执行语句。如果是 SQL 中的查询命令，将 Query 组件通过 DataSource 组件与数据控制组件相连，查询的结果会显示在数据控制组件上。这样的查询称为静态查询。

【例 9.5】 使用静态 SQL 语句，将应用程序的功能从查询 Customer 表的所有记录和字段改为查询 Country 表中 Name 字段的值为 Cuba 的记录。即将 Query 组件中 SQL 属性原有的值 Select * from Customer 改为 Select * from Country Where Name='Cuba'。

具体操作步骤如下。

(1) 界面设计。

创建一个新的工程，在窗体中添加一个 Query 组件、一个 DataSource 组件、一个 Button 组件、一个 DBNavigator 和一个 DBGrid 组件。用户界面如图 9-26 所示。

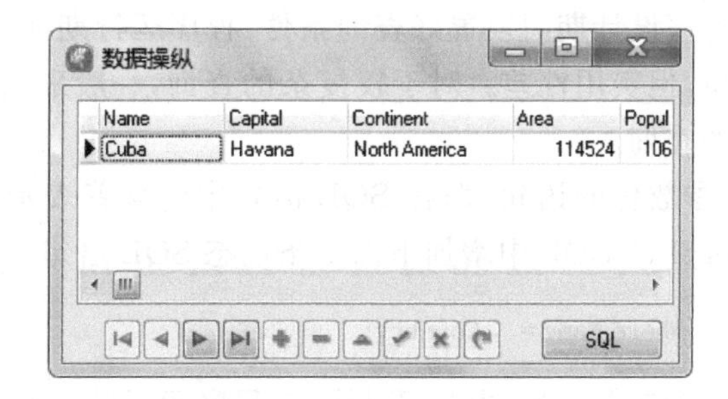

图 9-26　静态 SQL 查询

(2) 属性设置。

各组件的属性设置如表 9-6 所示。

表 9-6 窗体及组件的属性设置

对象	属　性	属性值	说　明
Query1	DatabaseName	DBDEMOS	所访问的数据库
DataSource1	DataSet	Query1	访问和操纵的数据集
DBNavigator1	DataSource	Datasource1	与数据源组件连接
DBGrid1	DataSource	Datasource1	与数据源组件连接
Button1	Caption	SQL	按钮标题栏

(3) 程序设计,代码如下。

```
procedure TForm1.Button1Click(Sender: TObject);
begin
  Query1.Close;                                         //关键分析 1
  Query1.SQL.Clear;                                     //关键分析 2
  Query1.SQL.Add('Select * from country');
  Query1.SQL.Add('where Name = ''Cuba''');
  Try                                                   //关键分析 3
    Query1.Open;
  except
    Query1.ExecSQL;
  end;
end;
```

(4) 程序分析。

关键分析 1:Query1 的 Close 方法用于关闭数据集。

关键分析 2:Query1 的 Clear 方法用于清除 SQL 属性现有的 SQL 命令。如果不清除,则 Add 方法设置的 SQL 命令将追加到现有 SQL 命令之后。

关键分析 3:Query1 的 Open 方法将使用数据集的 Active 属性设置为 True,从而允许数据的读/写操作。同时,它还将执行 SQL 的 Select 命令,如果调用 Open 方法而没有查询结果,就会出错,这时应该调用 ExceSQL 方法来代替 Open 方法。ExceSQL 方法还能执行其他的 SQL 命令,如 Insert、Update 和 Delete 等。如果无法确定 Query 组件中的 SQL 是否会返回结果,可用 Try…Except 结构设计程序。

4. 动态查询

静态查询是在应用程序设计期间设置好查询条件,程序运行期间则根据固定的条件进行查询。这种方法比较简单,但实用性差。对于较复杂的查询,一般采用动态查询,即在程序运行期可以改变查询条件的查询。

动态 SQL 语句就是参数化的语句,即在 SQL 语句中包含着表示字段名或表名的参数。例如,在例 9.4 中的 Query1 的 SQL 中增加下面一条动态 SQL 语句。

```
Select * from Customer Where Name = :Country;
```

其中的变量 Country 是一个参数变量,由":"引导,在程序运行过程中,必须为该参数赋值,这条 SQL 语句才能正确执行,每次应用程序运行时可以赋予参数不同的值。

动态 SQL 语句的编写方式与静态 SQL 语句相同,可通过参数编辑器赋值。方法是:在对象观察器中，找到 Query 组件的 Parames 属性，打开参数编辑器。在其中的参数列表中选择一个参数，对象观察器便会显示参数属性。其中，DataType 属性表示参数的数据类型，ParamType 属性表示参数的使用类型，Value 属性具有参数的值(Value)和类型(Type)两个子属性。本例中，上述属性分别设置为 ftString、ptInputOutput、Columbia 和 String。

设置完参数后，关闭参数编辑器，打开 Query 组件所连接的数据库，则在与 Query 组件相连接的数据控制组件中会显示出查询结果。

除了在设计阶段用参数编辑器为参数赋值的方法外，还可在应用程序运行过程中为参数赋值，这是使用可变参数的主要方法。这种赋值方法分为以下三种情况。

1) 使用 Parems 属性按序号访问参数

Query 组件的 Params 属性在设计时不可用，在程序运行过程中可用而且是动态建立的。在为 Query 组件编写动态 SQL 语句时，Delphi XE8 自动建立一个数组 Params，数组从 0 下标开始，依次对应 SQL 语句中的参数。也就是说，命令中第一个参数对应 Params[0]，第二个参数对应 Params[1]，以此类推。本例中，在窗体上添加一个按钮，并编写单击事件过程。

【例 9.6】 按序号输入参数动态 SQL 查询。

具体操作步骤如下。

(1) 界面设计。

创建一个新的工程，在窗体中添加一个 Query 组件、一个 DataSource 组件、一个 Button 组件、一个 DBNavigator 和一个 DBGrid 组件。用户界面如图 9-27 所示。

图 9-27 “按序号输入参数动态 SQL 查询”界面

(2) 属性设置。

各组件的属性设置如表 9-7 所示。

表 9-7　窗体及组件的属性设置

对象	属　性	属性值	说　明
Query1	DatabaseName	DBDEMOS	所访问的数据库
DataSource1	DataSet	Query1	访问和操纵的数据集
DBNavigator1	DataSource	Datasource1	与数据源组件连接
DBGrid1	DataSource	Datasource1	与数据源组件连接
Button1	Caption	输入参数	按钮标题栏

(3) 程序设计,代码如下。

```
procedure TForm1.button1click(Sender: TObject);
begin
   query1.Close;
  query1.Params[0].AsString: = inputbox('请输入国家名称','国家名称: ','');
  query1.Open;
end;
```

(4) 程序分析。

程序运行后,单击 Button1 按钮,打开输入对话框,在其中的文本框中输入一个国名,则 DBGrid 中显示相应的记录,如图 9-28 所示。

图 9-28 按序号输入参数动态 SQL 查询结果

2) 使用 ParemByName 函数按名称访问参数

ParemByName 是一个函数,用动态 SQL 语句中的参数作为调用 ParemByName 函数的参数,这样便可为其赋值。例如,本例中也可使用以下语句为参数 Country 赋值。Query1.ParamByName('County').AsString: =InputBox('请输入国家名称','国家名称: ','');

3) 使用 DataSource 属性从另一个数据集获得参数

使用上述两种方法的前提是用户预先知道具体的参数值,而在有些程序中,参数值是无法确定的。例如,参数值来自于另一个查询的结果。这就需要设置 Query 组件的 DataSource 属性值,其值为另一个 DataSource 组件的名字。应用程序运行时,会自动将未赋值的参数与 DataSource 组件中的字段比较,并将相应的字段值赋给与其匹配的参数。利用这种方法也能实现所谓的连接查询。

9.6 人力资源管理系统的开发

开发数据库应用程序,除了要掌握 Delphi XE8 提供的数据库组件和一些辅助工具的使用外,还需要根据软件工程的思想对具体的任务进行分析。下面简单介绍一个人事管理系统的设计过程,通过这个实例来了解开发数据库应用程序的一般方法。

9.6.1 需求分析

人事管理系统就是要实现对某单位的职工进行管理,整个系统包括人事资料录入、资料查询和资料删除等功能。

在应用系统使用中，为保证系统的安全，必须设置用户检测程序。合法用户可进入，非法用户拒绝登录。同时要能够设置用户的使用权限，用户登录后只能进行其权限所允许的操作。用户可以修改本人密码，系统管理员可以修改、冻结或删除普通用户。经分析后，本系统具有以下三个功能模块。

1. 系统功能

(1) 用户管理模块。主要实现操作用户的增加、删除和修改。

(2) 密码修改模块。主要实现各操作用户修改自己的操作密码，系统管理用户可以修改其他用户的密码。

(3) 系统初始化模块。主要实现初始化功能，即清除所有数据表中的信息，只在 Operator.db 数据表中保留一条默认的管理员信息。

(4) 退出模块。实现系统退出。

2. 人事管理

实现人事信息的增加、修改和删除等功能。

3. 人事查询

实现按各种条件进行查询，并且实现打印查询结果。

9.6.2　数据库分析

为了让人事管理系统正常运行，需要创建两个数据表，一个是操作用户数据表 Operator 表，如表 9-8 所示；另一个是人事信息数据表 Info 表，如表 9-9 所示。

表 9-8　Operator 数据表

序号	字段名	说　明	序号	字段名	说　明
1	Username	用户名、主键	5	Right2	权限二：操作
2	Password	密码	6	Right3	权限三：查询
3	Department	所在部门	7	Stamp	最后操作时间
4	Right1	权限一：管理			

表 9-9　Info 数据表

序号	字段名	说　明	序号	字段名	说　明
1	No	职工编号	9	Salary	工资
2	Name	职工姓名	10	Startwork	参加工作时间
3	Sex	性别	11	Duty	职务
4	Birth	出生年月	12	Speciality	专业
5	Id	身份证号	13	Memo	备注
6	Addr	地址	14	Operator	操作人
7	Tel	联系电话	15	Stamp	最后操作时间
8	Unit	单位			

9.6.3　数据库与数据源创建

本系统数据库连接方式采用了 BDE 方式。在 BDE 方式中本系统数据库采用 Paradox 驱动,具体操作步骤如下。

(1) 选择"开始"|"程序"|Borland Delphi 7|BDE Administrator 命令,即可打开如图 9-29 所示的 BDE 管理器。

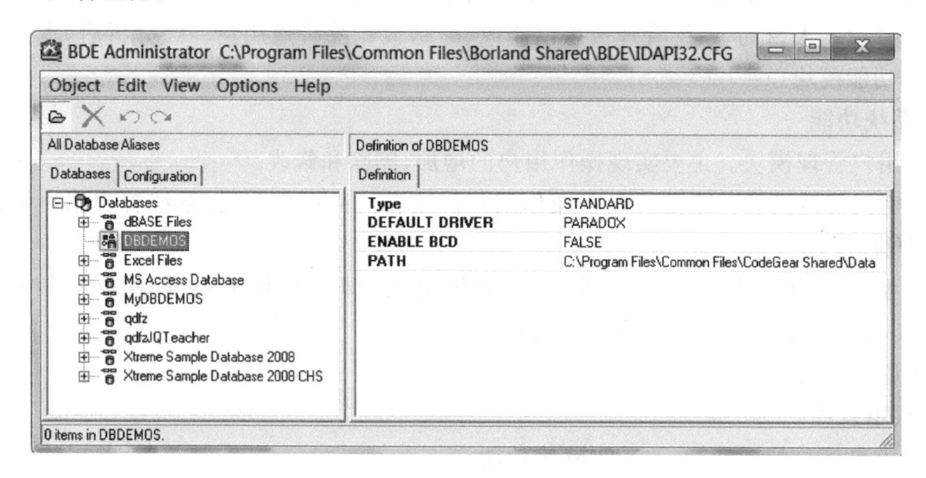

图 9-29 BDE 管理器

(2) 执行 Object | New 命令,打开 New Database Alias 对话框,开始创建一个新的 BDE 数据库别名。首先要选择数据库驱动程序名,因为选择采用 Paradox 数据库格式,所以选择 STANDARD 驱动,如图 9-30 所示。

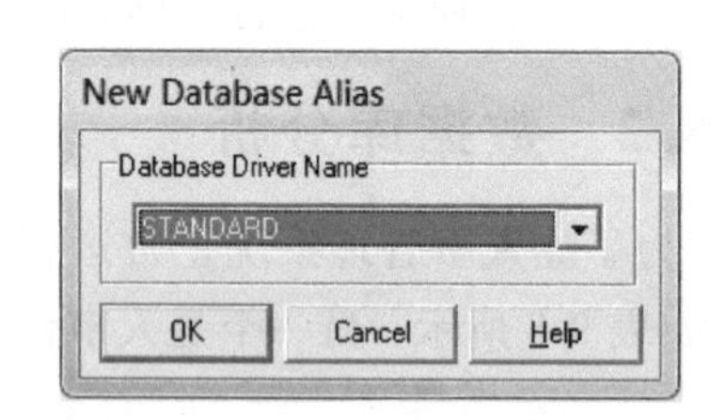

图 9-30 New Database Alias 对话框

(3) 单击 OK 按钮,增加了一个默认名为 STANDARD1 的设置项。将 STANDARD1 改名为 RLZYGL,并且在该项中修改路径值,该值为将要建立数据表的存储路径。可在 D 盘中建立一个 Database 文件夹,然后将该路径值设置为 F:\newbook\code\9.7\Database(用户可自行定义),如图 9-31 所示。

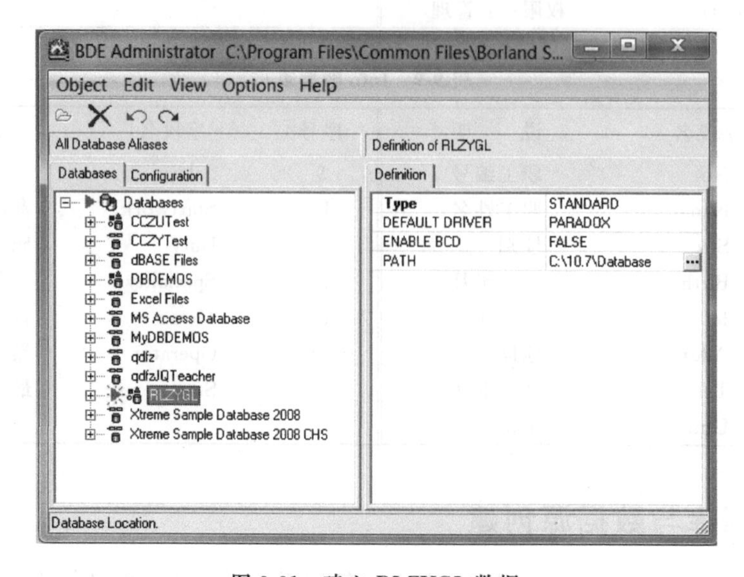

图 9-31 建立 RLZYGL 数据

(4) 要使由 RLZYGL 别名驱动的数据表能正常支持中文输入,必须要修改 Paradox 驱动设置。选择 Configuration 页进行数据库驱动设置,选择 Native|PARADOX 命令,出现 PARADOX 数据表驱动的配置项,修改 LANGDRIVER 中的值为 Paradox China 936,如图 9-32 所示。

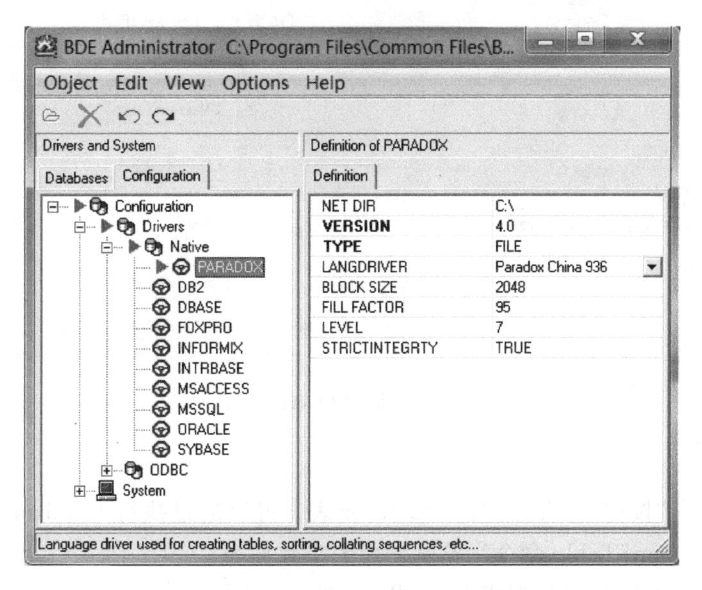

图 9-32 驱动设置

(5) 到此为止,已经设置好了数据库别名 RLZYGL,要使该别名立即生效,则执行 Object|Apply 命令,这样别名就设置完毕了。

(6) 接下来创建 Operator 数据表。

此处需要注意的是:在 Delphi 7 等早期版本中,可直接使用菜单列表项的 Database Desktop 来新建 Paradox 表,用户可以直接单击并运行。而现在本教材所使用的 Delphi XE8 版本中默认不安装 Database Desktop,需用户借用 Delphi 7 版本中的文件夹中的可执行程序,可直接将文件夹复制到桌面上使用,路径如图 9-33 所示,在其中寻找 DBD.exe 文件并运行。

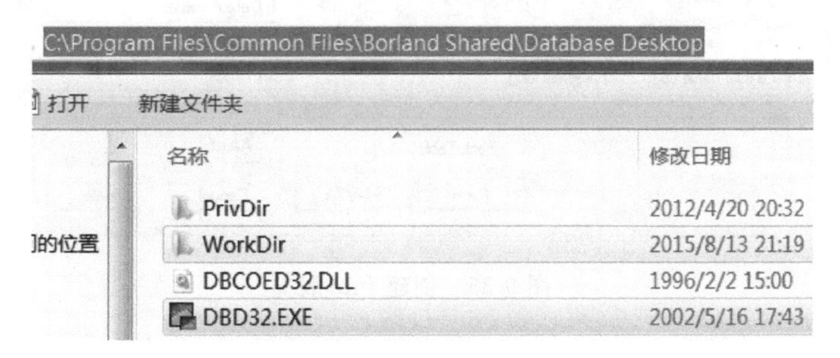

图 9-33 Database Desktop 路径

(7) 执行 DBD.exe 后执行 File|New|Table 命令,打开 Create Table 对话框,在 Table type 下拉列表框中选择 Paradox 7,然后创建如图 9-34 所示的 Operator 表基本结构。

(8) 单击 Save As 按钮,保存已创建的数据表结构,这时提示输入数据表名。可以通过 Alias 下拉列表选择已定义的别名,并且在"文件名"文本框中输入要命名的文件名,此处输入

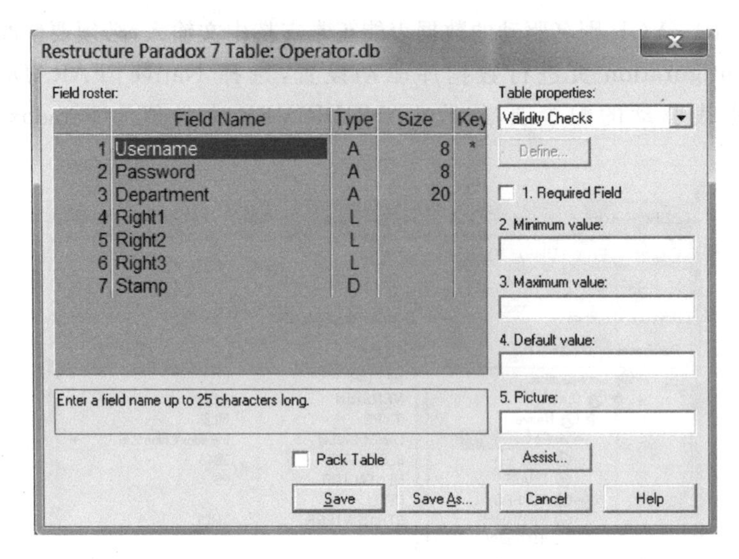

图 9-34　创建 Operator 表

“operate.db”。

(9) 单击“保存”按钮,保存创建的 Operator 表。可以通过执行 Database Desktop 数据库管理器中的 File|Open|Table 命令浏览刚创建的空数据表。

(10) 用同样的方法创建数据表 Info.db,如图 9-35 所示。

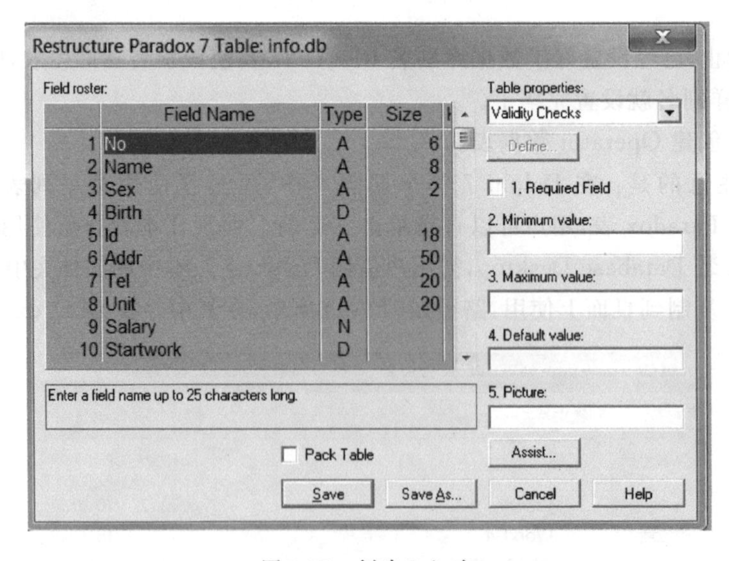

图 9-35　创建 Info 表

9.6.4　系统的代码实现

前面已经进行了数据库的设计及数据库的连接等相关工作,下面进行程序代码设计。

1. 程序主窗体设计

1) 界面设计

创建一个新的工程文件,保存源程序文件名为 main.pas,工程文件名为 rlzygl.dpr,在窗体中添加一个 MainMenu 组件，一个 ToolBar 组件，在 ToolBar 组件中添加 6 个 ToolButton 组件，一个 ImageList 组件，双击 ImageList 组件打开如图 9-36 所示的窗口添加 6 个图片，程序设计界面如图 9-37 所示。

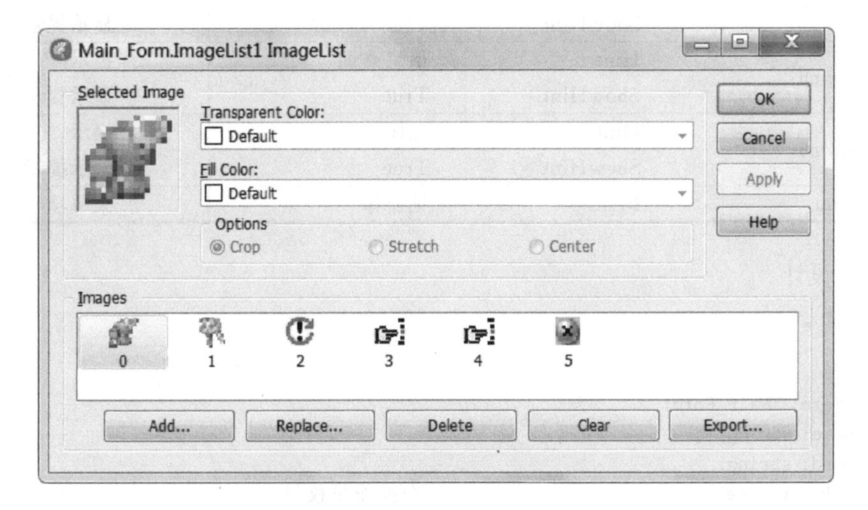

图 9-36　添加图片对话框

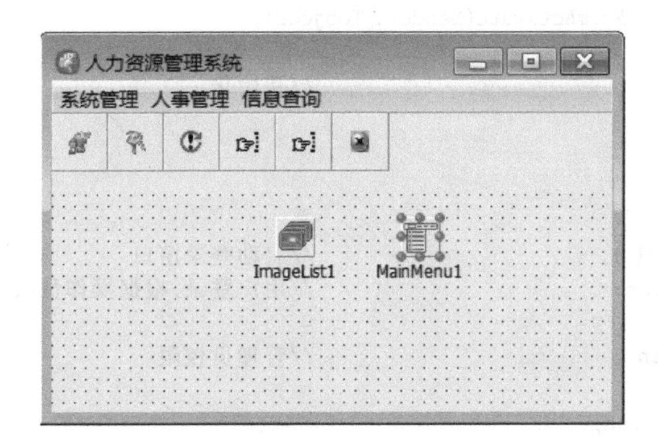

图 9-37　程序的主窗体

2) 属性设置

主要组件的属性设置如表 9-10 所示。

表 9-10　窗体及组件的属性设置

宋体	属性	属　性　值	说　　明
Form1	Name Caption	Main_Form 人力资源管理系统	窗体名称 窗体标题
ToolBar1	Images	ImageList1	工具栏图标
ToolButton1	Hint ShowHint	操作员管理 True	提示 显示提示
ToolButton2	Hint ShowHint	修改密码 True	提示 显示提示
ToolButton3	Hint ShowHint	系统初始化 True	提示 显示提示

续表

宋体	属性	属 性 值	说 明
ToolButton4	Hint ShowHint	人事管理 True	提示 显示提示
ToolButton5	Hint ShowHint	信息查询 True	提示 显示提示
ToolButton6	Hint ShowHint	关闭 True	提示 显示提示
MainMenu	Items	见窗体	菜单项

3) 程序设计

代码如下。

```
var
  Main_Form: TMain_Form;
  username: string;
  password: string;
  R1,R2,R3: boolean;                        //操作员权限
implementation
{ $R *.dfm }
procedure TMain_Form.FormActivate(Sender: TObject);
begin
  username: = '';                           //初始化
  password: = '';
  R1: = false;
  R2: = false;
  R3: = false;
  F_login.ShowModal( );                     //启动登录窗口
  if username<>'' then                      //用户登录,根据操作员权限,设置相应的菜单项
  begin
    if R1 = true then                       //管理员权限
    begin
    n4.Enabled: = true;
    n6.Enabled: = true;
    toolbutton1.Enabled: = true;
    toolbutton3.Enabled: = true;
  end
  else
  begin
    n4.Enabled: = false;
    n6.Enabled: = false;
    toolbutton1.Enabled: = false;
    toolbutton3.Enabled: = false;
  end;
  if R2 = true then                         //操作员权限
  begin
    n2.Enabled: = true;
    toolbutton4.enabled: = true;
  end
  else
  begin
    n3.Enabled: = false;
    toolbutton4.enabled: = false;
```

```
  end;
  if R3 = true then                              //查询权限
  begin
    n3.Enabled： = true;
    toolbutton5.enabled： = true;
  end
  else
  begin
    n3.Enabled： = false;
    toolbutton5.enabled： = false;
  end;
  end
  else
    close;
end;

procedure TMain_Form.N4Click(Sender: TObject);
begin
  F_operator.ShowModal( );
end;

procedure TMain_Form.N6Click(Sender: TObject);
var
  Table1: TTable;
begin
  Table1： = TTable.create(self);
  Table1.DatabaseName： = 'RLZYGL';
  Table1.TableName： = 'Operator.db';           //以下初始化 Operator.db
  Table1.EmptyTable;
  Table1.open;
  Table1.Append;
  Table1.FieldByName('username').asstring： = 'admin';
  Table1.FieldByName('password').asstring： = 'admin';
  Table1.FieldByName('department').asstring： = '计算机系';
  Table1.FieldByName('stamp').asdatetime： = date();
  Table1.FieldByName('right1').asboolean： = true;
  Table1.FieldByName('right2').asboolean： = true;
  Table1.FieldByName('right3').asboolean： = true;
  Table1.post;
  Table1.Close;
  Table1.TableName： = 'info.db';               //以下初始化 Info.db
  Table1.EmptyTable;
  Application.MessageBox('初始化结束!','提示信息',mb_ok);
end;

procedure TMain_Form.N8Click(Sender: TObject);
begin
  Close;
end;

procedure TMain_Form.N2Click(Sender: TObject);
begin
  F_rsInfo.ShowModal();
end;
```

```
procedure TMain_Form.N3Click(Sender: TObject);
begin
  F_check.ShowModal();
end;

procedure TMain_Form.N5Click(Sender: TObject);
begin
  F_changepw.ShowModal();
end;
```

2. 操作员管理设计

1) 界面设计

在操作员界面添加一个 ToolBar 组件,两个 SpeedButton 组件,三个 GroupBox 组件,在 GroupBox1 组件中添加 4 个 Label 组件和 4 个 Edit 组件,在 GroupBox2 组件中添加三个 CheckBox 组件,在 GroupBox3 中添加三个 RadioButton 组件,组件的属性设置如图 9-38 所示。

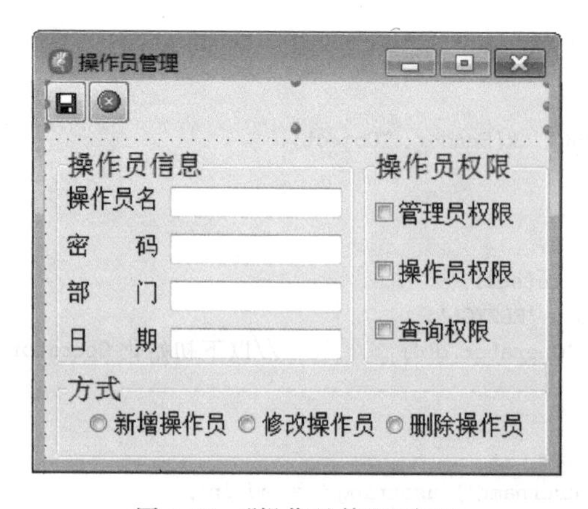

图 9-38 “操作员管理”窗口

2) 程序设计

代码如下。

```
var
  F_operator: TF_operator;
  Table1: TTable;
implementation
{ $R *.dfm }
procedure TF_operator.FormActivate(Sender: TObject);
begin
  Edit1.Text: = '';
  Edit2.Text: = '';
  Edit3.Text: = '';
  Edit4.Text: = '';
  Edit4.ReadOnly: = true;
  Edit4.TabStop: = false;
  Checkbox1.Checked: = false;
  Checkbox2.Checked: = false;
  Checkbox3.Checked: = false;
  edit4.text: = datetostr(date());
  Table1: = TTable.create(self);
```

```
  table1.DatabaseName：= 'RLZYGL';
  table1.TableName：= 'operator.db';
  table1.Open;
  if not Table1.Eof then
    LoadFromTable;
    Table1.Close;
    Radiobutton2.Checked：= true;
  end;

procedure TF_operator.SpeedButton1Click(Sender: TObject);
begin
  Table1：= TTable.create(self);
  table1.DatabaseName：= 'RLZYGL';
  table1.TableName：= 'operator.db';
  table1.Open;
  table1.setkey;
  Table1.FieldByName('name').asstring：= edit1.text;
  if table1.gotokey then
  begin
    if RadioButton1.Checked then
    begin
      Application.MessageBox('用户名相同,请检查!','提示信息',mb_ok);
    edit1.text：= '';
    edit2.Text：= '';
    edit3.Text：= '';
    edit1.SetFocus;
  end
  else
  if RadioButton2.Checked then
  begin
     Table1.edit;
    savetotable;
    table1.post;
  end
  else
  begin
    table1.edit;
    table1.Delete;
    table1.first;
    loadfromtable;
  end;
  end
  else
  begin
    if RadioButton1.Checked then
    begin
      Table1.Append;
     table1.edit;
     savetotable;
     table1.post;
    end
    else
    begin
     Application.MessageBox('没有该用户,请检查!','提示信息',mb_ok);
     edit1.text：= '';
```

```
      edit2.Text：='';
      edit3.Text：='';
      edit1.SetFocus;
    end;
  end;
table1.close;
end;
procedure TF_operator.LoadFromtable;
begin
  Edit1.text：=Table1.FieldByName('username').asstring;
  Edit2.text：=Table1.FieldByName('password').asstring;
  Edit3.text：=Table1.FieldByName('department').asstring;
  Edit4.Text：=datetostr(table1.FieldByName('stamp').asdatetime);
  heckbox1.Checked：=table1.FieldByName('right1').asboolean;
  checkbox2.Checked：=table1.FieldByName('right2').asboolean;
  checkbox3.Checked：=table1.FieldByName('right3').asboolean;
end;
procedure TF_operator.SaveToTable;
begin
  Table1.FieldByName('username').asstring：=edit1.text;
  Table1.FieldByName('password').asstring：=edit2.text;
  Table1.FieldByName('department').asstring：=edit3.text;
  table1.FieldByName('stamp').asdatetime：=strtodate(edit4.text);
  table1.FieldByName('right1').asboolean：=checkbox1.Checked;
  table1.FieldByName('right2').asboolean：=checkbox2.Checked;
  table1.FieldByName('right3').asboolean：=checkbox3.Checked;
end;
procedure TF_operator.SpeedButton2Click(Sender: TObject);
begin
  Close;
end;

procedure TF_operator.RadioButton1Click(Sender: TObject);
begin
  edit1.text：='';
  edit2.Text：='';
  edit3.Text：='';
  edit4.Text：=datetostr(date());
  checkbox1.Checked：=false;
  checkbox2.Checked：=false;
  checkbox3.Checked：=false;
  edit1.SetFocus;
end;

procedure TF_operator.Edit1Exit(Sender: TObject);
begin
  if not RadioButton1.Checked then
  begin
    table1.open;
    table1.SetKey;
    Table1.FieldByName('name').asstring：=edit1.text;
  if not table1.gotokey then
  begin
     Application.MessageBox('没有该用户,请检查!','提示信息',mb_ok);
    edit1.SetFocus;
```

```
      end
      else
        loadfromtable;
      end;
      Table1.Close;
end;
```

3. 修改密码设计

1）界面设计

在窗体中加入三个 Label 组件和三个 Edit 组件，一个 ToolBar 组件，在 ToolBar 组件上添加两个 SpeedButton 组件。各个组件的属性设置如图 9-39 所示。

图 9-39　“修改密码”窗口

2）程序设计

代码如下。

```
procedure TF_changepw.FormActivate(Sender: TObject);
begin
  if R1 then
    edit1.SetFocus
  else
  begin
    edit1.text：= username;
    edit1.ReadOnly：= true;
    edit1.TabStop：= false;
    edit2.SetFocus;
  end;
end;

procedure TF_changepw.Edit1Exit(Sender: TObject);            //关键分析 1
var
  table1: TTable;
begin
  table1：= TTable.Create(self);
  table1.DatabaseName：= 'RLZYGL';
  table1.TableName：= 'operator.db';
  table1.open;
  table1.setkey;
  table1.Fieldbyname('username').asstring：= edit1.text;
  if not table1.gotokey then
  begin
    Application.MessageBox('没有该用户,请检查!','提示信息',mb_ok);
    edit1.SetFocus;
  end;
  table1.Close;
end;

procedure TF_changepw.SpeedButton2Click(Sender: TObject); //关键分析 2
begin
  Close;
end;

procedure TF_changepw.SpeedButton1Click(Sender: TObject);
var
```

```
    Table1: TTable;
  begin
    Table1: = TTable.Create(self);
    Table1.DatabaseName: = 'RLZYGL';
    Table1.TableName: = 'Operator.db';
    Table1.open;
    table1.SetKey;
    table1.Fieldbyname('username').asstring: = edit1.text;
    if table1.gotokey then
    begin
      if edit2.text = edit3.Text then
      begin
         Table1.edit;
        Table1.fieldByName('Password').asstring: = edit2.text;
        Table1.post;
      end
      else
      begin
        Application.MessageBox('两次输入的密码不一致,请检查!','提示信息',mb_ok);
        edit2.SetFocus;
      end;
    end;
    table1.Close;
    if R1 then
    begin
      edit1.text: = '';
      edit2.Text: = '';
      edit3.Text: = '';
      edit1.SetFocus;
    end
    else
    begin
      edit2.Text: = '';
      edit3.Text: = '';
      edit2.SetFocus;
    end;
  end;
```

3) 程序分析

关键分析1：当操作员进入修改密码界面时，首先输入用户名，Edit1Exit事件在操作员输入完用户名后，当光标离开Edit1组件时触发，主要完成查找输入的用户名是否存在的功能。

关键分析2：SpeedButton1Click事件，主要完成根据输入的操作员名，判断两次输入的密码信息是否一致，并且保存修改好的密码信息。

4. 系统初始化设计

系统初始化主要用来对应用系统的数据库进行初始化操作，Operator.db表初始化后，将增加一个默认的管理员记录；Info.db表初始化后，将删除所有的信息。在主窗体菜单中的“系统初始化”菜单项触发此事件，程序设计如下。

```
procedure TMain_Form.N6Click(Sender: TObject);
var
  Table1: TTable;
begin
  Table1: = TTable.create(self);
```

```
    table1.DatabaseName： = 'RLZYGL';
    //初始化 Operator.db
    Table1.TableName： = 'Operator.db';
    table1.EmptyTable;
    Table1.open;
    Table1.Append;
    Table1.FieldByName('username').asstring： = 'admin';
    Table1.FieldByName('password').asstring： = 'admin';
    Table1.FieldByName('department').asstring： = '计算机系';
    Table1.FieldByName('stamp').asdatetime： = date();
    Table1.FieldByName('right1').asboolean： = true;
    Table1.FieldByName('right2').asboolean： = true;
    Table1.FieldByName('right3').asboolean： = true;
    Table1.post;
    Table1.Close;
    //初始化 Info.db
    Table1.TableName： = 'info.db';
    Table1.EmptyTable;
    Application.MessageBox('初始化结束!','提示信息',mb_ok);
  end;
```

5. 人事信息设计

本部分主要完成人事信息管理，包括人事信息增加、删除和修改等功能，主要对 Info.db 表进行存取，在主窗体菜单中的“人事管理”菜单项触发此事件。

具体操作步骤如下。

1）界面设计

在窗体中加入一个 ToolBar 组件，在 ToolBar 组件上添加 4 个 SpeedButton 组件；再添加一个 GroupBox 组件，在 GroupBox 组件中添加 15 个 Label 组件，11 个 Edit 组件，一个 ComboBox 组件，三个 MaskEdit 组件；再添加一个 Table 组件，一个 DataSource 组件和一个 DBGrid 组件，其中 Table1 组件中的 DatabaseName 组件的属性为 RLZYGL，TableName 的属性为 Info.db，Datasource1 组件的 DataSet 属性为 Table1，DBGrid1 组件的 Datasource 属性为 Datasource1，其他各个组件的属性设置如图 9-40 所示。

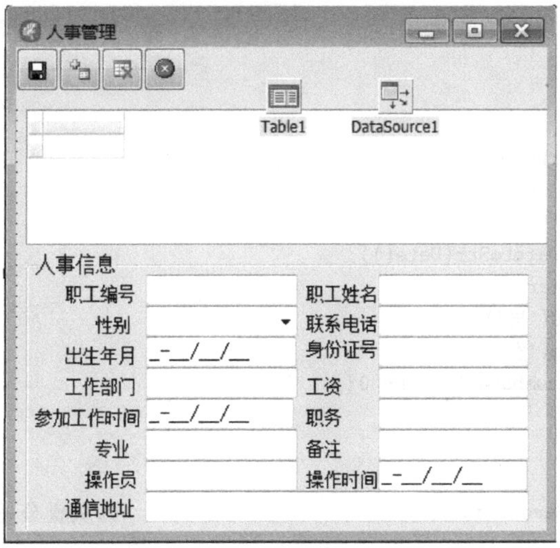

图 9-40 “人事管理”窗口

2) 程序设计

代码如下。

```
procedure TF_rsInfo.FormActivate(Sender: TObject);            //关键分析 1
begin
  Table1No.displaylabel: ='员工编号';
  Table1Name.DisplayLabel: ='员工姓名';
  Table1sex.DisplayLabel: ='性别';
  Table1Birth.DisplayLabel: ='出生年月';
  Table1Id.DisplayLabel: ='身份证号';
  Table1addr.DisplayLabel: ='通信地址';
  Table1tel.DisplayLabel: ='联系电话';
  Table1Unit.DisplayLabel: ='所在单位';
  Table1salary.DisplayLabel: ='工资';
  Table1Startwork.DisplayLabel: ='参加工作时间';
  Table1Duty.DisplayLabel: ='职务';
  Table1Speciality.DisplayLabel: ='专业';
  Table1memo.DisplayLabel: ='备注';
  Table1Operator.DisplayLabel: ='操作员';
  Table1Stamp.DisplayLabel: ='最后操作时间';
  Table1.open;
  initiate;
  if not Table1.Eof then
    loadfromtable
  else
    SpeedButton3.Enabled: =false;
    new_type: =false;
end;

procedure TF_rsInfo.initiate;                                  //关键分析 2
begin
  Edit1.Text: ='';
  Edit2.Text: ='';
  Edit3.Text: ='';
  Edit4.Text: ='';
  Edit5.Text: ='';
  Edit6.Text: ='';
  Edit7.Text: ='';
  Edit8.Text: ='';
  Edit9.Text: ='';
  Edit9.Text: ='';
  Edit11.Text: =username;
  Maskedit1.Text: ='';
  Maskedit2.Text: ='';
  Maskedit3.Text: =DatetoStr(Date());
  combobox1.Items.Clear;
  combobox1.Items.Add('男');
  combobox1.Items.add('女');
  combobox1.text: =combobox1.Items[0];
  Edit1.SetFocus;
end;

procedure TF_rsInfo.SaveToTable;                               //关键分析 3
begin
  Table1.edit;
```

```
  Table1.FieldByname('no').asstring := edit1.text;
  Table1.FieldByname('name').asstring := edit2.text;
  Table1.FieldByname('sex').asstring := ComboBox1.text;
  Table1.FieldByname('id').asstring := edit3.text;
  Table1.FieldByname('birth').asdatetime := StrtoDate(maskedit1.text);
  Table1.FieldByname('tel').asstring := edit4.text;
  Table1.FieldByname('addr').asstring := edit5.text;
  Table1.FieldByname('unit').asstring := edit6.text;
  Table1.FieldByname('salary').asfloat := StrToFloat(edit7.text);
  Table1.FieldByname('startwork').asdatetime := StrToDate(maskedit2.text);
  Table1.FieldByname('duty').asstring := edit8.text;
  Table1.FieldByname('speciality').asstring := edit9.text;
  Table1.FieldByname('memo').asstring := edit9.text;
  Table1.FieldByname('operator').asstring := edit11.text;
  Table1.FieldByname('stamp').asdatetime := StrToDate(maskedit3.text);
  Table1.post;
end;

procedure TF_rsInfo.LoadFromTable;                         //关键分析 4
begin
  Edit1.Text := Table1.FieldByname('no').asstring;
  Edit2.Text := Table1.FieldByname('name').asstring;
  ComboBox1.Text := Table1.FieldByname('sex').asstring;
  edit3.text := Table1.FieldByName('id').asstring;
  Maskedit1.text := DateToStr(Table1.FieldByname('birth').asdatetime);
  Edit4.Text := Table1.FieldByname('tel').asstring;
  Edit5.Text := Table1.FieldByname('addr').asstring;
  Edit6.Text := Table1.FieldByname('unit').asstring;
  Edit7.Text := FloatToStr(Table1.FieldByname('salary').asfloat);
  MaskEdit2.Text := DateToStr(Table1.FieldByname('starwork').asdatetime);
  Edit8.Text := Table1.FieldByname('duty').asstring;
  Edit9.Text := Table1.FieldByname('speciality').asstring;
  Edit9.Text := Table1.FieldByname('memo').asstring;
  Edit11.Text := Table1.FieldByname('operator').asstring;
  MaskEdit3.Text := DateToStr(Table1.FieldByname('stamp').asdatetime);
end;

procedure TF_rsInfo.Edit1Exit(Sender: TObject);            //关键分析 5
begin
  if new_type then
  begin
    Table1.setkey;
    Table1.FieldByName('number').asstring := Edit1.Text;
    if Table1.GotoKey then
    begin
      Application.MessageBox('新建员工编号重复,请修改!','提示信息',mb_ok);
      Edit1.SetFocus;
    end;
  end;
end;

procedure TF_rsInfo.Table1AfterScroll(DataSet: TDataSet);
begin
  if not new_type then
    LoadFromTable;
```

```
end;

procedure TF_rsInfo.SpeedButton1Click(Sender: TObject);
begin                                                    //保存人事信息
  if new_type then
    Table1.append;
  SaveToTable;
  new_type: =false;
  if table1.RecordCount>0 then
    speedbutton3.Enabled: =true;
end;

procedure TF_rsInfo.SpeedButton2Click(Sender: TObject);
begin                                                    //新增人事信息
  Initiate;
  edit1.SetFocus;
  new_type: =true;
end;

procedure TF_rsInfo.SpeedButton3Click(Sender: TObject);
begin                                                    //删除当前记录信息
  Table1.delete;
  if table1.RecordCount<>0 then
    Table1.first
  else
    SpeedButton3.Enabled: =false;
end;

procedure TF_rsInfo.SpeedButton4Click(Sender: TObject);
begin
  Table1.close;
  Close;
end;
```

3) 程序分析

关键分析1：该事件在“人事管理”窗口启动时触发，主要用于模块的初始化，将表的字段各以中文形式显示。

关键分析2：自定义过程主要用于“人事管理”窗口界面的初始化。注意，MaskEdit3的Text属性为字符型，需要对日期变量进行转换。

关键分析3：该过程主要完成将当前窗体界面信息保存到数据表的当前数据指针的记录中，注意各变量对应的字段变量的类型转换。

关键分析4：该过程主要用来从表中读取当前数据指针所指的记录，并在窗体上显示出来。

关键分析5：该过程主要检测在新增人事信息时，检查职工编号是否相同，如果相同，必须重输或退出。

小　　结

数据库处理功能是Delphi重要的功能之一。本章重点介绍了Delphi数据库处理的相关技术，详细介绍了Delphi中数据访问组件及数据感知组件的常用属性与方法，BDE、ODBC和

ADO 数据访问技术以及 SQL 编程的相关知识。

习　　题

9-1　什么是 DBMS、DBS、DBA?

9-2　简述 TTable 和 TQuery 组件的功能。

9-3　什么是数据表、字段、记录和索引?

9-4　使用 TDBNavigator 组件是否可以向数据库中插入记录?

9-5　简述 TQuery 组件和 TTable 有什么区别?

9-6　什么是 SQL? 在 Delphi 中如何使用 SQL?

9-7　ADO 和 BDE 组件有什么区别?

9-8　使用 Delphi 中的桌面数据库程序 Database Desktop 创建一个学生信息的 Paradox 数据库。

第10章

Delphi XE8 串口通信编程

RS-232C(RS 本是 Recommend Standard 的缩写)是一种历史悠久的计算机接口标准,它于 1969 年被国际组织认可。

用 Delphi XE8 实现串口通信,最常用的几种方法为:使用 API 函数、使用组件(如 MSComm 等)或者在 Delphi XE8 中调用其他串口通信程序。

本章主要介绍了串行通信标准中的 RS-232C 标准、串口通信 API 函数和 MSComm。

10.1 RS-232C 标准

所谓串行通信接口标准,是指串行通信接口与外设的信号连接标准。

实际中常用的串行通信接口标准有三种:RS-232C,RS-422A/423A 和 20mA 电流环。常用的 PC 都配置了 RS-232C 标准接口。RS-232C 标准常简称为 RS-232。

下面介绍一下 RS-232C 标准接口。RS-232C 的定义包括电气特性(如电压值)、机械特性(如接头形状)及功能特性(如脚位信号)等。它允许一个发送设备连接到一个接收设备以传送数据,其原始规范的最大传输速度为 20kb/s。但事实上,现在的应用早已超过这个速度范围。RS-232C 可以说是相当简单的一种通信标准,若不使用硬件流量控制,则只需利用三根信号线,便可做到全双工的传输作业。RS-232C 的电气特性属于非平衡传输方式,抗干扰能力较弱,故传输距离较短,约为 15m 左右。

串行通信接口的基本功能是:在发送时,把 CPU 送来的并行码转换成串行码,逐位地依次发送出去;在接收时,把发送过来的串行码逐位地接收,组装成并行码,并行地发送给 CPU 去处理。这种串行到并行转换的功能,当然可以用软件来实现,但是这样会降低 CPU 的利用率,所以常用硬件电路来实现这种功能,这种硬件电路叫做串行通信接口。

普通的 Modem 通常都是通过 RS-232C 串行口信号线与计算机连接。RS-232C 标准说明的是 DTE 与 DCE 之间的连接规定,包括两设备接口电路的机械性、信号线功能描述以及电信号特性。

根据 RS-232C 标准规定,接口电路采用一对物理 D 型连接器:DTE 设备应该有一个 D 型插头接口,DCE 设备应该有一个 D 型插座接口。D 型连接可以是 25 芯(简称为 DB25),也可以是 9 芯(简称为 DB9)。RS-232C 引脚分配如图 10-1 所示。

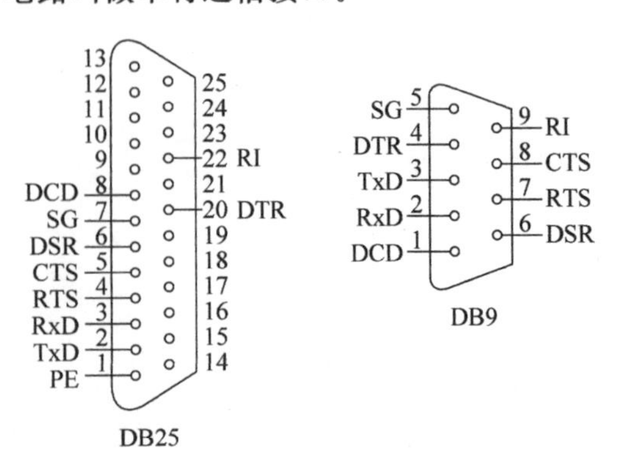

图 10-1 DB25 与 DB9 引脚分配

10.1.1 信号连接

RS-232C 规定使用一种 DB25 连接器，其中 20 个脚做了定义，9、10、11、18、25 未做定义。各引脚上的信号规定详见表 10-1。表中的反向信道在一般串行通信中很少用到。

表 10-1 各引脚上的信号说明

引脚	信号名称	信号方向	简称	信号功能
1	保护地		PG	作为设备的保护接地
2	发送数据	DTE→DCE	TxD	DTE 向 DCE 发送串行数据
3	接收数据	DCE→DTE	RxD	DTE 从 DCE 接收串行数据
4	请求数据	DTE→DCE	RTS	打开 DCE 的发送器
5	清除数据	DCE→DTE	CTS	响应 DTE 请求，提示 DCE 开始发送
6	数据设备准备就绪	DCE→DTE	DSR	提示 DCE 已接上信道，不处于测试、对话或拨号模式
7	信号地		SG	整个电路的公共信号地
8	数据载波检测	DCE→DTE	DCD	DCE 接收到远程载波，通信链路已连接
12	反向信道载波检测	DCE→DTE		DCE 接收到远程载波，通信链路已连接
13	反向信道清除检测	DCE→DTE		响应 DTE 请求，提示 DCE 开始发送
14	反向信道发送检测	DTE→DCE		发送低速率数据
15	发送器定时时钟	DCE→DTE		给 DTE 提供发送时钟
16	反向信道接收数据	DCE→DTE		接收低速率数据
17	接收器定时时钟	DCE→DCE		给 DTE 提供接收时钟
19	反向信道请求发送	DTE→DCE		打开 DTE 的发送器
20	数据终端就绪	DTE→DCE	DTR	表明 DTE 已准备就绪
21	信号质量检查	DCE→DTE		指示接收的误码率合格
22	振铃指示	DCE→DTE	RI	线路上有振铃
23	数据信号速率检测	DTE→DCE	DSRD	选择较高的速率，双向通知
24	发送器定时时钟			给 DCE 提供发送时钟

RS-232C 串行口信号分为三类：传送信号、联络信号和信号地。

1. 传送信号

传送信号(TxD 和 RxD)是经由(发送数据信号线，引脚 2)传送和(接收数据信号线，引脚 3)接收的信息格式，即一个传送单位(字节)由起始位、数据位、奇偶校验和停止位组成。

2. 联络信号

RTS、CTS、DTR、DSR、DCD 和 RI 等 6 个信号各自功能如下。

RTS(请求传送，引脚 4)，是 PC 向 Modem 发出的联络信号。高电压表示 PC 请求向 Modem 传送数据。

CTS(清除发送，引脚 5)，是 Modem 向 PC 发出的联络信号。高电压表示 Modem 响应 PC 发出的 RTS 信号，且准备向远端 Modem 发送数据。

DTR(数据终端就绪，引脚)，是 PC 向 Modem 发出的联络信号。高电压表示 PC 处于就绪状态，本地 Modem 和远端 Modem 之间可以建立通信信道。若为低电平，则强迫 Modem 终止通信。

DSR(数据装置就绪，引脚)，是 Modem 向 PC 发出的联络信号。它指出本地 Modem 的工作状态，高电压表示 Modem 没有处于测试通话状态，可以和远端 Modem 建立通道。

DCD(传送检测,引脚),是 Modem 向 PC 发出的状态信号,高电压表示本地 DCE 接收远端 Modem 发来的载波信号。

RI(铃指示,引脚),Modem 向 PC 发出的状态信号。高电压表示本地 Modem 收到远端 Modem 发来的振铃信号。

3. SG

SG(信号地,引脚)为相连的 PC 和 Modem 提供同一电势参考点。

10.1.2 握手

由上述可知 DTE 和 DCE 之间如果要实现双向通信,至少需要三条信号线: TxD 使数据从 DTE 到 ECE,RxD 使数据从 ECE 到 ETE,SG 为信号地。

但在实际中的许多情况下,发送设备一方需要知道接收设备一方是否已经做好接收准备。最典型的例子就是打印机与计算机之间的通信。由于打印机的打印速度远远低于计算机的发送速度,因此为了能正确接收数据,打印机必须能够通知计算机暂停发送,采用的方法就是使用握手信号。握手信号还常用于一台计算机向另一台计算机发送数据而接收速度赶不上发送速度等情况。因此,必须使用握手信号,它提供了一种控制数据流的方法,即接收设备可以控制发送设备的数据发送。同时也说明如果接收设备速度比发送速度快,则握手信号可以略去。

在异步串行通信中,这称为握手或流量控制。握手控制可以具体分为硬件握手(硬件流控)和软件握手(软件流控)。

1. 硬件握手

硬件握手是使用专门的握手电路去控制数据的传输。当接收设备准备好之后,就通过专用的握手电路传送一个正电压给发送设备,指示发送设备数据。如果接收设备传送一个负电压给发送设备,则指示发送设备停止发送数据。

因此为了构成硬件握手,还必须增加一条传送握手信号的电路。这样,为了完成数据通信需要有三类电路: 数据线、信号线和握手线。

1) DTE 到 DCE

为了控制 DTE 的发送数据,DCE 使用 DSR 信号作为主握手信号去通知 DTE 已做好接收数据库的准备。当通知 DTE 暂停发送数据时,置 DSR 无效。

2) DCE 到 DTE

为了控制 DCE 的数据发送,DTE 使用 DTR 信号作为主握手信号去通知 DCE 已做好接收数据的准备。当通知 DCE 暂停发送数据时,置 DTR 无效。

DTE 还使用 RTS 信号作为第二握手信号控制 DCE 设备。仅当这两条握手线都有效时,DCE 才发送数据。

3) 双向通信

双向通信中只使用主握手线,则共需要 5 条信号线: TxD、RxD、DSR、DTR 和 SG。如果还使用第二握手线,则共需要 7 条信号线。

为了使 DCE 能向 DTE 提供更多的信息,通常还使用 RI 和 DCE 两条信号线。这样一个完整的异步串行通信所必需的就是这 9 条信号线,如图 10-2 所示。

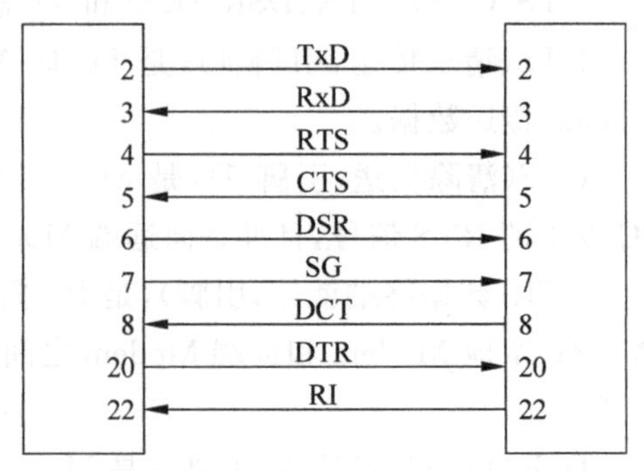

图 10-2 有握手功能的双向通信

这 9 条信号线是最常见的,这就是个人计算机串口通常采用 9 针而不是 25 针接口的原因。25 针的接口是 RS-232C 功能所必需的。

2. 软件握手

软件握手的原理机制与硬件握手基本相同,不同的握手信号是在数据线(TxD 和 RxD)上进行传送的,而不是在专门的握手线上传送。这是因为软件握手信号是由特殊字符组成的,所以传送这些字符必须使用数据电路,而不是使用专门握手电路。这种方法常用在直接连接或通过 Modem 连接的两台计算机之间进行双向通信的场合。

软件握手最常用的协议是 XON/XOFF 协议。该协议主要解决通信双方处理速度不匹配的问题,协议规定发送 XOFF 表示暂停发送数据,发送 XON 表示继续发送数据。

如果要发送设备继续发送数据,则接收设备只需发送一个 ASCII 字符 DC3(十进制 19,十六进制 13)给发送设备,该字符称为 XOFF 字符。

如果要使发送设备停止发送数据,接收设备只需发送一个 ASCII 字符 DC3(十进制 17,十六进制 11)给发送设备,该字符称为 XON 字符。

在实际应用中,常使用一个数据接收缓冲器。当接收缓冲器将上溢(装满)时,接收设备发送一个 XOFF 给发送设备;当接收缓冲器将下溢(快空)时,则向发送设备发送一个 XON 字符。

3. 硬件与软件相结合的握手

软件握手有个明显的缺点:ECE 设备不能传递 XON 和 XOFF 字符。这就是说,当用户试图传递含有 XOFF 字符的数据流时,DCE 将出现“冻结”,即 DCE 将停止向 DTE 发送数据。因此在一般情况下,DTE 与 DCE 之间不采用软件握手。

为了综合硬件握手和软件握手的好处,可以采用硬件和软件相结合的握手控制。假设 DTE 设备为计算机,DCE 设备为 Modem,两台计算机之间通过 Modem 经电话线连接,则此时计算机与 Modem 之间可采用硬件握手方法,而两台计算机之间可以使用软件握手方法进行联系。

10.1.3 微机的 RS-232C 接口

个人计算机的 RS-232C 接口名称有多个:RS-232C 口、串口、通信口、COM 口、异步口等。

目前,DOS 3.3 以上版本和 Windows 3.2/98/NT 最多支持 4 个串口:COM1、COM2、COM3 和 COM4。

它们所占用的 I/O 口地址和中断号见表 10-2

表 10-2 PC 的 4 个串口

串口	I/O 地址	中断号
COM1	0x3f8	IRQ4
COM2	0x2f8	IRQ3
COM3	0x3e8	IRQ4
COM4	0x2e8	IRQ3

为了更好地说明 RS-232C 接口电路的实际工作情况,下面以应答呼叫过程为例,具体分析其信号间的交互关系。

所谓应答呼叫过程,即指 Modem 从接收到振铃信号开始,到数据传输结束后 Modem 和 DTE 恢复到原来的空闲状态为止的过程。假设 Modem 是全双工工作,因此不需要 RTS/CTS 握手信号,即 DTE 总是保持 RTS ON 状态,而 Modem 总是保持 CTS ON 状态。其他控制信号初始化时均处于 OFF 状态。ON 指该信号有效,OFF 指该信号无效。

(1) 数据终端 DTE 的控制软件持续监视振铃指示(RI),等待该信号有效。DTE 和 Modem 的引脚连线如图 10-3 所示。

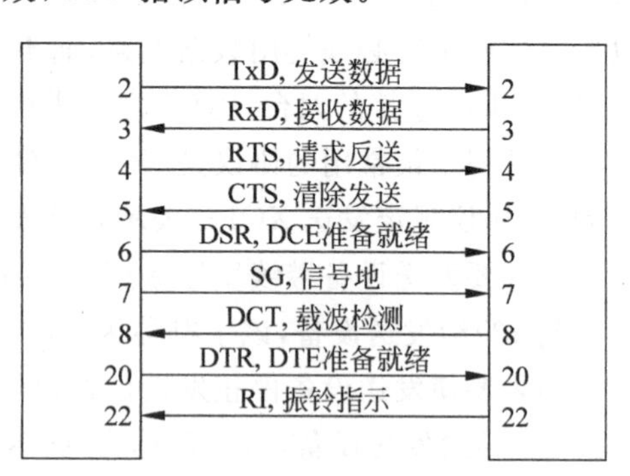

图 10-3 DTE 和 Modem 的引脚边线

(2) 响铃后,Modem 在振铃脉冲期间发出振铃指示信号(RI 有效),在振铃脉冲间隔期间,振铃指示信号有效。即随着振铃脉冲的有无,RI 信号 ON/OFF 交替变化。

(3) DTE 的通信控制软件在检测到振铃指示后,开始通过计算机振铃指示 ON/OFF 变化的次数对振铃进行计数。当达到程序预置好的振铃数时,控制软件发出数据终端就绪信号(DTR 有效),迫使 Modem 进入摘机状态,开始应答电话。

(4) Modem 在等待一小段时间(如 2s)后,自动地发送它的应答载波信号。同时 Modem 发出数据设备就绪信号(DSR 信号有效),通知 DTE 已完成所有准备工作,正在等待对方载波信号。

(5) 在 DTE 发出数据终端就绪信号(DTR 有效)期间,DTE 的控制软件监视数据设备就绪信号(DSR 是否有效)。当 DSR 变为 ON 状态后,DTE 便知道了 Modem 已准备建立数据链路,于是 DTE 开始监视载波检测(DCD)信号,以检查数据链路是否已建立。

(6) 当主叫 Modem 的载波信号出现在电话线上时,被叫 Modem 就发出载波检测信号(DCD),通知 DTE 已建立数据链路。

(7) 在数据链路连接期间,发送数据(TxD)和接收数据(RxD)线上即开始了全双工通信。同时,DTE 仍监视着载波检测(DCD)信号,以确定数据链路是否连接。

(8) 数据传输结束后,DTE 使数据终端就绪信号(DTE 无效),Modem 撤销载波信号并以载波检测(DCD)和数据设备就绪(DSR)信号无效给予响应。数据链路释放后,Modem 和 DTE 准备下一次接收或做另一次呼叫。

10.2 串行口 API 函数

虽然 Windows 操作系统的机制禁止应用程序直接访问计算机硬件,但为程序员提供了一系列的标准 API 函数,使得应用程序的编制更加方便,并且免除了对有关硬件调试的麻烦。在 Windows 9x/NT/2000 中,原来 Windows 3.x 的 WM_COMMNOTEFY 消息机制已被取消,操作系统为每个通信设备开辟了用户可定义大小的读/写缓冲区,端口定义以文件的形式操作,数据进出通信口由操作系统后台完成,应用程序只需对读/写缓冲区操作即可。常用的串行通信操作函数如下。

1. CreateFile

CreateFile 创建或打开以下的对象并返回句柄,可提供访问的对象如下:File(文件)、

Pipes(管道)、Mailslots(邮件槽)、Communications resources(通信资源)、Disk devices(硬盘设备,仅用于 Windows NT/2000/XP)、Consoles(控制台)和 Directories(目录,仅限于打开操作)。

完整定义:

```
Handle CreateFile (
  LPCTSTR lpFileName,                              //文件名
  DWORD dwDesireAccess,                            //访问模式(读/写)
  DWORD dwShareMode,                               //共享模式
  LPSECURITY_ATTRIBUTES lpSecurityAttributes,      //安全属性
  DWORD dwCreationDistribution,                    //文件已经存在或不存在时的处理方法
  DWORD dwFlagsAndAttributes,   //文件属性,对于串口来说有意义的属性只有 FILE_FLAG_
OVERLAPPED,表示端口的 I/O 可以在后台进行(后台 IO 也叫异步 IO)
  HANDLE hDemplateFile                             //复制指定文件的扩展属性
);
```

2. CloseHandle

CloseHandle 函数关闭一个已打开的对象句柄,完整定义:

```
BOOL CloseHandle (
  HANDLE hObject                                   //句柄
);
```

3. SetupComm

SetupComm 为通信设备初始化参数(设置通信缓冲区的大小),完整定义;

```
BOOL SetupComm (
  HANDLE hFile,                                    //句柄
  DWORD dwInQueue,                                 //输入缓冲区的大小
  DWORD dwOutQueue                                 //输出缓冲区的大小
);
```

4. ReadFile

ReadFile 同步或异步从文件读取数据,在读之前可能要调整文件指针的位置,完整定义:

```
BOOL ReadFile (
  HANDLE hFile,                                    //句柄
  LPVOID lpBuffer,                                 //接收数据的缓冲区地址
  DWORD nNumberOfBytesToRead,                      //读取的字节数
  LPDWORD lpNumberOfBytesRead,                     //读取字节数的地址
  LPOVERLAPPED lpOverlapped    //当打开文件指定 dwFlagsAndAttributes 参数为 FILE_FLAG_
OVERLAPPED 时,这个参数就必须应用一个特殊的结构,结构中定义一次异步读操作.否则,该参数应置
为空。
);
```

5. WriteFile

WriteFile 同步或异步写数据到文件中,在写之前可能要调整文件指针的位置,完整定义:

```
BOOL WriteFile (
HANDLE hFile,                                      //句柄
LPCVIOD lpBuffer,                                  //指向缓冲区的数据
DWORD nNumberOfBytesToWrite,                       //要写的字节数
LPDWORD lpNumberOfBuffersWritten,                  //返回实际写的字节数
LPOVERLAPPED lpOverlapped  //当打开文件指定 dwFlagsAndAttributes 参数为 FILE_FLAG_OVERLAPPED
```

时,这个参数就必须引用一个特殊的结构,结构中定义一次异步写操作。否则,该参数应置为空。
);

6. SetCommState

SetCommState 用指定的 DCB 结构设置通信参数,将重新初始化硬件和控制设置,但不会清空输入输出缓冲区。DCB 结构中包含波特率、数据位、校验位、停止位和流控制方式等信息。完整定义:

```
BOOL SetCommState (
  HANDLE hFile,                                    //句柄
  LPDCB lpDCB                                      //指向硬件控制块
);
```

7. GetCommState

GetCommState 返回当前通信参数的 DCB 结构。DCB 结构中包含波特率、数据位、校验位、停止位和流控制方式等信息,完整定义:

```
BOOL GetCommState (
  HANDLE hFile,                                    //句柄
  LPDCB lpDCB                                      //指向硬件控制块
);
```

8. ClearCommError

ClearCommError 清除串口错误并获取当前状态(可以返回接收缓冲区中处于等待状态的字节数)。完整定义:

```
BOOL ClearCommError (
  HANDLE hFile,                                    //句柄
  LPDWORD lpErrors,                                //接收错误代码
  LPCOMSTAT lpStat                                 //指向通信设备的状态缓冲区
);
```

9. BuildCommDCB

BuildCommDCB 函数用指定的设备控制串填充 DCB 结构,设备控制串可用相应的模式控制命令得到,如“baud=12 parity=N data=8 stop=1”或“12,N,8,1”。

要使设置生效,还需调用 SetCommState。完整定义:

```
BOOL BuildCommDCB (
  LPCTSTR lpDef,                                   //指向设备控制串
  LPDCB lpDCB                                      //指向设备控制块
);
```

10. BuildCommDCBAndTimeouts

BuildCommDCBAndTimeouts 函数用指定的设备控制串填充 DCB 结构,并设置超时值、未超时值。设备控制串可用相应的模式控制命令得到,如“baud=12 parity=N data=8 stop=1”或“12,N,8,1”。

这个函数综合了 BuildCommDCB 和 SetCommTimeouts 两个函数,完整定义:

```
BOOL BuildCommDCBAndTimeouts (
  LPCTSTR lpDef,                                   //设备控制串
  LPDCB lpDCB,                                     //设备控制块
```

```
    LPCOMMTIMEOUTS lpCommTimeouts                           //超时结构
);
```

11. ClearCommBreak

ClearCommBreak 函数恢复发送缓冲区中的数据传送，并把线路置为 nonbreak 状态(可参阅 SetCommBreak 和 TransmitCommChar)。完整定义：

```
BOOL ClearCommBreak (
    HANDLE hFile                                            //句柄
);
```

12. CommConfigDialog

CommConfigDialog 函数显示配置端口的对话框，完整定义：

```
BOOL CommConfigDialog (
    LPTSTR lpszName,                                        //设备名字字符串
    HWND hWnd,                                              //窗口句柄
    LPCOMMCONFIG lpCC                                       //Comm 配置结构
);
```

13. DeviceIoControl

DeviceIoControl 函数直接发送控制指令到指定的设备，让设备执行特定的操作。完整定义：

```
BOOL DeviceIoControl (
    HANDLE hDevice,                                         //句柄
    DWORD dwIoControlCode,                                  //控制指令
    LPVOID lpInBuffer,                                      //指定指令所需的数据缓冲区
    DWORD nInBufferSize,                                    //lpInBuffer 缓冲区的大小
    LPVOID lpOutBuffer,                                     //指定指令返回的数据缓冲区
    DWORD nOutBufferSize,                                   //lpOutBuffer 缓冲区的大小
    LPDWORD lpBytesReturned,                                //lpOutBuffer 缓冲区返回数据的实际大小
    LPOVERLAPPED lpOverlapped                               //指向 Overlapped 结构
);
```

14. EscapeCommFunction

EscapeCommFunction 函数直接让设备执行指定的扩展操作，用于完全控制端口，如模拟 Xon 或 Xoff 字符的接收、清除中止条件、将硬件信号置 ON 或 OFF 等。完整定义：

```
BOOL EscapeCommFunction (
    HANDLE hFile,                                           //句柄
    DWORD dwFunc                                            //要执行的扩展功能
);
```

15. GetCommConfig

GetCommConfig 函数获得当前设备的设置，完整定义：

```
Bool GetCommConfig (
    HANDLE hCommDev,                                        //句柄
    LPCOMMCONFIG lpCC,                                      //Comm 配置结构地址
    LPDWORD lpdwSize                                        //缓冲区大小
);
```

16. GetCommMask

GetCommMask 函数返回指定的设备的事件掩码,完整定义:

```
BOOL GetCommMask (
  HANDLE hFile,                              //句柄
  LPDWORD lpEvtMask                          //返回的事件掩码
);
```

17. GetCommModemStatus

GetCommModemStatus 函数返回 Modem 的控制寄存器的值,完整定义:

```
BOOL GetCommModemStatus (
  HANDLE hFile,                              //句柄
  LPWORD lpModemStat                         //控制寄存器的值
);
```

18. GetCommProperties

GetCommProperties 函数返回指定设备的属性。在调用 SetCommState 之前常用此函数判断是否支持指定的设置值,例如,是否支持的波特率等。完整定义:

```
BOOL GetCommProperties (
  HANDLE hFile,                              //句柄
  LPCOMMPROP lpCommProp                      //属性结构
);
```

19. GetCommState

GetCommState 函数返回指定设备当前设置的设备控制块,完整定义:

```
BOOL GetCommState (
  HANDLE hFile,                              //句柄
  LPDCB lpDCB                                //设备控制块
);
```

20. GetCommTimeouts

GetCommTimeouts 函数返回指定设备的所有读写操作超时值,完整定义:

```
BOOL GetCommTimeouts (
  HANDLE hFile,                              //句柄
  LPCOMMTIMEOUTS lpCommTimeouts              //超时结构
);
```

21. GetDefaultCommConfig

GetDefaultCommConfig 函数返回通信设备的默认值配置,完整定义:

```
BOOL GetDefaultCommConfig (
  LPCSTR lpszName,                           //设备名字符串
  LPCOMMCONFIG lpCC,                         //配置结构
  LPDWORD lpdwSize                           //结构的大小
);
```

22. PurgeComm

PurgeComm 函数取消输入或输出缓冲区的所有字符,并中止悬而未决的读或写操作,完整定义:

```
BOOL PurgeComm (
  HANDLE hFile,                              //句柄
  DWORD dwFlags                              //取消操作的参数
);
```

23. SetCommBreak

SetCommBreak 函数暂停发送缓冲区的数据传送，并把线路置为 break 状态，直到调用 ClearCommBreak 时才恢复（可参阅 GetCommBreak 和 TransmitCommChar）。完整定义：

```
BOOL SetCommBreak(
  HANDLE hFile                               //句柄
);
```

24. SetCommConfig

SetCommConfig 函数设置通信设备的当前配置，完整定义：

```
BOOL SetCommConfig (
  HANDLE hCommDev,                           //句柄
  LPCOMMCONFIG lpCC,                         //配置结构
  DWORD dwSize                               //结构的大小
);
```

25. SetCommMask

SetCommMask 函数设置指定设备的事件掩码。调用此函数后，需要再调用 WaitCommEvent 来等待事件的产生。完整定义：

```
BOOL SetCommMask (
  HANDLE hFile,                              //句柄
  DWORD dwEvtMask                            //事件掩码
);
```

26. SetCommTimeouts

SetCommTimeouts 函数设置读和写操作的超时值，完整定义：

```
BOOL SetCommTimeouts (
  HANDLE hFile,                              //通信设备句柄
  LPCOMMTIMEOUTS lpCommTimeouts              //超时结构
);
```

27. SetDefaultCommConfig

SetDefaultCommConfig 函数设置通信设备的默认配置，完整定义：

```
BOOL SetDefaultCommConfig (
  LPCSTR lpszName,                           //设备名字符串
  LPCOMMCONFIG lpCC,                         //配置结构
  DWORD dwSize                               //结构的大小
);
```

28. TransmitCommChar

TransmitCommChar 函数向指定设备发送字符，该字符将优先于输出缓冲区中的数据。一般情况下，先调用 SetCommBreak，再调用此函数，最后调用 ClearCommChar，用于优先发送指定字符。完整定义：

```
BOOL TransmitCommChar (
  HANDLE hFile,                                          //句柄
  Char cChar                                             //发送的字符
);
```

29. WaitCommEvent

WaitCommEvent 函数等待指定设备的事件发生。一系列的事件被此函数监视,包括设备相关的事件掩码,可以同步或异步方式进行。完整定义:

```
BOOL WaitCommEvent (
  HANDLE hFile,                                          //句柄
  LPDWORD lpEvtMask,                                     //要处理的事件
  LPOVERLAPPED lpOverlapped,                             //Overlapped结构,用于异步方式
);
```

10.3 MSComm 控件

利用 API 函数编写串口通信程序较为复杂,利用 MSComm 组件则相对较为简单,它以组件的形式封装了 API,只要设置相对的属性,在相应的事件中处理串口的数据传输各种操作,且支持多线程,所以 MSComm 组件应用很广泛。

Microsoft Communication Control (以下简称为 MSComm)是 Microsoft 公司提供的 Windows 下串行通信编程的 ActiveX 控件。MSComm 控件是 Visual Basic 中的 OCX 控件。VB 的 MSComm 通信控件具有丰富的与串口通信密切相关的属性及事件,提供了一系列标准通信命令的接口,可以用它创建全双工的、事件驱动的、高效实用的通信程序。

10.3.1 MSComm 安装

MSComm 组件是 Microsoft Visual Studio 配带的 ActiveX 组件,必须确认硬盘中存在 MSCOMM32.DEP、MSCOMM32.OCX 和 MSCOMM.SRG 文件,一般安装 Microsoft Visual Studio 后这些文件会自动生成,然后在 Delphi XE8 中安装 MSComm 控件。步骤如下。

(1) 先打开 Delphi XE8 集成开发环境,选择菜单 Component 中的 Import ActiveX Control 命令,在 Import ActiveX 选项卡内选择 Microsoft Comm Control 6.0 项,如图 10-4 所示。

(2) 单击 Install 按钮安装 MSComm 控件,安装后在 ActiveX 组件板中出现 MSComm 图标,即可被使用。有一点要注意,在 Object Inspector 中 MSComm 控件的 Input 和 Output 属性是不可见的,但它们仍然存在,这两个属性的类型是 Ole Variant (Ole 万能变量)。

如果 MSCOMM32.OCX 文件不是从 Microsoft Visual Studio 安装的,而是从其他系统简单复制过来,Delphi XE8 IDE 环境将提示"该组件未注册", MSCOMM32.OCX 可以按如下两种方式注册。

第一种方式:单击"开始"|"运行",在"运行"命令栏中输入如下命令。

Regsvr32 c:\windows\system\mscomm32.ocx(假设 MSCOMM32.OCX 文件被复制到该路径下)

第二种方式:打开记事本输入以下内容,并且保存为 REG 的扩展名,双击此文件也可以进行注册。

```
REGEDIT4
[HKEY_CLASSES_ROOT\Licenses\ 4250E830 - 6AC2 - 11cf - 8ADB - 00AA00C00905]
@ = " kjljvjjjoquqmjjjvpqqkqmqykypoqjquoun"
```

两种方式都可注册。

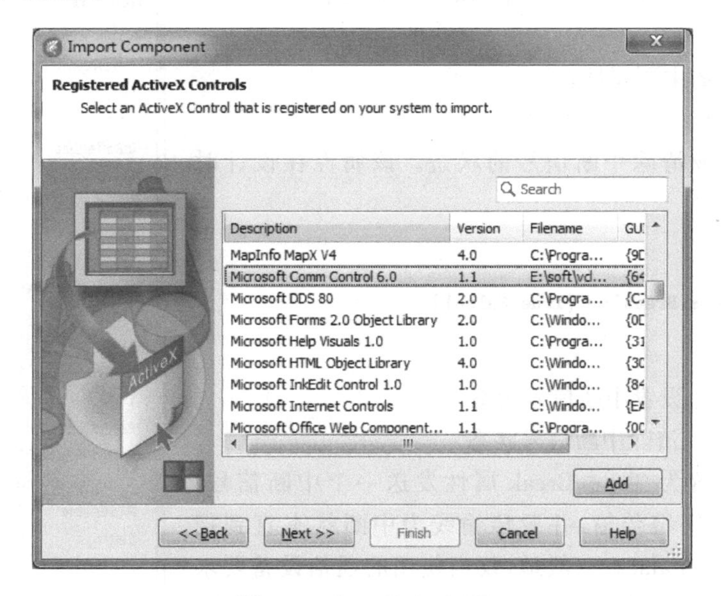

图 10-4 Import ActiveX

10.3.2 MSComm 控件方法

MSComm 控件通过串行端口传输和接收数据，为应用程序提供串行通信功能。

MSComm 控件提供下列两种处理通信的方式。

(1) 事件驱动通信是处理串行端口交互作用的一种非常有效的方法。在许多情况下，在事件发生时需要得到通知，例如，在 Carrier Detect(CD)或 Request To Send(RTS)信号线上一个字符到达或一个变化发生时。在这些情况下，可以利用 MSComm 控件的 OnComm 事件捕获并处理这些通信事件。OnComm 事件还可以检查和处理通信错误。

(2) 在程序的每个关键功能之后，可以通过检查 CommEvent 属性的值来查询事件和错误。如果应用程序较少，并且是自保持的，这种方法可能是更可取的。例如，如果写一个简单的电话拨号程序，则没有必要对每接收一个字符都又产生事件，因为唯一等待接收的字符是调制解调器的"确定"响应。

每个 MSComm 控件对应着一个串行端口。如果应用程序需要访问多个串行端口，必须使用多个 MSComm 控件。可以在 Windows"控制面板"中改变端口地址和中断地址。

尽管 MSComm 控件有很多重要的属性，但首先必须熟悉几个属性。

CommPort：设置并返回通信端口号。

Settings：以字符串的形式设置并返回波特率、奇偶校验、数据位、停止位。

PortOpen：设置并返回通信端口的状态，也可以打开和关闭端口。

Input：从接收缓冲区返回和删除字符。

Output：向传输缓冲区写一个字符串。

10.3.3 MSComm 控件属性

通信 MSComm 控件提供了 27 个关于通信控制方面的属性和 5 个标准属性,Delphi XE8 中 MSComm 控件的属性如图 10-5 所示。

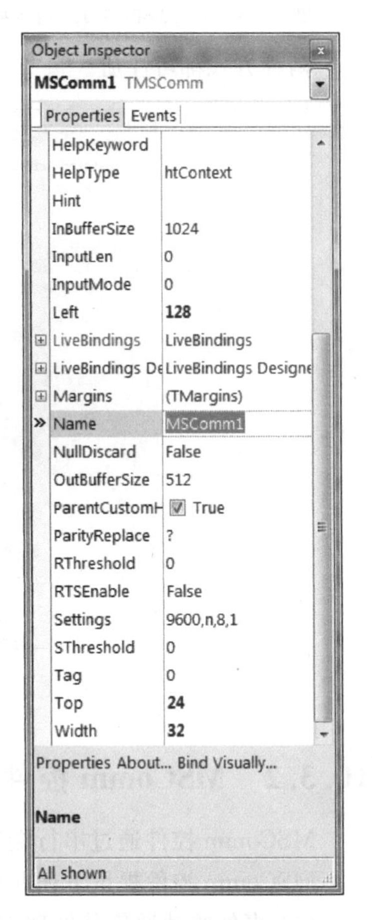

图 10-5 MSComm 控件的属性

下面介绍它的主要属性。

1. Break 属性

描述:设置或清除中断信号的状态。该属性在设计时无效。

语法:

```
[form .] MSComm.Break[: = {True|False}]
```

设置为:

True　　设置中断信号状态

False　　清除中断信号状态

说明:当设置为 True,Break 属性发送一个中断信号。该中断信号挂起字符传输,并置传输线为中断状态直到把 Break 属性设置为 False。一般地,仅当使用的通信设备要求设置一个中断信号时,才设置一个短时的中断状态。

数据类型:Interger(Boolean)。

2. CDHolding 属性

通过查询 Carrier Detect (CD)信号线的状态确定当前是否有传输。Carrier Detect 是从调制解调器发送到相连计算机的一个信号,指示调制解调器正在联机。该属性在设计时无效,在运行时为只读。

语法:

```
[form .] MSComm.CDHolding[: = {True|False}]
```

CDHolding 属性的设置值为:

True　　Carrier Detect 信号线为高电平

False　　Carrier Detect 信号线为低电平

说明:当 Carrier Detect 信号为高电平(CDHolding=True)且超时时,MSComm 控件设置 CommEvent 属性为 ComEventCDTO (Carrier Detect 超时错误),并产生 Oncomm 事件。

3. CommID 属性

返回一个说明通信设备的句柄。该属性在设计时无效,在运行时为只读。

语法:

```
[form .] MSComm.CommID
```

说明:该值与 Windows API CreateFile 函数返回的值一致。在 Windows API 中调用任何通信例程时使用该值。

数据类型:Long。

4. CommEvent 属性

返回最近的通信事件或错误。该属性在设计时无效,在运行时为只读。

语法:

```
[form .] MSComm.CommEvent
```

说明:只要有通信错误或事件发生时都会产生 OnComm 事件,CommEvent 属性存有该错误或事件的数值代码。要确定引发 OnComm 事件的确切的错误或事件,请参阅 CommEvent 属性。

数据类型:Integer。

CommEvent 属性返回下列值之一来表示不同的通信错误或事件。这些常数可以在该控件的对象库中找到。通信错误常数见表 10-3。

表 10-3 通信错误常数

常 数	值	含义描述
ComEventBreak	1001	接收到一个中断信号
ComEventCTSTO	1002	Clear To Send 超时。在系统规定时间内传输一个字符时,Clear To Send 信号线为低电压
ComEventDSRTO	1003	Data Set Ready 超时。在系统规定时间内传输一个字符时,Data Set Ready 信号线为低电压
ComEventFrame	1004	帧错误。硬件检测到一帧错误
ComEventOverrun	1005	端口超速。没有在下一个字符到达之前从硬件读取字符,该字符丢失
ComEventCDTO	1006	载波检测超时。在系统规定时间内传输一个字符时,Carrier Detect 信号线为低电压。Carrier Detect 也称为 Receive Line Signal Detect(RLSD)
ComEventRxOver	1007	接收缓冲区溢出。接收缓收冲区没有空间
ComEventRxParity	1008	奇偶校验。硬件检测到奇偶校验错误
ComEventTxFull	1009	传输缓冲区已满。传输字符时传输缓冲区已满
ComEventDCB	1010	检索端口的设备控制块(DCB)时的意外错误

通信事件常数如表 10-4 所示。

表 10-4 通信事件常数

常数	值	含义描述
ComEvSend	1	在传输缓冲区有比数少的字符
ComEvReceive	2	收到 Rthreshold 个字符。该事件将持续产生直到用 Input 属性从接收缓冲区中删除数据
ComEvCTS	3	Clear To Send 信号线的状态发生变化
ComEvDSR	4	Data Set Ready 信号线的状态发生变化。该事件只在 DSP 从 1 变到 0 时才发生
ComEvCD	5	Carrier Detect 信号线的状态发生变化
ComEvSing	6	检测到振铃信号。一些 UART(通用异步接收-传输)可以不支持该事件
ComEvEOF	7	收到文件结束(ASCII 字符)为字符

5. CommPort 属性

设置并返回通信端口号。

语法：

```
[form .] MSComm.CommPort[: = value]
```

说明：在设计时，value 可以设置成从 1 到 16 的任何数(默认值为 1)。但是如果用 PortOpen 属性打开一个并不存在的端口时，MSComm 控件会产生错误 68(设备无效)。

说明：必须在打开端口之前设置 CommPort 属性。

数据类型：Integer。

6. CTSHolding 属性

确定是否可通过查询 Clear To Send (CTS)信号线的状态发送数据。Clear To Send 是调制解调器发送到相连计算机的信号，指示传输可以进行。该属性在设计时刻不能设置，在运行时刻只能读不能写。

语法：

```
[form .] MSComm.CTSHolding[: = {True|False}]
```

CTSHolding 属性的设置值为：

True　　Clear To Send 信号线为高电平

False　　Clear To Send 信号线为低电平

说明：如果 Clear To Send 信号线为低电平(CTSHolding＝False)并且超时时，MSComm 控件设置 CommEvent 属性为 ComEventCTSTO (Clear To Send Timeout)，并产生 OnComm 事件。

Clear To Send 信号线用于 RTS/CTS(Request To Send/Clear To send)硬件握手。如果需要确定 Clear To Send 信号线的状态，CTSHolding 属性给出一种手工查询的方法。

数据类型：Boolean。

7. DSRHolding 属性

确定 Data Set Ready (DSR)信号线的状态。Data Set Ready 信号由调制解调器发送到相连计算机，指示做好操作准备。该属性在设计时无效，在运行时为只读。

语法：

```
[form .] MSComm.CSRHolding[: = {True|False}]
```

CSRHolding 属性返回以下值：

True　　Data Set Ready 信号线为高电平

False　　Data Set Ready 信号线为低电平

说明：当 Data Set Ready 信号线为高电平(CSRHolding＝True)且超时时，MSComm 控件设置 CommEvent 属性为 ComEventCSRTO (数据准备超时)，并产生 OnComm 事件。当为 Data Terminal Equipment (DTE)机器写 Data Set Ready/Data Terminal Ready 握手例程时该属性是十分有用的。

数据类型：Boolean。

8. DTREnable 属性

确定在通信时是否使 Data Terminal Ready (DTR)信号线有效。Data Terminal Ready 是计算机发送到调制解调器的信号，指示计算机在等待接收传输。

语法：

```
[form .] MSComm.DTREnable[: = {True|False}]
```

DTREnable 属性设置值：

True　　Data Terminal Ready 信号线有效

False　　Data Terminal Ready 信号线无效(默认)

说明：当 DTREnable 设置为 True,当端口被打开时,Data Terminal Ready 信号线设置为高电平(开),当端口被关闭 Data Terminal Ready 信号线设置为低电平(关)。当 DTREnable 设置为 False 时,Data Terminal Ready 信号线始终保持为低电平。

数据类型：Boolean。

以下代码表示数据终端准备好。

```
MSComm1.DTREnable: = True;
```

9. EOFEnable 属性

EOFEnable 属性确定在输入过程中 MSComm 控件是否寻找文件结尾(EOF)字符。如果找到 EOF 字符,将停止输入并激活 OnComm 事件,此时 CommEvent 属性设置为 ComEvEOF。

语法：

```
[form . ] MSComm.EOFEnable[: = {True|False}]
```

value 的设置值：

True　　当 EOF 字符找到时 OnComm 事件被激活

False　　当 EOF 字符找到时 OnComm 事件不被激活(默认)

说明：当 EOFEnable 属性设置为 False,OnComm 控件将不在输入流中寻找 EOF 字符。

10. Handshaking 属性

设置并返回硬件握手协议。

语法：

```
[form . ] MSComm.Handshaking[: = value]
```

value 设置值见表 10-5。

说明：Handshaking 是指内部通信协议,通过该协议,数据从硬件端口传输到接收缓冲区。当一个数据字符到达串行端口,通信设备就把它移到接收缓冲区以使程序可以读它。如果没有接收缓冲区,程序需要直到从硬件读取每一个字符,这很可能会造成数据丢失,因为字符到达的速度可以非常快。

握手协议保证在缓冲区过载时数据不会丢失。缓冲区过载为数据到达端口太快而使通信设备来不及将它移到接收缓冲区。

数据类型：Integer。

表 10-5　Handshaking 属性的 value 设置值

常　数	值	含义描述
comNone	0	没有握手(默认)
ComXOnXOff	1	(XOn/XOff)握手
ComRTS	2	RTS/CTS(Request To Send/Clear To Send)握手
comRTSXOnXOff	3	Request To Send 和 XOn/NOff 握手皆可

11. InBufferCount 属性

返回接收缓冲区中等待的字符数。该属性在设计时无效。

语法:

```
[form .] MSComm. InBufferCount[: = value]
```

说明:InBufferCount 是指调制解调器已接收,并在接收缓冲区等待被取走的字符数。可以把 InBufferCount 属性设置为 0 来清除接收缓冲区。

说明:不要把该属性与 InBufferSize 属性混淆。InBufferSize 属性返回整个接收缓冲区的大小。

数据类型:Integer。

12. InBufferSize 属性

设置并返回接收缓冲区的字节数。

语法:

```
[form .] MSComm. InBufferSize[: = value]
```

说明:InBufferSize 是指整个接收缓冲区的大小。默认值是 1024B。不要将该属性与 InBufferCount 属性混淆。InBufferCount 属性返回的是当前在接收缓冲区中等待的字符数。注意,接收缓冲区越大则应用程序可用内存越小。但若接收缓冲区太小,且不使用握手协议,就可能有溢出的危险。一般的规律是,首先设置一个 1024B 的缓冲区,如果出现溢出错误,则通过增加缓冲区的大小来控制应用程序的传输速率。

数据类型:Integer。

13. Input 属性

返回并删除接收缓冲区中的数据流。该属性在设计时无效,在运行时为只读。

语法:

```
[form. ] MSComm. Input
```

说明:InputLen 属性确定被 Input 属性读取的字符数。设置 InputLen 为 0,则 Input 属性读取缓冲区中全部的内容。InputMode 属性确定用 Input 属性读取的数据类型。如果设置 InputMode 为 comInputModeText, Input 属性通过一个 Variant 返回文本数据。如果设置 InputMode 为 comInputModeBinary,Input 属性通过一个 Variant 返回一个二进制数据的数组。

数据类型:Variant。

14. InputLen 属性

设置并返回 Input 属性确定被 Input 属性读取的字符数。

语法:

```
[form. ]MSComm. InputLen[: = value]
```

说明:InputLen 属性的默认值是 0。设置 InputLen 属性为 0 时,使用 Input 将使 MSComm 控件读取接收缓冲区中全部的内容。

若接收缓冲区中 InputLen 字符无效,Input 属性返回一个零长度字符串("")。在使用 Input 前,用户可以选择检查 InBufferCount 属性来确定缓冲区中是否已有所需数目的字符。

该属性在从输出格式为定长数据的计算机读取数据时非常有用。

数据类型:Integer。

以下代码说明如何读取 10 个字符数据。

```
MSComm1.InputLen: = 10;                        //指定 10 个字符的数据块
CommData: = MSComm1.Input;                     //读取数据
```

15. InputMode 属性

设置或返回 Input 属性取回的数据的类型。

语法：

```
[form.]MSComm.InputMode[: = value]
```

value 设置值如表 10-6 所示。

表 10-6　InputMode 属性的 value 设置值

常数	值	含 义 描 述
ComInputModeText	0	数据通过 Input 属性以文本形式取回(默认)
ComInputModeBinary	1	数据通过 Input 属性以二进制形式取回

说明：InputMode 属性确定 Input 属性如何取回数据。数据取回的格式是字符串或是二进制的数组。若数据只用 ANSI 字符集，则用 ComInputModeText。对于其他字符数据，如数据中有嵌入控制字符、Nulls 等，则使用 ComInputModeBinary。

16. NullDiscard 属性

确定 NULL 字符是否从端口传送接收缓冲区。

语法：

```
[form.]MSComm.NullDiscard[: = value]
```

value 设置值是：

True　　NULL 字符不从端口传送到接收缓冲区

False　　NULL 字符从端口传送到接收缓冲区(默认值)

说明：NULL 字符定义为 ASCII 字符 0。

数据类型：Boolean。

17. OutBufferCount 属性

返回在传输缓冲区中等待的字符数，也可以用它来清除传输缓冲区。该属性在设计时无效。

语法：

```
[form.]MSComm.OutBufferCount[: = value]
```

说明：设置 OutBufferCount 属性为 0 可以清除传输缓冲区。注意，不要把 OutBufferCount 属性与 OutBufferSize 属性混淆，OutBufferSize 属性返回整个传输缓冲区的大小。

数据类型：Integer。

以下代码表示清空输出缓冲区。

```
MSComm1.OutBufferCount: = 0;
```

18. OutBufferSize 属性

以字节的形式设置并返回传输缓冲区的大小。

语法：

```
[form.]MSComm.OutBufferSize[:= value]
```

说明：OutBufferSize 指整个传输缓冲区的大小，默认值是 512B。不要把该属性与 OutBufferCount 属性混淆，OutBufferCount 属性返回当前在传输缓冲区等待的字节数。

说明：传输缓冲区设置得越大则应用程序可用内存越小。但若缓冲区太小，若不使用握手协议，就可能就有溢出错误，则通过增加缓冲区的大小来控制应用程序的传输速率。

数据类型：Integer。

19. Output 属性

往传输缓冲区写数据流。该属性在设计时无效，在运行时为只读。

语法：

```
[form.]MSComm.Output[:= value]
```

说明：Output 属性可以传输文本数据或二进制数据。用 Output 属性传输文本数据，必须定义一个包含一个字符串的 Variant。发送二进制数据，必须传递一个包含字节数组的 Variant 到 Output 属性。正常情况下，如果发送一个 ANSI 字符等的数据，要以二进制形式发送。

数据类型：Variant。

20. ParityReplace 属性

当发生奇偶校验错误时，设置并返回换数据流中一个非法字符的字符。

语法：

```
[form.]MSComm.ParityReplace[:= value]
```

说明：Parity bit 是指同一定数据位数一起传输的位，以提供简单的错误检查。当使用校验位时，MSComm 控制把在数据中已经设置的所有位(值为 1)都加起来并检查其和为奇数或偶数(根据当端口开时奇偶校验的设置)。

按照默认规定，MSComm 控制用问号(?)替换非法字符。若设置 ParityReplace 为一个空字符串("")，则当奇偶校验错误出现时，字符替换无效。

数据类型：String。

21. PortOpen 属性

设置并返回通信端口的状态(开或关)。该属性在设计时无效，在运行时才可用。

语法：

```
[form.]MSComm.PortOpen[:= value]
```

value 设置值是：

True　　端口开

False　　端口关

说明：设置 PortOpen 属性为 True 打开端口。设置为 False 关闭端口并清除接收和传输缓冲区。当应用程序终止时，MSComm 控件自动关闭串行端口。

在打开端口之前，确定 CommPort 属性设置为一个合法的端口号。如果 CommPort 属性设置为一个非法的端口号，则当打开该端口时，MSComm 控件产生错误 68(设备无效)。另外，串行端口设备必须支持 Settings 属性当前的设置。如果 Settings 属性包含硬件不支持的通信设置，那么硬件可能不会正常工作。如果在端口打开之前，DTREnable 或 RTSEnable 属性设置为 True，当关闭端口时，该属性设置为 False。否则，DTR 和 RTS 信号线保持其先前的状态。

数据类型：Boolean。

22. Rthreshold 属性

在 MSComm 控件设置 CommEvent 属性为 comEvReceive 并产生 OnComm 之前，设置并返回要接收的字符数。

语法：

```
[form.]MSComm.Rthreshold[: = value]
```

说明：当接收字符后，若 Rthreshold 属性设置为 0(默认值)则不产生 OnComm 事件。例如，设置 Rethreshold 为 1，接收缓冲区收到每一个字符都会使 MSComm 控件产生 OnComm 事件。

数据类型：Integer。

23. RTSEnable 属性

确定是否使 Request To Send(RTS)信号线有效。一般情况下，由计算机发送 Request To Send 信号到连接的调制解调器，以请示允许发送数据。

语法：

```
[form.]MSComm.RTSEnable[: = value]
```

value 设置值：

True　　Request To Send 信号线有效

False　　Request To Send 信号线无效(默认)

说明：当 RTSEnable 设置为 True，端口打开时，Request To Send 信号线设置为高电压，端口关闭时，设置为低电压。Request To Send 信号线用在 RTS/CTS 硬件握手。RTSEnable 属性允许手动检测 Request To Send 信号线以确定其状态。

数据类型：Boolean。

24. Settings 属性

设置并返回波特率、奇偶校验、数据位和停止位参数。

```
[form.]MSComm.Settings[: = value]
```

说明：当端口打开时，如果 value 非法，则 MSComm 控件产生错误 380(非法属性值)。value 由 4 个设置值组成，如以下格式：

```
"BBBB,P,D,S"
```

其中，BBBB 为波特率，P 为奇偶校验，D 为数据位数，S 为停止位数。value 的默认值是："9600,N,8,1"。

(1) 合法的波特率有：110、300、600、1200、2400、9600(默认)、14 000、19 200、38 400(保留)、56 000(保留)、128 000(保留)、256 000(保留)。

(2) 合法的奇偶校验值有：E 偶数(Even)、M 标记(Mark)、N(默认)、O 奇数(Odd)、S 空

格(Space)。

(3) 合法的数据位值有：4、5、6、7、8(默认)。

(4) 合法的停止位值有：1、1.5、2。

数据类型：String。

以下代码表示有通信口设置为56 000b/s、无奇偶校验、8个数据位、1个停止位。

```
MSComm1.Setting: = '56000,N,8,1';
```

25. SThreshold 属性

MSComm 控件设置 CommEvent 属性为 comEvSend 并产生 OnComm 事件之前，设置并返回传输缓冲区中允许的最小字符数。

语法：

```
[form.]MSComm.SThreshold[: = value]
```

数据类型：Integer。

说明：若设置 SThreshold 属性为0(默认值)，数据传输事件不会产生 OnComm 事件。若设置 SThreshold 属性为1，当传输缓冲区完全空时，MSComm 控件产生 OnComm 事件。如果在传输缓冲区中的字符数小于 value，CommEvent 属性设置为 comEvSend，并产生 OnComm 事件。comEvSend 事件仅当字符数与 SThreshold 交叉时被激活一次。例如，如果 SThreshold 等于5，仅当在输出队列中字符数从5降到4时，comEvSend 才发生。如果在输出队列中从没有比 SThreshold 多的字符，comEvSend 事件将绝不会发生。

10.3.4 MSComm 控件事件

无论何时当 CommEvent 属性的值变化时，就产生 OnComm 事件，标志发生了一个通信事件或一个错误。

语法：

```
Procedure MSCommComm(Sender:Tobject);
```

说明：CommEvent 属性包含实际错误或产生 OnComm 事件的数字。注意，设置 RThreshold 或 SThreshold 属性为0，分别使捕获 comEvReceive 和 comEvSend 事件无效。

以下的代码演示了如何控制通信的错误和事件，读者可以插入代码到相关联的 Case 语句中来处理特定的错误的事件。

```
Case MSComm1.CommEvent of                    //COM1
    ComEventBreak:statement;                 //Break 产生,插入处理代码
    ComEventCDTO:statement;                  //CD(RLSD)超时,插入处理代码
    ComEventCTSTO:statement;                 //CTS 超时,插入处理代码
    ComEventDSRTO:statement;                 //DSR,超时,插入处理代码
    ComEventFrame:statement;                 //Framing 错,插入处理代码
    ComEventOverrun:statement;               //数据丢失,插入处理代码
    ComEventRxOver:statement;                //接收缓冲溢出,插入处理代码
    ComEventRxParity:statement;              //奇偶校验错,插入处理代码
    ComEventTxFull:statement;                //发送缓冲区满,插入处理代码
    ComEventDCB:statement;                   //异常产生,插入处理代码
                                             //通信事件
    ComEvCD:statement;                       //CD 信号线改变,插入处理代码
```

```
ComEvCTS:statement;                    //CTS 信号线改变,插入处理代码
ComEvDSR:statement;                    //DSR 信号线改变,插入处理代码
ComEvRing:statement;                   //Ring 指示器改变,插入处理代码
ComEvReceive:statement;                //接收字符小于门槛值,插入处理代码
ComEvSend:statement;                   //发送字符小于门槛值,插入处理代码
ComEvEof:statement;                    //到达文件末尾插入处理代码
```

【例 10.1】 简单的 MSComm 程序设计。

1) 界面设计

创建一个新的工程,在窗体中添加三个 Label 组件、两个 ComboBox 组件、一个 Memo 组件,一个 MSComm 组件(位于 ActiveX 标签页)和两个 Button 组件,用户界面如图 10-6 所示。

图 10-6 “简单的 MSComm 组件程序”界面

2) 属性设置

各组件的属性设置如表 10-7 所示。

表 10-7 窗体及组件属性设置

对象	属性	属 性 值	说 明
Label1	Caption	显示接收数据	标签标题
Label2	Caption	Setting 属性值:	标签标题
Label3	Caption	CommPort 属性值:	标签标题
ComboBox1	Items	110,N,8,1 300,N,8,1 600,N,8,1 2400,N,8,1 5600,N,8,1 14 000,N,8,1 19 200,N,8,1 38 400,N,8,1 56 000,N,8,1 128 000,N,8,1 256 000,N,8,1	设置并返回波特率、奇偶校验、数据位和停止位参数
ComboBox1	Items	com1 com2	设置并返回通信端口号
Button1	Caption	开始接收	按钮的标题
Button2	Caption	停止接收	按钮的标题

3) 程序设计

```
procedure TForm1.FormCreate(Sender: TObject);
begin
  mscomm1.InBufferCount: = 0;                       //关键分析 1
  mscomm1.InputLen: = 0;
  mscomm1.RThreshold: = 1;
  button2.Enabled: = false;
end;
procedure TForm1.Button1Click(Sender: TObject);
begin
  mscomm1.Settings: = combobox1.Text;
  if combobox2.Text = 'com1' then                   //只考虑 com1 和 com2 两种情况
    mscomm1.CommPort: = 1
  else
    mscomm1.CommPort: = 2;
  mscomm1.PortOpen: = true;                         //关键分析 2
  mscomm1.DTREnable: = true;
  mscomm1.RTSEnable: = true;
  button1.Enabled: = false;
  button2.Enabled: = true;
end;
procedure TForm1.Button2Click(Sender: TObject);
begin
  mscomm1.PortOpen: = false;                        //关闭窗口
  mscomm1.DTREnable: = false;
  mscomm1.RTSEnable: = false;
  button1.Enabled: = true;
  button2.Enabled: = false;
end;
procedure TForm1.MSComm1Comm(Sender: TObject);
var
  recstr:olevariant;
begin
  if mscomm1.CommEvent = 2 then
  begin
    recstr: = mscomm1.Input;
    memo1.Text: = memo1.Text + recstr;              //接收到的数据在 Memo1 中显示出来
  end;
end;
```

4) 程序分析

本程序实现根据选择,将 com1 口或 com2 口的数据接收,并把接收的数据在 Memo1 中显示出来。

关键分析 1: 程序在运行开始,首先通过对 InBufferCount 置 0 把接收缓冲区清空。通过对 InputLen 置 0,设置读取方式为读取整个缓冲区内容。通过对 RThreshold 置 1,设置 OnComm 事件为每收到一个字符便触发。

关键分析 2: 通过 FormCreate 事件把 MSComm 的工作方式初始化设置好后,开始接收数据。首先把 PortOpen 置 True 打开串口,把 DTREnable 置 True 数据终端已准备好,把 RTSEnable 置 True 通知发送端可以发送。

【例 10.2】 COM 口重量采集程序。

1) 界面设计

创建一个新的工程，在窗体中添加三个 RadioButton 组件、4 个 ComboBox 组件、一个 Memo 组件，一个 MSComm 组件，一个 Edit 组件和两个 Button 组件，用户界面如图 10-7 所示。

图 10-7　简单的 MSComm 组件程序

2) 属性设置

各组件的属性设置如表 10-8 所示。

表 10-8　窗体及组件属性设置

对象	属性	属　性　值	说　　明
RadioButton1	Caption	COM1	标签标题
RadioButton2	Caption	COM2	标签标题
RadioButton3	Caption	COM3	标签标题
ComboBox1	Items	110 300 600 2400 5600 14000 19200 38400 5600 128000 256000	设置并返回波特率、数据位和停止位参数
ComboBox2	Items	NONE ODD EVEN	奇偶校验
ComboBox3	Items	8 7 6	数据位
ComboBox4	Items	1 2	停止位参数
Button1	Caption	打开端口	标签标题
Button2	Caption	关闭端口	标签标题

3) 程序设计

```
var
  Form1: TForm1;
  flag:integer;
  flag1:integer;
  weight:real;
  hthread:Thandle;
  Timeout:integer;
implementation
{$R *.dfm}
//十进制转换为二进制
function TForm1.IntToBin(Value : integer; NumBits : byte) : string;   //十->二
var lp0 : integer;
begin
  result := '';
  for lp0 := 0 to NumBits-1 do
  begin
    if ((Value and (1 shl (lp0))) <> 0) then
      result := #$31 + result
    else
      result := #$30 + result;
  end;
  IntToBin:=result;
end;
//测试是否为数字字符串
function TForm1.TestDigit(Str: String): Boolean;
var
  i,count: Integer;
begin
  count:= length(str);
  for i:=1 to count do
    if not(str[i] in ['0','1','2','3','4','5','6','7','8','9']) then
      Break;
  if i=Count+1 then
    Result:= True
  else
    Result:= False;
end;
//多线程接收数据
function mythread(p:pointer):longint;stdcall;
var
    bit0:byte ;
    v,v4: Variant;
    tmp: String;
    frame_ok:boolean;
begin
  repeat
    form1.MSComm1.InputLen := 1 ;
    frame_ok:=false;
    repeat
      if Timeout>=10 then                                          //大于30s超时
      begin
        if form1.MSComm1.PortOpen then
          form1.MSComm1.PortOpen:= False;
        form1.Memo1.Lines.Add(Formatdatetime('hh:mm:ss',now)+'-->'+'检测超时,请检查');
```

```
        timeout: = 0;
        form1.timer2.enabled: = false;
        terminatethread(hthread,0);
        Exit;
      end;
      If (form1.MSComm1.InBufferCount >= 1) Then
        begin
         v: = form1.MSComm1.Input ;
         If v[0] = 2 Then
           begin
            timeout: = 0;
            form1.Timer2.Enabled: = false;
            form1.MSComm1.InputLen : = 1 ;
            break;
           end;
        end;
    until(false) ;
    flag1: = 0;
    form1.MSComm1.InputLen: = 1;
    repeat
      If (form1.MSComm1.InBufferCount >= 1) Then
        begin
        v: = form1.MSComm1.Input;
        flag1: = flag1 + 1;
        end;
    until(v[0] = 13);                    //找到回车键,判断 flag1 标志;
    if flag1 = 10 then
    begin
      form1.MSComm1.Inputlen: = 1;
      repeat
          if(form1.MSComm1.InBufferCount >= 1) Then
             begin
             v: = form1.MSComm1.Input;  //v 为 CHK 校验位;
             form1.MSComm1.InputLen : = 12  ;
             form1.MSComm1.RThreshold: = 12;
             frame_ok: = true;
             break;
             end;
      until(false);
    end
    else
      begin
        form1.FormCreate(nil);
        continue;
      end;
    if frame_ok then Break;
  until(false);
  form1.Memo1.Lines.Add(Formatdatetime('hh:mm:ss',now) + '-->' + tmp + '端口打开成功!');
end;
//程序初始化
procedure TForm1.FormCreate(Sender: TObject);
begin
  With MSComm1 do
  begin
     flag1: = 0;
```

```
      timeout: = 0;
      InBufferCount: = 0;                    //清接收缓冲区
      RThreshold: = 0;                       //关键分析 1
      InputLen: = 0;                         //关键分析 2
      combobox1.Text: = '4800';
      combobox2.Text: = 'NONE';
      combobox3.Text: = '8';
      combobox4.Text: = '1';
   End;
end;

procedure TForm1.Button1Click(Sender: TObject);
var
   Threadid:dword;
begin
   if Radiobutton1.Checked then
   begin
      tmp: = 'COM1';
      if not mscomm1.PortOpen then
      mscomm1.CommPort: = 1;
   end
   else
   if Radiobutton2.Checked then
   begin
      tmp: = 'COM2';
      if not mscomm1.PortOpen then
      mscomm1.CommPort: = 2;
   end
   else
   if Radiobutton3.Checked then
   begin
      tmp: = 'COM3';
      if not mscomm1.PortOpen then
      mscomm1.CommPort: = 3;
   end;
   if trim(combobox1.Text) = '' then
   begin
      MessageDlg(#13 + '请选择波特率 ',mtInformation,[mbOK],0);
      Exit;
   end;
   if trim(combobox3.Text) = '' then
   begin
      MessageDlg(#13 + '请选择数据位 ',mtInformation,[mbOK],0);
      Exit;
   end;
   if trim(combobox4.Text) = '' then
   begin
      MessageDlg(#13 + '请选择停止位 ',mtInformation,[mbOK],0);
      Exit;
   end;
   mscomm1.Settings: = trim(combobox1.Text) + 'n,' + trim(combobox3.Text) + ',' + trim(combobox4.
 Text);
   if not mscomm1.PortOpen then
   begin
      mscomm1.PortOpen: = True;
```

```
      timer2.Enabled: = true;
      memo1.Lines.Add(Formatdatetime('hh:mm:ss',now) + '-->' + '正在检测,请等待 30 秒...');
      hthread: = createthread(nil,0,@mythread,nil,0,threadid);
      if hthread = 0 then
        messagebox(handle,'进程没有创建成功',nil,mb_ok);
    end;
end;

procedure TForm1.Button2Click(Sender: TObject);
begin
  if MSComm1.PortOpen then
      MSComm1.PortOpen: = False;
      Memo1.Lines.Add(Formatdatetime('hh:mm:ss',now) + '-->' + tmp + '端口已经关闭!');
      terminatethread(hthread,0);
      timeout: = 0;
      timer2.Enabled: = false;
end;

procedure TForm1.MSComm1Comm(Sender: TObject);
var
  v,v4: Variant;
  str: String;
  bs,value: Real;
  i:integer;
begin
   if (mscomm1.CommEvent = 2) then          //开始为正确的数据
   begin
     //状态字 C,判断小数点位置
     v: = mscomm1.Input;
       memo1.Lines.Add(inttostr(byte(v[0])) + '' + inttostr(byte(v[1])) + '' + inttostr(byte(v
[2])) + '' + inttostr(byte(v[3])) + ''
        + inttostr(byte(v[4])) + '' + inttostr(byte(v[5])) + '' + inttostr(byte(v[6])) + #13 + ''
+ inttostr(byte(v[7])) + '' + inttostr(byte(v[8]))
        + '' + inttostr(byte(v[9])) + '' + inttostr(byte(v[10])) + '' + inttostr(byte(v[11])));
     v4: = v[3];
     str: = InttoBin(Byte(v4),8);           //8 位二进制
     str: = Copy(str,2,1) + Copy(str,3,1) + Copy(str,4,1);                    //获得 bit6～bit4
     if not TestDigit(str) then             //验证是否为数字
     begin
       Memo1.Lines.Add(Formatdatetime('hh:mm:ss',now) + '-->' + '重量小数点位置数据错误!');
      // mscomm1.RThreshold : = 1;
       Flag: = 0;
       Exit;
     end;
     case Strtoint(str) of
       1 : bs: = 10;
       10 : bs: = 1;
       11 : bs: = 0.1;
       100 : bs: = 0.01;
       101 : bs: = 0.001;
     end;
     //获取重量数据
     str: = '';
     for i: = 4 to 9 do
     begin
```

```
        Str: = Str + Chr(Byte(v[i]));
      end;
      //验证正确性
      if not TestDigit(str) then
      begin
        Memo1.Lines.Add(Formatdatetime('hh:mm:ss',now) + '-->' + '重量数据错误!');
        mscomm1.RThreshold : = 1;
        Flag: = 0;
        Exit;
      end;

      //计算实际数据值
      if bs = 10 then
        value: = strtofloat(inttostr(StrtoInt(str) - (StrtoInt(str) Mod 10)))
      else
        value: = strtoInt(str) * bs;
      memo1.Lines.Add(Formatdatetime('hh:mm:ss', now) + '-->' + '重量数据: ' + Format('%6f',
[value]));
    end
    else
      Memo1.Lines.Add(Formatdatetime('hh:mm:ss',now) + '-->' + '垃圾数据!');
end;

procedure TForm1.Timer1Timer(Sender: TObject);
begin
   panel1.Caption: = FormatDatetime('hh:mm:ss',now);
end;

procedure TForm1.FormClose(Sender: TObject; var Action: TCloseAction);
begin
  if MSComm1.PortOpen then
    MSComm1.PortOpen: = False;
  terminatethread(hthread,0);
end;

procedure TForm1.Timer2Timer(Sender: TObject);
begin
  timeout: = timeout + 1;
end;
```

4) 程序分析

关键分析1：在MSComm控件设置CommEvent属性为comEvReceive并产生OnComm之前,设置并返回要接收的字符数。当接收字符后,若RThreshold属性设置为0(默认值)则不产生OnComm事件。例如,设置RThreshold为1,接收缓冲区收到每一个字符都会使MSComm控件产生OnComm事件。

关键分析2：InputLen设置并返回Input属性确定被Input属性读取的字符数。InputLen属性的默认值是0。设置InputLen属性为0时,使用Input将使MSComm控件读取接收缓冲区中全部的内容。若接收缓冲区中InputLen字符无效,Input属性返回一个零长度字符串("")。在使用Input前,用户可以选择检查InBufferCount属性来确定缓冲区中是否已有所需数目的字符。

10.4　MSComm 控件的错误消息

MSComm 控件的错误(Error)常数见表 10-9。

表 10-9　MSComm 控件的错误(Error)常数

常　数	值	含义描述
ComEventBreak	1001	接收到中断信号
ComEventCTSTO	1002	Clear-to-send 超时
ComEventDSRTO	1003	Data-set ready 超时
ComEventFrame	1004	帧错误
ComEventOverrun	1006	端口超速
ComEventCDTO	1007	Carrier Detect 超时
ComEventRxOver	1008	接收缓冲区溢出
ComEventRxParity	1009	错误
ComEventTxFull	1010	传输缓冲区满
ComEventDCB	1011	检索端口的设备控制块时出现的意外错误

小　结

本章主要介绍了串行通信标准中的 RS-232C 标准,以及 Delphi XE8 实现串口通信最常用的几种方法:API 函数方法、使用组件(如 MSComm 等)方法。

通过本章的学习读者可以初步认识串口通信的原理,以及在 Delphi XE8 中,应用程序是如何实现串口通信的,为更深一步的串口通信编程打下良好的基础。

习　题

10-1　在微机中常用的 RS-232C 接口名称有哪些?

10-2　在 Delphi XE8 中实现串口通信最常用的几种方法有哪些?

10-3　MSComm 组件中 InBufferCount 属性与 InBufferSize 属性有什么区别?

第 11 章

网络编程技术

11.1 概　　述

对于众多的基层网络协议来说，在 Windows 平台上，WinSock 是访问它们的首选接口。WinSock 是网络编程接口，而不是协议，它构成了 Windows 平台下进行网络编程的基础。Delphi 中各种网络组件的强大功能，都是建立在 WinSock API 基础之上的。WinSock API 从 UNIX 平台的 Berkeley（BSD）套接口方案借鉴了许多东西，自从 WinSock 2.0 发布后，WinSock 接口最终也成为真正的与协议无关的接口。

11.2 WinSock 基础

11.2.1 TCP、UDP 和 IP

对应于 OSI 7 层模型，TCP 和 UDP 是位于传输层的协议，而 IP 则位于网络层，如图 11-1 所示。

TCP 是传输控制协议，它是一种面向连接的协议，它向用户提供可靠的全双工的字节流。TCP 关心确认、超时和重传等具体细节。大多数 Internet 应用程序使用 TCP，因为它是一种精致的、可靠的字节流协议。

UDP 是用户数据报协议，它是一种无连接协议。UDP 是一种简单的、不可靠的数据报协议，与 TCP 不同，UDP 不能保证每一个 UDP 数据报可以到达目的地。在 RFC768 中有关于它的详细描述。

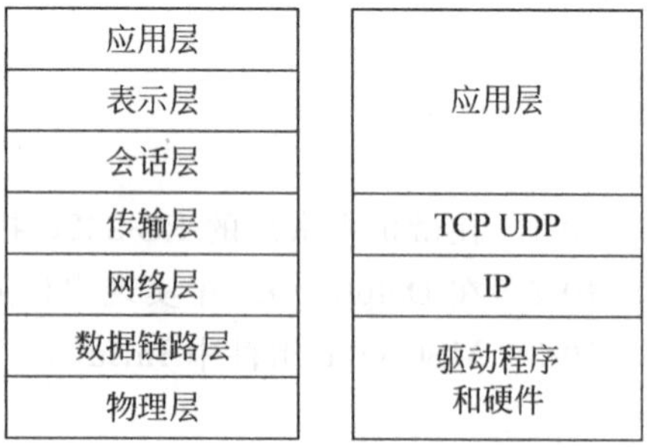

应用层	应用层
表示层	
会话层	
传输层	TCP UDP
网络层	IP
数据链路层	驱动程序和硬件
物理层	

图 11-1　OSI 模型和网际协议族

IP 是网际协议。IPv4（人们通常就称之为 IP）自 20 世纪 80 年代早期以来一直是网际协议族的主力协议，它使用 32 位地址，为 TCP、UDP、ICMP 和 IGMP 提供递送分组的服务。20 世纪 90 年代中期，又设计出了用以替代 IPv4 的 IPv6，它使用 128 位的大地址。

11.2.2 套接口和 WinSock API

套接口（Socket）最初是由加利福尼亚大学 Berkeley 学院为 UNIX 操作系统开发的网络通信编程接口。随着 UNIX 操作系统的广泛使用，套接口成为当前最流行的网络通信应用程序接口之一。但 Berkeley Sockets 只能用于 UNIX 操作系统，而不能支持 DOS 和 Windows 操作系统，而随着微软旗下操作系统的日益推广，将套接口移植到 Windows 下，并加以完善和扩充，已成为迫切的需求。

20 世纪 90 年代初，由 Microsoft、Sun Microsystems 等几家公司共同参与制定了一套标准，即 Windows Sockets 规范，他们试图使 Windows 下 Sockets 程序设计标准化。1993 年，他们制定了 Windows Sockets 1.1 规范，定义了 16 位 Windows 平台下的网络标准编程接口。1997 年 5 月，WinSock 2 的正式规范版本 2.2.1 发布。

对应于 OSI 7 层参考模型，WinSock API 是位于会话层和传输层之间的，它提供了一种可为指定的传输协议(如 TCP、UDP)打开、进行和关闭会话的能力。在 Windows 操作系统下，如果是在 OSI 7 层参考模型上的三层，也就是应用层、表示层和会话层进行网络编程，就是要通过 WinSock API 来和位于系统内核的 TCP(UDP)、IP 协议栈部分来打交道。

如今，Windows 操作系统成为世界上应用范围最广的操作系统之一，而 Windows Sockets 规范已经成为在 Windows 平台上开发网络应用程序的已接受标准，它也为想开发网络程序的程序员提供了巨大的方便。

值得一提的是，Microsoft 公司开发了 Windows，但是，它并不拥有 Windows Sockets。

11.2.3　面向连接和无连接

一般来说，一个协议提供面向连接的服务，或提供无连接的服务。

面向连接服务中，进行数据交换之前，通信双方必须建立一条用以进行通信的路径。这样既确定了通信双方之间的联系，又可以保证双方都处于活动状态，可以彼此响应。多数情况下，面向连接的协议可以保证传输数据的可靠性。

TCP 是一种面向连接的协议。应用程序利用 TCP 进行通信时，发起方和接收方之间会建立一个虚拟连接，通过这一连接，双方可以把数据当作一个双向的字节流来进行交换。

打个比方，面向连接的服务就像是打电话。从摘机拨号开始，到拨通建立连接、进行通话，再到挂机断开连接这一过程，正是抽象的面向连接服务的具体表现。首先，在开始通话前，拨号，对方响应，从而建立了一条虚拟“链路”。只有双方都处于活动状态，这条“链路”才会保持存在。其次，可以通过这条“链路”进行双向的会话，并且在一般情况下，可以通过对方的回答来确定对方是否已经正确地听到了我们所说的话，这相当于面向连接协议为保证传输无误而进行的额外校验。

与面向连接的服务正好相反，无连接服务则不管目的方是否处于待接收状态，源方只管将信息发送给目的方，也不管目的方是否已经接收到了该信息，以及接收到的信息是否无误。

UDP 是一种无连接协议，数据传输方法采用的是数据报。

也打个比方说，无连接的服务就像是邮信。我们只需封好信封，将其投到邮筒中即可，不能保证邮局会把信件发送出去和信件在发送过程中没有被损害。

面向连接的服务和无连接服务各有其优缺点。

面向连接的服务能够保证通信双方传递数据的正确性，但它却要为此进行额外的校验，同时，通信双方建立通信信道也需要许多系统开销。

无连接服务最大的优点就是速度快，因为它不用去验证数据完整性，也不为数据是否已经被接收操心。许多网络游戏使用的就是 UDP，可以用数据报不停地向其他的联网游戏者发送信息，传丢了一个不要紧，因为下一个信息马上就要到了。

11.2.4　客户/服务器模式

当今网络应用中,通信双方最常见的交互模式便是客户/服务器模式。在这种模式中,客户向服务器发出服务请求,服务器收到请求后为客户提供相应的服务。

大多数读者都已经很熟悉客户/服务器模式的实例了。比如通过 Web 浏览器(例如微软的 IE)来访问 Web 站点,通过 FTP 客户端软件从 FTP 服务器下载文件等。

客户/服务器模式通常采用监听/连接方式实现。一个服务器端的应用程序通常在一个端口监听对服务的请求,也就是说,服务进程一直处于休眠状态,直到一个客户对这个服务提出了连接请求。此时,服务进行被"唤醒"并且为客户提供服务,即对客户的请求做出适当的反应。

虽然提供面向连接服务的协议是设计客户/服务器模式应用程序时最常用的,但有些服务也是可以通过提供非连接服务的协议(如 UDP)来实现的。

11.2.5　套接口类型

在使用 TCP/IP 时,可选的套接口类型有三种:流式套接口、数据报套接口及原始套接口。

流式套接口定义了一种可靠的面向连接的服务,实现了无差错无重复的顺序数据传输。对于建立在这种类型套接口上的套接字来说,数据是可以双向传输的字节流,无长度限制。

数据报套接口定义了一种无连接的服务,数据通过相互独立的报文进行传输,是无序的,并且不保证可靠、无差错。也就是说,一个建立在数据报套接口上的套接字所接收的信息有可能重复,或者和发出时的顺序不同。

原始套接口允许对低层协议如 IP 或 ICMP 直接访问,主要用于新网络协议实现的测试。目前,只有 WinSock 2 提供了对它的支持。在 Windows 平台下,笔者也只在 Windows 2000 下使用过原始套接口。

11.2.6　使用面向连接的协议时套接口的调用

如前所述,客户/服务器模式的网络应用程序通常使用面向连接的协议。

采用面向连接的协议(如 TCP)时,服务器处理的请求往往比较复杂,不是一来一去的简单请求应答所能解决的,往往要经过反复的交互。大多数 TCP 服务器是并发服务器。

使用面向连接的协议时,典型的套接口调用流程如图 11-2 所示。

下面对这一流程加以简单的解释说明。

面向连接的服务器端首先调用 socket()函数建立一个套接字 s,用来监听客户端的连接请求。接着,调用 bind()函数将此套接字与本地地址、端口绑定起来。之后,调用 listen()函数告诉套接字 s,对进来的连接进行监听并确认连接请求,于是 s 被置于被动的监听模式。一个正在进行监听的套接字将给每个请求发送一个确定信息,告诉发送者主机已经收到连接请求。但是监听套接字 s 实际上并不接受连接请求,在客户端请求被接受后,调用的 accept()函数将返回一个与 s 具有相同属性,但不能被用来进行监听(即不能用来接受更多连接),只能用来进行数据收发的数据套接字 ns,作为与客户端套接字相对应的连接的另一个端点。对于该客户端套接字后继的所有操作,都应该通过 ns 来完成。监听套接字 s 将仍然用于接受其他客户端的连接,而且仍处于监听模式。

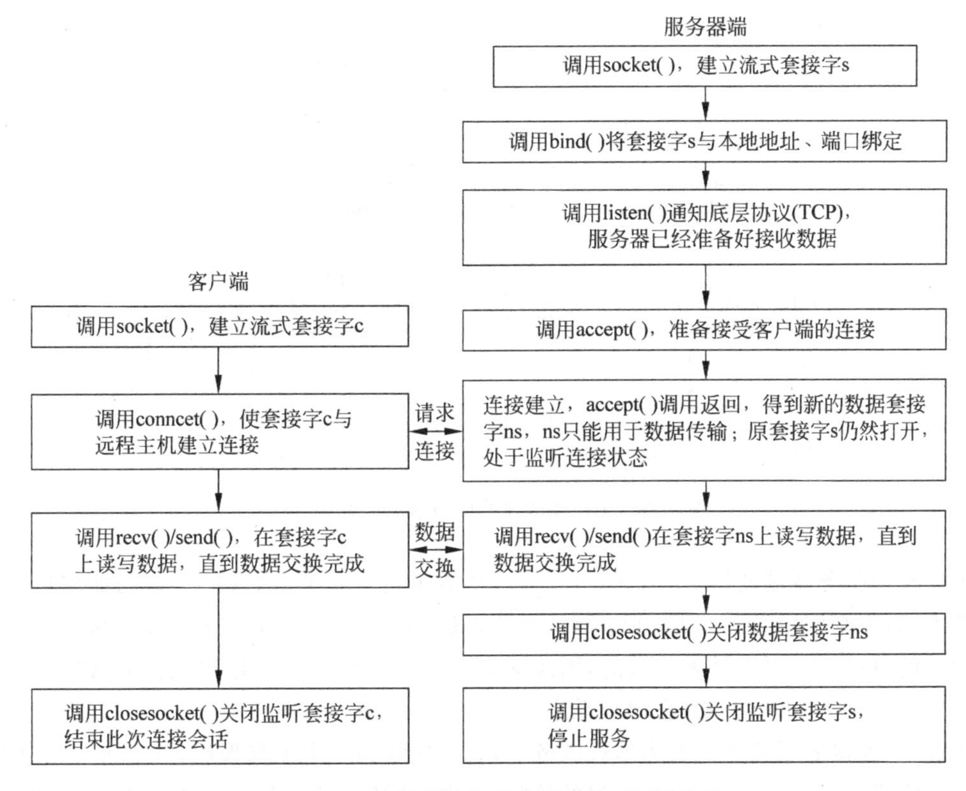

图 11-2　面向连接协议的典型套接口调用流程

面向连接的服务器一般来说是并发服务器。在 Windows 平台上，往往在调用 accept()函数返回套接字 ns 后，会创建一个请求/应答执行线程，将 ns 作为参数之一传递给该线程，由该线程来完成客户端与服务器端复杂的请求/应答工作，而主线程则会再次调用 accept()函数，以接受新的客户端连接请求。

面向连接的客户端也调用 socket()建立一个套接字 c，但使用像 TCP 这样的面向连接的协议时，客户端不必关心协议使用什么样的本机地址，所以不用调用 bind()函数。接着，客户端调用 connect()函数服务器端发出连接请求。在与服务器端建立连接之后，客户端与服务器端之间就存在一条虚拟的“管道”，客户端套接字 c 与服务器套接字 ns 构成了这个“管道”的两个端点。

客户端与服务器端通过这个“管道”进行数据交换，双方多次调用 send()/recv()函数来进行请求/应答，最终完成服务后将关闭用于传输的套接字 c 和 ns，用以断开连接，结束此次会话。

而作为服务器端，只有在停止服务时才会关闭用于监听的套接字 s。

11.2.7　使用无连接的协议进行套接口的调用

采用无连接协议(如 UDP)时，服务器一般都是面向事务处理的，一个请求一个应答就完成了客户程序与服务程序之间的互相作用。大多数 UDP 服务器是迭代的。

使用无连接的协议时，典型的套接口调用流程如图 11-3 所示。

下面也对这一流程加以简单的解释说明。

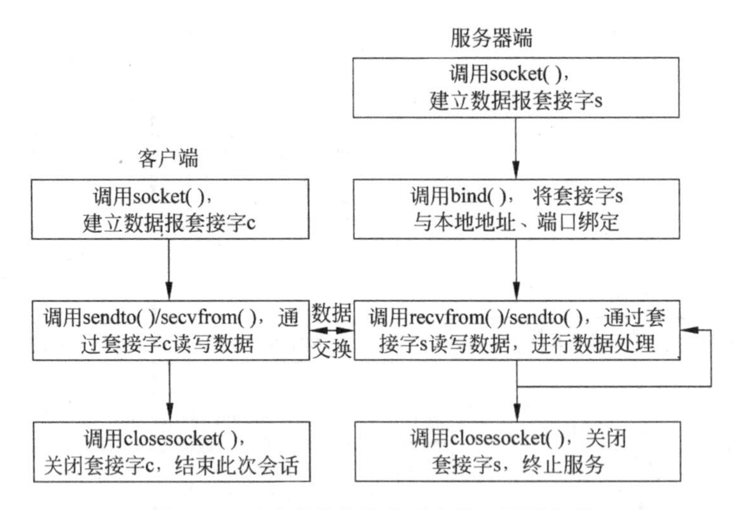

图 11-3 无连接协议的典型套接口调用流程

无连接的服务器端使用 socket()和 bind()函数来建立和绑定套接字 s。与面向连接的服务器端不同,不必调用 listen()和 accept()函数,只需调用 recvfrom()函数在套接字 s 上等待接收数据就可以了。因为是无连接的,因此网络上任何一台机器发送给数据套接字 s 的数据报都可以被收到了,可以想象,它们是无序的。

因此,无连接的服务器一般为迭代服务器,它们接收到一个数据报后,马上进行相应处理,直到处理完成后,才开始下一个数据报的接收、处理。所以,采用无连接协议时,客户端与服务器端的交互往往是很简单的,一问一答或只问不答的方式很常见。

服务器端只有在停止服务时,才会关闭套接字 s。

无连接客户端更为简单,只需要调用 socket()建立一个套接字 c,就可以用 sendto()和 recvfrom()函数进行与服务器端的数据交换了。在完成会话后,调用 closesocket()函数关闭套接字 c。

即使不去看有关 Winsock API 的参考,只简单地从名字上理解,也应该感觉到 sendto()和 recvfrom()函数的特点:它们是有方向性的。

11.3 网络聊天程序的实现

网上聊天既可以在局域网上,也可以在 Internet 上进行。局域网一般网络质量较高,传输速度较快,但网上交流的覆盖面不大;而对于覆盖世界各地的 Internet,即使宽带能在一定程度上解决传输速度的问题,但总体的网络质量无法保证。针对它们不同的特点,实现局域网上和 Internet 上的聊天程序分别采用 UDP 和 TCP 两种不同的方法实现。

UDP 和 TCP 都是基于 TCP/IP 体系结构的协议的。UDP 是一种面向无连接、不可靠的协议。在传送数据前,不需要先建立连接。远程主机接到 UDP 数据报后,不需要给出任何应答。它传送的数据包都是独立的,前后没有顺序关系。TCP 则是提供面向连接、可靠的服务,在传送数据前两台主机需要进行"三次握手"。在建立连接后才能传送数据,TCP 提供可靠的服务,因此不可避免地增加了一些其他开销,如应答、流量控制、定时器以及连接管理等。虽然 UDP 在可靠性方面不如 TCP,但效率却比 TCP 高;当每次传送的数据较少而且网络质量较高时,UDP 也同样可以达到使用的可靠性要求。

由于局域网一般网络质量较高,传输速度较快,因此只要运用 UDP 就可以实现可靠的网络传输,而在 Internet 上实现网上聊天就必须运用 TCP,以保证传输数据的正确接收。

Delphi XE8 中分别提供了基于 UDP 和基于 TCP 的 WinSock 组件: TIdUDPClient、TIdUDPServer 以及 TIdTCPClient、TIdTCPServer。为了使读者在这两种环境下进行 Delphi 网络编程都能有较全面的理解,下面分别介绍两种不同传输方式实现的聊天程序。

11.3.1 使用 TCP

由于网络的不稳定及经常丢失数据等原因,在 Internet 上实现两台机器间的联系需要使用 TCP。基于 TCP/IP 的传输是面向连接的点到点的传输。下面就实现一个基于 TCP 的 Internet 上的聊天程序,该程序使用 TIdTCPServer 组件和 TIdTCPClient 实现。在聊天时,用户首先必须设置本地机器的端口号,打开本地 TCP 服务器,然后向远程主机发送连接请求,建立虚路连接,才能开始数据的传送与接收。

首先介绍 TIdTCPClient、TIdTCPServer 组件的用法,对一些常用的属性、方法和时间做比较详细的说明。

1. TIdTCPClient 组件

TIdTCPClient 组件位于 Indy Clients 组件板,如图 11-4 所示。TIdTCPClient 组件客户方通信管理,其中封装了完整的 Socket。TIdTCPClient 组件是许多 Indy 客户端组件的基类,例如 TidDayTime、TidEcho、TidFinger、TidFTP、TidGopher、TIdHTTP、TIdNNTP、TIdPOP3、TidTelnet 和 TidWhois。

图 11-4 IdTCPClient 组件

1) TIdTCPClient 组件主要属性

(1) BoundIP 属性

用来指定客户端连接的本地 IP 地址。

(2) BoundPort 属性

用来指定客户端连接的本地 IP 地址,在 Connect 方法中指定绑定端口号。

(3) Host 属性

用于标识远程计算机地址,可以是 IP 地址,也可以是计算机名。

(4) Port 属性

用于表示远程计算机端口,和 Host 属性一起用于指明远程计算机地址。

(5) ReadTimeout 属性

用来指明读数据时的连接超时毫秒数。

2) TIdTCPClient 组件的过程和方法

(1) Connect

形式: procedure Connect(const ATimeout:integer);

含义：用来向服务器请求建立一个连接。

(2) ConnectAndGetAll

形式：function ConnectAndGetAll():sting;

含义：用于连接到 Host 属性和 Port 属性指定的远程计算机并从服务器中读取所有数据。

(3) Connected

形式：function Connected(): Boolean;

含义：用来指明到对方计算机的连接是否已经建立。

(4) Disconnect

形式：procedure Disconnect();

含义：用于断开与对方计算机的连接。

(5) ReadBuffer

形式：procedure ReadBuffer(var ABuffer; constAByteCount:Longint);

含义：从 Indy 的接收缓冲区中读取的字节数。

(6) SendBuffer

形式：procedure SendBuffer(const AHost: string; const APort: TIdPort; const ABuffer: TIdBytes)

含义：用于向对方计算机发送数据,数据被写往 Indy 缓冲区或者直接发送给对方。

3) TIdTCPClient 组件的事件

OnStatus 事件：是一个 TidSatusEvent 类型的时间句柄,在当前连接状态改变时被触发。

2. TIdTCPServer 组件

TIdTCPServer 组件位于 Indy Servers 组件板,如图 11-5 所示。TIdTCPServer 组件封装了一个完整的多线程 TCP 服务器。TIdTCPServer 使用一个或多个线程来监听客户连接。通过 TidThreadMgr 对象的关联,为每一个连接到服务器的客户链接分配一个独立的线程。TIdTCPServer 允许配置服务器监听线程,包括默认端口、监听队列、最大连接数等。TIdTCPServer 组件实现了两套机制来链接线程提供服务。第一种方法利用响应事件句柄的方法来处理客户链接。这些事件包括 onConnect、onExcute、onDisconnect、onException 等。第二种方法使用 TidCommandHandler 对象来辨认合法的服务命令,提供一些方法和属性来处理参数,执行动作,表述正确或者错误的响应。这些属性和方法包括 CommandHandlers、CommandHandlersEnabled、onNoCommandHandler、onAfterCommandHandler、onBeforeCommandHandler 等。

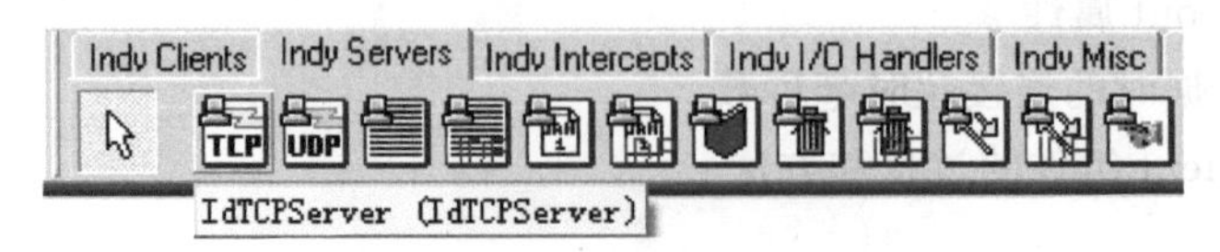

图 11-5 IdTCPServer 组件

1）TIdTCPServer 组件的属性

（1）Active 属性

用于指出 TIdTCPServer 的当前状态。

（2）Bindings 属性

为 TCP 服务器提供默认端口号，并被 TIdListenerThread 对象用来获取对 Socket 句柄的访问和由 TCP/IP 协议栈提供的底层方法。

（3）DefaultPort 属性

指明了其监听新的客户端链接请求的端口号。

（4）Greeting 属性

当客户端连接请求被监听线程接收时，Greeting 中包含被发往客户端的欢迎信息。

（5）ListenQueue 属性

用来为监听线程指明可允许的、未处理的连接请求数目。

（6）Threads 属性

包含在监听线程中创建的线程列表。

（7）LocalName 属性

标识了用户计算机系统的主机名

2）TIdTCPServer 组件的过程和方法

（1）BeginWork

形式：Procedure BeginWork(AWorkMode:TWorkMode;const Size:Integer);

方法：用于触发 OnBeginWork 事件，同时维护读/写堵塞操作的数量，以及初始读写操作的大小信息。

（2）DoWork

形式：procedure DoWork(AWorkMode:TWorkMode;const ACount:Integer);

方法：用于触发 OnWork 事件。在调用 DoWork 过程之前必须调用 BeginWork 过程，否则 DoWork 过程将不产生任何效果。

（3）EndWork

形式：procedure EndWork(AWorkMode:TWorkMode);

方法：EndWork 过程用于触发 OnEndWork 事件。EndWork 可以嵌套调用，但是 onEndWork 事件仅在第一次调用时触发

3）TIdTCPCServer 组件的事件句柄

（1）OnConnect 事件：在客户线程试图连接到 TCP 服务器时触发。

（2）OnDisconnect 事件：在客户线程试图断开与 TCP 服务器时触发。

（3）OnExecute 事件：当客户线程试图执行 TIdPeerThread. Run 方法时触发。

（4）OnStatus 事件：在当前连接的状态改变时被触发。

【例 11.1】 利用 TIdTCPClient 和 TIdTCPServer 组件实现一个基于 TCP 的聊天工具。

1）界面设计

新建一个工程，窗体界面设计如图 11-6 所示。

2）属性设置

各组件的属性设置如表 11-1 所示。

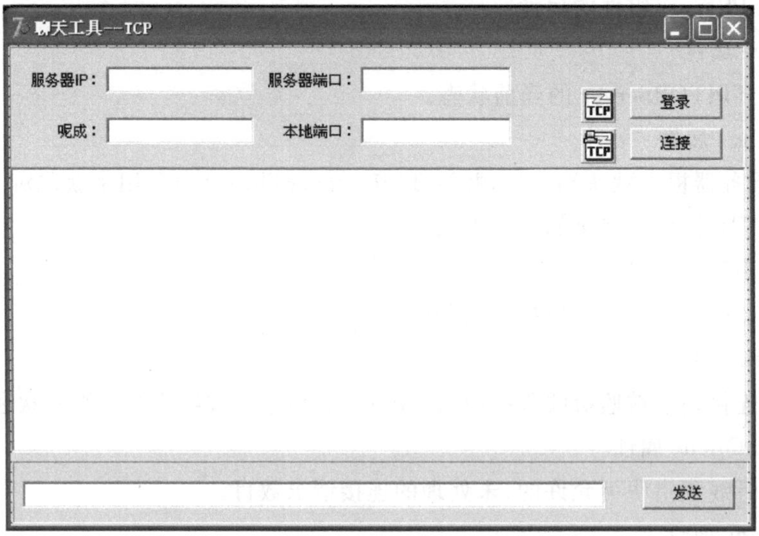

图 11-6 基于 TCP 聊天程序的界面设计

表 11-1 组件属性设置

对象	属性	属性值	说 明
TLabeledEdit	Name	RemoteIP	用于指定远程计算机的 IP 地址
TLabeledEdit	Name	RemotePort	用于指定远程主机的端口号
TLabeledEdit	Name	NickName	聊天昵称
TLabeledEdit	Name	LocalPort	本地 TCP 服务器监听的端口号
TBitBtn	Caption	登录	设置连接属性,打开本地服务器
TBitBtn	Caption	连接	连接到远程主机
TBitBtn	Caption	发送	发送聊天记录
TEdit	Text	空白	输入信息框
TIdTCPClient	Name	IdTCPClient1	TCP 客户端组件
TIdTCPServer	Name	IdTCPServer1	TCP 服务器组件

3) 程序设计

首先依然是定义通信结构,包括信息本身和发送方的昵称。

```
TCommBlock = Record                    //通信结构
  SenderName:String;                   //发送方名字
  Msg:String [100]                     //消息
End;
```

IdTCPServer 为每一个客户端连接建立一个独立的线程对象,下面就定义该线程类,其中包括上面定义的数据结构,用来存放信息。另外,还重载了 TThread 类的 Execute 过程,用来实现读取数据。

```
TClientHandleThread = class (TThread)
private
  CB: TCommBlock;
  procedure HandleInput;
protected
```

```
  proecdure Execute;override;
end ;
```

定义程序中用到的变量如下。

```
var
    FrmChat: TFrmChat;
    ClientHandleThread: TClientHandleThread;
```

发送数据前先要设置一些连接属性,打开本地 TCP 服务器。双击 BitLogin 按钮,生成对应的响应过程,在其中设置属性如下。

```
procedure TFrmChat.BitLoginClick(Sender: TObject);
begin
  if Trim(LocalPort.Text) = '' then        //其实应该检查是否是合法的端口号
  begin
    Application.MessageBox('端口不能为空','提示',MB_OK + MB_ICONWARNING)
    Exit;
  end;
  //设计本地 TCP 服务器的端口号,TCP 服务器在该端口监听客户的连接请求
  IdTCPServer1.DefaultPort: = StrToInt(LocalPort.Text);
  IdTCPServer1.Active: = true;
end;
```

双击 BitConnect 按钮,生成响应过程。用来向 TCP 服务器发送连接请求,在客户端和服务器之间建立一条虚链路。

```
procedure TFrmChat.BitConnectClick(Sender: TObject);
begin
  if Trim(RemoteIP.Text) = '' then        //判断远程服务器 IP 是否为空
  begin
    Application.MessageBox('服务器 IP 不能为空', '提示',MB_OK + MB_ ICONWARNING);
    Exit;
  end;
  if trim(RemotePort.Text) = '' then        //检查远程主机端口是否为空
  begin
    Application.MessageBox('服务器端口不能为空', '提示',MB_OK + MB_ ICONWARNING);
    Exit;
  end;
  //设计 TIdTCPClient 的属性,用来和服务器间建立虚链路
  IdTCPClient1.Port: = StrToInt(RemotePort.Text);
  IdTCPClient1.Host: = RemoteIP.Text;
  try
    IdTCPClient1.Connect();                //连接到服务器
    ClientHandleThread: = TClientHandleThread.Create(True);                    //创建连接线程
    ClientHandleThread.FreeOnTerminate: = True;
    ClientHandleThread.Resume;
  except
    on E : Exception do MessageDlg('链接错误: ' + #13 + E.Message,mtError,[mbok],0);
  end;
  BitSend.Enabled: = true;
end;
```

实现发送过程,单击 BitSend 按钮,生成以下响应过程。

```
procedure TFrmChat.BitSendClick(Sender: TObject);
```

```
var
  CommBlock: TCommBlock;
begin
  CommBlock.SenderName: = NickName.Text; //设置信息结构
  Commblock.Msg: = InputBox.Text;
  //调用 WriteBuffer 过程向 Indy 缓冲区写数据
  IdTCPClient1.WriteBuffer(CommBlock,SizeOf(CommBlock),true);
  //在聊天记录上显示信息
  ChatLog.Lines.Add(CommBlock.SenderName + ': ' + CommBlock.Msg);
end;
```

下面处理 TCP 服务器方面的事件。选中 IdTCPServer 组件,按 F11 键,在弹出的 Object Inspector 中双击 OnConnect 事件,生成以下响应过程。

```
procedure TFrmChat.IdTCPServer1Connect(AThread: TIdPeerThread);
begin
  AThread.Data: = TObject(AThread.Connection.localname);  //接收数据
  //在聊天记录上显示连接信息
  ChatLog.Lines.Add(TimeToStr(Time) + '来自计算机' + AThread.Connection. LocalName + '的呼叫');
end;
```

用同样的方法,生成断开连接事件的响应过程。

```
procedure TFrmChat.IdTCPServer1Disconnect(AThread: TIdPeerThread);
begin
  ChatLog.Lines.Add(TimeToStr(Time) + '断开的连接' + string (AThread.Data));
  AThread.Data: = nil;
end;
```

TCP 服务器用以下方法从连接中读取数据。

```
procedure TFrmChat.IdTCPServer1Execute(AThread: TIdPeerThread);
var
  CommBlock : TCommBlock;
begin
  if not AThread.Terminated and AThread.Connection.Connected then
  begin
    //用 ReadBuffer 方法读取数据
    AThread.Connection.ReadBuffer(CommBlock,Sizeof(CommBlock));
    ChatLog.Lines.Add(CommBlock.SenderName + ':' + CommBlock.Msg);
  end;
end;
```

在程序关闭时,需要关闭 Socket 连接。

```
procedure TFrmChat.FormClose(Sender: TObject; var Action: TCloseAction);
begin
  if IdTCPClient1.Connected then
  begin
    ClientHandleThread.Terminate;
    IdTCPClient1.Disconnect;
  end;
end;
```

客户端在接收线程里显示聊天记录信息。

```
procedure TClientHandleThread.HandleInput;
```

```
begin
  frmchat.ChatLog.Lines.Add(CB.SenderName + ':' + cb.Msg);
end;
```

在客户端线程里处理读数据，使用同步方法。

```
procedure TClientHandleThread.execute;
begin
  while not terminted do
  begin
    if not FrmChat.IdTCPClient1.Connected then    //判断客户端是否处于连接状态
      terminted
    else
      try
        FrmChat.IdTCPClient1.ReadBuffer(cb.SizeOf(cb));
        synchronize(handleinput);
      except
      end;
  end;
end;
```

至此，一个基于 TCP 的简单聊天工具就完成了。在 Internet 上的两台主机间运行该程序，可以看到如图 11-7 所示的效果。

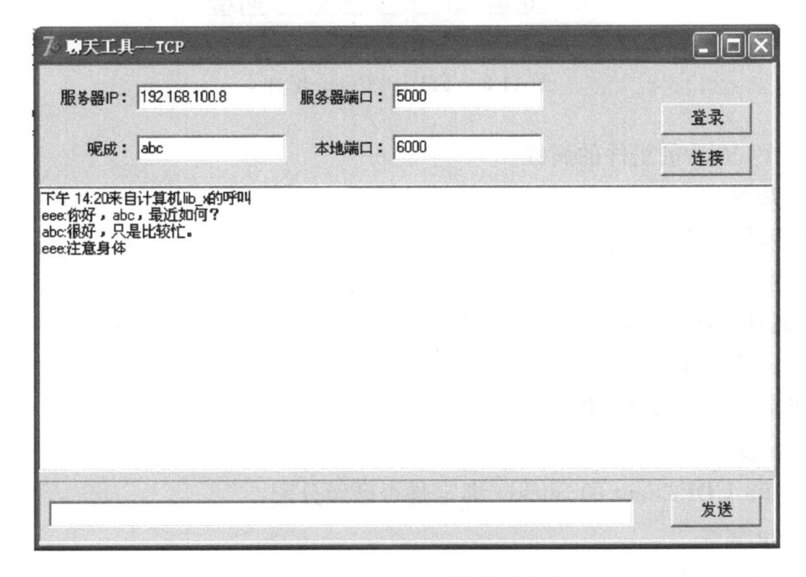

图 11-7　基于 TCP 的聊天工具

上面的简单聊天工具只能在两台主机间进行通信，同时和一个人聊天。实际上 TIdTCPServer 组件支持多用户的连接，监听线程为每一个连接的客户端都建立一个独立的线程，如果读者有兴趣，不妨试着完善它的功能，加入多用户连接请求。

11.3.2　使用 UDP

在采用 TCP/IP 网络协议的应用中，网络应用程序之间的主要通信模式为客户/服务器(Client/Server，C/S)模式。即服务器端在指定的端口监听客户端的请求，而客户端向服务器发出服务请求，服务器在接收到请求后，提供相应的服务。

聊天工具大致是由底层网络通信部分、输入编辑、信息显示等几个模块组成的。底层网络通信部分在这里由 TIdUDPClient 和 TIdUDPServer 组件实现,给定需要连接的主机 IP 地址和端口号后,就可以发送数据。在聊天时,用户在输入编辑框中输入信息,单击“发送”按钮后即可调用 TIdUDPClient 和 SendBuffer 方法,将数据发送到指定的远端主机。接收时,TIdUDPServer 在指定的端口监听,接收数据时就调用 ReadBuffer 方法接收数据,并在窗体上显示出来,即可完成整个发送和接收的过程。注意,在整个过程中双方并没有建立实际的连接,只是在发送数据时,按既定的对方的 IP 地址和端口发出数据包而已。这一点与前面讲到的在 TCP 下客户端发送连接请求,服务器接到请求后发送应答信息,然后再指定的端口开始监听的过程不同。

首先介绍 TIdUDPClient、TIdUDPServer 组件的用法,就一些常用的属性、方法和时间做了比较详细的说明。

1. TIdUDPClient 组件

TIdUDPClient 组件位于 Indy Clients 组件板,如图 11-8 所示。TIdUDPClient 组件用于实现基于 UDP 的客户方通信管理,用 Send 方法传输数据给由 Host 和 Port 属性指定的远程计算机。

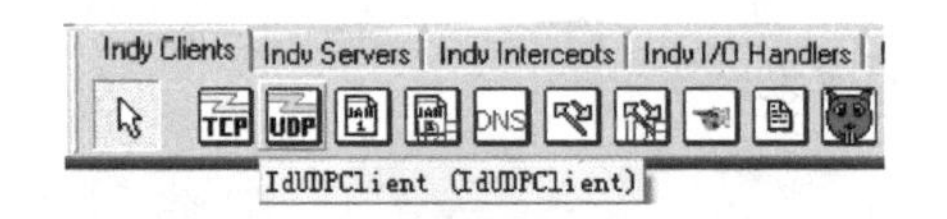

图 11-8 TIdUDPClient 组件

1) TIdUDPClient 的组件的属性

(1) Host 属性

用于标识远程计算机地址。

(2) Port 属性

和 Host 属性一起用于指明远程计算机地址。

(3) ReceiveTimeout 属性

用于指明接收包的超时毫秒数。

(4) Active 属性

用于指明 TIdUDPClient 的 Socket 绑定是否已经分配。

(5) Binding 属性

用于发送和接收数据的 Socket 绑定。

(6) BroadcastEnabled 属性

用于指出 Socket 绑定是否能执行广播传输。

(7) BufferSize 属性

用于表明传送的 UDP 数据包的最大字节数。默认数据包最大值是 8192。

(8) LocalName 属性

包含本地计算机名。

2) TIdUDPClient 的过程和方法

(1) Send

形式:procedure Send (AHost:string;const APort: Integer; const AData: string);

含义：AData 中的数据传送给 Host 属性和 Port 属性指定的远程计算机。

(2) SendBuffer

形式：procedure SendBuffer（AHost：string；const Port：Integer；var ABuffer；AByteCount：Integer)；

含义：用于传送数据给远程计算机。

(3) Broadcast

形式：procedure Broadcast(const AData:string;const APort:Integer);

含义：向网络中的所有计算机广播 AData 中的数据。

(4) ReceiveBuffer

形式：function ReceiveBuffer(var ABuffer;const ABufferSize:Integer；var VPeerIP:string var VPeerPort：integer;AMsec:Integer):integer;

含义：用于从 VPeerIP 和 VPeerPort 参数指定的计算机中读出数据到 ABuffer 缓冲区。

(5) BeginWork

形式：procedure BeginWork(AWorkMode:TWorkMode；const ASize：Integer)；

含义：用于触发 OnBeginWork 事件，同时维护读写堵塞操作的数量，以及初始读写操作的大小信息。

(6) DoWork

形式：procedure DoWork(AWorkMode:TWorkMode；const ACount：Integer)

含义：用于触发 OnWork 事件，在调用 DoWork 过程之前必须调用 BeginWork 过程，否则 DoWork 过程将不会产生任何效果。

(7) EndWork

形式：procedure EndWork(AWorkMode:TWorkMode);

含义：用于触发 OnEndWork 事件，EndWork 可以嵌套调用，但是 OnEndWork 事件仅在第一次调用时触发。

3) TIdUDPClient 的事件响应

OnStatus 事件：在当前链接的状态改变时被触发。

2. TIdUDPServer 组件

TIdUDPServer 组件位于 IdUDPServer 组件板，如图 11-9 所示。TIdUDPServer 组件用于实现基于 UDP 的服务器通信管理。下面介绍它的主要属性和方法。

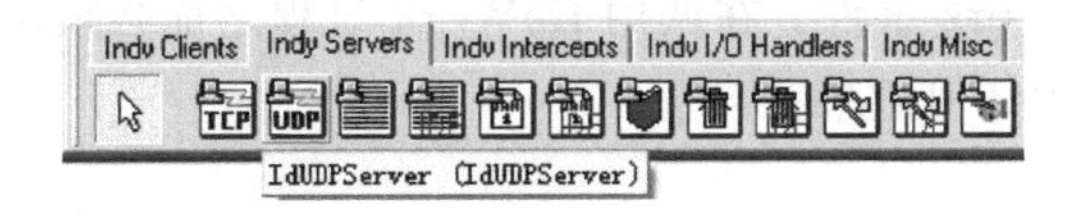

图 11-9　TIDUDPServer 组件

1) TIdUDPServer 的属性

(1) Bindings 属性

为 TIdUDPServer 提供默认端口号，并通过 TIdUDPListenerTherad 来访问 Socket 句柄和协议栈提供的底层方法。

(2) DefaultPort 属性

用来标识由服务器创建的新的 Socket 绑定的端口号，新的链接用该端口号来进行监听。

(3) Active 属性

用于指明 TIdUDPServer 的 Socket 绑定是否已经分配。

(4) Binding 属性

用于发送和接收数据的 Socket 绑定。

(5) BroadcastEnabled 属性

用于指明服务器是否正在向网络上的所有计算机广播数据报。

(6) BufferSize 属性

用于指定能通过 Binding 发送和接收的最大 UDP 包,默认数据包最大值是 8192。

(7) ReceiveTimeout 属性

用来表明 ReceiveString 方法时等待的超时毫秒数。

(8) LocalName 属性

标识了用户计算机系统名。

2) TIdUDPServer 组件的方法和过程

(1) Broadcast

形式:procedure Broadcast(const AData:string;const APort:Integer);

含义:向网络中的所有计算机广播 AData 中的数据,Aport 参数指明了计算机的端口号。

(2) ReceiveBuffer

形式:function ReceiveBuffer(var ABuffer; const ABufferSize:Integer; var VPeerIP:string var VPeerPort:integer;AMsec:Integer):integer;

含义:用于从 VPeerIP 和 VPeerPort 参数指定的计算机中读出数据到 ABuffer 缓冲中。

(3) Send

形式:procedure Send (AHost:string;const APort :Integer; const AData :string);

含义:Send 过程将 AData 中的数据传送给由 AHost 参数和 APort 参数指定的远程计算机。

(4) BeginWork

形式:Procedure BeginWork(AWorkMode:TWorkMode; const ASize:Integer);

含义:该过程可以被嵌套调用,但是 OnBeginWork 事件仅在第一次调用 BeginWork 方法时触发。

(5) DoWork

形式:procedure DoWork(AWorkMode:TWorkMode; const ACount:Integer);

含义:用于触发 OnWork 事件。在调用 DoWork 过程之前必须调用 BeginWork 过程,否则 DoWork 过程将不产生任何效果。

(6) EndWork

形式:procedure EndWork(AWorkMode:TWorkMode);

含义:用于触发 OnEndWork 事件。EndWork 可以嵌套调用,但是 OnEndWork 事件仅在第一次调用时触发。

3) TIdUDPServer 的事件响应

(1) OnUDPRead 事件

当数据已经从 Socket 中读出来可以被服务器使用时,由 DoUDPRead 方法触发。

(2) OnStatus 事件

在当前连接的状态改变时被触发。

【例 11.2】 在介绍了 TIdUDPClient 和 TIdUDPServer 组件的常用属性和方法后，下面就用这两个组件实现一个基于 UDP 的聊天工具。该程序通过用户指定一台远程计算机的 IP 地址和端口，可以实现局域网上的两台计算机之间的通信。在该程序中，TIdUDPClient 组件专门用于向对方发送数据，而接收对方发送过来的数据的任务由 TIdUDPServer 完成。

1）界面设计

新建一个工程界面如图 11-10 所示。

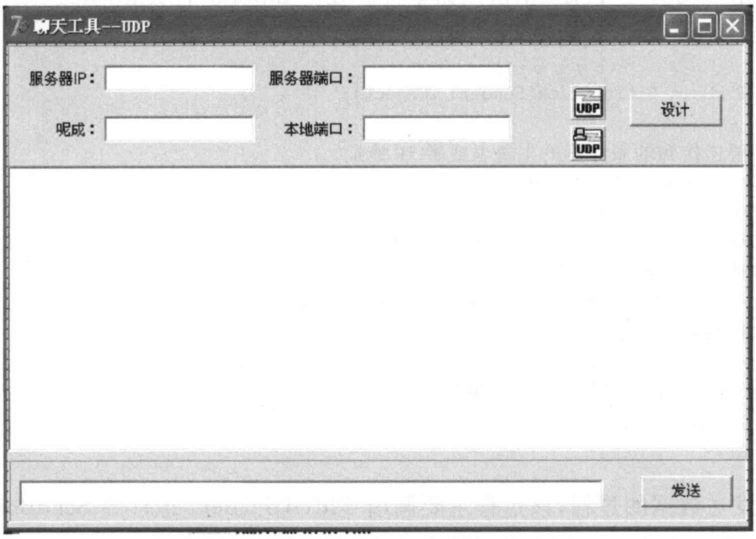

图 11-10　基于 UDP 聊天程序的界面设计

2）属性设置

各组件的属性设置如表 11-2 所示。

表 11-2　组件属性设置

对　　象	属性	属性值	说　　明
TLabeledEdit	Name	RemoteIP	用于指定远程计算机的 IP 地址
TLabeledEdit	Name	RemotePort	用于指定远程主机的端口号
TLabeledEdit	Name	NickName	聊天昵称
TLabeledEdit	Name	LocalPort	本地 UDP 服务器监听的端口号
TBitBtn	Name	BitSet	设置本地 UDP 属性按钮
TEdit	Text	空白	输入信息框
TIdUDPClient	Name	IdUDPClient1	UDP 客户端组件
TIdUDPServer	Name	IdUDPServer1	UDP 服务器组件

3）程序设计

首先定义一个常量，用来表示超时的毫秒数。

```
const
  RECIEVETIMEOUT = 5000;                    //毫秒
```

定义被发送包的数据结构，该结构里包含本地用户的昵称以及待发送信息。如果需要，可以在该结构中加入其他的信息，比如文本颜色等，当然这要求聊天记录组件能够显示多种颜色的文本才行。

```
TCommBlock = Record                          //通信结构
 SenderName:String;                          //发送方名字
 Msg:String[100];                            //消息,限制每次发送的消息大小为 100 字节
end;
```

基于 UDP 的通信程序不需要预先建立连接,只需直接设置好本地端口、服务器的 IP 地址和端口号。首先实现响应"设定"单击按钮事件。在 FrmMain 上双击 BitSet 按钮,生成该事件响应过程,在其中输入如下代码。

```
procedure TFrmMain.BitSetClick(Sender: TObject);
begin
  //设置需要连接到的服务器的主机名或者 IP 地址
  IdUDPClient1.Host: = RemoteIP.Text;
  //设置目的主机的端口号
  IdUDPClient1.Port: = StrToInt(RemotePort.Text);
  //设置本地 UDP 服务器的监听/端口号
  IdUDPServer1.DefaultPort: = StrToInt(LocalPort.Text);
  //打开本地 UDP 服务器
  IdUDPServer1.Active: = true;
  //激活 BitSend 按钮,现在开始可以发送数据
  BitSend.Enabled: = true;
end;
```

下面实现发送数据的过程,该过程主要调用 TIdUDPClient 组件的 SendBuffer 方法实现。在 FrmMian 上双击 BitSend 按钮,生成该按钮的单击事件响应过程。

```
procedure TFrmMain.BitSendClick(Sender: TObject);
var
  Comm : TCommBlock;                                  //定义通信结构变量
begin
  comm.SenderName: = NickName.Text;
  comm.Msg: = InputBox.Text;                          //在本地聊天记录上显示信息
  ChatLog.Lines.Add(comm.SenderName + ':' + Comm.Msg); //发送本地用户昵称信息
  IdUDPClient1.SendBuffer(Comm,SIZEOF(Comm));
end;
```

最后剩下的就是利用 TIdUDPServer 接收消息了,利用该组件的 onUDPRead 事件响应实现。在 BitSet 的响应过程中设置 TIdUDPServer 的 Active 属性为 True 时,UDP 服务器就在指定的端口监听了。在 FrmMain 上选中 TIdUDPServer 组件,然后按 F11 键,在弹出的 Object Inspector 框中双击 OnUDPRead 事件,生成其响应过程。

```
procedure TFrmMain.IdUDPServer1UDPRead(Sender: TObject; AData: TStream;
  ABinding: TIdSocketHandle);
var
  Comm: TCommBlock;                                   //定义接收数据的结构
begin
  AData.ReadBuffer(Comm,AData.Size);                  //从 Indy 缓冲区中读取数据
  ChatLog.Lines.Add(Comm.SenderName + ':' + Comm.Msg); //在聊天记录上显示记录
end;
```

至此,一个基于 UDP 的简单聊天程序就完成了。在局域网内的两台计算机运行该程序并进行设置,即可以自由聊天了,如图 11-11 所示。

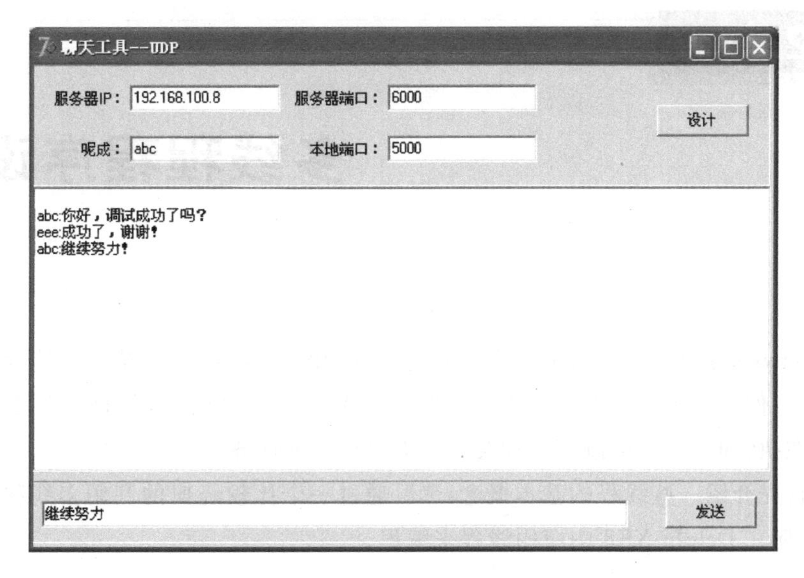

图 11-11　基于 UDP 的聊天程序

小　　结

本章首先介绍了 Windows Sockets 的一些概念，接着重点介绍了几个重要的网络组件，最后举例说明了网络编程的应用。通过对本章的学习，读者应该对 Delphi 中的网络编程有一个初步的了解。

习　　题

11-1　简述 TIdTCPServer 和 TIdTCPClient 组件的主要属性。

11-2　简述 TIdUDPServer 与 TIdUDPClient 组件的主要属性、方法和事件。

11-3　请编写一个简单的网络聊天程序，要求该程序兼具客户端和服务器端的功能。

11-4　试编写一个程序探测局域网上的主机。

第 12 章

多线程程序设计

在 Windows 应用程序中，当用户执行一些比较费时的任务时，系统很可能处于等待的状态，这将会是一件非常头疼的事。利用多线程技术就可以避免这种问题的发生，当一个耗时很长的任务正在执行时，用户可以不必理会它而去执行其他任务。

本章将首先介绍一些线程的基本概念，然后通过一个比较经典的利用多线程进行排序的例子，介绍如何在 Delphi XE8 中应用线程来编程。

12.1 线程的基本概念

线程是应用程序中的一条基本的执行路径，它也是 Win32 进程中的最小执行单元，线程由一个堆栈、CPU 寄存器的状态和系统调度列表中的一个入口组成，每个线程都可以访问进程中的所有资源。

一个进程由一个或多个线程、代码、数据和应用程序在内存中的其他资源组成。低优先级的线程一般要等待高优先级线程。一般每个线程相互独立运行，除非用户将线程之间设为互相可见。各线程间应共享资源，然而必须通过信号或其他进程内通信的方法来协调线程之间的工作。

对应用程序开发人员来说，多线程的优点是可以使应用程序中的很多工作同步运行。Delphi XE8 的 VCL 组件库提供了很多对象，使用户可以很容易地实现多线程的应用。尽管使用线程要非常小心，但使用线程可以在下面几个方面增强用户应用程序的性能。

1. 避免瓶颈

使用单线程，应用程序在等待一个缓慢操作完成的过程中必须停止所有其他的操作，CPU 直到该线程操作完成之后才对其他线程进行处理；而在多线程应用中，在一个线程等待一个缓慢操作完成的过程中可以执行其他线程。

2. 并行操作

通常情况下，一个应用程序的行为可以被组织成很多互相独立的并行操作，多线程可以使应用中的不同操作并行执行。使用线程为不同任务指定不同的优先级，可以使 CPU 有更多的时间执行更紧迫的任务。

3. 多处理器

如果运行用户应用程序的系统有多个处理器，用户可以通过把应用程序中的不同任务分配到不同的线程中并让它们在不同的处理器上同步运行来改善系统的性能。

下面介绍一些有关线程的基本概念。

12.1.1 线程的优先级

每个线程都具有不同的优先级，系统根据线程优先级的不同来调度线程的执行，高优先级的线程可以优先执行并可以获得更多的 CPU 时间。

每个线程的优先级由下面的标准决定。

(1) 其他进程的优先级类(高、普通或空闲)。

(2) 其他进程优先级类中线程的优先级(最低、普通下、普通、普通上、最高)。

(3) 动态优先级增高，如果有的话，系统将在线程的基础优先级上增加。

在创建线程时，用户并没有用数字为它们指定优先级，系统将用两个步骤来确定线程的优先级，第一步是给进程分配一个优先级类，进程的优先级类将告诉系统进程与系统中的其他进程相对的优先级。第二步是为该进程所拥有的线程分配相对优先级。

表 12-1 和表 12-2 分别列出了进程的优先级类和线程的优先级。

表 12-1 进程的优先级

优先级类	创建进程时的标志	级别
空闲(Idle)	IDLE_PRIORITY_CLASS	4
普通(Normal)	NORMAL_PRIORITY_CLASS	9/7
高(High)	HIGH_PRIORITY_CLASS	13
实时(RealTime)	REALTIME_PRIORITY_CLASS	24

表 12-2 线程的优先级

优 先 级	创建进程时的标志	说 明
最低(Lowest)	THREAD_PRIORITY_LOWEST	比所属进程的优先级小 2
普通下(Below Normal)	THREAD_PRIORITY_BELOW_NORMAL	比所属进程的优先级小 1
普通(Normal)	THREAD_PRIORITY_NORMAL	与所属进程的优先级相同
普通上(Above Normal)	THREAD_PRIORITY_ABOVE_NORMAL	比所属进程的优先级大 1
最高(Highest)	THREAD_PRIORITY_HIGHEST	比所属进程的优先级大 2

除了如表 12-2 所示的那些标志外，创建线程时，通常还可以指定另外两个特殊的标志：THREAD_PRIORITY_IDLE 和 THREAD_PRIORITY_TIME_CRITICAL。当在应用程序中指定了前一个标志时，无论进程的优先级为空闲、普通或最高，都把线程的优先级设置为 1；当线程优先级为实时时，则将线程的优先级设置为 16。当指定后者时，无论线程的优先级是空闲、普通或高，都把线程的优先级设置为 15；但是如果线程的优先级为实时，则将线程的优先级设置为 31。

根据线程的相对优先级和包含此线程的进程的优先级类的结合可以得到线程的基优先级。系统可以调度优先级小于 16 的线程，动态提高它们的优先级，保证系统对终端用户的及时响应。

12.1.2 线程的同步

使用线程时要十分小心，因为线程可能会同时访问同样的系统资源，例如一个线程要读取内存中的数据,而另一个线程要向内存中写入数据,如果协调不好,将得不到预想的结果,甚至会产生严重的错误,导致系统崩溃。

为了避免线程之间的冲突,有必要对访问共享资源的线程进行同步控制设计,同步还可以使线程之间相互依赖的代码能够正确运行。

Win32 的 API 提供了如下一组可以使其句柄用作同步的对象。

(1) 同步对象:互斥对象(Mutext)、信号灯和事件(Event)句柄;

(2) 文件句柄;

(3) 命令管道句柄;

(4) 控制台输入缓冲区句柄;

(5) 通信设备句柄;

(6) 进程句柄;

(7) 线程句柄。

关于线程同步的详细描述,读者可以参考相关书籍。

12.1.3 线程的局部存储

应用程序中的全局变量和虚拟地址空间被应用程序的所有线程共享,同时共享资源还包括对应各个线程的局部的静态存储。线程的局部变量对运行此函数的各个线程是局部的,但是当线程调用另一个函数时,该函数使用的静态或全局变量对所有线程来说将是同样的值。使用线程局部存储方法,可通过对进程中用于存储和获取各个线程不同值的索引来完成对一个线程的存储分配。

12.2 定义线程对象

对大多数应用程序来说,用户可以使用线程对象来代表应用程序中的一个执行线程,线程对象是通过封装编写一个多线程应用程序的最一般需要,简化了用户编写多线程应用程序的过程。

需要注意的是,线程对象不允许用户控制安全属性和线程堆栈的大小,如果用户需要控制线程的这些属性,必须使用 BeginThread 函数。

为了使用线程对象,用户必须首先创建一个新的 Thread 派生类。

12.2.1 创建线程对象

要创建一个新的 Thread 派生类,可以使用如下步骤。

(1) 通过 Delphi XE8 主菜单的 File|New|Other 命令在弹出的 New Items 对话框中,如图 12-1 所示,选择 Delphi Projects|Delphi Files|Tthread Object 图标,单击 OK 按钮,系统将自动创建一个 Thread Object。

(2) 系统弹出 News Thread Object 对话框,如图 12-2 所示。在其中输入一个新的类名 TMyThread 和线程名 Thread Object。输入类名和线程名之后,Delphi XE8 将为用户创建一个用于实现线程的新单元文件。

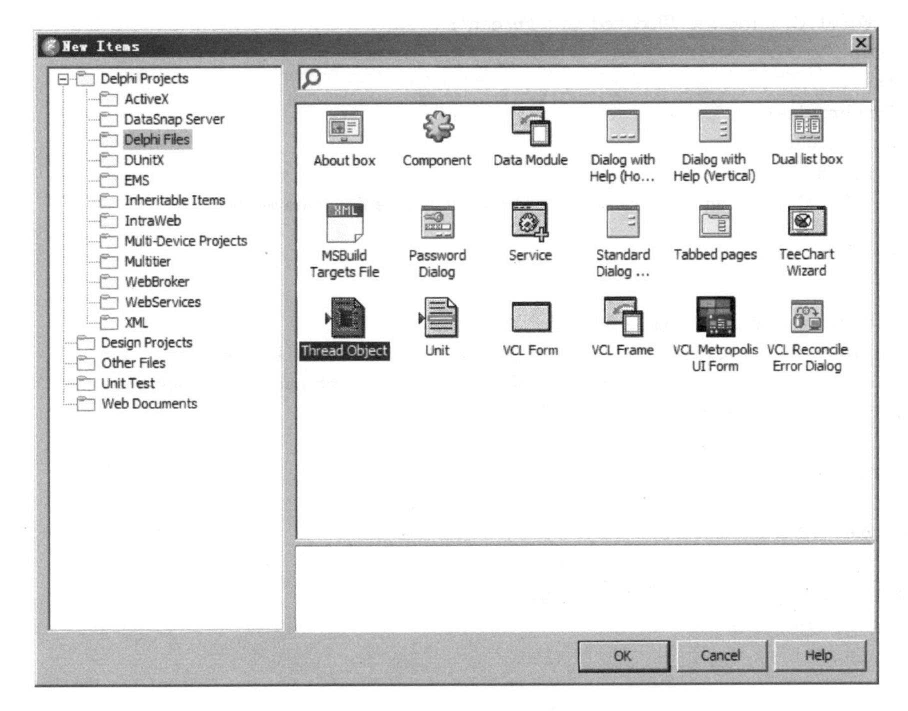

图 12-1　创建 Thread Object

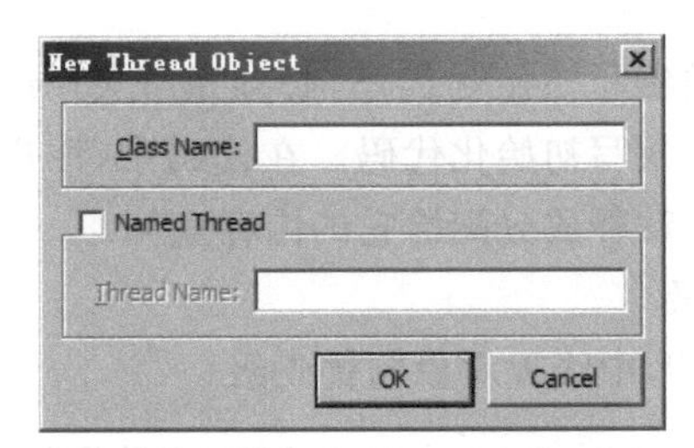

图 12-2　输入类名和线程名

自动生成的单元文件将包括新线程对象的框架代码，该单元文件如下。

```
unit Unit1;
interface
uses
  System.Classes;
type
  TMyThread  = class (Thread)
  protected
    procedure Execute; override;
  end ;
implementation
{
  Important: Methods and properties of objects in visual components can only be
  used in a method called using Synchronize, for example,
      Synchronize(UpdateCaption);
  and UpdateCaption could look like,
    procedure TMyThread.UpdateCaption;
    begin
```

```
    Form1.Caption := 'Updated in a thread';
  end;
  or
  Synchronize(
    procedure
    begin
      Form1.Caption := 'Updated in thread via an anonymous method'
    end
    )
  );
 where an anonymous method is passed.
 Similarly, the developer can call the Queue method with similar parameters as
 above, instead passing another TThread class as the first parameter, putting
 the calling thread in a queue with the other thread.
}
{ TMyThead }

procedure TMyThead.Execute;
begin
  NameThreadForDebugging('Thread Object');
  { Place thread code here }
end;
end.
```

12.2.2 初始化线程对象

如果用户要为新的线程类编写初始化代码,必须重载 Create 方法,为线程类添加一个新的构造函数并且在它的实现中编写初始化代码。在代码中,用户可以为线程指定一个优先级并指出线程执行结束时是否自动释放分配给它的内存空间。

1. 为线程指定一个优先级

表 12-3 列出了 Delphi XE8 中线程对象的优先级。

表 12-3 Delphi XE8 中线程对象的优先级

优先级值	意义
TpIdle	只有在系统空闲时,线程才执行,Windows 不会中断其他线程去执行一个具有该优先级的线程
TpLowest	线程的优先级比普通优先级小 2
TpLower	线程的优先级比普通优先级小 1
TpNormal	线程的优先级和普通优先级相同
TpHigher	线程的优先级比普通优先级大 1
TpHighest	线程的优先级比普通优先级大 2
TpTimeCritical	线程的优先级最高

但是也不能无休止地提高大量占用 CPU 的线程的优先级,否则可能会导致其他线程不能运行。应该只为那些花费大量时间等待一个外部事件的线程指定高优先级。

下面的代码构造了一个低优先级线程,该线程执行了一些不影响其他线程的后台操作。

```
Var
  SecondProcess:TMyThread;
begin
```

```
  SecondProcess: = TMythread.Ceate(True);
  SecondProcess.priority: = tplower;
  SecondProcess.Resume;
end;
```

2. 指定是否释放线程

通常一个特定线程只执行一次,在这种情况下,最简单的方法是让线程自己释放。这种情况下,可以将 FreeOnTerminate 属性值设为 True。

然而,有时用户线程对象可能会代表一个应用程序要反复执行的一个任务,例如响应一个用户行为或外部消息事件。当用户应用程序需要一个线程的多个实例,用户可以保留线程对象以备再次使用,而不是在它们执行完成后立即撤销,这样可以提高应用程序的性能。这种情况下,就要把 FreeOnTerminate 属性设为 False。

12.2.3　编写线程函数

Execute 方法是用户线程的执行函数,可以认为它是用户载入的一个程序,并且与其他线程共享同样的进程空间。编写线程函数比编写一个独立的程序更复杂,因为用户必须要确保不与其他线程发生冲突。另一方面,因为所有线程共享同样的进程空间,用户必须使用共享内存空间的方法来和其他线程通信。

1. 使用主 VCL 线程

当用户使用 VCL 对象库中的对象时,它们的属性和方法不能保证线程是安全的,也就是说,访问属性或执行方法可能会执行一些使用了未受保护的内存的操作。

如果所有对象在一个独立线程中访问它们的属性和执行方法,用户就不必担心对象之间彼此干扰,这时要使用主 VCL 线程,创建一个执行必要操作的独立过程,然后在用户编程的 Synchronize 方法中调用这个过程,例如:

```
procedure TMyThread.PushTheButton;
begin
  Button1.Click;
end;
procedure TMyThread.Excute;
begin
  …
  Synchronize(PushTheButton);
  …
end;
```

Synchronize 方法等待主 VCL 线程进入消息循环,并执行传递任务。

由于该方法使用消息循环,它不能在控制台程序中工作,用户必须使用其他的机制,例如临界区,保护在控制台程序中对 VCL 对象的访问。

用户并不总是需要使用主 VCL 线程,一些对象是线程无关的。当用户知道一个对象的方法是线程安全的时候忽略使用 Synchronize 方法将改善系统的性能。这是因为用户不需要等待 VCL 线程进入它的消息循环。

在下述几种情况下,用户不需要使用 Synchronize 方法。

(1) 数据访问组件是线程安全的。

(2) 图形对象是线程安全的。

(3) 当使用一个线程安全的 ThreadList 版本时。

2. 使用线程局部变量

和任何其他的 Object Pascal 过程类似,线程函数及其调用的任何过程都有它们自己的局部变量。这些过程也可以访问全局变量。实际上,全局变量提供了一个更为强大的线程间通信机制。

然而,有时用户可能需要使用一些特殊变量,它们对用户线程中的所有过程而言是全局的变量,但却不能被一个线程类的其他实例共享。可以通过声明一个线程局部变量来实现这种要求,将变量声明为 Threadvar 可以声明一个线程局部变量。例如:

```
Threadvar
  x: integer;
```

以上代码声名了一个应用程序中每个独立线程独自占有的变量,但它对所有线程而言是全局的。

3. 检查是否被其他线程终止

用户线程对象在 Execute 方法调用时开始运行,并且在 Execute 方法结束时终止。然而有时应用程序需要一个线程持续执行,直到某个外部条件得到满足。这时,用户可以让其他的线程通过 Terminated 属性来通知用户线程终止。当其他线程想终止用户线程时,可以调用 Terminated 方法,该方法将用户线程对象的 Terminated 属性值设为 True。

下面的代码演示了如何实现这种方式。

```
procedure TMyThread.Excute;
begin
  while not terminated do
      PerformYourTask;
end;
```

12.2.4 编写线程的清除代码

用户可以将线程的清除代码集中在线程终止时执行。在线程终止时,将发生一个 OnTerminate 事件,将清除代码放在该事件处理过程中可以确保代码的执行,而不必考虑 Execute 方法遵循怎样的执行路径。

OnTerminate 事件处理过程不作为用户线程的一部分运行,它在主 VCL 线程中运行,因此必须注意以下两点。

(1) 用户在 OnTerminate 事件处理过程中不能使用任何线程局部变量;

(2) 用户在 OnTerminate 事件处理过程中可以安全地访问任何组件以及 VCL 对象而不必担心与其他线程发生冲突。

12.3 使用线程对象

12.3.1 线程的同步

为了避免线程在访问一个全局变量或对象时和其他线程发生冲突,用户需要在代码执行完一个操作之前阻塞其他线程的执行,注意不要阻塞其他不必阻塞的线程,这样做可能导致系统性能严重降低并失去使用线程的许多优点。

VCL 支持三种方法来避免其他线程与用户线程访问同样的内存区域。

1. 锁住对象

为了避免其他线程使用某个对象实例，可以锁住该对象。例如，画布对象有一个 Lock 方法可以阻止其他线程在调用 Unlock 方法之前访问该画布对象。调用 Tcanvas. Lock 可以防止其他线程在画布上进行绘制，直到对应的线程调用了 Unlock 事件。嵌套调用 Lock 方法将 LockCount 属性增加，直到最后所加的锁被释放该画布才会解锁。在多线程应用程序中，使用该方法可以保护画布。所有使用画布的调用都必须调用 Lock 方法，在使用画布之前没有调用 Lock 方法的线程可能会导致潜在的错误。

2. 使用临界区

如果对象没有内建加锁的功能，用户可以使用临界区。临界区就像一个门，一次只允许一个线程进入。要使用临界区，就要创建一个全局 TcriticalSection 对象。该对象有两个方法：Acquire(阻塞其他线程执行临界区的代码)和 Release(释放阻塞)。

每个临界区都和用户要保存的全局内存相联系，每个线程在访问一个全局内存之前都应该首先调用 Acquire 方法以确保没有其他线程在使用它。访问结束后，线程应该调用 Release 方法使其他线程可以通过调用 Acquire 方法访问该全局内存区。

3. 使用 multi-read-exclusive-write 同步

当用户使用临界区保护全局内存时，每次只有一个线程可以使用该内存区，这样的保护可能满足不了用户的要求，特别是用户要求有一个必须经常读而很少写的对象或变量的时候。因为在多个线程中同时读一个变量没有任何危险，而变量赋值则不同。这时可以使用 TmultiReadExclusiveWriteSynchronizer 类来保护它，该类类似一个临界区，但它允许多线程同时读取被它保护的内存。

12.3.2　执行线程对象

在通过一个 Execute 方法实现了一个线程类后，用户就可以在自己的应用中使用该线程类来启动 Execute 方法的代码。要使用线程，首先要创建一个线程类的实例。用户可以创建一个立即启动的线程类实例，只需将构造函数的 CreateSuspended 参数设置为 false 即可。例如，下面的代码将创建一个立即启动的线程：

```
SecondThread: = TMyThread.Create(false);
```

用户可以创建一个线程类的多个实例来执行代码，例如，用户可以启动一个现成的新实例来响应某个用户的操作，并且允许每个线程执行预期的响应。

1. 重载优先级

当在线程中指定它所能得到的 CPU 时间时，应在构造函数中指定线程的优先级。然而，如果线程的优先级依赖于线程何时执行，就应该创建可以进入挂起状态的线程，设置线程的优先级，然后开始执行程序，如下面的代码所示。

```
Var
  SecondProcess: TMyThread:
  //TMyThread is a custom descendant of Thread
begin
   SecondProcess: = TMyThread.Ceate(True);
```

```
    //Create suspended -  secondprocess does not run yet
    SecondProcess. Priority: = tplower;
    //set thepriority to lower then normal
    SecondProcess.Resume;
    //now run the thread
end;
```

2. 启动和停止线程

一个线程在运行前可以被启动和中止很多次。要临时中止一个线程的执行,可以使用线程的 Suspend 方法。Suspend 方法增加了一个内部的计数,而需要恢复线程的时候,用 Resume 方法,并且线程恢复是安全的。用户可以嵌套使用这两种方法。线程只有对挂起的操作都调用了 Resume 方法才会恢复运行。

用户可以调用 Terminated 方法要求一个线程提前停止,该方法将线程的 Terminated 属性设置为 True。

3. 暂存线程

当用户的应用程序需要用到同一个线程对象的多个实例时,用户可以通过暂存线程以重新使用,而不是撤销线程对象然后重新创建来改善系统的性能。要暂存线程,用户必须维护一个已经创建的线程的列表,这个列表可以由使用线程的一个对象维护;另一个办法是用户可以使用一个全局变量来暂存线程。

当需要一个新的线程时,可以使用一个暂存的线程或创建一个新的线程。

下面通过一个例子来加深对多线程编程的认识。

12.4 利用多线程排序

前面已经介绍了多线程的基本概念,并对如何在 Delphi XE8 中使用多线程有了一定的认识,为了了解多线程技术具体是如何在 Delphi XE8 中实现的,下面将给出一个多线程的例子,通过对程序的实现部分的讲解加深对多线程编程的了解。下面介绍具体的开发过程。

1. 界面设计

向窗体中增加三个 Label、三个 PaintBox 和一个 Button 控件,如图 12-3 所示。

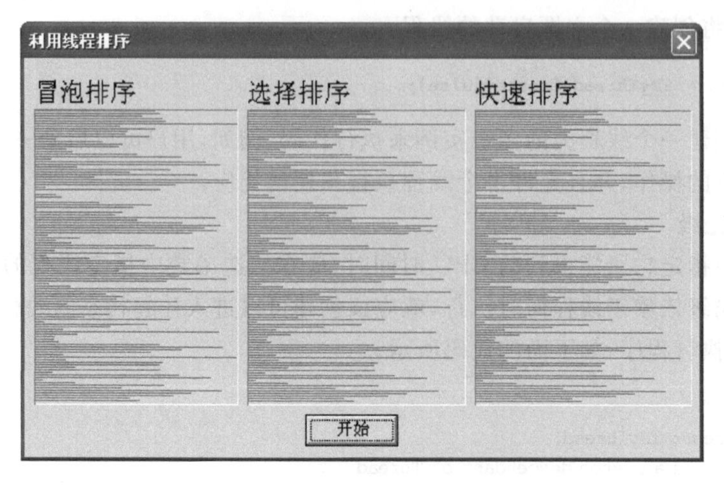

图 12-3 在排序前随机数显示界面

2. 程序设计

1）线程单元

按照 12.2 节介绍的方法添加多线程类 TSortThread 及其他相关类。代码如下。

```
unit SortThds;
interface
uses
  Classes, Graphics, ExtCtrls;
type
  PSortArray = ^TSortArray;
  TSortArray = array[0..MaxInt div SizeOf(Integer) - 1] of Integer;
//定义 TSortThread 类
TSortThread = class(TThread)
private
  FBox: TPaintBox;
  FSortArray: PSortArray;
  FSize: Integer;
  FA, FB, FI, FJ: Integer;
  procedure DoVisualSwap;
protected
  procedure Execute; override;
  procedure VisualSwap(A, B, I, J: Integer);
  procedure Sort(var A: array of Integer); virtual; abstract;
public
  constructor Create(Box: TPaintBox; var SortArray: array of Integer);
end;

//定义 TBubbleSort 类,该类是 TSortThread 的派生类
TBubbleSort = class(TSortThread)
protected
  procedure Sort(var A: array of Integer); override;
end;
//定义 TSelectionSort 类,该类是 TSortThread 的派生类
TSelectionSort = class(TSortThread)
protected
  procedure Sort(var A: array of Integer); override;
end;
//定义 TQuickSort 类,该类是 TSortThread 的派生类
TQuickSort = class(TSortThread)
protected
  procedure Sort(var A: array of Integer); override;
end;
//画线过程
procedure PaintLine(Canvas: TCanvas; I, Len: Integer);
implementation                                          //实现部分
procedure PaintLine(Canvas: TCanvas; I, Len: Integer);
begin
  Canvas.PolyLine([Point(0, I * 2 + 1), Point(Len, I * 2 + 1)]);
end;
//排序线程
constructor TSortThread.Create(Box: TPaintBox; var SortArray: array of Integer);
begin
  FBox := Box;
  FSortArray := @SortArray;
  FSize := High(SortArray) - Low(SortArray) + 1;
```

```
  FreeOnTerminate := True;
  inherited Create(False);
end;

procedure TSortThread.DoVisualSwap;
begin
  with FBox do
  begin
    Canvas.Pen.Color := clBtnFace;
    PaintLine(Canvas, FI, FA);
    PaintLine(Canvas, FJ, FB);
    Canvas.Pen.Color := clRed;
    PaintLine(Canvas, FI, FB);
    PaintLine(Canvas, FJ, FA);
  end;
end;

procedure TSortThread.VisualSwap(A, B, I, J: Integer);
begin
  FA := A;
  FB := B;
  FI := I;
  FJ := J;
  Synchronize(DoVisualSwap);
end;
//当线程开始时,此过程被执行
procedure TSortThread.Execute;
begin
  Sort(Slice(FSortArray^, FSize));
end;
//编写三个线程,这是本程序的重点.首先编写 TBubbleSort 线程的排序方法:
//冒泡排序
procedure TBubbleSort.Sort(var A: array of Integer);
var
  I, J, T: Integer;
begin
  for I := High(A) downto Low(A) do                          //关键分析 1
    for J := Low(A) to High(A) - 1 do
      if A[J] > A[J + 1] then
      begin
        VisualSwap(A[J], A[J + 1], J, J + 1);
        T := A[J];
        A[J] := A[J + 1];
        A[J + 1] := T;
        if Terminated then Exit;
      end;
end;
//选择排序
procedure TSelectionSort.Sort(var A: array of Integer);
var
  I, J, T: Integer;
begin
  for I := Low(A) to High(A) - 1 do
    for J := High(A) downto I + 1 do
      if A[I] > A[J] then
```

```
      begin
        VisualSwap(A[I], A[J], I, J);
        T := A[I];
        A[I] := A[J];
        A[J] := T;
        if Terminated then Exit;
      end;
end;
//快速排序
procedure TQuickSort.Sort(var A: array of Integer);
  procedure QuickSort(var A: array of Integer; iLo, iHi: Integer);
  var
    Lo, Hi, Mid, T: Integer;
  begin
    Lo := iLo;
    Hi := iHi;
    Mid := A[(Lo + Hi) div 2];
    repeat
      while A[Lo] < Mid do Inc(Lo);
      while A[Hi] > Mid do Dec(Hi);
      if Lo <= Hi then
      begin
        VisualSwap(A[Lo], A[Hi], Lo, Hi);
        T := A[Lo];
        A[Lo] := A[Hi];
        A[Hi] := T;
        Inc(Lo);
        Dec(Hi);
      end;
    until Lo > Hi;
    if Hi > iLo then QuickSort(A, iLo, Hi);
    if Lo < iHi then QuickSort(A, Lo, iHi);
    if Terminated then Exit;
  end;
begin
  QuickSort(A, Low(A), High(A));
end;
end.
```

2) 窗体单元

```
unit ThSort;
interface
uses
  Windows, Messages, SysUtils, Classes, Graphics, Controls, Forms, Dialogs,
  ExtCtrls, StdCtrls;
type
  TThreadSortForm = class(TForm)
    StartBtn: TButton;
    BubbleSortBox: TPaintBox;
    SelectionSortBox: TPaintBox;
    QuickSortBox: TPaintBox;
    Label1: TLabel;
    Label2: TLabel;
    Label3: TLabel;
    procedure BubbleSortBoxPaint(Sender: TObject);
```

```
    procedure SelectionSortBoxPaint(Sender: TObject);
    procedure QuickSortBoxPaint(Sender: TObject);
    procedure FormCreate(Sender: TObject);
    procedure StartBtnClick(Sender: TObject);
  private
    ThreadsRunning: Integer;
    procedure RandomizeArrays;
    procedure ThreadDone(Sender: TObject);
  public
    procedure PaintArray(Box: TPaintBox; const A: array of Integer);
  end;
var
  ThreadSortForm: TThreadSortForm;
implementation
uses SortThds;
{ $ R * .dfm}
type
  PSortArray = ^TSortArray;
  TSortArray = array[0..114] of Integer;
var
  ArraysRandom: Boolean;
  BubbleSortArray, SelectionSortArray, QuickSortArray: TSortArray;
//用来给 PaintBox 组件画上线条
procedure TThreadSortForm.PaintArray(Box: TPaintBox; const A: array of Integer);
var
  I: Integer;
begin
  with Box do
  begin
    Canvas.Pen.Color := clRed;
    for I := Low(A) to High(A) do PaintLine(Canvas, I, A[I]);
  end;
end;
procedure TThreadSortForm.BubbleSortBoxPaint(Sender: TObject);
begin
  PaintArray(BubbleSortBox, BubbleSortArray);
end;
procedure TThreadSortForm.SelectionSortBoxPaint(Sender: TObject);
begin
  PaintArray(SelectionSortBox, SelectionSortArray);
end;
procedure TThreadSortForm.QuickSortBoxPaint(Sender: TObject);
begin
  PaintArray(QuickSortBox, QuickSortArray);
end;
procedure TThreadSortForm.FormCreate(Sender: TObject);
begin
  //调用了 RandomizeArrays 过程,使出现的线条无序化
  RandomizeArrays;
end;
procedure TThreadSortForm.StartBtnClick(Sender: TObject);  //关键分析 2
begin
  RandomizeArrays;
  ThreadsRunning := 3;
  with TBubbleSort.Create(BubbleSortBox, BubbleSortArray) do
```

```
    OnTerminate := ThreadDone;
  with TSelectionSort.Create(SelectionSortBox, SelectionSortArray) do
    OnTerminate := ThreadDone;
  with TQuickSort.Create(QuickSortBox, QuickSortArray) do
    OnTerminate := ThreadDone;
  StartBtn.Enabled := False;
end;
procedure TThreadSortForm.RandomizeArrays;                  //关键分析 3
var
  I: Integer;
begin
  if not ArraysRandom then
  begin
    Randomize;
    for I := Low(BubbleSortArray) to High(BubbleSortArray) do
      BubbleSortArray[I] := Random(170);
    SelectionSortArray := BubbleSortArray;
    QuickSortArray := BubbleSortArray;
    ArraysRandom := True;
    Repaint;
  end;
end;
procedure TThreadSortForm.ThreadDone(Sender: TObject);
begin
  Dec(ThreadsRunning);
  if ThreadsRunning = 0 then
  begin
    StartBtn.Enabled := True;
    ArraysRandom := False;
  end;
end;
end.
```

3. 程序分析

程序执行后运行结果如图 12-4 所示，在整个排序过程中，快速排序执行速度最快，然后是选择排序，冒泡排序过程所需执行时间最长。

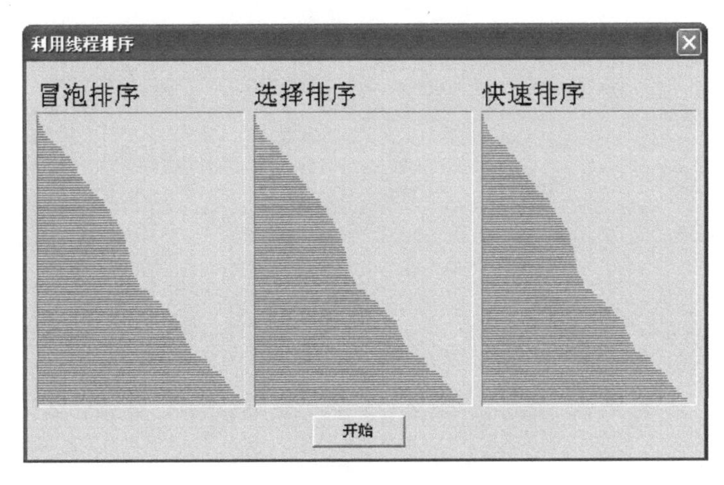

图 12-4　随机数排序后显示界面

关键分析1：这里用到的 high 函数用来得到数组最大下标值，如果是空数组，则返回－1，它的声明如下：

```
Function high(x);
```

至于 low 函数则与之相反，用来得到数组的最小下标值。

关键分析2：StartBtn 按钮的事件处理程序，调用 ThreadDone 过程对线条进行排序。

关键分析3：RandomizeArrays 过程随机画出长短的线条。

小　　结

本章首先介绍了线程的一些概念，线程是程序中的一个执行线索，线程可以在一个程序中同时运行。同步化是一种避免由于同时访问同一数据而造成数据混乱的方法。每个线程都有一个相关的优先级值，在多个线程争夺执行时，高优先级的线程有优先权。接着重点介绍了利用 Delphi XE8 向导创建线程的过程，最后举例说明了线程编程的应用。通过对本章的学习，读者应该对线程的概念和 Delphi XE8 中的线程编程有初步的了解。

习　　题

12-1　使用多线程的优点和缺点是什么？

12-2　利用 Thread 类来编写多线程的一般步骤是什么？

12-3　如何使线程同步？

12-4　简述线程的基本概念。

12-5　简述线程的优先级。

12-6　如何终止线程？

12-7　利用多线程技术模拟多个小球移动的过程，每个小球为一个线程。

12-8　利用多线程技术实现网络聊天程序的设计。

第 13 章

Android 应用程序设计

13.1 Delphi XE8 Android 平台的搭建

13.1.1 安装 Android SDK 和 Android NDK

在开发 Android 之前需要先安装好 Android SDK 和 Android NDK，并且在 Delphi IDE 中设定好开发环境。

在安装 XE8 时会同时安装 Android SDK 和 Android NDK，需要在 Delphi IDE 中设定 Android SDK 和 Android NDK 的安装路径，以便让 IDE 能够找到相关的档案和工具。

例如，本书把 Android SDK 安装在如图 13-1 所示路径。

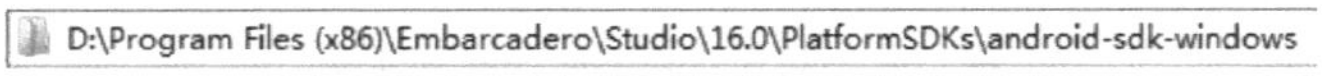

D:\Program Files (x86)\Embarcadero\Studio\16.0\PlatformSDKs\android-sdk-windows

图 13-1 Android SDK 安装路径

Android NDK 安装在如图 13-2 所示路径。

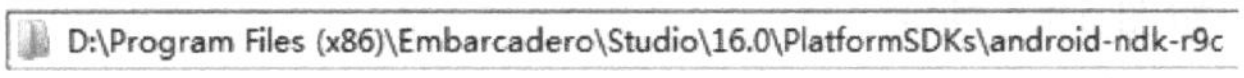

D:\Program Files (x86)\Embarcadero\Studio\16.0\PlatformSDKs\android-ndk-r9c

图 13-2 Android NDK 安装路径

Android NDK 路径下文件如图 13-3 所示。

图 13-3 Android NDK 路径下文件

Android SDK 路径下文件如图 13-4 所示。

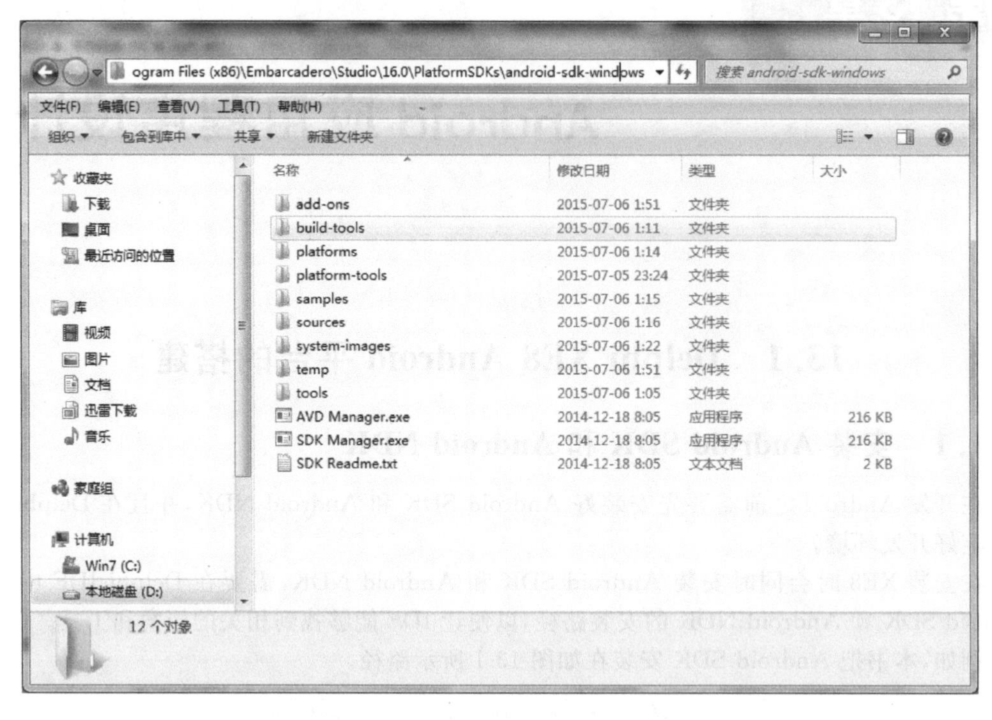

图 13-4　Android SDK 路径下文件

安装完 Android SDK 之后就可以执行 Android SDK 管理员(Android SDK Manager),以便再用它安装开发要用的 Android SDK 版本。本书使用的手机平台是 HUAWEI H60-L11 Android 版本 4.4.2,如图 13-5 所示。

图 13-5　手机型号及 Android 版本信息

运行 Android SDK 管理员(Android SDK Manager)安装 Android SDK 4.4.2 版如图 13-6 所示。

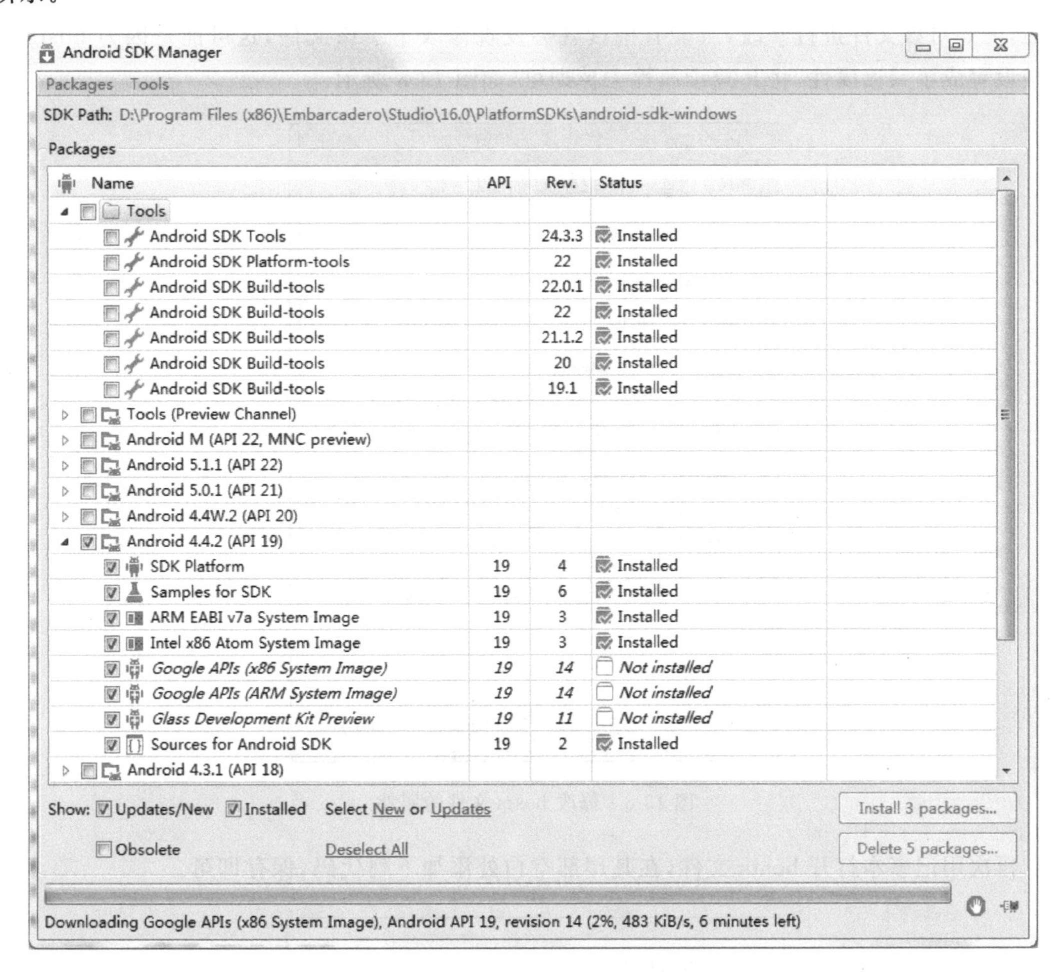

图 13-6　安装 Android SDK 版本

13.1.2　Android SDK 下载问题解决

在环境搭建过程中,安装 packages 时可能会出现如图 13-7 所示的错误,网络拒绝访问。

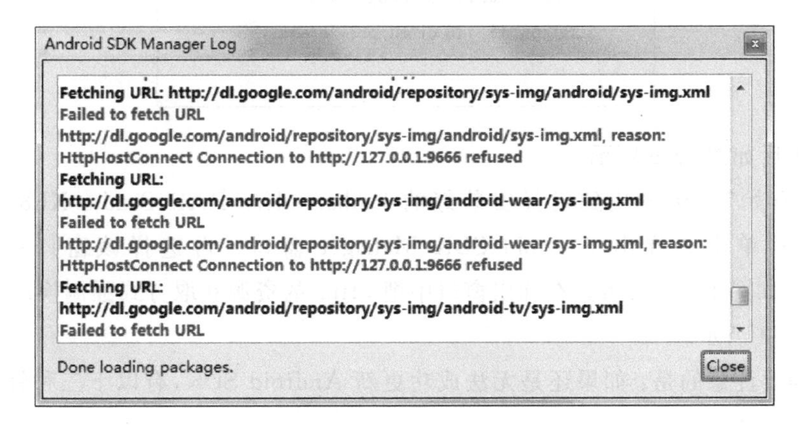

图 13-7　网络拒绝访问

问题解决步骤如下。

(1) 先修改 hosts(C:\Windows\System32\drivers\etc\hosts)文件只读属性。找到该文件后,需要对该文件进行修改,可能有些读者会发现修改不了该文件,这可能是因为 hosts 文件被设置成了只读属性,将其只读属性去掉即可,如图 13-8 所示。

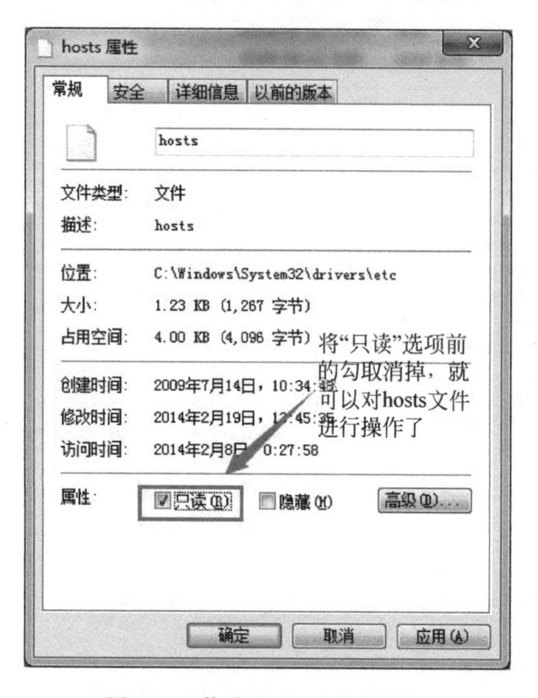

图 13-8 修改 hosts 文件的属性

再次用记事本打开 hosts 文件,在其尾部空白处添加下列代码,保存即可。

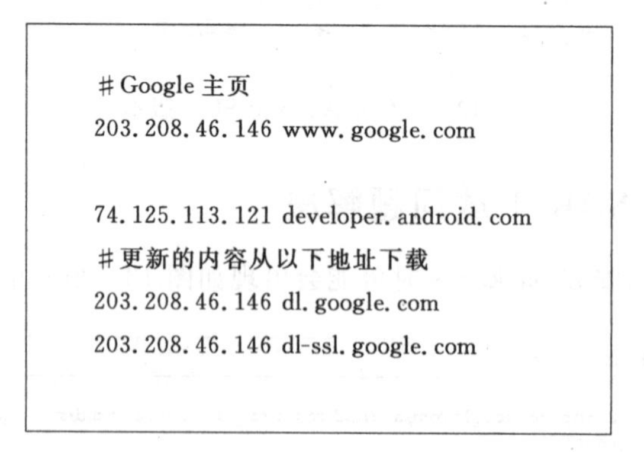

```
#Google 主页
203.208.46.146 www.google.com

74.125.113.121 developer.android.com
#更新的内容从以下地址下载
203.208.46.146 dl.google.com
203.208.46.146 dl-ssl.google.com
```

添加代码后如图 13-9 所示。

(2) 在"开始"菜单里找到已经安装好的 Embarcadero RAD Studio XE8 文件夹下的 Android Tools,单击会弹出 Android SDK Manager 窗口。再选择该窗口中的 Tools | Options 选项,如图 13-10 所示。在弹出窗口中把 https 的资源获取方式强制换成 http 获取的方式,如图 13-11 所示。

在这里需要注意的是:如果还是无法成功更新 Android SDK,有以下三种针对不同问题的解决方案。

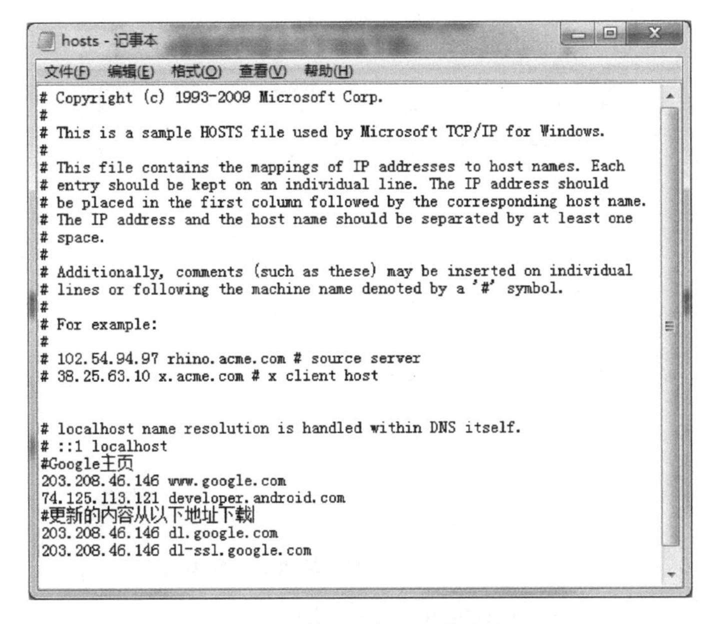

图 13-9 修改 hosts 文件内容

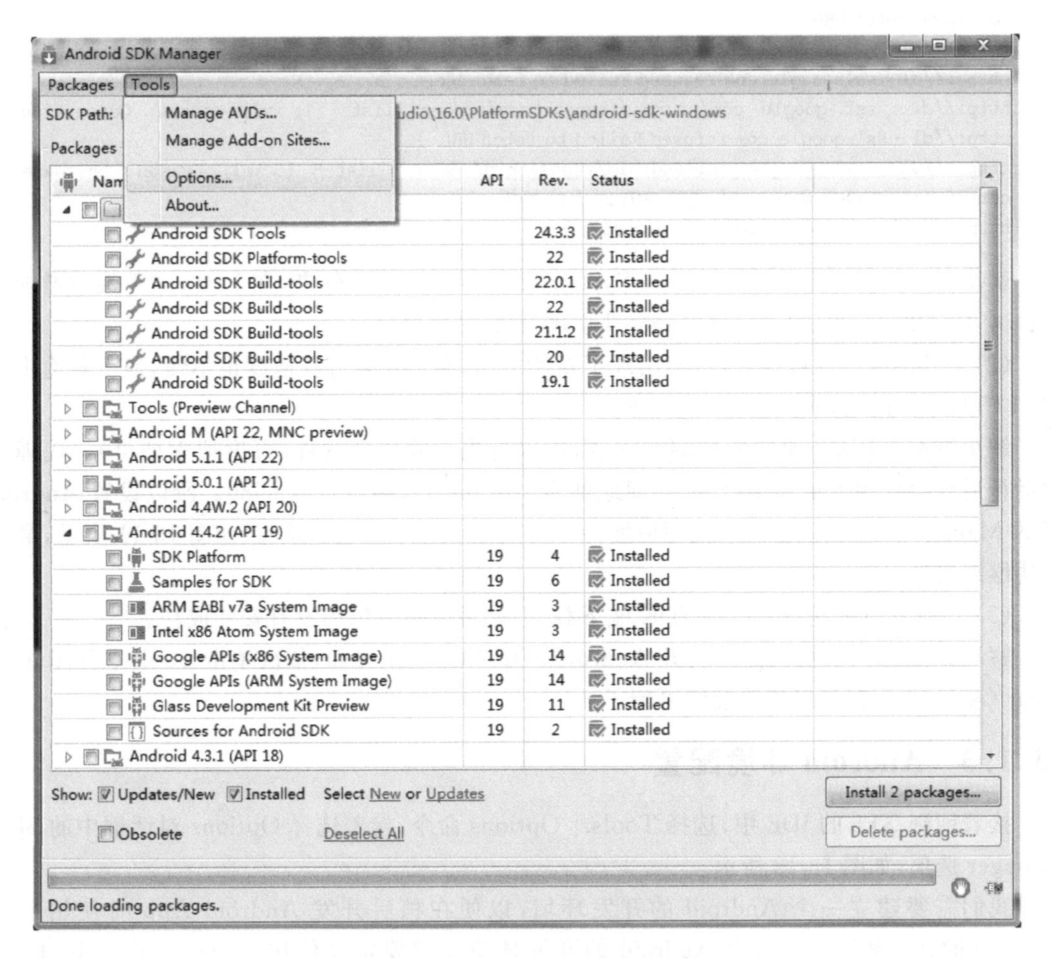

图 13-10 Android SDK Manager 窗口

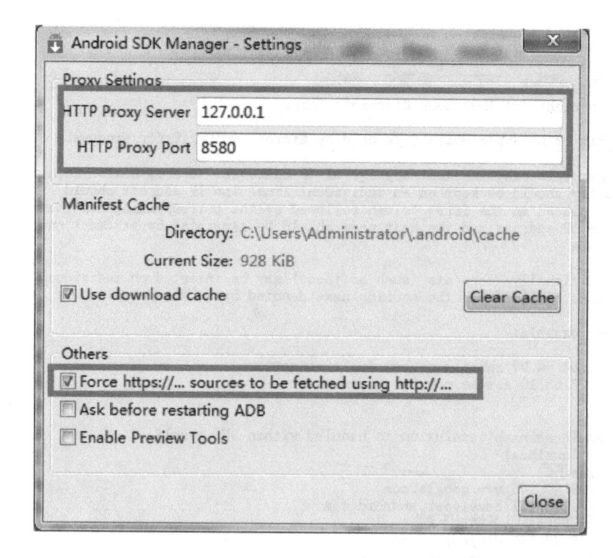

图 13-11　Android SDK Manager-Settings

(1) 出现 Failed to fetch URL 错误提示：

```
Failed to fetch URL
https://dl - ssl. google. com/android/repository/repository - 6. xml, reason: Connection to
https://dl - ssl.google.com refused Failed to fetch URL
http://dl - ssl. google. com/android/repository/addons _ list - 1. xml, reason: Connection to
http://dl - ssl.google.com refused Failed to fetch URL
https://dl - ssl. google. com/android/repository/addons _ list - 1. xml, reason: hostname in
certificate didn't match: != 更新 ADT 时无法解析
https://dl - ssl.google.com/android/eclipse
```

解决方案是：打开 C:\Windows\System32\drivers\etc 文件夹，在 hosts 文件最后增加一行：74.125.237.1 dl-ssl. google. com 即可，修改好之后保存。

(2) 将 hosts 文件修改后，虽然出现了新的 API，而且安装过程速度也不慢，但下载途中出现 HTTP:500 问题，从而使得下载中断。

解决方案是：由于是服务器端的问题，所以首先下载代理软件(百度搜索即可)。代理软件运行后获得代理地址和端口，如代理地址为 127.0.0.1，端口号为 8580。所以设置 Android SDK Manager-Settings 窗口中代理地址为 127.0.0.1，端口号为 8580。如图 13-11 所示，最后成功继续更新。

(3) 出现这样的情况：虽然 SDK 能下载，但是最后一个包都没有安装成功。

解决方案是：同样的操作，打开 Android SDK Manager 界面，依次单击 Tools | Settings | Clear Cache 之后就可以成功继续更新了。

13.1.3　Android 环境配置

接着回到 XE8 的 IDE 中，选择 Tools | Options 命令，接着选择 Options 对话框中的 SDK Manager 选项，如图 13-12 所示。

我们需要建立一个 Android 的开发环境，以便在稍后开发 Android App 时使用这个 Android 的开发环境。在这个 Android 的开发环境中需要定义使用的 Android SDK 版本，Android SDK 和 Android NDK 的安装路径。

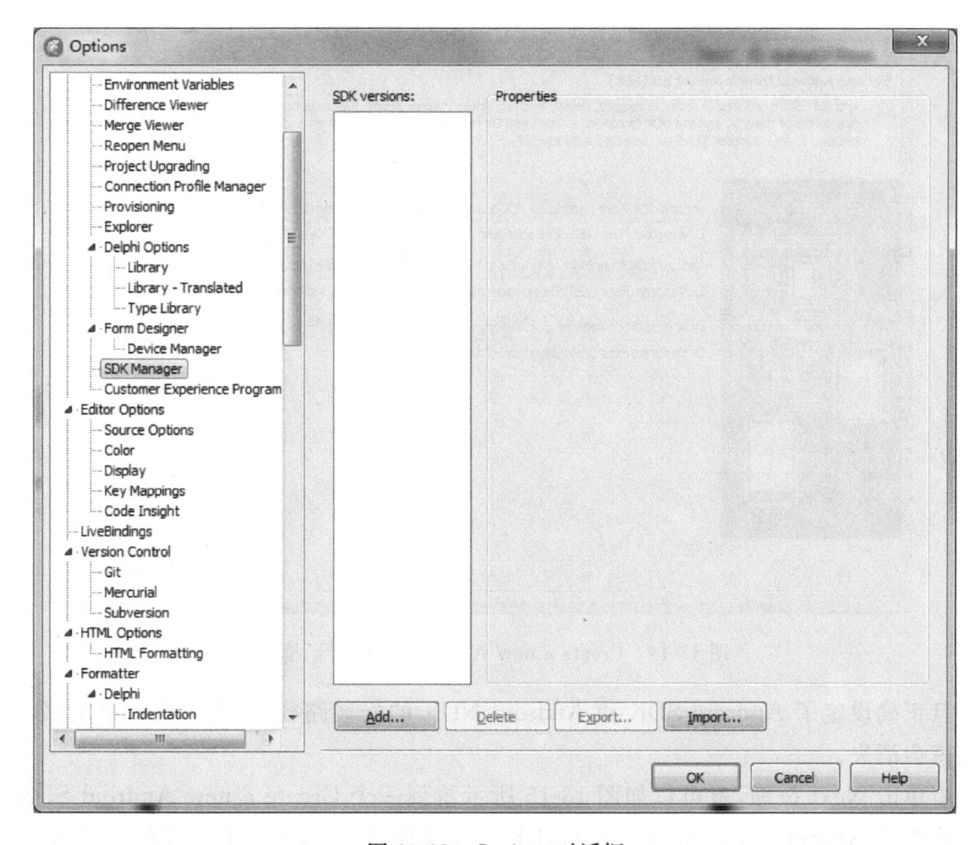

图 13-12 Options 对话框

单击图 13-12 中的 Add 按钮，在如图 13-13 所示的 Add a New SDK 对话框中选择 Android 平台，再从 Select an SDK version 中选择 Add New 选项，如图 13-13 所示。

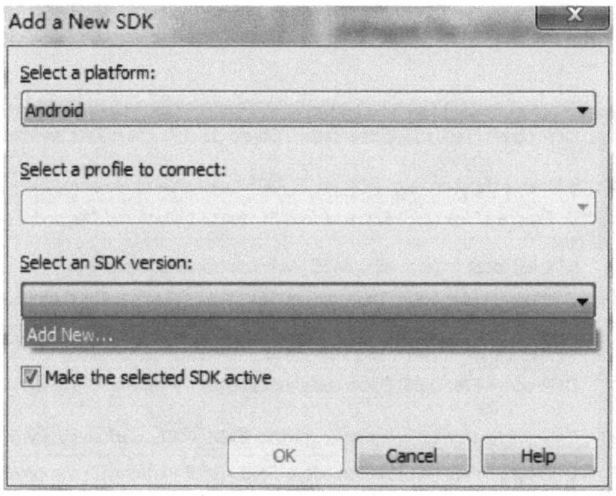

图 13-13 Add a New SDK 对话框

接着会出现一个 Create a new Android SDK 对话框，设定 Android SDK 和 Android NDK 的安装路径，如图 13-14 所示。

在 Android SDK Base path 文本框中输入 Android SDK 安装路径，并且在 Android NDK Base path 文本框中输入 Android NDK 的安装路径。请注意在没有正确设定 Android SDK 和 Android NDK 的安装路径时，这两个文本框的最右方都有警示符号。

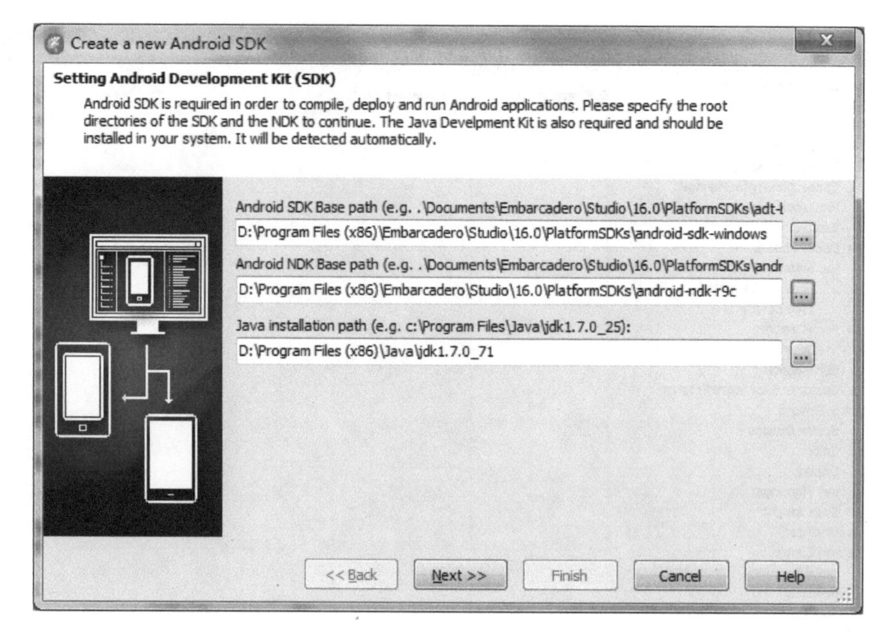

图 13-14 Create a new Android SDK 对话框 1

一旦正确设定了 Android SDK 和 Android NDK 的安装路径，这两个文本框的最右方的警示符就会消失。

接着单击 Next 按钮，就可以如图 13-15 所示看到一个 Create a new Android SDK 对话框。正确地从 Android SDK 和 Android NDK 的安装路径中，找到所有需要的设定和工具，最后可以在 SDK API-Level 列表框中选择 Android SDK 版本，如图 13-15 所示。

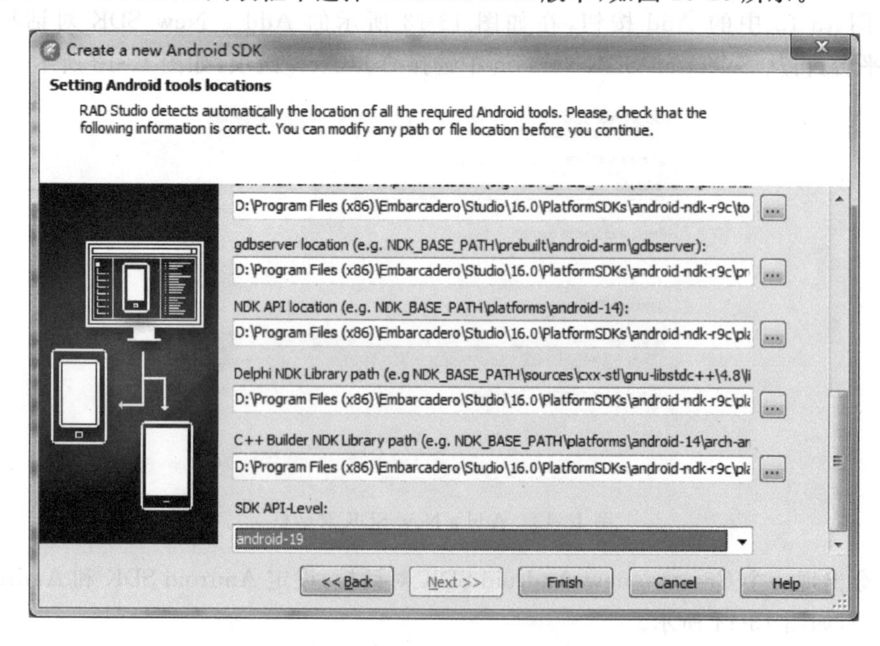

图 13-15 Create a new Android SDK 对话框 2

最后单击 Finish 按钮完成 Android 的设定。

13.2　简单的 XE8 for Android APP

13.2.1　Hello World 程序

在成功搭建安卓平台之后，需要安装开发使用的 Android 手机的驱动程序，才能让 XE8 IDE 部署和测试。读者需要到手机官方网站下载，本文这里使用的是 HUAWEI H60-L11，因此需要到 HUAWEI 相关的网站下载驱动程序，安装好之后可以在本机的设备管理器中看到，如图 13-16 所示。

接下来创建一个简单的"Hello World"应用，首先要建立一个 Multi-Device Application 项目，如图 13-17 所示。

图 13-16　安装手机驱动程序

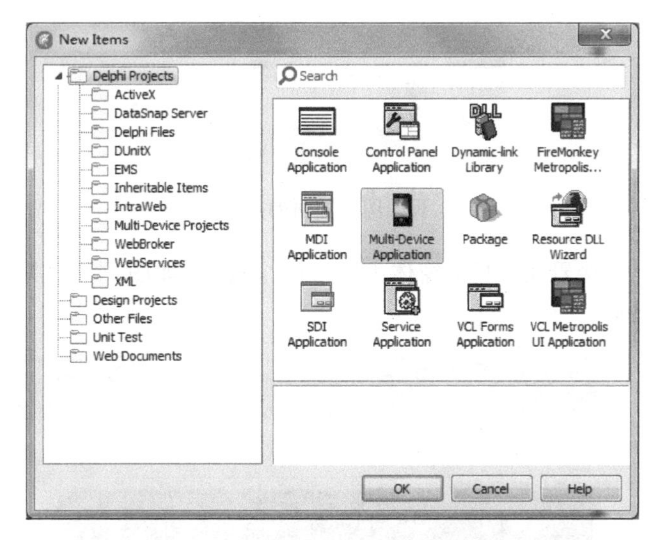

图 13-17　Multi-Device Application

选择建立 Blank Application 项目，如图 13-18 所示。

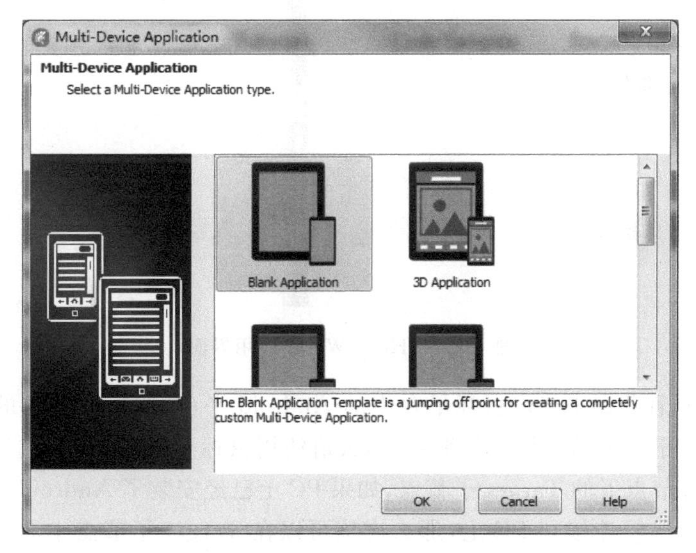

图 13-18　选择 Blank Application

把设计图形界面的样式选择为 Android 模式,如图 13-19 所示。

这时需要选择一下 Android 手机的屏幕大小,这对分辨率是有影响的,请根据开发的目标环境而定。因为平台 HUAWEI H60-L11 是 5 英寸屏,在这里选择的是 5 英寸屏,如图 13-20 所示。

图 13-19 设计图形界面的样式

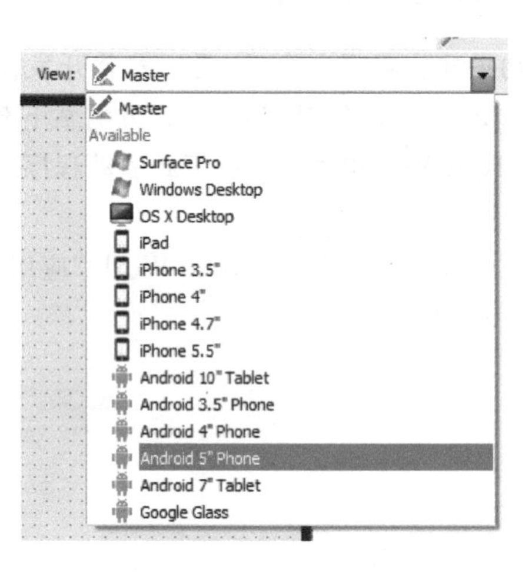

图 13-20 Android 5'Phone

接着在项目的窗体中放入两个按钮,如图 13-21 所示。控制组件也会切换为 Android 的风格。

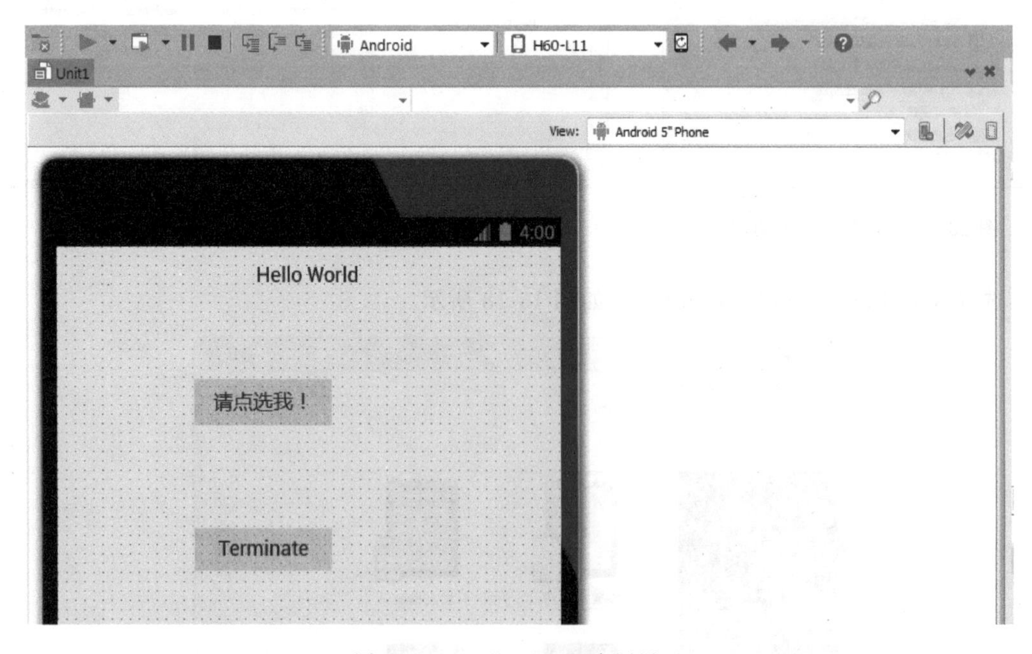

图 13-21 Hello World 应用界面

在 IDE 的项目管理器中确定目标平台中的 Android 平台,这是运行中的平台(用粗体表示),如果 Android 平台不是运行中的平台,那么请使用鼠标双击它,让它成为运行中的平台。接着开启 Android 节点下的 Target 子节点,如果 PC 上已经安装了 Android 手机的驱动程序,而且 Android 手机已经连接到 PC 上,那么应该可以在 Target 子节点中看到 Android 手机。

这里使用的是 H60-L11,如图 13-22 所示。如果没有看到,可以在 Target 子节点上右击鼠标,再从菜单中选择 Refresh 选项,这时手机就应该会显示在 Target 子节点中了。

在主表单中的"请点选我!"按钮中编写如下的代码。

```
procedure TForm1.Button1Click(Sender: TObject);var
  sMessage:String;
begin
  sMessage: = 'Hello';
  sMessage: =  sMessage  + ' World! ';
  ShowMessage(sMessage);
end;
end.
```

可以看到一个 APP 项目和代码成功地在 Android 手机中执行,如图 13-23 所示。

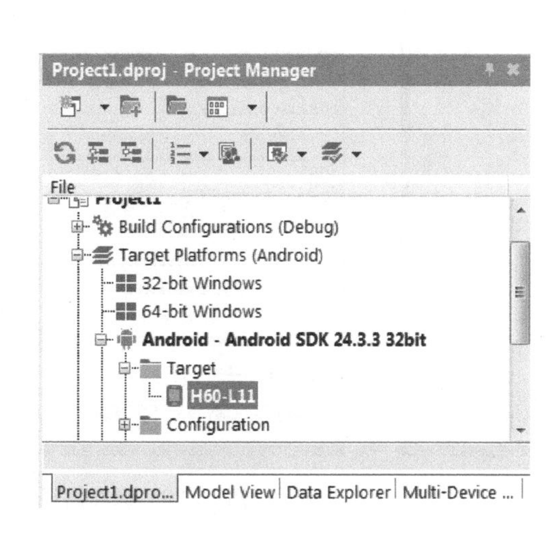

图 13-22　手机平台状态

图 13-23　Hello World 成功运行界面

13.2.2　登录界面模拟程序

首先要建立一个 Multi-Device Application,如图 13-24 所示。

选择 Multi-Device Application 选项,然后选中 Header/Footer 选项,最后单击 OK 按钮,如图 13-25 所示。在弹出的"浏览文件夹"对话框中选择项目文件保存的路径,然后单击"确定"按钮,如图 13-26 所示。

到此新建了一个项目,如图 13-27 所示,里面有一个窗体文件。窗体中有一个标题栏,文字内容可自己修改。

把设计的图形界面的样式选择为 Android 模式。这时需要选择 Android 手机的屏幕大小,这对分辨率是有影响的,要根据开发的目标环境而定。在这里选择的是 5 英寸屏,如图 13-28 所示。

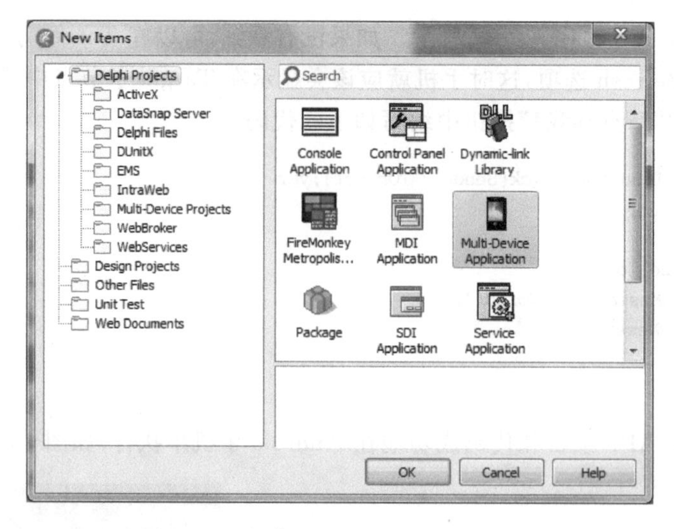

图 13-24 新建 Multi-Device Application

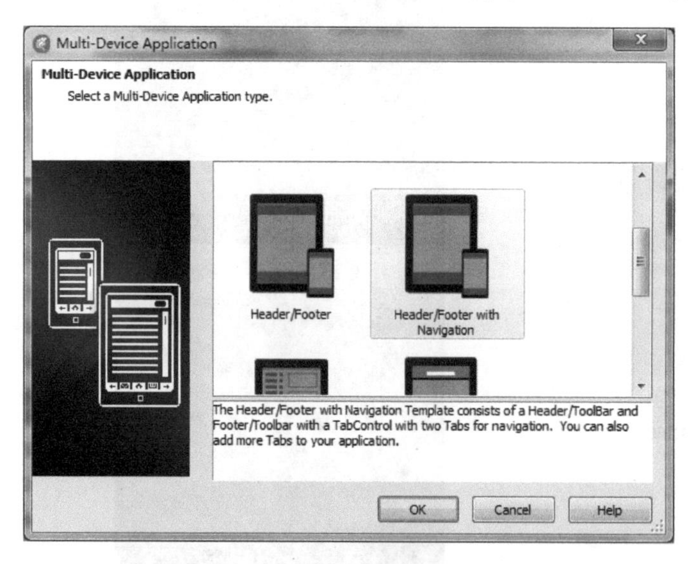

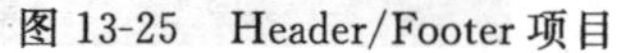

图 13-25 Header/Footer 项目

图 13-26 保存路径

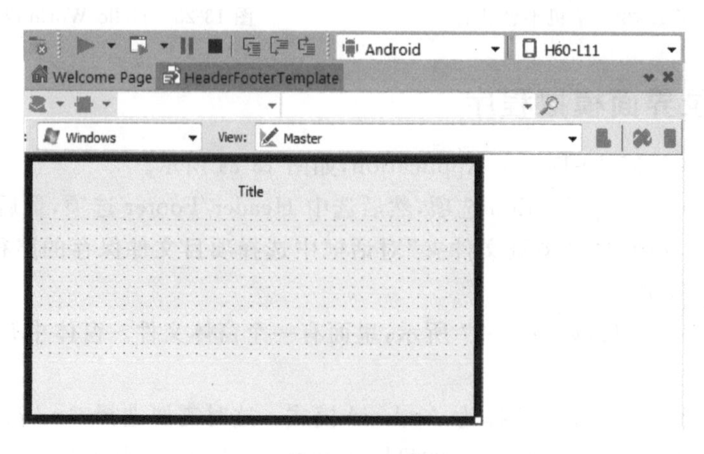

图 13-27 窗体

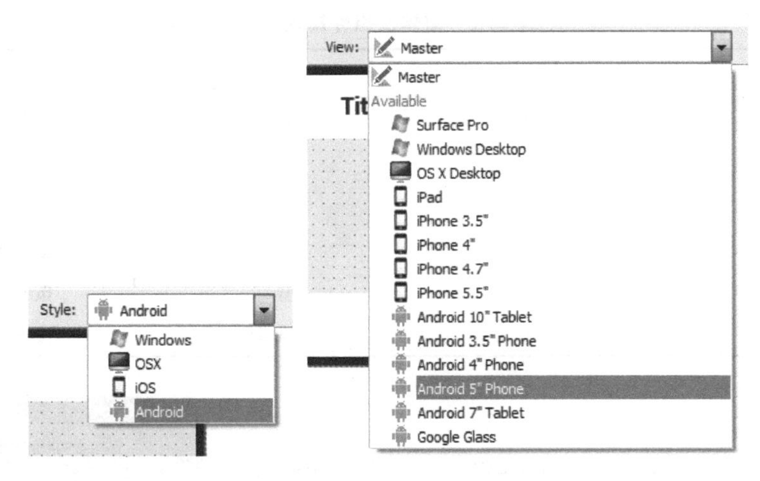

图 13-28　样式和屏幕选择

上述环境配置好之后，接下来将完成程序开发部分。

1. 界面设计

从右下角的标签栏拖出组件，添加两个 Label 控件、两个 Text 控件、两个 Button 控件，完成界面设计，用户界面如图 13-29 所示。

图 13-29　样式和屏幕选择

2. 属性设置

各组件的属性设置如表 13-1 所示。

表 13-1 窗体及组件属性设置

对　象	属　性	属 性 值	说　明
Label1	Caption	账号:	标签的内容
Label2	Caption	密码:	标签的内容
Edit1	Text	空白	输入账号
Edit2	Text	空白	输入密码
Button1	Caption	登录	按钮的标题
Button2	Caption	取消	按钮的标题

3. 程序设计

```
procedure THeaderFooterForm.Button1Click(Sender: TObject);
begin
  if (edit1.Text = 'admin') and (edit2.Text  = 'admin') then
  //关键分析 1
    showmessage('登录成功,欢迎使用 XE8!')
end;

procedure THeaderFooterForm.Button2Click(Sender: TObject);
begin
  close;
end;
```

4. 程序分析

关键分析：当 Edit1 和 Edit2 中输入的内容都为"admin"时表示通过验证，弹出对话框"登录成功，欢迎使用 XE8!"。

5. 运行结果

关键分析：当 Edit1 和 Edit2 中输入的内容都为"admin"时表示通过验证，弹出对话框"登录成功，欢迎使用 XE8!"，如图 13-30 所示。

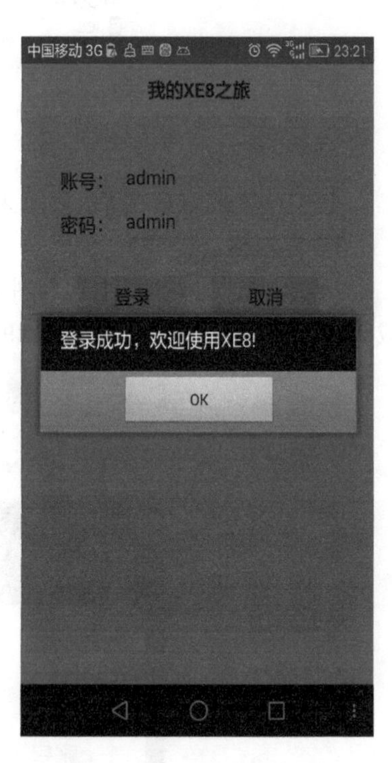

图 13-30 手机运行结果

13.3 数据库应用编程

13.3.1 SQLite 数据库

1. 介绍

SQLite 是一个开源的嵌入式关系数据库，是实现自包容、零配置、支持事务的 SQL 数据库引擎。其特点是高度便携、使用方便、结构紧凑、高效、可靠。与其他数据库管理系统不同，SQLite 的安装和运行非常简单，在大多数情况下，只要确保 SQLite 的二进制文件存在即可开始创建、连接和使用数据库。

2. 安装

对于 SQLite 的安装，不同的操作系统有不同的安装步骤，这里主要介绍在 Windows、Linux 和 Mac OS X 上的安装过程。

1) SQLite on Windows

(1) 进入 SQL 下载页面 http://www.sqlite.org/download.html。

(2) 下载 Windows 下的预编译二进制文件包 sqlite-shell-win32-x86-<build #>.zip 和 sqlite-dll-win32-x86-<build #>.zip。其中,<build #>是 SQLite 的编译版本号。将 zip 文件解压到磁盘,如图 13-31 所示。

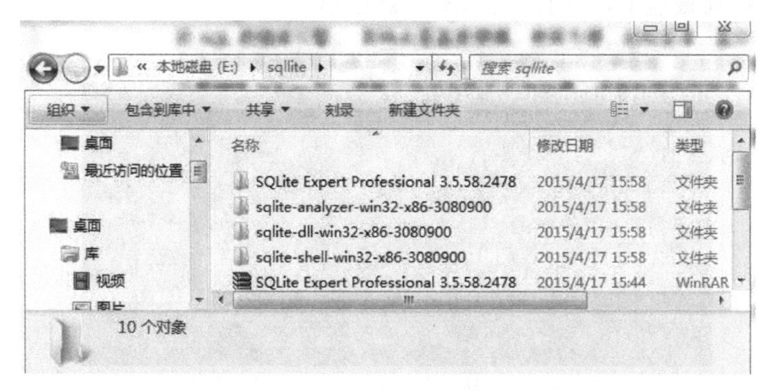

图 13-31 SQLite 文件包解压缩到 E 盘

并将解压后的目录添加到系统的 Path 变量中,以方便在命令行中执行 SQLite 命令,如图 13-32 所示。

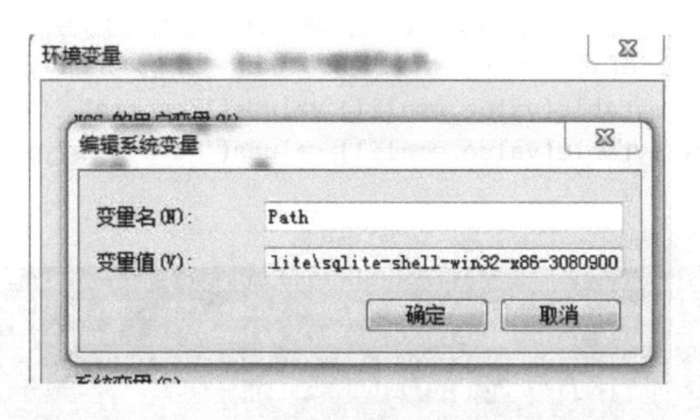

图 13-32 目录添加到系统 PATH 变量

2) SQLite on Linux

多个 Linux 发行版提供了方便的命令来获取 SQLite:

(1) /* For Debian or Ubuntu /*

(2) $ sudo apt-get install sqlite3 sqlite3-dev

(3) /* For RedHat, CentOS, or Fedora/*

(4) $ yum install SQLite3 sqlite3-dev

3) SQLite on Mac OS X

如果使用的是 Mac OS 雪豹或者更新版本的系统,那么系统上会自带 SQLite,就不需要安装了。

13.3.2 创建首个 SQLite 数据库

已经安装好了 SQLite 数据库,接下来创建首个数据库。在命令行窗口中输入如下命令:

```
sqlite3 test.db
```

创建一个名为 test.db 的数据库。

用命令

```
sqlite> create table mytable(id integer primary key, value text, email text);
```

创建一个名为 mytable 的表,如图 13-33 所示。该表包含一个名为 id 的主键字段和一个名为 value 的文本字段。需要注意的一点是:至少必须为新建的数据库创建一个表或者视图,这样才能将数据库保存到磁盘中,否则数据库不会被创建。

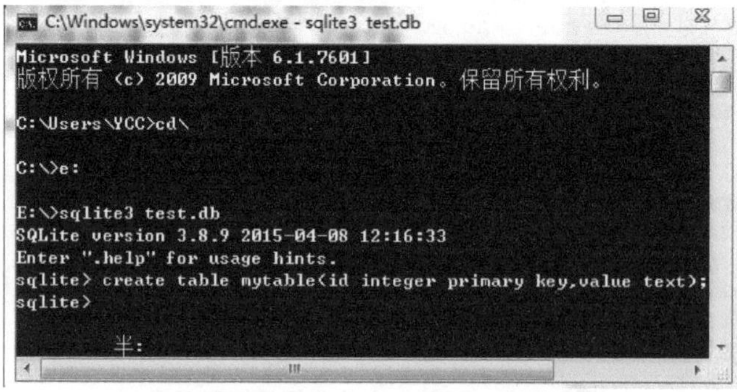

```
C:\Windows\system32\cmd.exe - sqlite3 test.db
Microsoft Windows [版本 6.1.7601]
版权所有 (c) 2009 Microsoft Corporation。保留所有权利。

C:\Users\YCC>cd\

C:\>e:

E:\>sqlite3 test.db
SQLite version 3.8.9 2015-04-08 12:16:33
Enter ".help" for usage hints.
sqlite> create table mytable(id integer primary key,value text);
sqlite>
```

图 13-33 DOS 命令下新建数据库和表

接下来往表里中写入一些数据,如图 13-34 所示。

```
sqlite> insert into mytable(id, value,emalil) values( '1 ', 'Micheal', 'ljjpu@163.com ')
sqlite> insert into mytable(id, value,emalil) values( '2 ', 'Jenny', 'ljjpu@163.com ');
    sqlite> insert into mytable(value,emalil) values('Francis','ljjpu@163.com ');
    sqlite> insert into mytable(value,emalil) values('Kerk', 'ljjpu@163.com ');
```

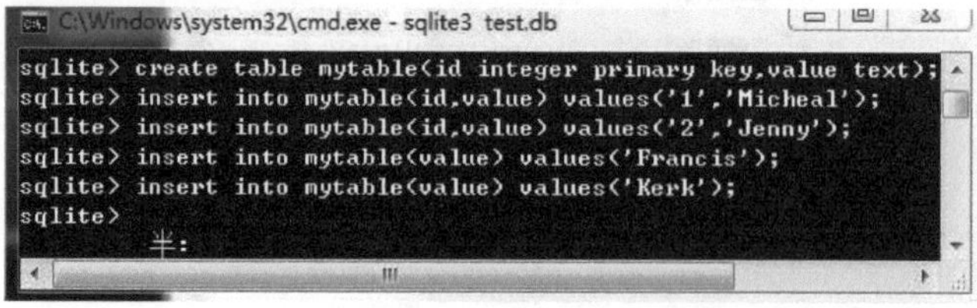

```
C:\Windows\system32\cmd.exe - sqlite3 test.db
sqlite> create table mytable(id integer primary key,value text);
sqlite> insert into mytable(id,value) values('1','Micheal');
sqlite> insert into mytable(id,value) values('2','Jenny');
sqlite> insert into mytable(value) values('Francis');
sqlite> insert into mytable(value) values('Kerk');
sqlite>
```

图 13-34 DOS 命令下插入数据

查询数据和设置格式化查询数据,分别输入以下命令,其中,.mode column 将设置为列显示模式,.header 将显示列名。

```
sqlite> select * from mytable;
```

查询结果如图 13-35 所示。

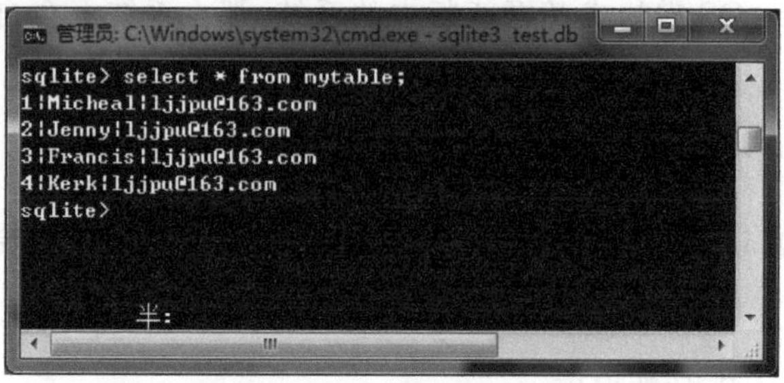

```
管理员: C:\Windows\system32\cmd.exe - sqlite3 test.db
sqlite> select * from mytable;
1|Micheal|ljjpu@163.com
2|Jenny|ljjpu@163.com
3|Francis|ljjpu@163.com
4|Kerk|ljjpu@163.com
sqlite>
```

图 13-35 查询结果

```
sqlite> .mode column
sqlite> .header on
sqlite> select * from mytable;
```

查询结果如图 13-36 所示。

修改表结构、增加列，创建视图，创建索引命令分别如下，结果如图 13-37 所示。

```
sqlite> alter table mytable add column email text not null default collate nocase;
sqlite> create view nameview as select * from mytable;
sqlite> create index test_idx on mytable(value);
```

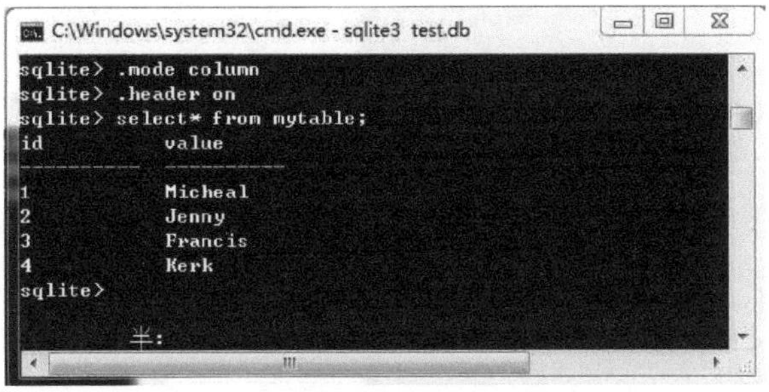

```
C:\Windows\system32\cmd.exe - sqlite3 test.db
sqlite> .mode column
sqlite> .header on
sqlite> select* from mytable;
id          value
----------  ----------
1           Micheal
2           Jenny
3           Francis
4           Kerk
sqlite>
```

图 13-36　DOS 命令下格式化查询数据

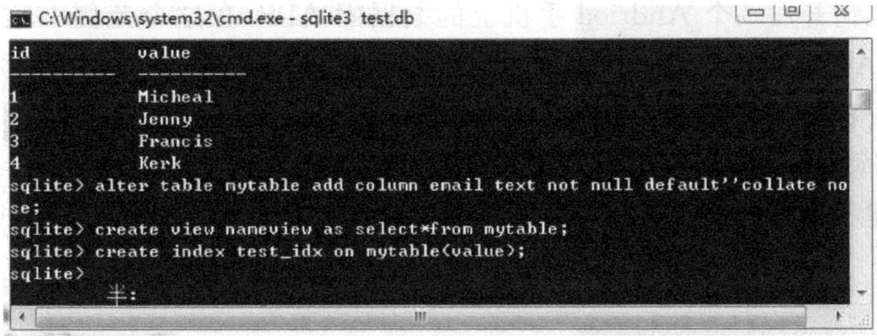

```
C:\Windows\system32\cmd.exe - sqlite3 test.db
id          value
----------  ----------
1           Micheal
2           Jenny
3           Francis
4           Kerk
sqlite> alter table mytable add column email text not null default''collate no
se;
sqlite> create view nameview as select*from mytable;
sqlite> create index test_idx on mytable(value);
sqlite>
```

图 13-37　DOS 命令下修改表、创建视图、索引

其他一些有用的 SQLite 命令如下所示。

(1) 显示表结构：

```
sqlite> .schema [table]
```

(2) 获取所有表和视图、获取指定表的索引列表：

```
sqlite> .tables
sqlite> .indices [table ]
```

(3) 导入、导出 SQL 文件：

① 导出数据库到 SQL 文件：

```
sqlite> .output [filename ]
sqlite> .dump
sqlite> .output stdout
```

② 从 SQL 文件导入数据库：

```
sqlite> .read [filename ]
```

(4) 格式化输出数据到 CSV 格式:

```
sqlite>.output [filename.csv ]
sqlite>.separator ,
sqlite> select * from test;
sqlite>.output stdout
```

(5) 从 CSV 文件导入数据到表中:

```
sqlite>create table newtable ( id integer primary key, value text );
sqlite>.import [filename.csv ] newtable
```

(6) 备份数据库:

```
/* usage: sqlite3 [database] .dump > [filename] */
sqlite3 mytable.db .dump > backup.sql
```

(7) 恢复数据库:

```
/* usage: sqlite3 [database ] < [filename ] */
sqlite3 mytable.db < backup.sql
```

13.3.3 开发简单的 Andriod 数据库 APP

现在说明如何开发一个 Andriod 手机上的数据库 APP,在这个范例中笔者使用 13.3.2 节 SQLite For Android 作为范例数据库,由于本范例使用了数据库,因此在部署此范例 APP 到笔者的华为手机时需要部署一些额外的档案。在本范例中笔者将使用 13.3.2 节创立的 Sqlite 范例数据库的 test.db。并且要把其中的 mytable 数据表的资料显示在 TListView 元件中。

接下来创建一个简单的 SQLite 应用,首先要建立一个 Multi-Device Application 项目,如图 13-38 所示。

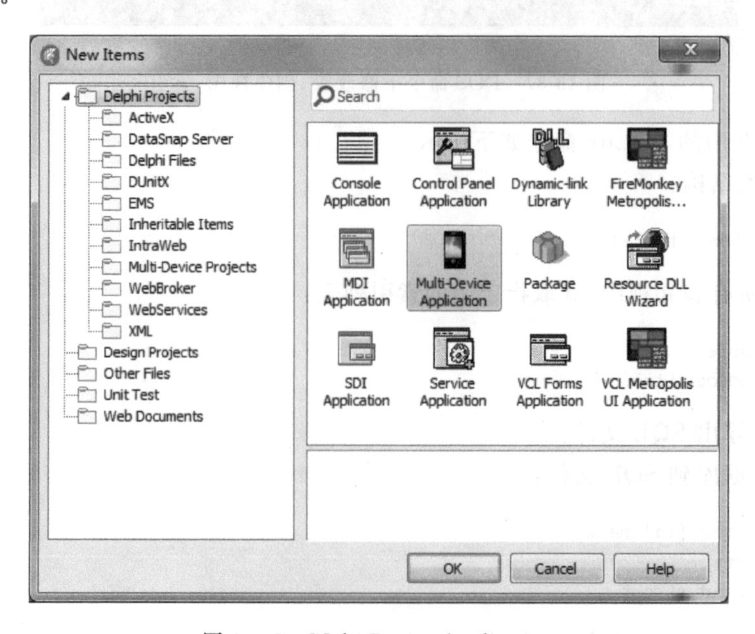

图 13-38 Multi-Device Application

选择建立 Blank Application 项目，如图 13-39 所示。

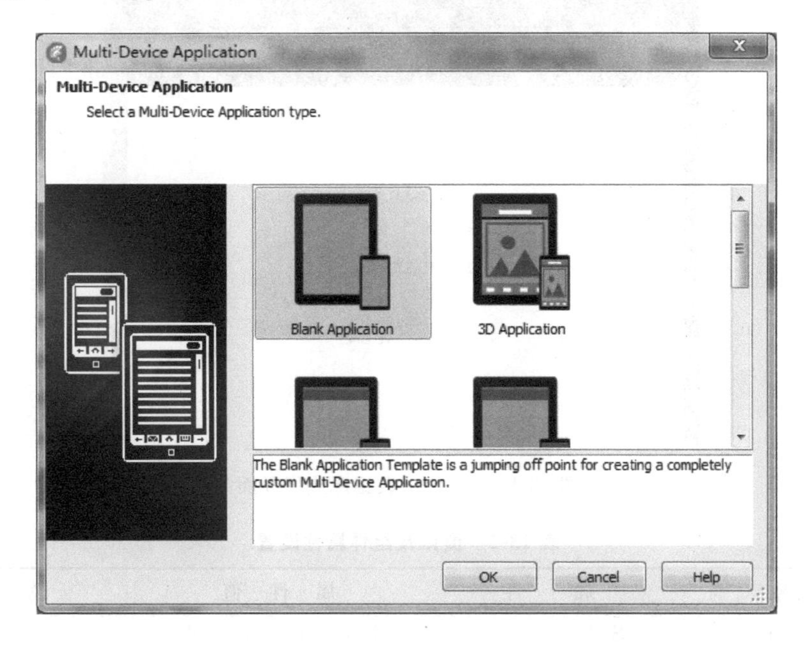

图 13-39　Blank Application

把设计图形界面的样式选择为 Android 模式，如图 13-40 所示。

这时需要选择一下 Android 手机的屏幕大小，这对分辨率是有影响的，根据开发的目标环境而定。因为 IHUAWEI H60-L11 是 5 英寸屏，在这里选择的是 5 英寸屏，如图 13-41 所示。

图 13-40　设计图形界面的样式

图 13-41　Android 5" Phone

上述环境配置好之后，接下来将完成程序开发部分。

1. 界面设计

在窗体中放入 FDConnection、FDPhysSQLiteDriverLink、FDQuery、FDGUIxWaitCursor、BindSourceDB 和 ListView 控件，完成界面设计，用户界面如图 13-42 所示。

2. 属性设置

各组件的属性设置如表 13-2 所示。

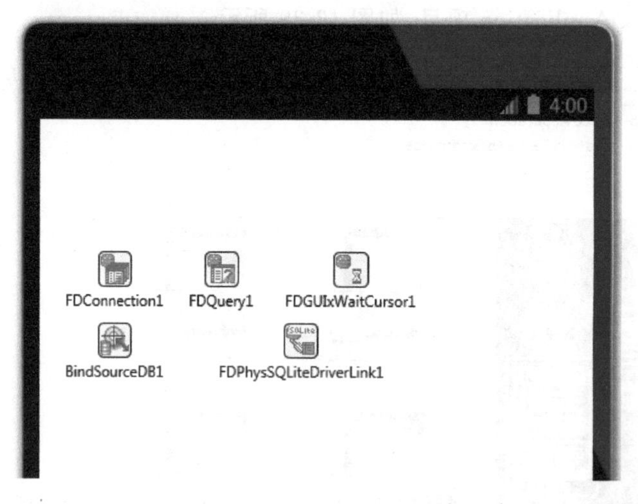

图 13-42 SQLite 数据库应用界面

表 13-2 窗体及组件属性设置

对　象	属　性	属 性 值	说　明
FDQuery1	SQL	select * from mytable	查询 SQL
ListView1	ItemAppearance	ListItemRightDetail	列表项显示

右键单击 FDConnection|Connection Editor 选项,Database 选项选择建好的 SQLite 数据库 test.db,如有用户名和密码则分别输入,如图 13-43 所示。

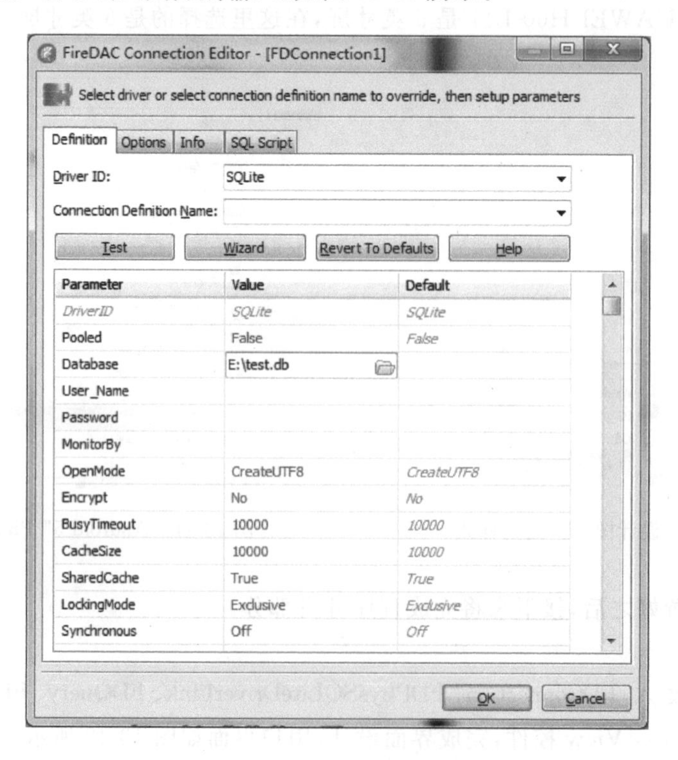

图 13-43 选择 SQLite 数据库

绑定数据设置，选择 View|LiveBindings Designer，如图 13-44 所示。

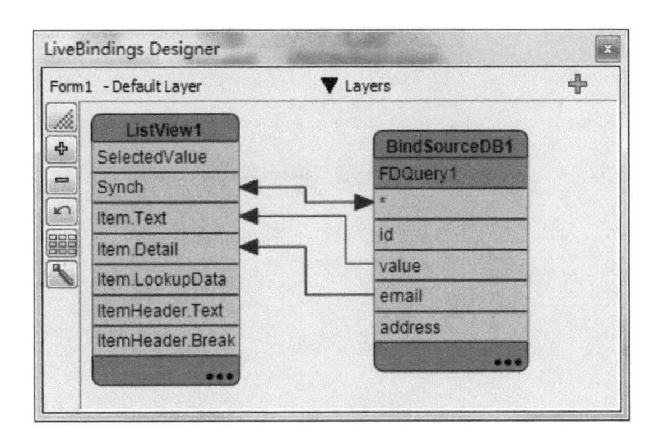

图 13-44　绑定数据设置

3. 程序设计

```
procedure TForm1.FDConnection1BeforeConnect(Sender: TObject);
begin
  FDConnection1.Params.Values['Database'] := TPath.Combine(TPath.GetDocumentsPath, 'test.db');
    //关键分析
end;
procedure TForm1.FormCreate(Sender: TObject);
begin
  fdquery1.Close;
  fdquery1.open   ;
end;
```

4. 程序分析

关键分析：TPath 类首先需要引用 System.IOUtils 文件，这样才能使用 TPath 类

```
TPath.Combine(TPath.GetDocumentsPath, 'test.db')
```

或

```
TPath.GetDocumentsPath + PathDelim + 'test.db'
```

获取文件的绝对路径，然后就可以使用这个路径对文件进行操作了。

5. 运行发布设置与运行结果

选择菜单 Project|Deployment 然后单击 Add 按钮，选择 SQLite 数据库 test.db，Remote Path 填写“assets\internal\”，如图 13-45 所示。

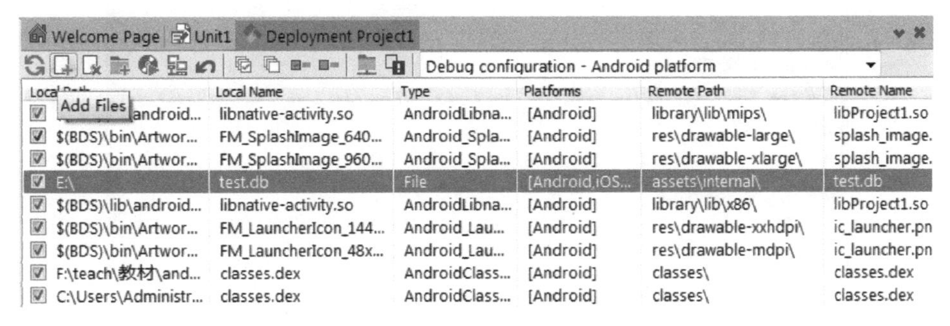

图 13-45　发布设置

程序最终运行结果如图 13-46 所示。

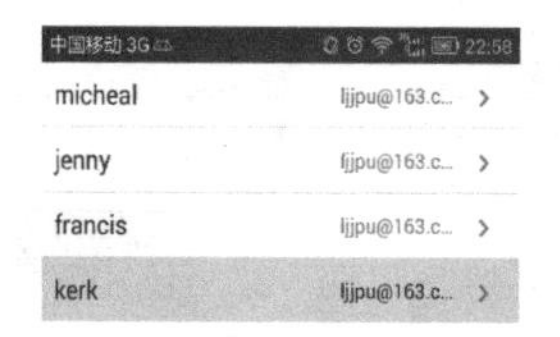

图 13-46　运行结果

13.4　DataSnap 应用编程

DataSnap 是手机访问服务器数据库的一种方法，该方法首先在服务器端运行 DataSnap 服务器端程序，然后再运行手机客户端程序即可访问服务器的数据库。下面将以 SQL Server 2008 为例开发一个简单的 DataSnap 应用程序。

13.4.1　SQL Server 2008 数据库的建立

在 SQL Server 2008 中建立数据库 Test，如图 13-47 所示。

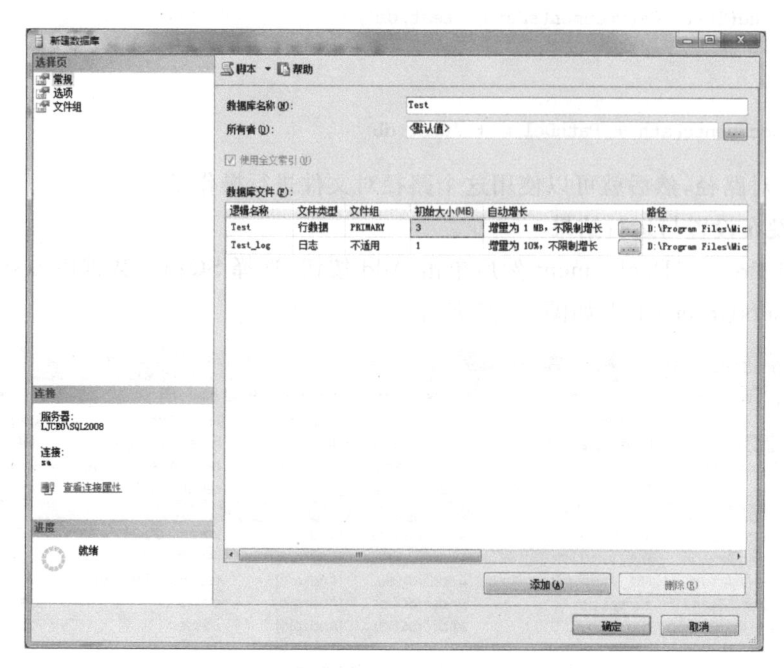

图 13-47　建立数据库

在数据库中创建表 mytable，并在表中插入数据，如图 13-48 所示。

```
create table mytable(id integer primary key, value varchar(20), email varchar(50),QQ varchar
(20));
insert into mytable(id, value, email, QQ) values( '1 ', '刘俊', 'ljjpu@163.com ', '12300991')
insert into mytable(id, value, email,QQ) values( '2 ', '刘宇航', 'koala_L@ 163.com ','15504155');
insert into mytable(id, value, email,QQ) values( '3 ','Francis', 'abc@163.com ', '000000');
insert into mytable(id, value, email,QQ) values( '4 ', 'Kerk', 'efg@163.com ', '000000');
```

```
SQLQuery1.sql - LJC...2008.test (sa (53))*
create table mytable(id integer primary key, value varchar(20), email varchar(50),QQ varchar(20));
insert into mytable(id, value, email, QQ) values( '1 ', '刘俊', 'ljjpu@163.com ', '12300991')
insert into mytable(id, value, email,QQ) values( '2 ', '刘宇航', 'koala_L@ 163.com ','15504155');
insert into mytable(id, value, email,QQ) values( '3 ','Francis', 'abc@163.com ', '000000');
insert into mytable(id, value, email,QQ) values( '4 ', 'Kerk', 'efg@163.com ', '000000');
```

图 13-48　创建表插入数据

13.4.2　创建服务器端程序

（1）使用 DataSnap 向导完成服务器程序的创建。打开 New Items 对话框，然后选择 DataSnap Server 选项，如图 13-49 所示。

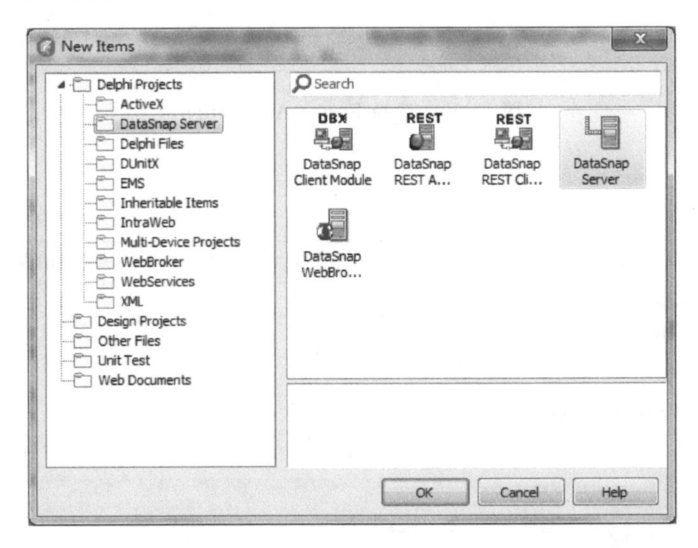

图 13-49　创建 DataSnap server

（2）接下来，选择 Forms Application，如图 13-50 所示。

（3）因为是手机访问服务器，选择 FireMonkey application，如图 13-51 所示。

（4）此对话框中无须任何改动，默认值即可，如图 13-52 所示

（5）TCP/IP Port 默认值是 211，如图 13-53 所示，可以根据用户的需要设置其他端口，推荐使用默认值，手机客户端登录服务器时也必须使用此端口。

（6）选择 TDSServerModule 选项，单击 Finish 按钮，如图 13-54 所示。

（7）保存所有的文件，文件名无须更改，以默认名即可，如图 13-55 所示。

（8）在 ServerMethodsUnit1.frm 窗口中放入如下组件：FDConnection、FDPhysODBCDriverLink、FDQuery、DataSetProvider。这些组件是连接 SQL Server 2008 的组件，如图 13-56 所示。其中，FDPhysODBCDriverLink 的属性无须设置。

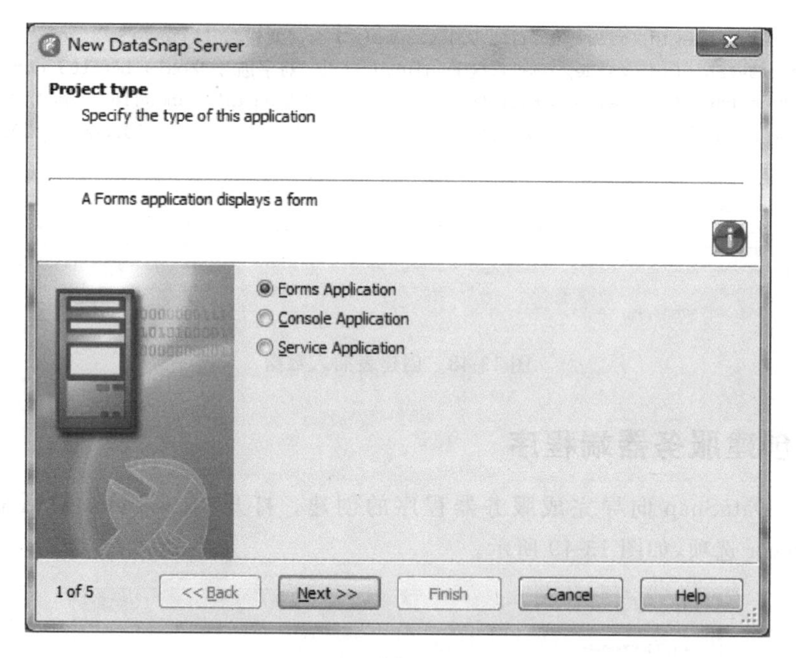

图 13-50 选择 Forms Application

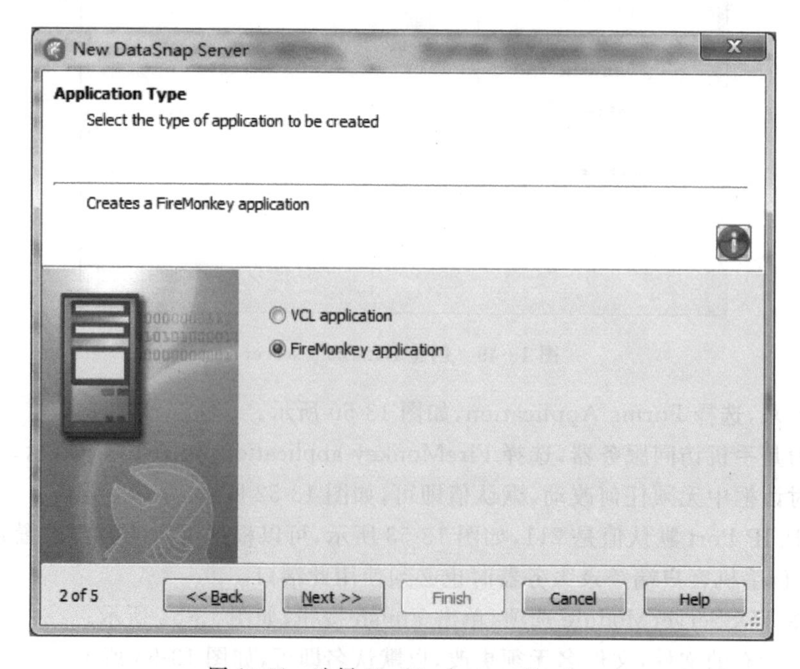

图 13-51 选择 FireMonkey application

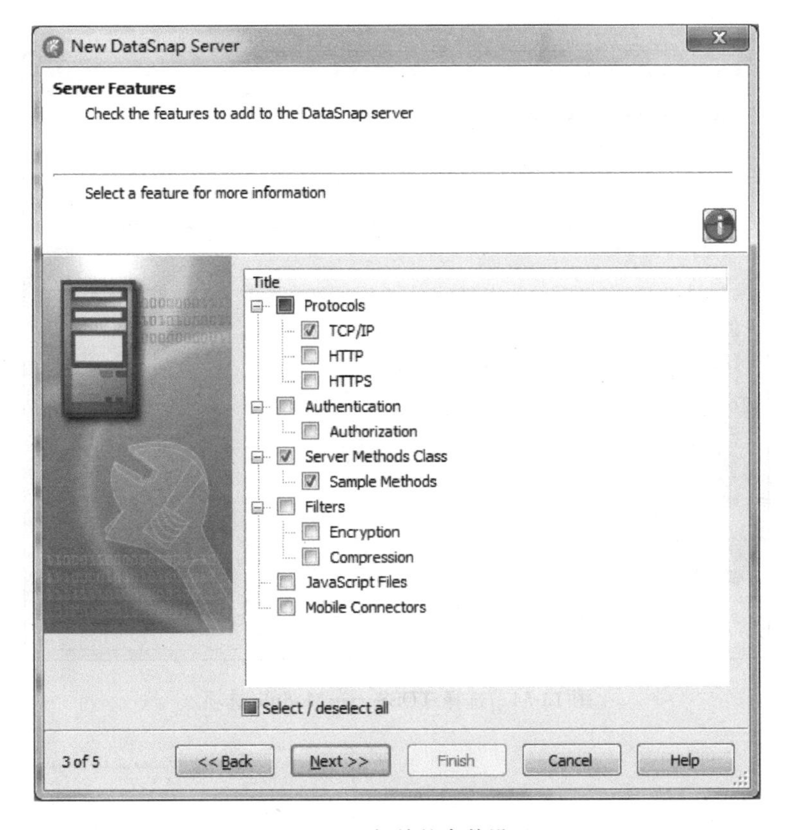

图 13-52　相关的参数设置

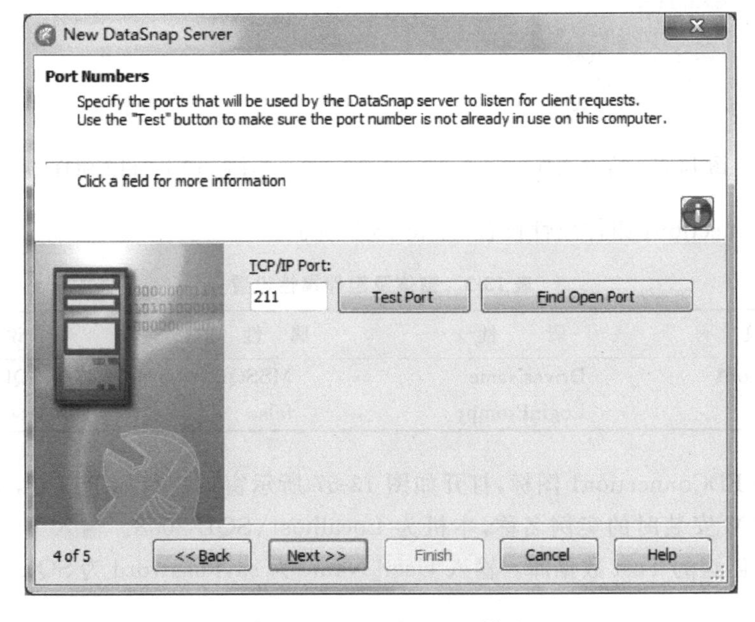

图 13-53　TCP/IP Port 设置

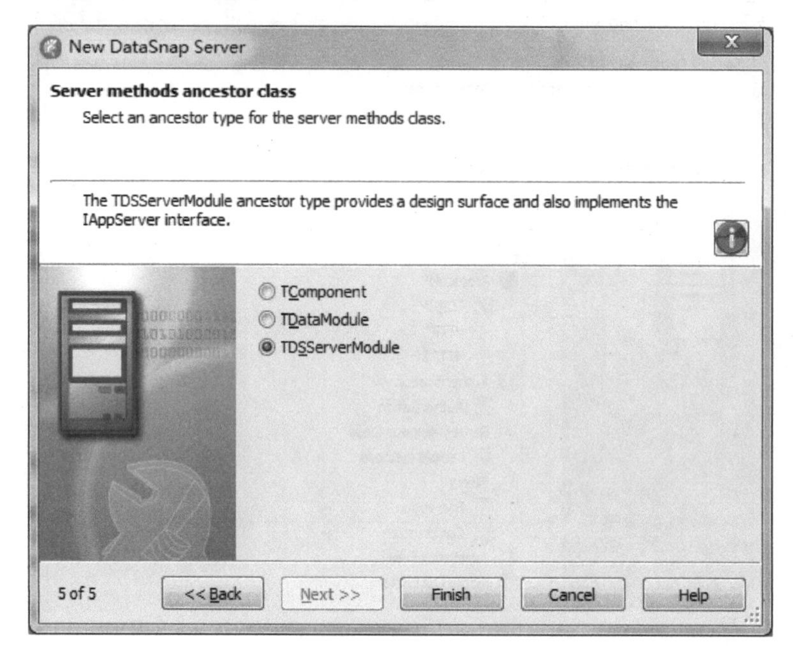

图 13-54 选择 TDSServerModule 选项

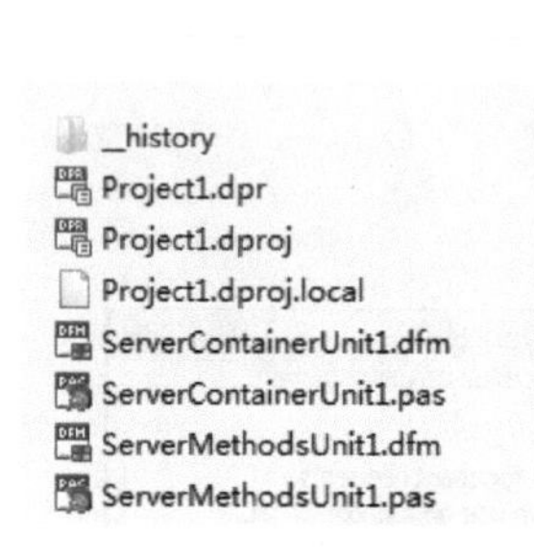

图 13-55 保存文件

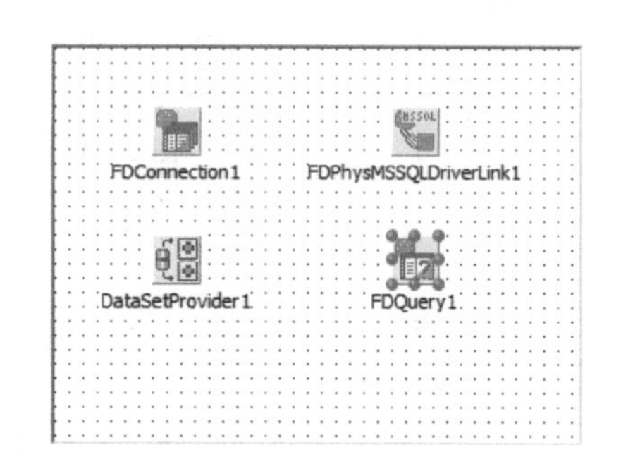

图 13-56 相关组件

(9) FDConnection1 组件属性设置,如表 13-3 所示。

表 13-3 窗体及组件属性设置

对　象	属　性	属 性 值	说　明
FDConnection1	DriverName	MSSQL	连接 SQL Server 2008
	LoginPrompt	false	无须登录认证

(10) 双击 FDConnection1 图标,打开如图 13-57 所示窗口进行如下设置,选择 Server 为 SQL Server 2008 安装时的实例名称,本机为 Localhost\SQL 2008。输入 Database 为 SQL Server 2008 中创建的 Test 数据库。输入 User_Name 为 sa,Password 为 SQL Server 2008 中设置的密码。

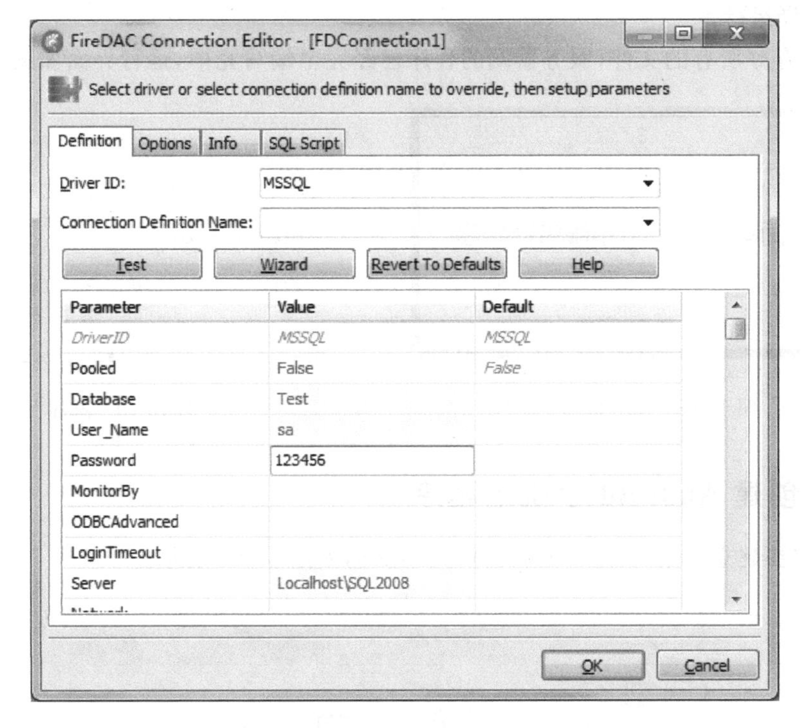

图 13-57　FDConnection1 设置

(11) 其他组件属性设置,如表 13-4 所示。

表 13-4　窗体及组件属性设置

对　　象	属　　性	属　性　值	说　　明
FDQuery1	Connection	FDConnection1	数据库连接
	Sql. Text	'select * from mytable'	查询语句
	FetchOptions. mod	fmAll	选择所有数据
DataSetProvider1	DataSet	FDQuery1	数据集
	Options	[poFetchBlobsOnDemand, poFetchDetailsOnDemand, poAllowCommandText, poUseQuoteChar]	其他选项
FDQuery2	Connection	FDConnection1	数据库连接
	Sql. Text	空	空
	FetchOptions. mod	fmAll	选择所有数据
DataSetProvider2	DataSet	FDQuery2	其他选项
	Options	[poFetchBlobsOnDemand, poFetchDetailsOnDemand, poAllowCommandText, poUseQuoteChar]	

(12) 主界面设计如图 13-58 所示。

(13) 在 ServerMethodsUnit1 单元文件中添加引用 System. StrUtils,midaslib,如图 13-59 所示,目的是省去发布 midas. dll。

(14) 编译运行。

至此,保存好所有的文件,服务器端的程序已经完全编写完毕,运行界面如图 13-58 所示。

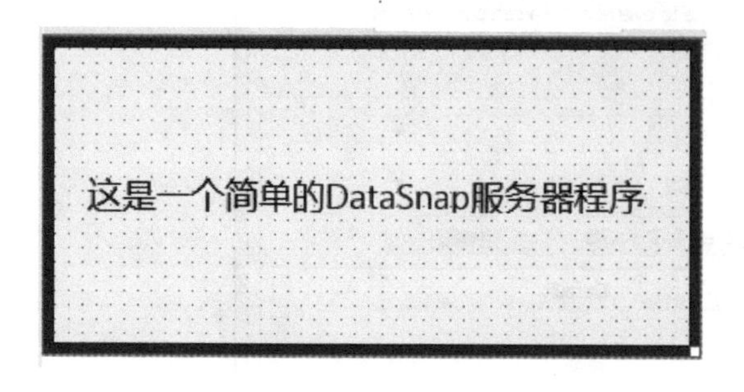

图 13-58 主界面

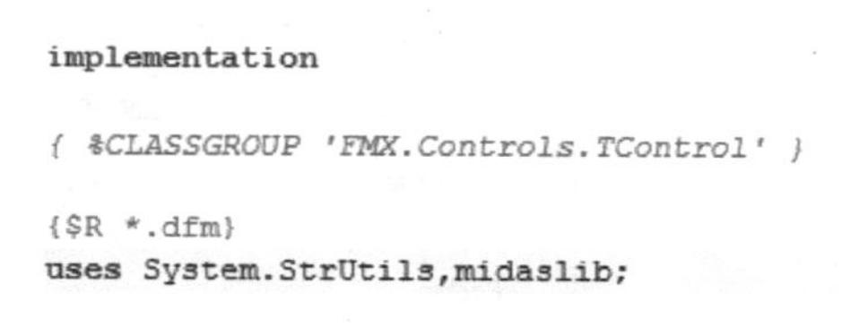

```
implementation

{ %CLASSGROUP 'FMX.Controls.TControl' }

{$R *.dfm}
uses System.StrUtils,midaslib;
```

图 13-59 添加引用

13.4.3 创建 Android 手机端程序

(1) 首先要建立一个 Multi-Device Application,如图 13-60 所示。

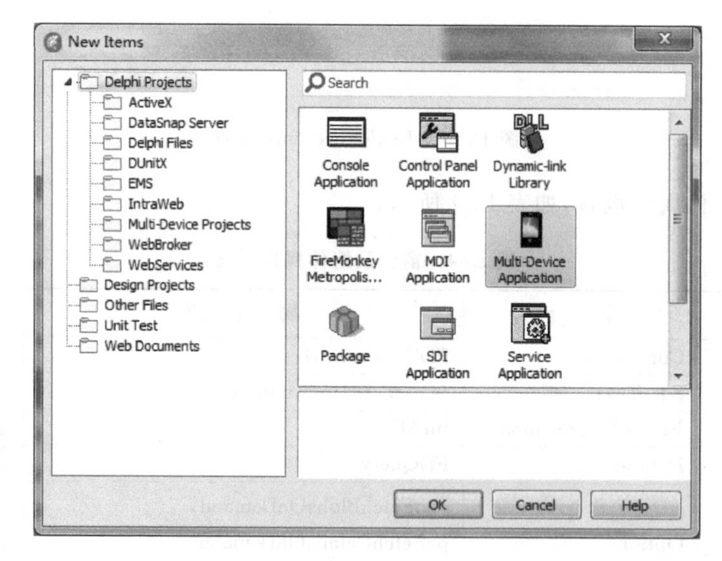

图 13-60 新建 Multi-Device Application

(2) 选择建立 Blank Application 项目,如图 13-61 所示。

(3) 把设计图形界面的样式选择为 Android 模式,如图 13-62 所示。

(4) 这时需要选择一下 Android 手机的屏幕大小,这对分辨率是有影响的。根据开发的目标环境而定。因为平台 IHUAWEI H60-L11 是 5 英寸屏,在这里选择的是 5 英寸屏,如图 13-63 所示。

(5) 在工程中增加一个 Data Module 模块并保存,如图 13-64 所示。

(6) 在该模块窗体上放置 SQLConnection1、DSProviderConnection1、ClientDataSet1 三个组件,如图 13-65 所示。

(7) 相关组件属性设置,如表 13-5 所示。

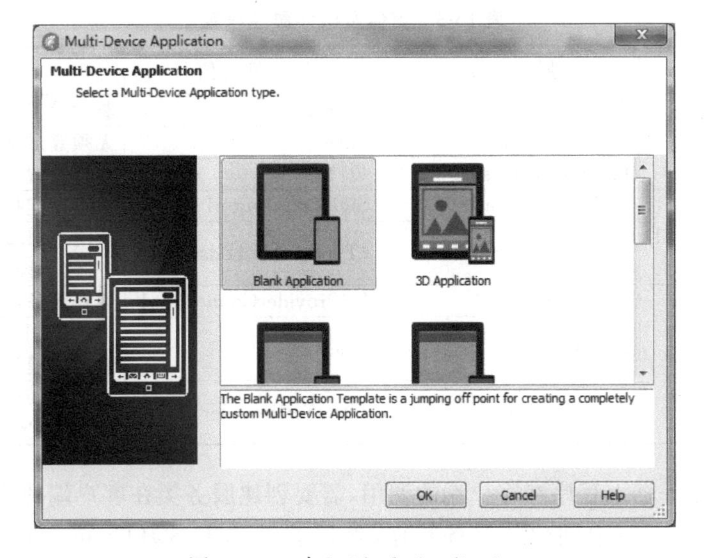

图 13-61　建立 Blank Application

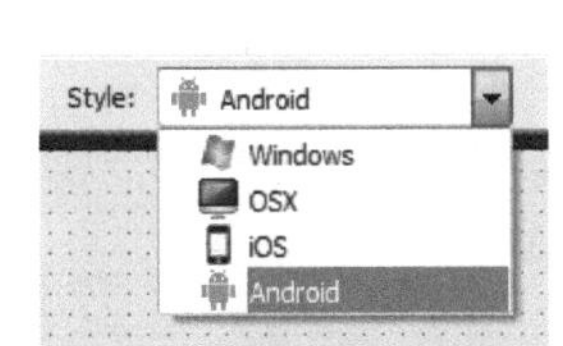

图 13-62　设计图形界面的样式

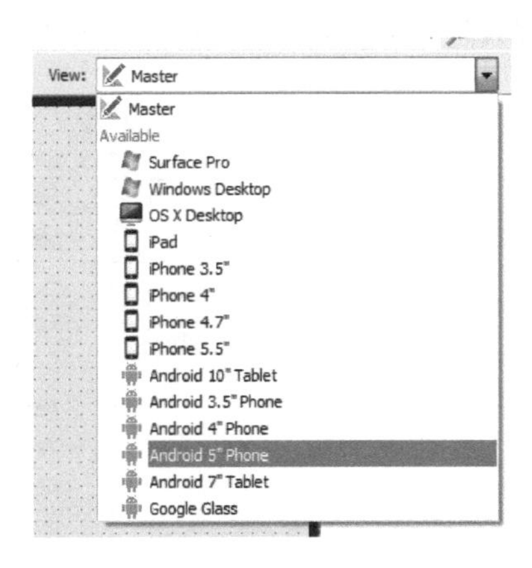

图 13-63　Android 5" Phone

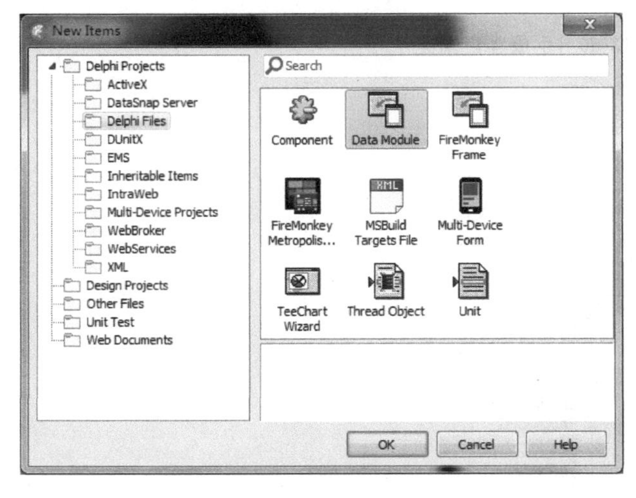

图 13-64　Data Module 模块

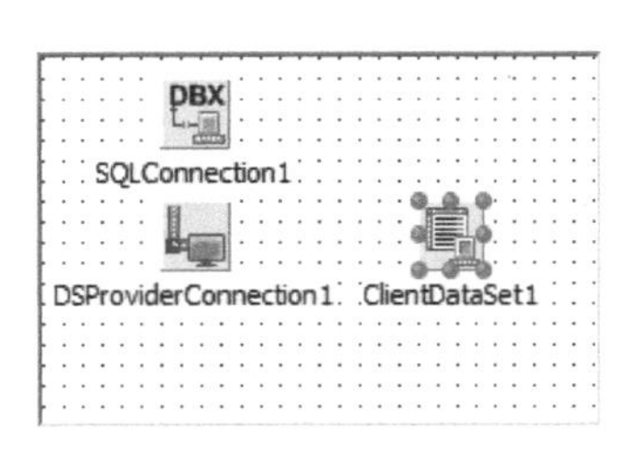

图 13-65　相关组件

表 13-5 窗体及组件属性设置

对 象	属 性	属 性 值	说 明
SQLConnection1	driver	Datasnap	驱动设置
	LoginPrompt	false	无须登录认证
	Params. Values['Port']	'211'	端口设置
DSProviderConnection1	SQLConnection	SQLConnection1	数据库连接
	ServerClassName	'TserverMethods1'	使用 13.4.2 节中创建的数据服务器实例名称 TserverMethods1
ClientDataSet1	RemoteServer	DSProviderConnection1	远程服务器
	StoreDefs	true	表的索引和字段定义与窗体或数据模块一同存储
	ProviderName	'DataSetProvider1'	使用 13.4.2 节中创建名称 DataSetProvider1

(8) 为实现服务器上程序在客户端的调用,需要创建服务类在客户端的实现类,在生成之前,先要运行 13.4.2 节中创建的服务程序,然后右键单击 SQLConnection1 选择 Generate DataSnap client classes 命令生成客户端类,如图 13-66 所示。运行后会生成一个新的单元,无须修改保存即可。至此,关于 DataSnap 的客户端设置已经全部完毕。

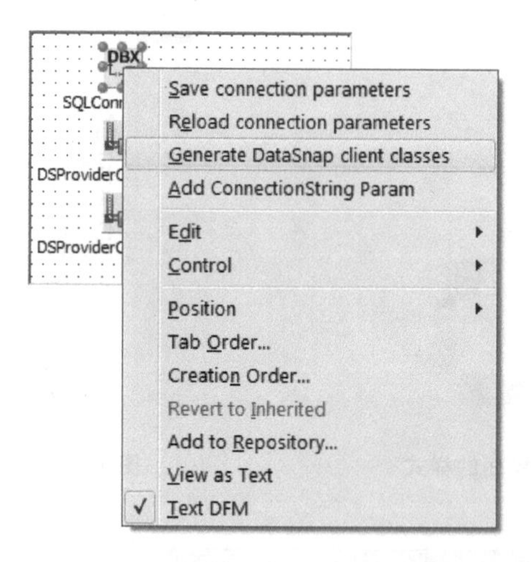

图 13-66 生成客户端类

(9) 主界面设计。

组件结构如图 13-67 所示。

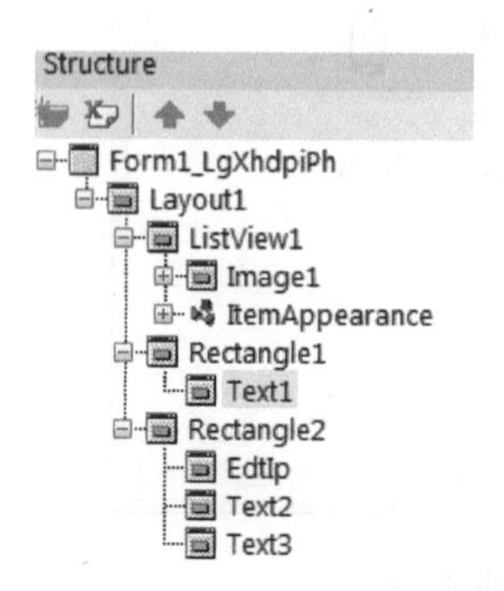

图 13-67 组件结构

主界面设计如图 13-68 所示。

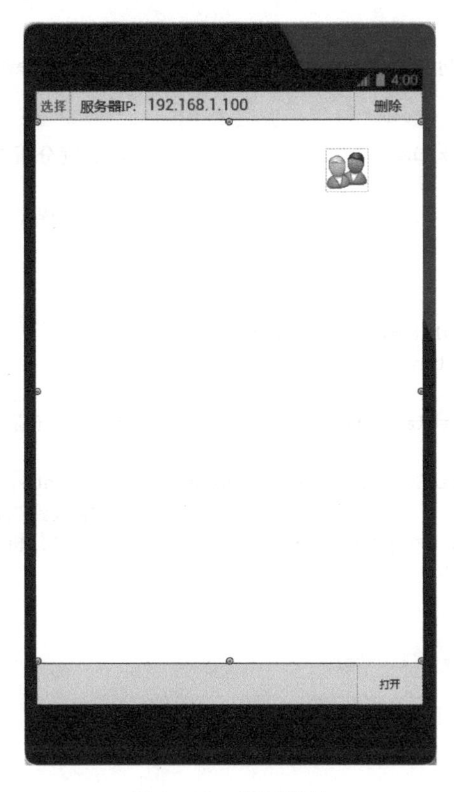

图 13-68　界面设计

(10) 其他组件属性设置,如表 13-6 所示。

表 13-6　窗体及组件属性设置

对　　象	属　　性	属　性　值	说　　明
Layout1	Align	Client	布局
Rectangle1	Align	Bottom	底层面板
Text1	Text	'打开'	打开
Rectangle2	Align	Top	顶层面板
Text2	Text	'服务器 IP:'	
Text3	Text	'删除'	
Text4	Text	'选择'	
EdtIp	Text	'192.168.1.100'	
Image1	MultiResBitmap[0]	装载一幅图片	
	Visible	false	
Listview1	ItemAppearance	MultiDetailItem	
	ItemEditAppearance	MultiDetailItemShowCheck	
	DeleteButtonText	'删除'	
	ItemAppearanceObjects. ItemEditObjects.Image.Visible	true	
	ItemAppearanceObjects. ItemObjects.Image.Visible	true	

(11) 程序设计

```
//安卓返回键
procedure TForm1.FormKeyUp(Sender: TObject; var Key: Word; var KeyChar: Char;
  Shift: TShiftState);
begin
  if Key = vkHardwareBack then                          //关键分析 1
  begin
      close;                                            //关闭程序
  end;
end;
//选择键
procedure TForm1.ListView1ItemClick(const Sender: TObject;
  const AItem: TListViewItem);
begin
  if ListView1.EditMode = false then                    // 如果不是编辑状态
  begin
    DataModule1.ClientDataSet1.Locate('id', AItem.Detail.ToInteger,
      [loPartialKey]);                                  // 定位到当前记录
    nowListViewItemIndex := AItem.Index;                // 关键分析 2
  end;
end;
// 给 ListView1 填充数据
procedure TForm1.ListView_FillData;
var
  I: integer;
  LItem: TListViewItem;
  // BlobStream: TStream;
begin
  if DataModule1.ClientDataSet1.RecordCount > 0 then
  begin
    try
      ListView1.BeginUpdate;
      ListView1.Items.Clear;
      DataModule1.ClientDataSet1.First;
      for I := 1 to DataModule1.ClientDataSet1.RecordCount do
      begin
        LItem := ListView1.Items.Add;
        LItem.text := DataModule1.ClientDataSet1.FieldByName('value').AsString;
        LItem.Detail := DataModule1.ClientDataSet1.FieldByName('id').AsString;
        //关键分析 3
        LItem.Data[TMultiDetailAppearanceNames.Detail1] := 'Email: ' +
          DataModule1.ClientDataSet1.FieldByName('Email').AsString;
        LItem.Data[TMultiDetailAppearanceNames.Detail2] :=
          'QQ: ' + DataModule1.ClientDataSet1.FieldByName('QQ').AsString;
        LItem.BitmapRef := Image1.Bitmap;
        DataModule1.ClientDataSet1.Next;
      end;
    finally
      ListView1.EndUpdate;
    end;
  end;
end;

//打开数据库
procedure TForm1.Text1Click(Sender: TObject);
```

```
begin
  try
   // 创建窗体
    if not Assigned(DataModule1) then
      DataModule1 := TDataModule1.Create(Self);
    DataModule1.SQLConnection1.close;
    DataModule1.SQLConnection1.Params.Values['HostName'] := edtIP.text;
    DataModule1.SQLConnection1.Params.Values['Port'] := '211';
    DataModule1.SQLConnection1.Open;
  except
    showmessage('IP 地址填写错误或服务器没有启动!');
    edtIP.SetFocus;
    exit;
  end;
  DataModule1.ClientDataSet1.close;
  DataModule1.ClientDataSet1.CommandText :=
    'select * from mytable order by id';
  DataModule1.ClientDataSet1.Open;
  if DataModule1.ClientDataSet1.RecordCount > 0 then
  begin
    ListView_FillData;                               // 给 ListView1 填充数据
  end
  else
  begin
    ListView1.BeginUpdate;
    ListView1.Items.Clear;
    ListView1.EndUpdate;
    showmessage('没有查询到任何数据!');
  end;
end;
//删除数据
procedure TForm1.Text3Click(Sender: TObject);
begin
  if ListView1.Items.CheckedCount(true) = 0 then
  begin
    //关键分析 4
    TToast.MakeText(Self, '请先选择要删除的记录!', TToastLength.Toast_LENGTH_LONG);
    ListView1.EditMode := true;
    exit;
  end;
  MessageDlg('您确实要删除吗?', System.UITypes.TMsgDlgType.mtInformation,
    [         System.UITypes.TMsgDlgBtn.mbYes,          System.UITypes.TMsgDlgBtn.mbNo   //System.
UITypes.TMsgDlgBtn.mbCancel
    ], 0,
  procedure(const AResult: TModalResult)
  var
    i, fkid: integer;
  begin
    if AResult = mrYES then
    begin
      for I in ListView1.Items.CheckedIndexes do
      begin
        fkid := ListView1.Items.Item[I].Detail.ToInteger;
        DataModule1.ClientDataSet1.Locate('id', fkid, [loPartialKey]);
        // 定位到当前记录
```

```
          if DataModule1.ClientDataSet1.FieldByName('id').Value = fkid then
          begin
            DataModule1.ClientDataSet1.Delete;
            ListView1.Items.Delete(I);
          end;
        end;
        DataModule1.ClientDataSet1.ApplyUpdates(0);
      end;
      if AResult = mrNo then
        exit;
    end);                                            //关键分析 5
end;
procedure TForm1.Text4Click(Sender: TObject);
begin
  ListView1.EditMode := not ListView1.EditMode;
end;
```

关键分析 1：如果手机按了返回键则关闭程序并退出。

关键分析 2：记录当前单击的记录的 ListView1 的 ItemIndex。

关键分析 3：在手机中显示详细的 Email 信息。

关键分析 4：弹出一个安卓对话框，数秒后自动消失。

关键分析 5：安卓中，Win32 的选择对话框无法实现，需要使用过程的嵌套。

(12) 程序在手机中的运行结果如图 13-69 所示。

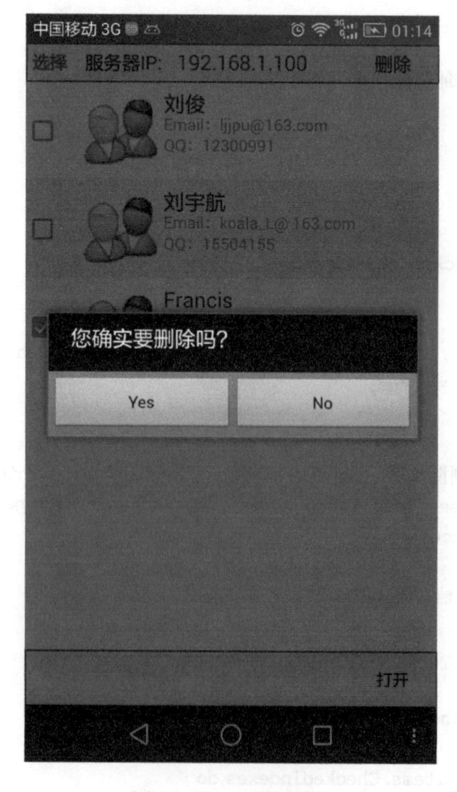

图 13-69　运行结果

小　结

本章重点介绍了 Delphi XE8 Android 平台的搭建和数据库应用编程。13.1 节介绍了 Android 平台的搭建需要安装 Android SDK 和 Android NDK，Android SDK 下载问题解决，Android 环境配置。13.2 节介绍了简单的应用程序开发。13.3、13.4 节首先介绍了 SQLite 数据库基础，然后介绍了如何开发简单的 Andriod 数据库 App，其次介绍了 SQL Server 2008 数据库的建立，以及如何创建服务器端程序。最后介绍了如何创建 Android 手机端程序。

习　题

13-1　Android SDK 和 Android NDK 如何安装？

13-2　Android SDK 下载问题如何解决？

13-3　模拟一个登录界面的开发。

13-4　开发一个基于 DataSnap 的数据库应用 App。

第14章

iOS应用程序设计

本章主要讲述如何使用 Delphi XE8 集成开发环境来开发可在 iOS 设备上运行的移动版应用程序。软件平台选用 Delphi XE8 Update1，Xcode 选用 4.6.2 版本（保证程序调试的最大兼容性）。这两个版本能使编译生成的 IPA 程序包兼容 iOS 5 以上的所有版本，也就是编写的程序可以在现有的所有 iOS 设备（采用 iOS 5～ iOS 9 系统）上运行。

14.1　进行 iOS APP 开发的准备工作

14.1.1　开发 iOS APP 的前期知识储备

1. APP

APP（应用程序，Application 的缩写）狭义上指的是移动设备的第三方应用程序，广义上指所有客户端软件，现在多指可在移动设备（智能手机和平板）上运行的应用程序。APP 与传统个人计算机上运行的应用程序相比，具有以下优势：①支持更加丰富的交互设计，拥有更好的用户体验；②对设备具有更大的控制权（如获得用户的位置信息，可使用摄像头、陀螺仪、NFC 等）；③产品和用户有更好的互动（如主动推送的通知、后台执行的任务等）。

2. Xcode

Xcode 是苹果公司向开发人员提供的集成开发环境，用于开发 MAC OS X 和 iOS 系统下的应用程序，目前为非开源状态。

Xcode 4 允许开发人员开发基于 iOS 系统的 iPad、iPhone、iPod Touch 设备上的 APP，只要拥有 Mac OS X 10.6.2 以上版本的 Mac 操作系统，便可安装 iOS SDK（软件开发工具包）。如果用户拥有 iOS 设备，便可让 Xcode 把应用程序部署到 iOS 设备上；如不具备 iOS 设备，也可以使用 iPhone 模拟器进行调试。

Xcode 4.6 支持 iOS 6 以上版本；Xcode 5 支持 iOS 7 以上版本（向下兼容）；当前最新版本为 Xcode 6，支持 iOS 7 和 iOS 8，整合了苹果在 WWDC 大会发布的最新语言 Swift。

3. FireMonkey

FireMonkey 是 Embarcadero（英巴卡迪诺）公司推出的一个基于 CPU/GPU 混合架构的业务应用平台，能够帮助开发人员设计出 Windows、Android、Mac 和 iOS 设备上的视觉绚丽的本地应用程序。FireMonkey 允许开发人员创建具有快速的本地性能、动画和图像效果、企业级的数据连接以及交互式数据可视化的富 HD 和 3D 的图形应用程序。

FireMonkey 的 Livebindings 允许用户把任何类型的数据或信息连接到任意 FireMonkey 用户界面（UI）或图形对象上。

FireMonkey 包括 Delphi XE、C++Builder XE，以及 RAD Studio XE 工具套件，后者包含

RadPHP 和 Embarcadero 的 Prism(超轻量开源框架,实现 Web 系统的页面与代码分离)。

4. VMware Fusion (for Mac)虚拟机

VMware Fusion (for Mac)是可在使用 Mac OS 的计算机上无缝运行 Windows 操作系统的虚拟机软件,可以使 Mac 系统和 PC 完美结合。

通过 VMware Fusion 的 Unity 功能可以实现 Windows 应用程序和 Mac 应用程序的无缝兼容。通过 VMware Fusion 启动程序可以迅速查找和启动 Windows 应用程序。通过 Expose 功能可以在 Windows 应用程序和 Mac 应用程序之间快速切换。可以将 Windows 应用程序最小化至 Mac OS X Dock 中。

14.1.2　开发平台的软硬件解决方案

在 Delphi XE 环境中开发 IOS APP 并进行模拟器或真机调试的解决方案一般情况有以下三种模式。

(1) 单机模式一:使用运行 Mac OS 的苹果计算机(MacBook Air、MacBook PRO、iMac 或者 Mac Mini)和在 Mac OS 内部的虚拟机上运行的 Windows 7 系统。本章所用的案例均采用此种模式调试和运行,即硬件上拥有一部苹果计算机即可。

(2) 单机模式二:使用普通台式计算机或笔记本上运行的 Windows 7 系统和在 Windows 内部的虚拟机上运行的 Mac OS 系统,即硬件上拥有一台普通 PC 即可。

(3) 双机模式:需要同时拥有一台运行 Mac OS 的苹果计算机和一台运行 Windows 7 的普通计算机,双机利用网络互联。此种模式调试方便,无须反复切换观察运行结果和调试状态,但是硬件配置的需要较高。

图 14-1　OS X 版本信息及基本配置

实践证明,采用单机模式一将程序发布到 iOS 模拟器的速度最快,其余两种模式明显偏慢,不利于调试。

三种模式中具体的软件版本要求为:Mac 系统必须是 Mac OS X 10.7 Lion 以上版本,Windows 系统要求 Windows 7 SP1 以上或者 Windows 8,不推荐使用 XP,因其对多核 CPU 支持不好。为保证兼容性推荐使用 Windows 7 SP1。

本书调试 iOS APP 时所用的系统配置如下:MacBook Air 笔记本(Intel Core i5 处理器、4GB 内存),运行 Mac OS X 10.8.5 (如图 14-1 所示);并在此基础上安装了 VMware Fusion 虚拟机专业版 5.0.1,虚拟机中运行 Windows 7 32 位旗舰版系统;Windows 7 系统中安装了 Delphi XE8 版本的集成开发环境。

14.1.3　在 Mac 系统上配置开发环境

(1) 首先在 Mac 系统中需要安装 Xcode 和 Command Line Tools,可以在苹果开发者网站上下载后自行安装,网址为 https://developer.apple.com/downloads。安装 Xcode 并启动后出现的项目管理向导窗口如图 14-2 所示。

图 14-2　Xcode 项目管理向导

推荐使用的 Xcode 版本为 4.6.2,Command Line Tools 可选择对应操作系统的版本,如图 14-3 所示。

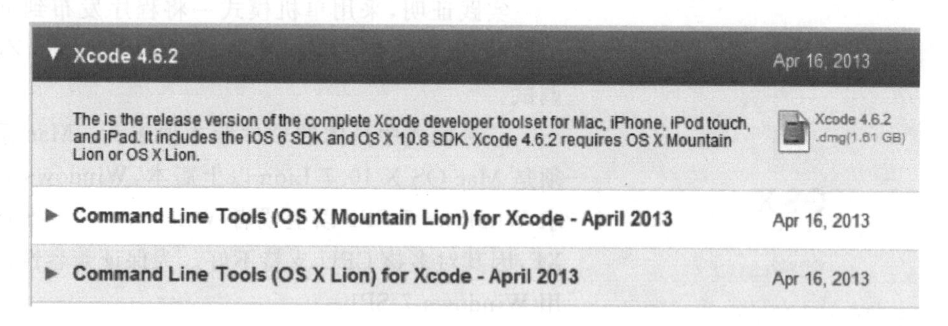

图 14-3　Command Line Tools

(2) 安装时注意不能直接在 DMG 文件中打开后运行 Xcode,这种方式的 Xcode 并不算安装完毕,正确的方式是将 Xcode 拖动到 Applications 目录中去。

(3) 安装 Command Line Tools 时注意不能在 Xcode 中安装(即不要在 Xcode 菜单的 Preferences 的 Downloads 页中选择 Command Line Tools 来安装)。如图 14-4 所示的方式是错误的。

正确的安装方式是下载 Command Line Tools 独立安装包安装。如果在 Xcode 内部安装 Command Line Tools,在运行 XE 内部的 iOS 工程时会出现"The following error was returned: Wrapper init failed:(null)"的错误提示信息。

(4) 在 Mac OS 系统中安装虚拟机软件 VMware Fusion,推荐的版本为专业版 5.0.1 (如图 14-5 所示)。

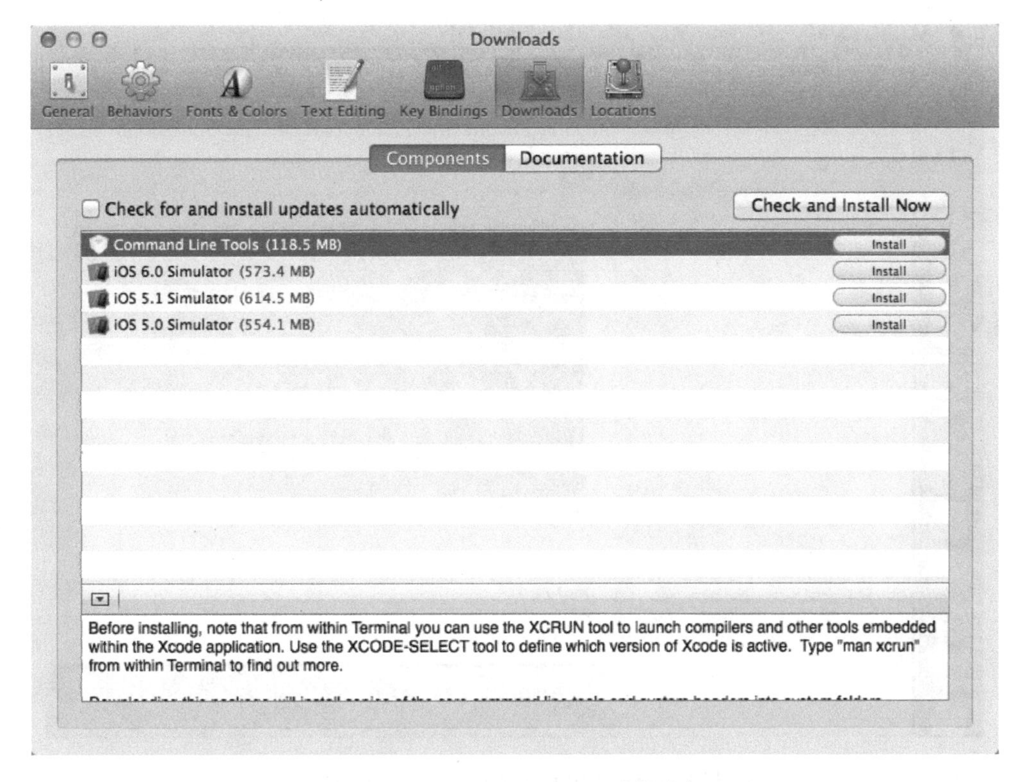

图 14-4 Xcode Downloads 下载列表

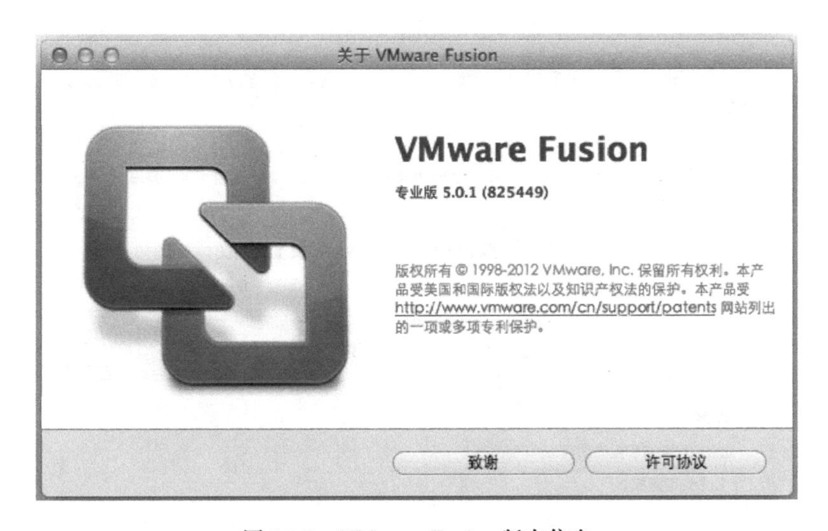

图 14-5 VMware Fusion 版本信息

(5) 在 VMware 5.0.1 中安装 Windows 7 的 32 位版，并在 Windows 7 中安装 Delphi XE8(如图 14-6 所示)。

单击 VMware 虚拟机顶端的“设置”按钮，进入如图 14-7 所示界面中。单击第一行“系统设置”项中的“处理器和内存”按钮后，为当前 Windows 7 虚拟机分配占用的处理器核心数量和内配的内存。

如图 14-8 所示，推荐为虚拟机分配两个处理器核心和 2GB 内存(2048MB)。

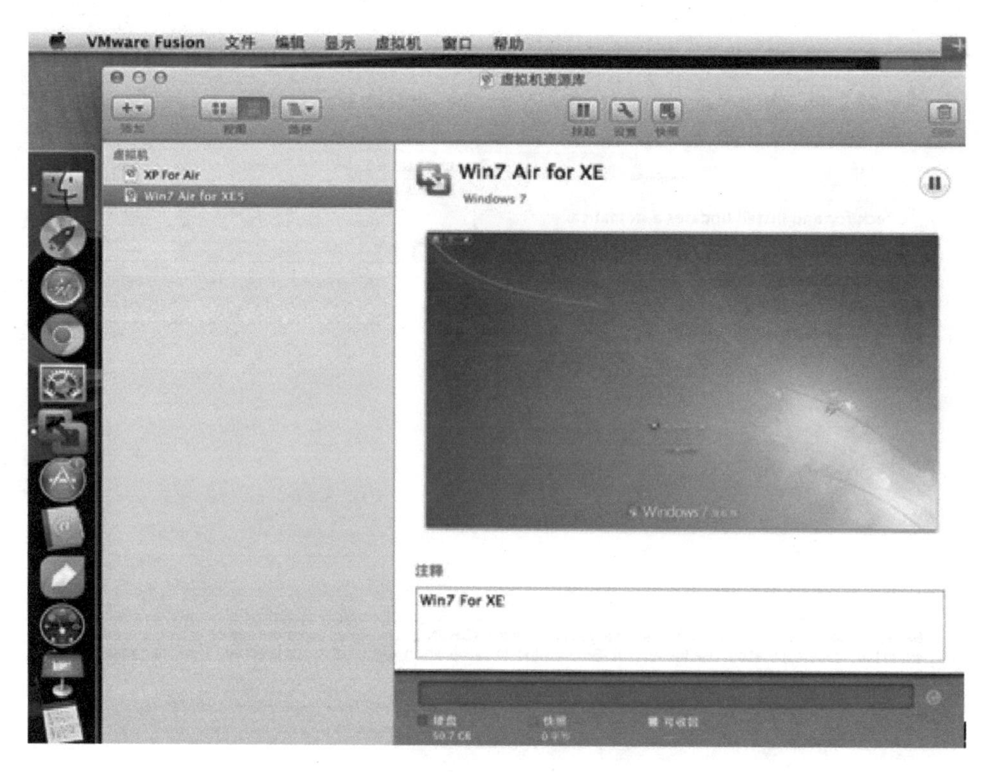

图 14-6　虚拟机中安装 Windows 7 的启动界面

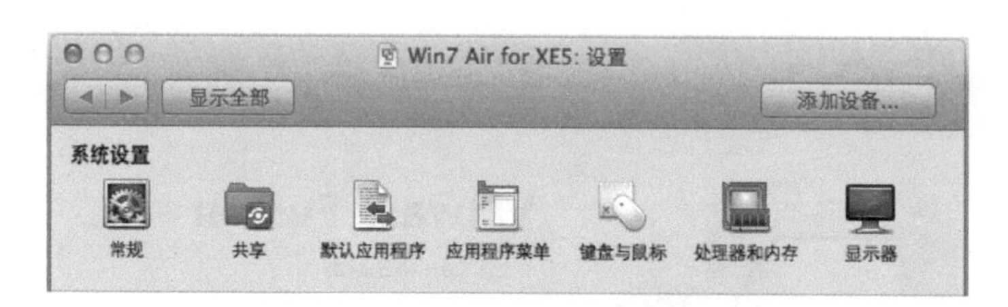

图 14-7　虚拟机中 Windows 7 设置参数

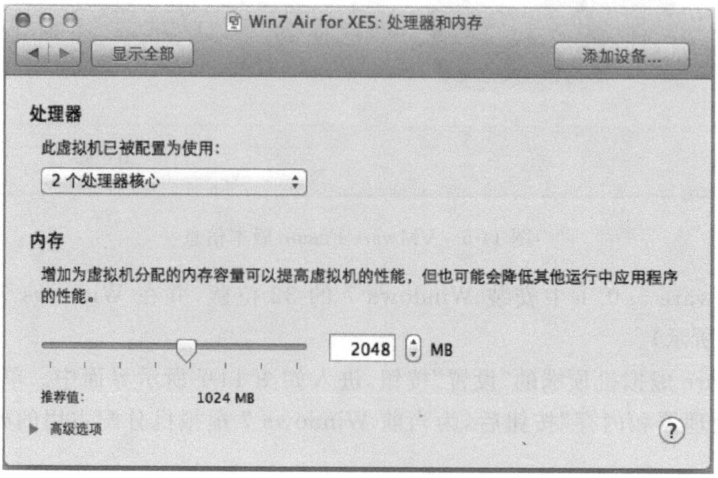

图 14-8　虚拟机 Windows 7 设置推荐参数

14.1.4 利用 Xcode 的模拟器调试 iOS 程序

在开发过程中如果不使用 iOS 设备进行真机调试，可使用 Xcode 的模拟器 iOS Simulator（如图 14-9 所示）。如使用真机调试，需要具备真机，即 iOS Device，例如 iPod Touch、iPad、iPhone。iOS Device 推荐运行的操作系统为 iOS 5.1 以上。

图 14-9 iOS Simulator 版本信息

iOS Simulator 无须使用实际的 iPhone、iPad、iPod Touch 设备就可以测试应用程序，通常不需要直接启动 iOS Simulator。它在 Xcode 运行(或是调试)应用程序时会自动启动。Xcode 会自动将应用程序安装到 iOS Simulator 上。

iOS Simulator 是个模拟器，但并非仿真器。两者的区别在于：模拟器会模仿实际设备的行为。iPhone Simulator 会模仿实际的 iOS 设备的真实行为。但模拟器本身却使用了 Mac 上的各种库（如 QuickTime）进行渲染以便效果与实际的 iPhone 保持一致。此外，在模拟器上测试的应用程序会编译为 x86 代码，这是模拟器所能理解的字节码。实际的 iPhone 设备使用的则是 ARM 代码。

以下为 Delphi XE 开发环境调用 Xcode 的模拟器调试 iOS 程序的步骤。

(1) 为了开发跨平台（Windows 和 Mac 之间）应用，必须在真正编译 iOS APP 的目标平台（Mac OS）上安装和运行平台助手 PAServer。

PAServer 的默认服务端口号为 64211。相比过去版本的 PAServer 命令行工具，在 XE8 中将 PAServer 制作成了一个 APP 应用程序，只需双击就即可运行。PAServer 的安装程序在 XE8 的安装目录下（如图 14-10 所示）：

```
Program Fiels\Embarcadero\RAD Studio\16.0\PAServer\PAServer - 16.0.pkg
```

本地磁盘 (C:) ▸ Program Files ▸ Embarcadero ▸ RAD Studio ▸ 12.0 ▸ PAServer

共享 ▾ 新建文件夹

名称	大小	修改日期	类型
munger.patch	5 KB	2013-12-08 07:55	PATCH 文件
RADPAServerXE5.pkg	7,612 KB	2013-12-08 06:09	PKG 文件
setup_paserver.exe	58,824 KB	2013-12-08 06:09	应用程序

图 14-10 PAServer 安装文件具体路径

可以使用 U 盘或网络共享等方式将 PAServer 文件夹整个复制到 Mac 系统的文档管理中（如图 14-11 所示）。

进入 PAServer 文件夹，双击执行 PAServer-16.0.pkg 进行安装（如图 14-12 所示）。

准备安装，单击"继续"按钮，如图 14-13 所示。

在安装过程中，Mac 系统需要验证当前用户的身份，填写登录 Mac 的用户名和密码，单击"控制"按钮，如图 14-14 所示。

单击"关闭"按钮后安装完成，界面自动关闭。

此时要验证是否安装成功，需要单击"个人收藏"列表中的"应用程序"。在应用程序窗口中下拉滚动条找到 PAServer-16.0，说明安装成功（如图 14-15 所示）。

双击 PAServer-16.0 图标，启动 PAServer 服务。在启动该服务后，如图 14-16 所示，

图 14-11　Mac 系统中的安装文件复制路径

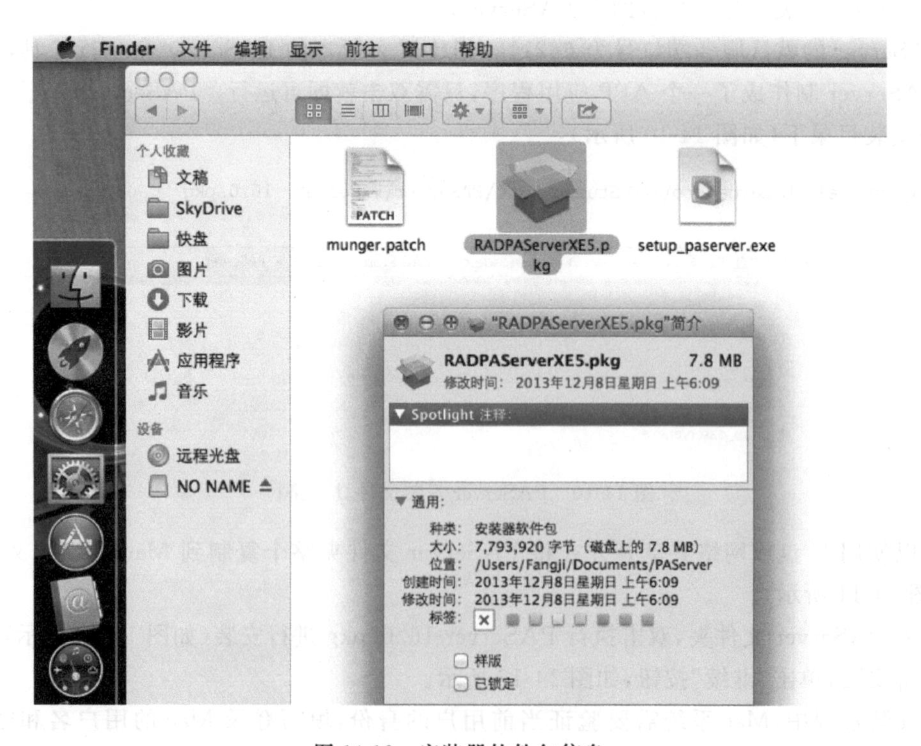

图 14-12　安装器软件包信息

PAServer 窗口显示“Connection Profile password < press enter for no password >”提示信息，此时用键盘输入用户自定义的连接密码并回车。

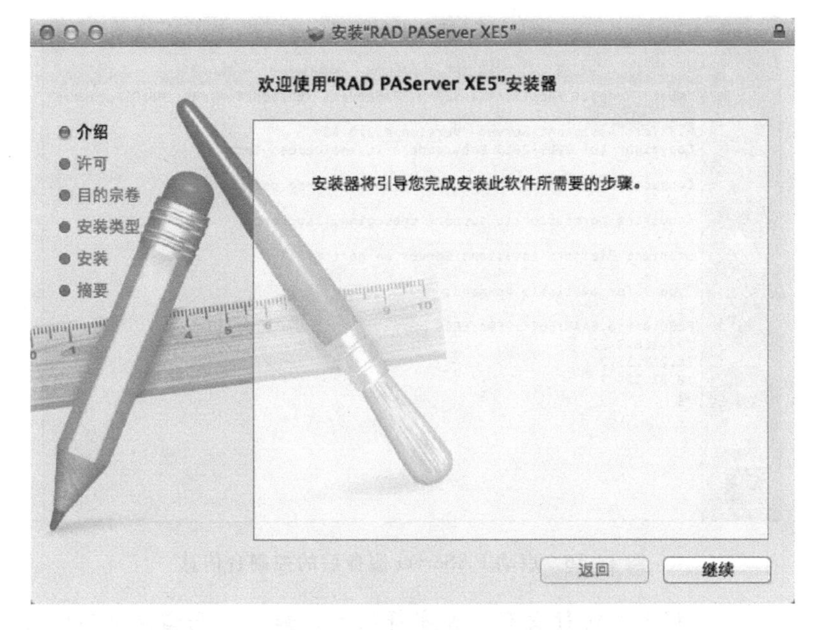

图 14-13　安装器运行步骤

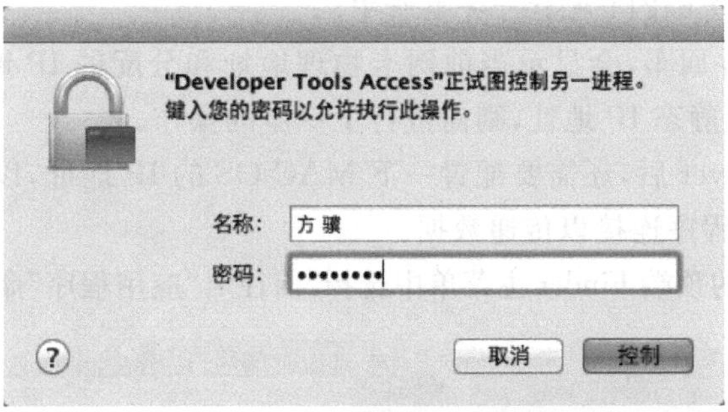

"Developer Tools Access"正试图控制另一进程。
键入您的密码以允许执行此操作。
名称：方 骥
密码：
取消
控制

图 14-14　验证用户身份界面

图 14-15　应用程序安装后位置

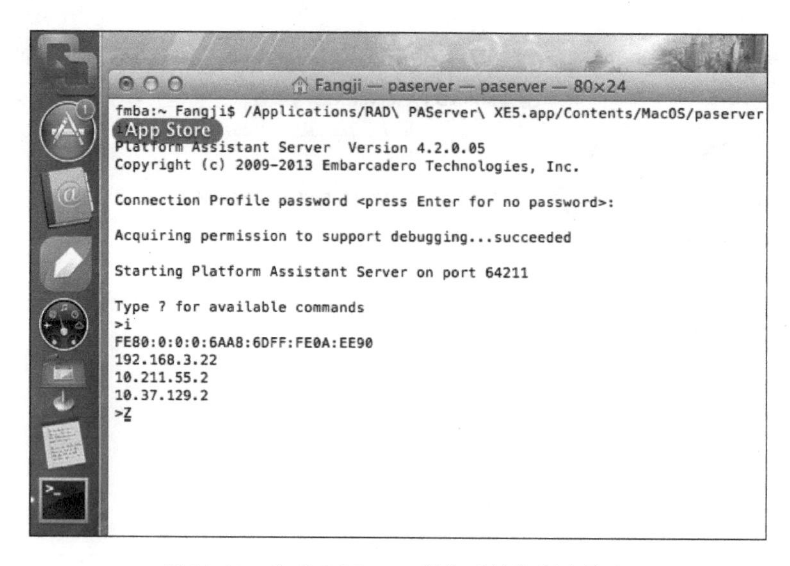

图 14-16　启动 PAServer 服务后的控制台信息

注意：输入密码过程中当前行没有任务字符显示。如果密码错误则不能启动 PAServer 服务，密码正确会提示“succeeded . Starting Platform Assistant Server on port 64211”。此时已经成功打开进程，端口 64211 也打开并监听中。

在命令行输入“i”并回车，会显示当前网卡物理地址和分配的 IP 地址以供后续连接调试之用。如果需手工设置静态 IP 地址，则需进行下一步的操作。

(2) 在安装 PAServer 后，还需要配置一下 MAC OS 的 IP 地址，以便让 XE8 开发环境能与 PAServer 监听服务程序连接以传递数据。

① 在 Mac 系统中的顶端 Finder 主菜单中选择“前往”|“应用程序”命令，如图 14-17 所示。

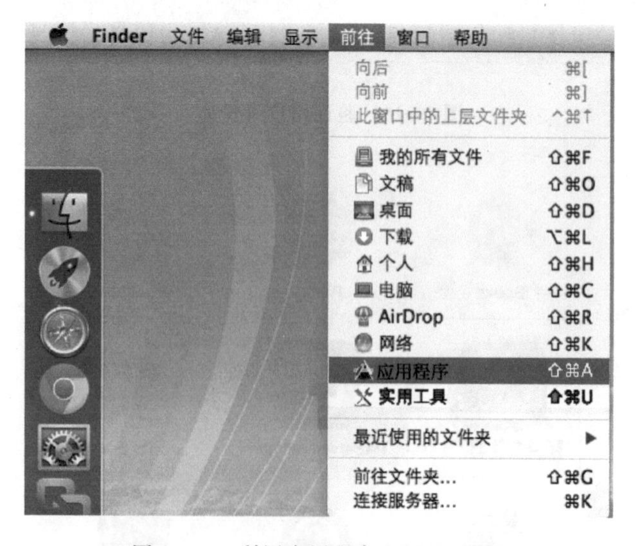

图 14-17　利用应用程序配置 IP 地址

② 在“应用程序”窗口中双击“系统偏好设置”，然后继续单击“网络”，如图 14-18 所示。

③ 单击“网络”窗口右下角的“高级”按钮，在配置 IPv4 中，选择“使用 DHCP(动态分配地址)”或“手动分配”都可以，IP 地址中需填入固定的一个内网 IP，与 Windows 系统在同一网段

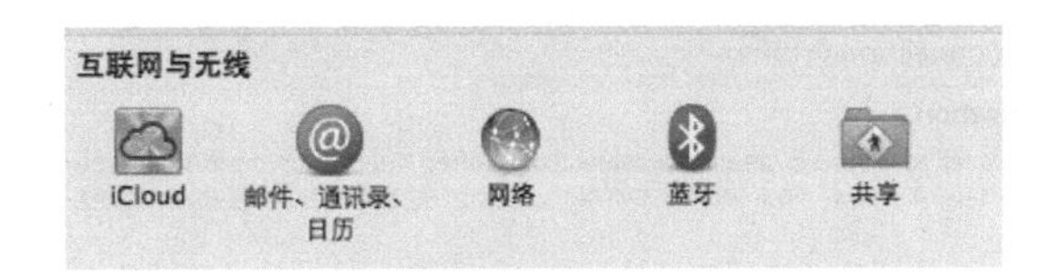

图 14-18 系统偏好设置中的网络位置

就可以。单击底端“应用”按钮。注意：图 14-19 中路由器自动分配的 IP 地址 192.168.3.22 在 XE8 的连接管理中需要手动输入以连接 Mac 系统中运行的 PAServer 服务程序。

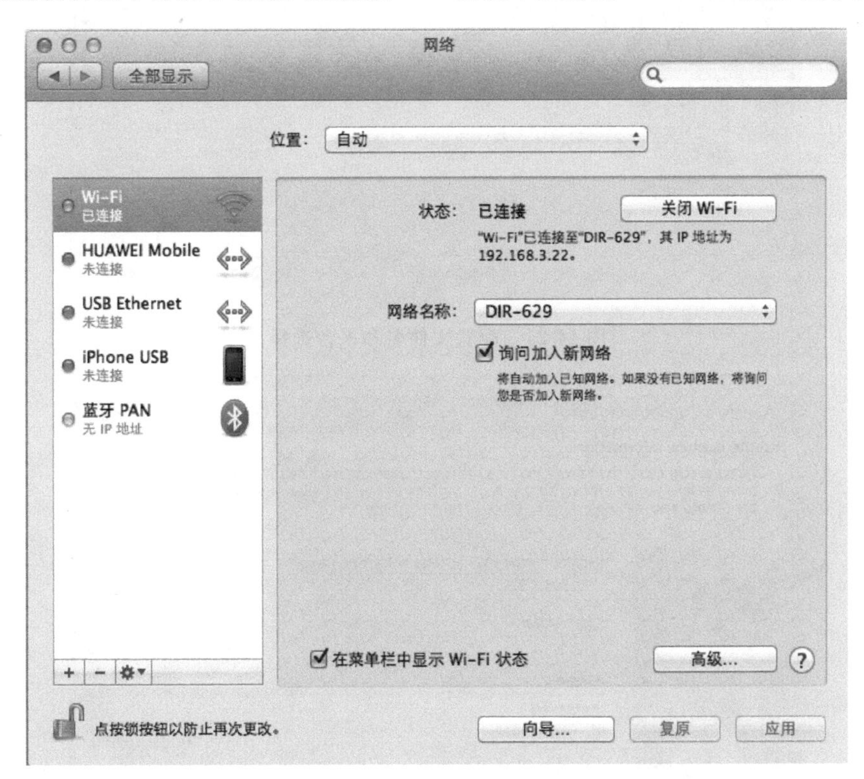

图 14-19 IP 地址的参数设置

(3) 启动 PAServer 并设置网络参数后，需要配置 XE8 环境下的连接配置信息。

① 此时打开虚拟机中的 Windows 7，打开 Delphi XE8。单击主菜单 Tools|Options 选项(图 14-20)。

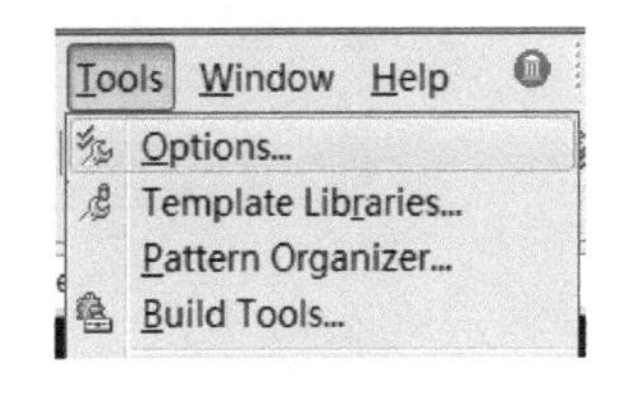

图 14-20 连接配置信息的配置方式

② 在 Options 窗口中，单击 Connection Profile Manager，在右侧下方单击 Add 按钮。如图 14-21 所示，在向导窗口的 Profile name 文本框中输入自定义的配置名称“TMIouch5”，Platform 中选择 OS X 平台，并单击 Next 按钮。

③ 如图 14-22 所示，输入虚拟机外部 Mac OS 的 IP 地址，端口号默认 64211，再输入用户自定义连接密码，完成后单击 Test Connection 按钮测试连接。

如果连接成功，则显示如图 14-23 所示的成功信息。

如果输入无效的外部 Mac 系统的 IP 地址，会显示连接指定 IP 和端口失败，如图 14-24 所示。

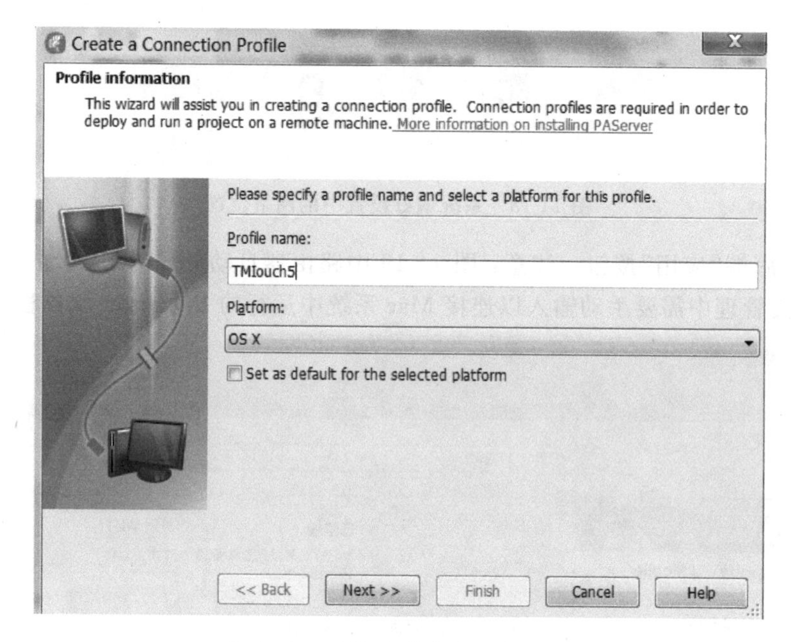

图 14-21 配置文件名和平台选择

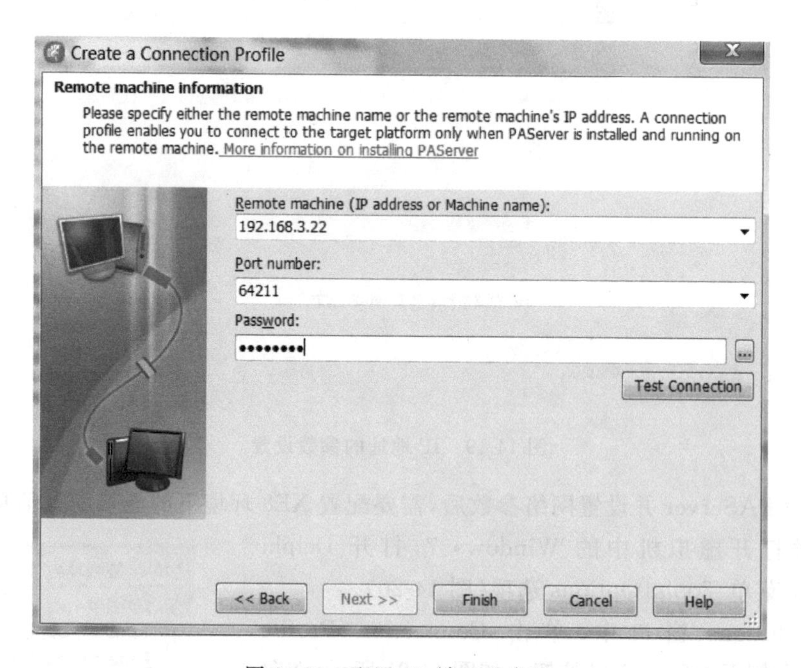

图 14-22 配置 IP、端口及密码

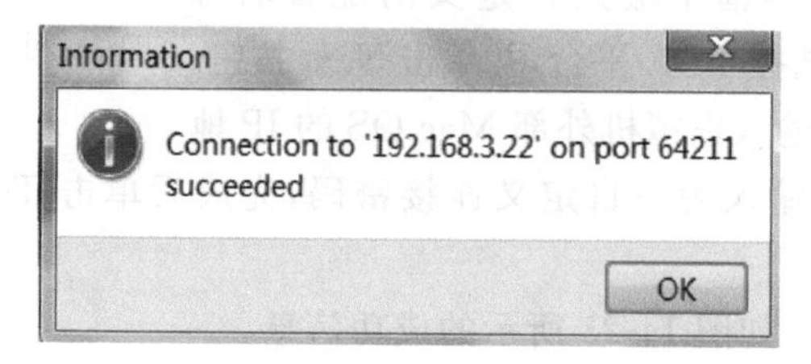

图 14-23 连接成功显示信息

如果输入的密码与 PAServer 服务设定的密码不相同，会显示远程连接失败，无效的用户名或密码，如图 14-25 所示。

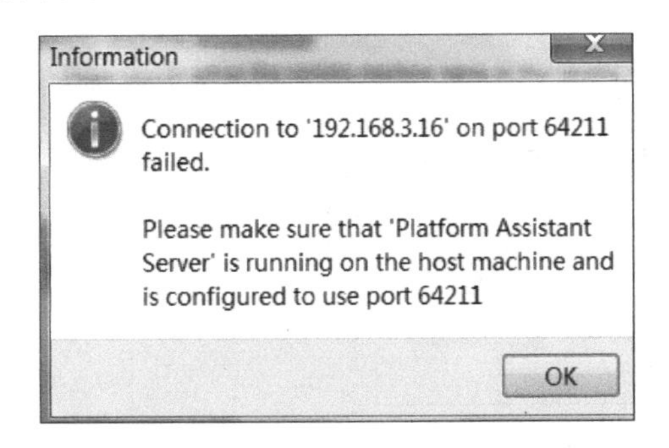

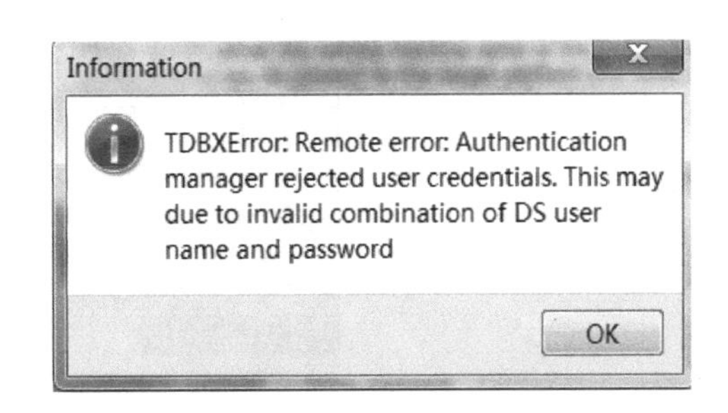

图 14-24　输入无效地址引发错误信息　　　图 14-25　输入错误密码引发错误信息

整个配置信息添加完成后。在中间列表中会显示刚添加的基于 OS X 的 TMIouch5 配置名称。当后续出现外部 Mac 系统的 IP 地址发生改动时，用户只需在此进入该界面，选中配置文件名，在右侧修改主机 IP、端口号和密码，再次单击 Test Connection 按钮测试连接，成功后退出设置即可(如图 14-26)。

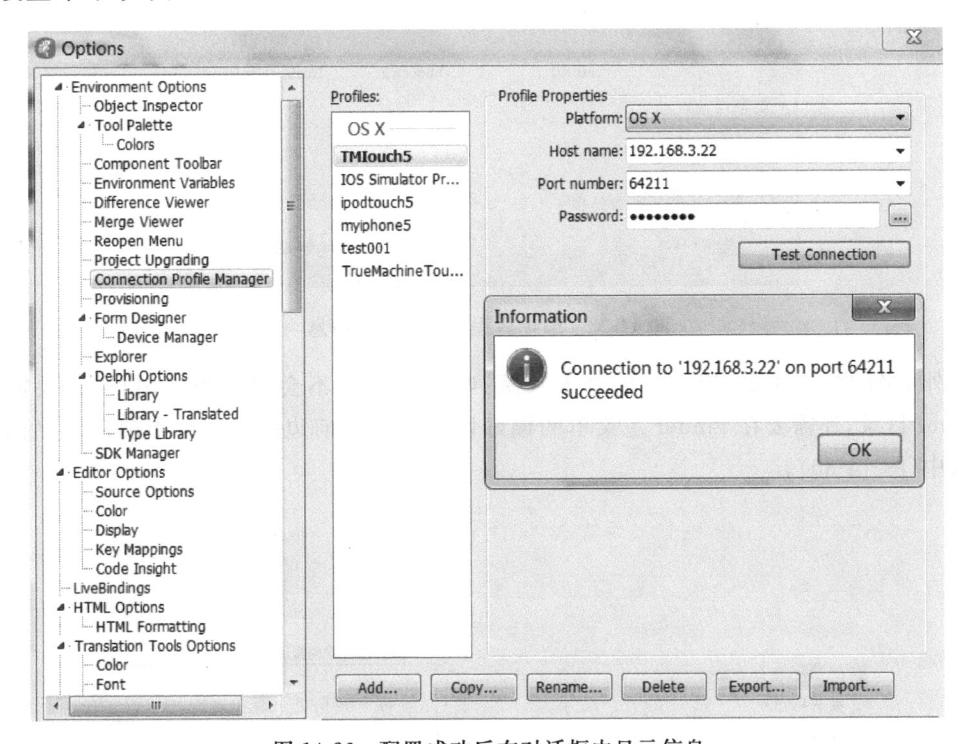

图 14-26　配置成功后在对话框中显示信息

(4) 在安装 PAServer 之后，在 Mac 系统的当前用户会产生一个 RADPAServer 目录，如图 14-27 所示。Delphi XE 会通过 PAServer 将编译好的 APP 传输到 Mac 下的这个目录中去。

进入当前目录可见每个在 XE 中编译的程序所生成的目录(图 14-28)，目录名是根据当前虚拟机中 Windows 用户名加上 Profile 名自动生成。例如，当前用户 Administrator，XE 中连接配置名 TMIouch5，则目录名为 Administrator- TMIouch5。这种命名方式对中文支持不好，因此如果 Windows 用户名使用了中文，可能会出现 Deploy(部署)失败的现象，即不能将

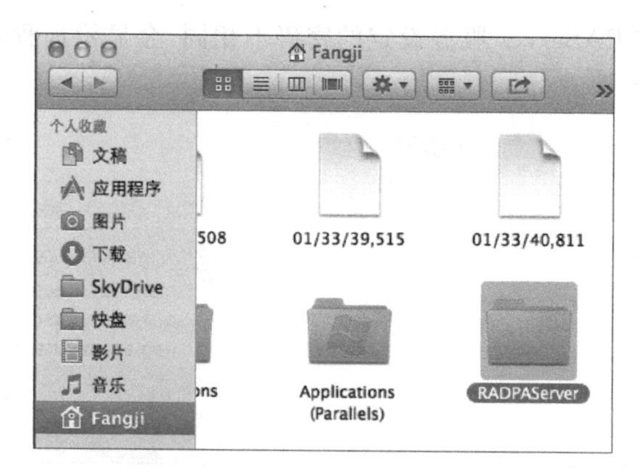

图 14-27　RADPAServer 传输目录

编译好的 APP 传输至 Max 系统的目录下。因此不推荐 Windows 用户名包含中文字符。

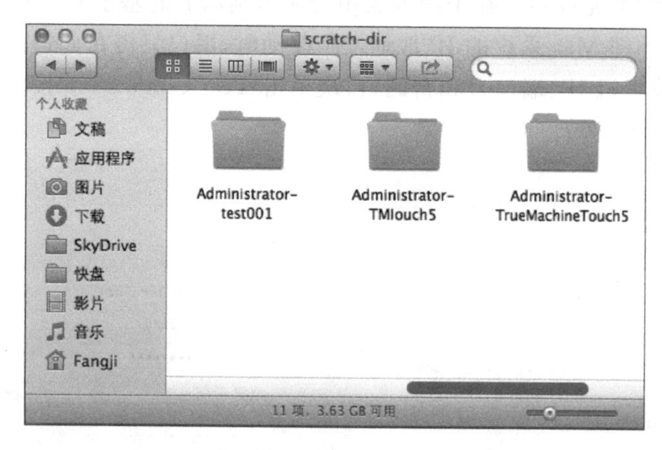

图 14-28　编译后程序所在目录信息

另外由图 14-29 可见，Finder 的个人收藏列表中，默认不会出现当前用户项，要能找到 PAServer 目录，还需要在 Finder 主菜单的偏好设置中将当前边栏显示的当前用户名前的复选框选中(图 14-30)。

图 14-29　显示编译目录需进行的操作

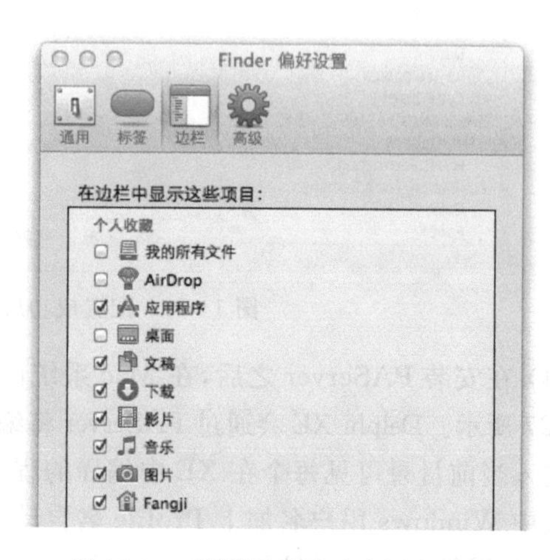

图 14-30　编译目录需选中用户项目

(5) 在前几个步骤完成后，开始进入到利用 iOS 模拟器的调试阶段。注意：使用 iOS 真机调试的前几个步骤与模拟器调试的设置完全相同。

进入 XE 开发环境中，单击主菜单 File|New|FireMonkey Mobile Application-Delphi，在类型向导的 8 种类型中选择第一种 Blank Application，如图 14-31 所示。

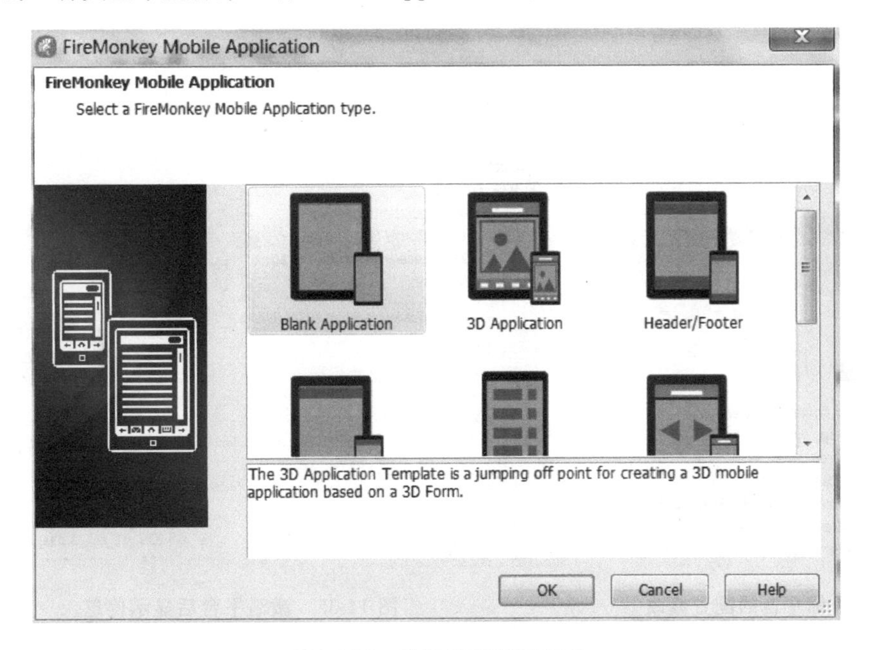

图 14-31　选择应用程序类型

如图 14-32 所示，默认生成的 APP 框架为基于安卓系统的 Google Nexus 4 机型。

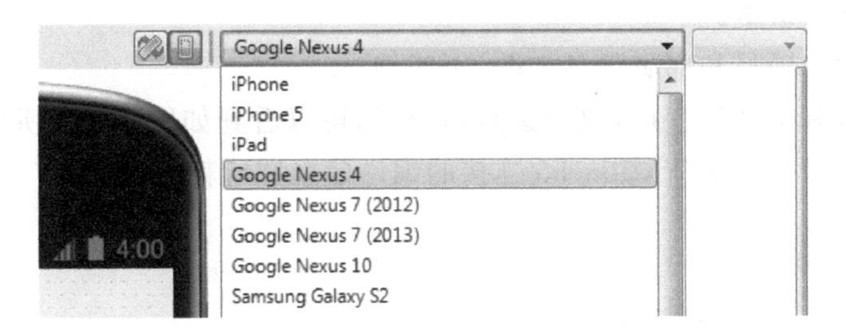

图 14-32　选择设备型号

要改为 iOS 设备，可在右上角的设备选项下拉列表中选择 iPhone 5 机型，如图 14-33 所示。

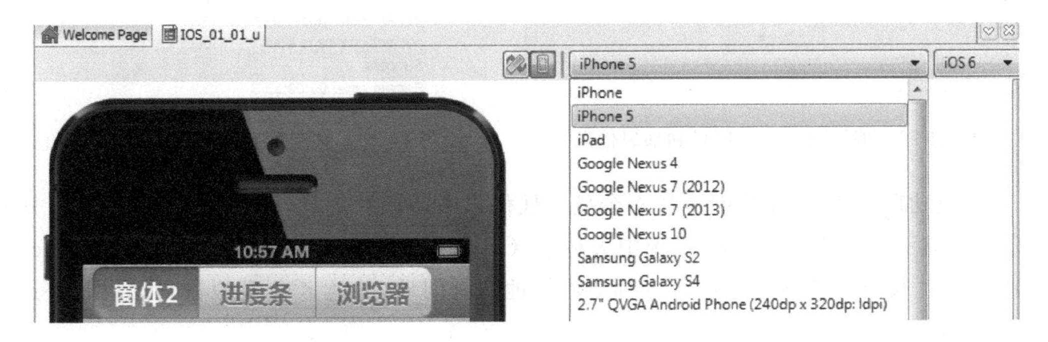

图 14-33　iOS APP 需选择的版本

与此同时还需要在右上角的项目管理器中修改默认的目标平台选项，从 Android 改为 iOS Device，如图 14-34 所示，默认的 Target Platforms 是 Android，用黑体加粗显示。

如图 14-35 所示，要改为 iOS 模拟器，只需在目标平台的层叠列表中用鼠标右键单击 iOS Simulator，在弹出菜单中选中 Activate 命令激活该选项即可。

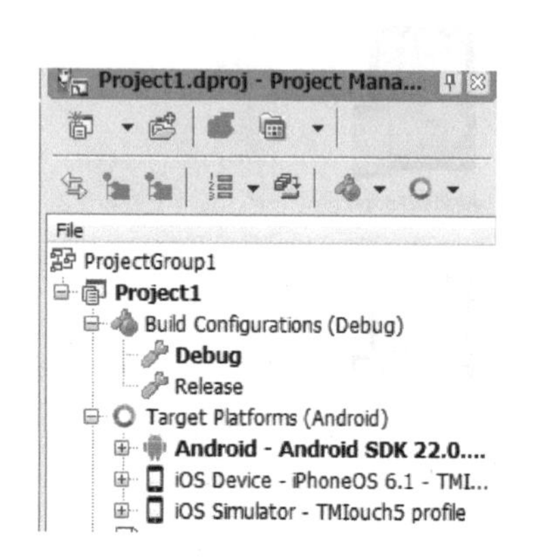

图 14-34　目标平台的配置修改

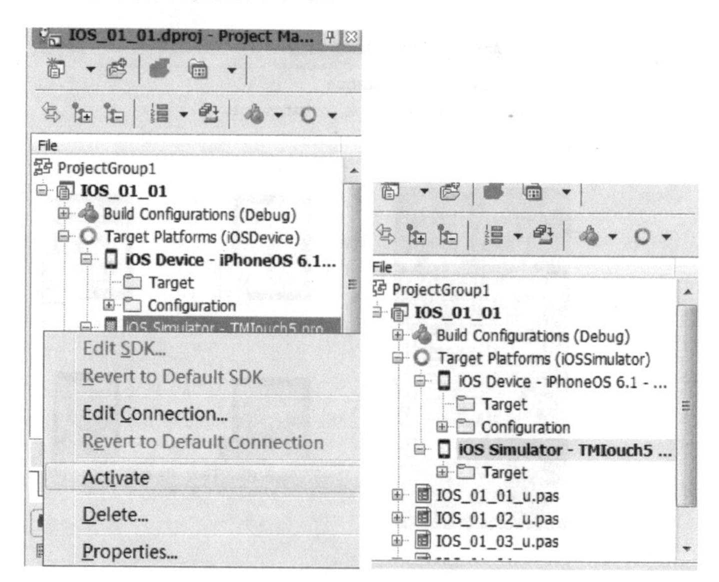

图 14-35　激活平台后显示信息

新建工程 IOS_01_01 后，在默认窗体上放置若干组件，如一个标签(显示 Hello CCZU)，顶端放置了三个不同样式的按钮，以及一个进度条组件和一个日期组件。这些组件的属性、事件和方法在此不逐个讲解。

编译程序显示的项目和部署信息如图 14-36 所示。

将该工程的所有文件保存后，执行运行命令后，可以看到如图 14-37 所示，在 XE8 界面底端的信息显示栏显示了基于 TMIouch5 连接的编译信息和所耗时间。

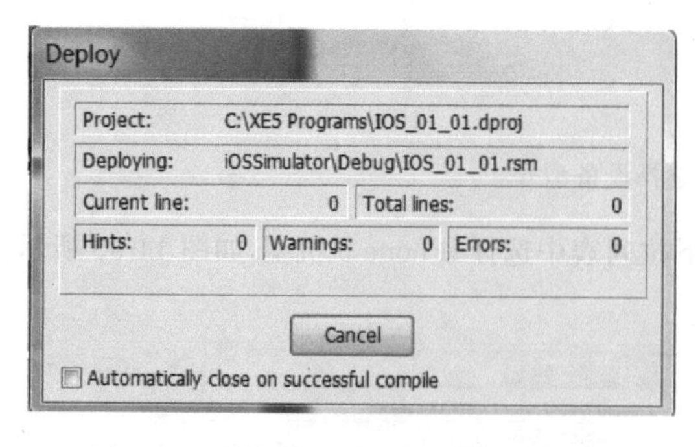

图 14-36　编译时显示的项目和部署信息

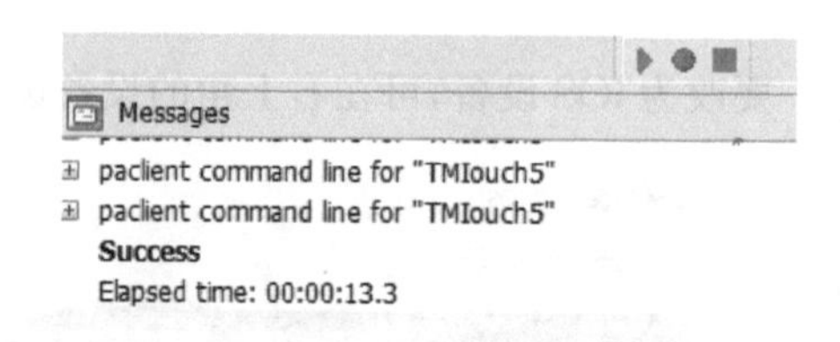

图 14-37　基于配置参数连接显示的信息

编译成功后在 XE8 环境中本身不会显示任何程序运行的信息，而是弹出如图 14-38 所示的信息框，提示用户切换到 Mac 系统中去观察 iOS 模拟器中的运行结果。而此时在 Mac OS 的 Dock 栏上 RAD PAServer XE8 图标会不停地弹跳闪动，并且 iOS 模拟器自动启动并运行编译后的程序。

Dock 栏是 Mac OS 系统特有的一种用于切换运行中应用程序的功能界面，类似于

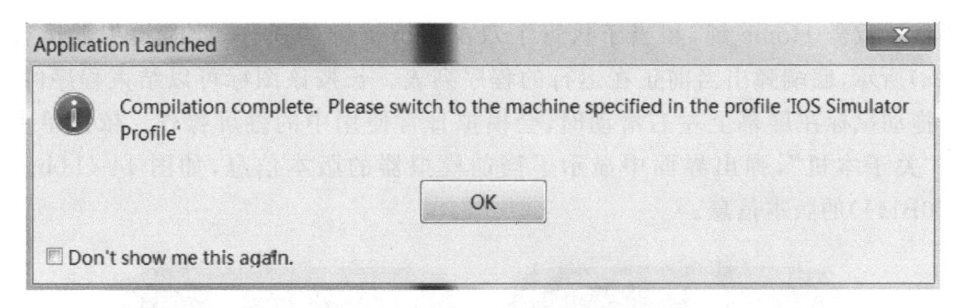

图 14-38　编译成功后的提示信息

Windows 系统底端的任务栏。用户可以自行拖动以调节 Dock 栏的位置，如图 14-39 所示。该 Mac 系统中 Dock 栏位于屏幕左边，从上到下的三个图标依次为：运行中的终端（内部为 PAServer 监听程序）、iOS 模拟器、RAD PAServer XE8。

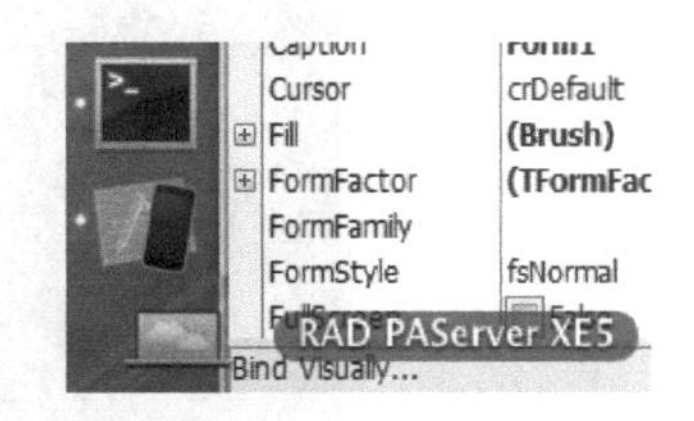

图 14-39　Dock 栏上闪动的图标

单击 iOS 模拟器图标后会显示如图 14-40(a)所示的模拟器运行界面。此时用鼠标单击底端的 Home 键相当于模拟用户实际按下 Home 键的状况，此时如图 14-40(b)所示，返回到主屏幕上，有该程序 IOS_01_01 的图标。

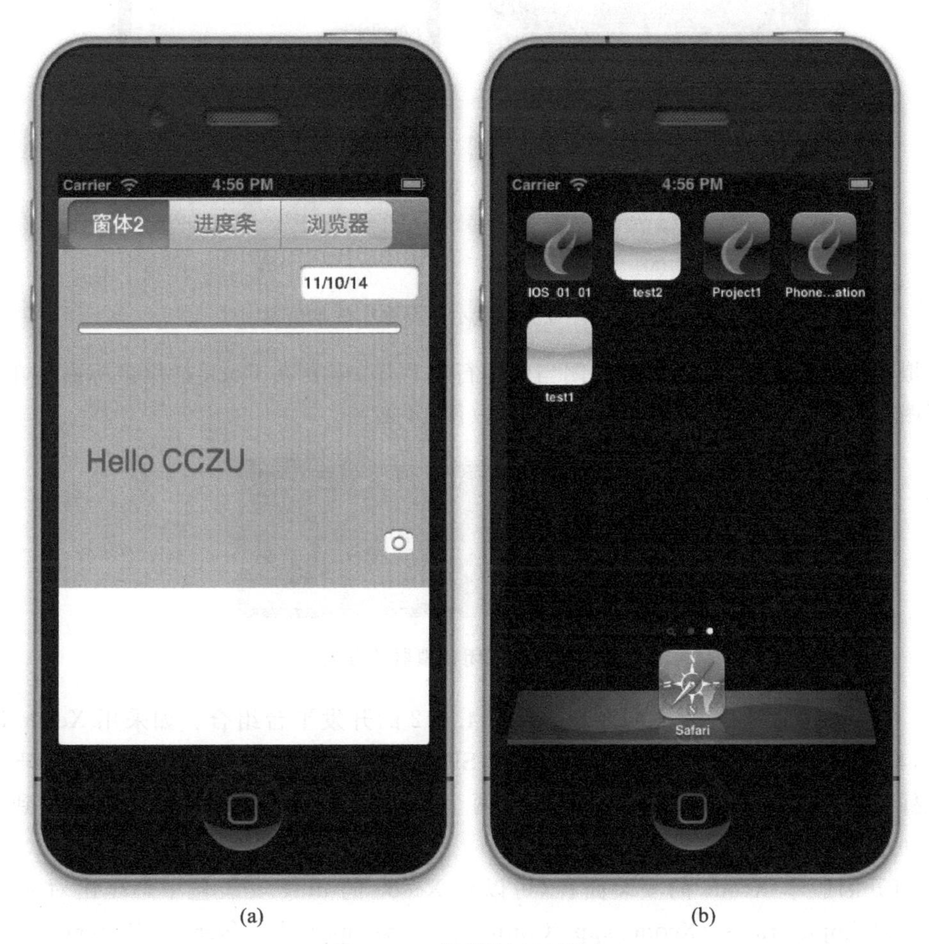

(a)　　(b)

图 14-40　模拟器运行界面

如果继续双击 Home 键,相当于执行了双击 Home 键的操作,此时模拟器运行结果如图 14-41(a)所示,底端弹出当前正在运行的程序列表。长按该图标可以结束程序的运行,将其终止。拖动鼠标在屏幕上左右滑动时,会模拟日常使用中的翻屏操作。依次单击“设置”|“通用”|“关于本机”,弹出界面中显示了当前模拟器的版本信息,如图 14-41(b)所示,为 iOS6.1(10B141)的版本信息。

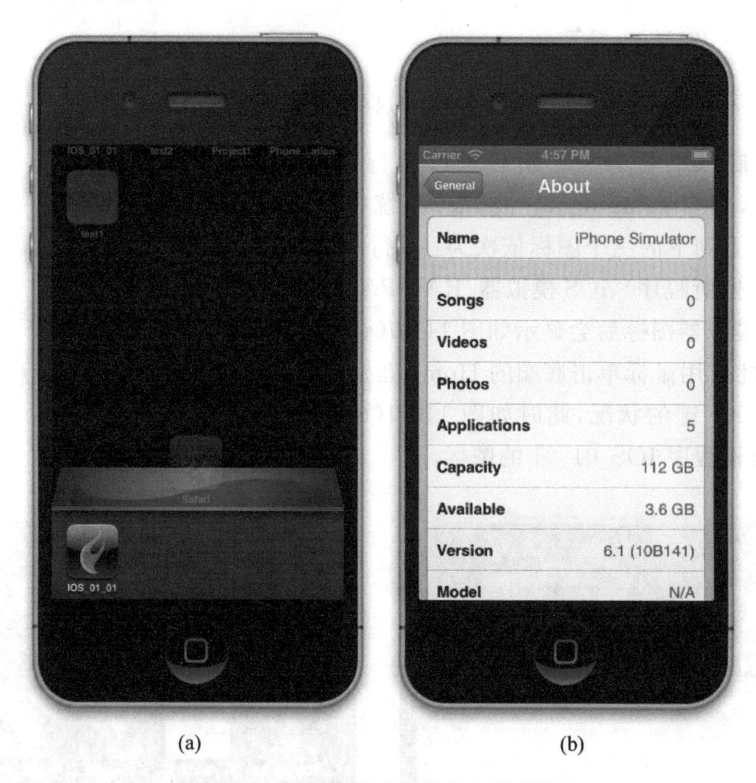

(a) (b)

图 14-41 任务栏显示和设置中版本信息

模拟器运行完毕后,如果需要关闭当前运行的程序,需要在 Dock 栏用鼠标右键单击 iOS 模拟器图标,在弹出菜单中执行退出操作即可(图 14-42)。

图 14-42 关闭模拟器的方式

(6) 本章采用的是 Delphi XE8 和 Xcode 4.6.2 的开发平台组合。如采用 Xcode 5,由于 Xcode 5 默认自带 SDK 7.0,升级 Xcode 5 后,SDK 6.0 就被覆盖。此时若想编译 SDK 6 的程序,需要同时安装 Xcode 4.x 和 Xcode 5.x 两个版本;或者将旧版本的 SDK 加入到新版的 Xcode 中去,方法如下。

① 打开旧版本 Xcode 的安装路径(可以从 Xcode 的 dmg 安装包中解压出对应的 SDK 包),路径为 Applications /Xcode.app /Contents /Developer /Platforms /iPhoneOS.platform /Developer /SDKs。此路径中包含当前 Xcode 的所有 Base SDK(例如 iPhoneOS 6.1.sdk),

这时只需将这个 SDK 复制到新的 Xcode 相同目录下即可。

② 重启 Xcode 5，打开 Project Targets|Build Settings|Base SDK，设置为对应的 SDK 即可（例如 iOS 6）。

③ 这时运行的模拟器还是 iOS 7 版本，要启动 iOS 6 的模拟器，需要到路径/Applications/Xcode. app/Contents/Developer/Platforms/iPhoneSimulator. platform /Developer /SDKs 下将对应的 Simulator 复制到新的 Xcode 路径下即可。

14.1.5　在 XE 环境中进行 iOS 真机调试

在 Xcode 上开发的程序默认只能在 iOS Simulator 中运行，如果需在真机上运行，则需购买苹果开发者证书（iPhone、iPad、iPod Touch Developer Program，iDP）。

(1) 在调用真机的目标平台（Mac OS）上安装 PAServer。

(2) 安装 PAServer 后，继续配置 MAC OS 的 IP 地址。

(3) 在启动 PAServer 并设置网络参数后，需要配置 XE8 环境下的连接配置信息（Connection Profile Manager）。

(4) 在前三个与模拟器调试完全相同的设置完成后，需要继续在 Option 对话框左侧列表中添加 SDK 信息，选择 SDK Manager，如图 14-43 所示。XE8 系统可以添加三个平台的 SDK 信息，依次是 Android、iOS Device、Mac OS X。

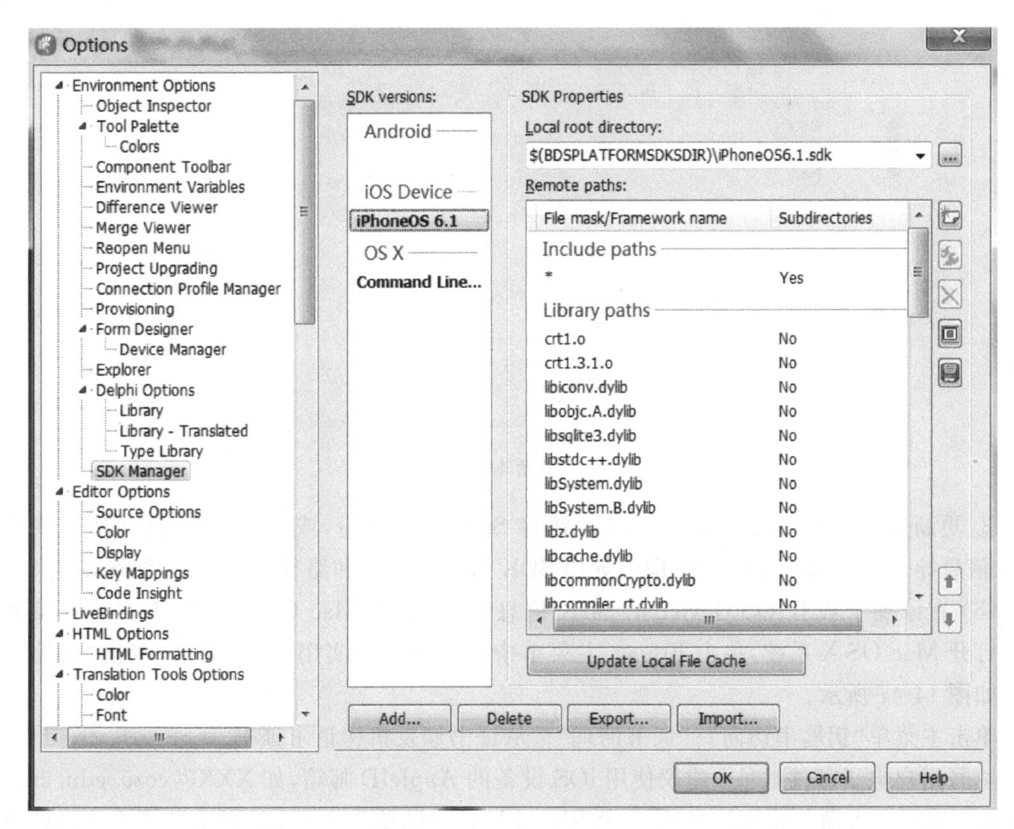

图 14-43　SDK 管理界面

① 单击 Add 按钮，添加一个 SDK。在弹出的对话框中，选择 iOS Device，选择上一步刚刚建立的 TMIouch5 连接配置文件（括号内是该文件的主机 IP、端口等重要信息），最后一个

列表中选择 iPhoneOS 6.1,单击 OK 按钮保存,如图 14-44 所示。

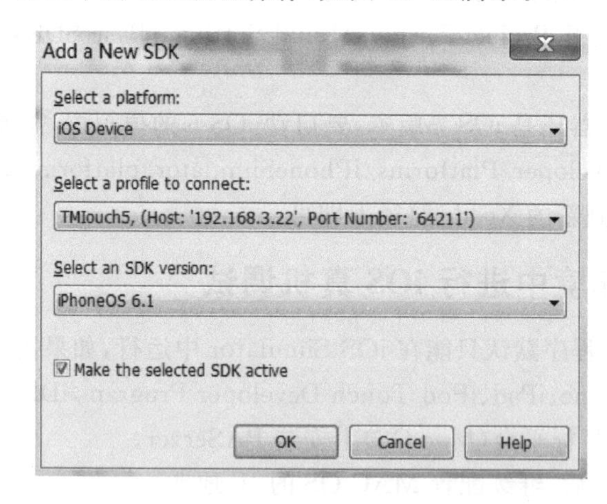

图 14-44　选择平台、配置文件和版本号

② 此时回到如图 14-43 所示的界面,单击右侧列表下方的 Update Local File Cache 按钮,然后出现如图 14-45 所示的界面,将更新 XE8 环境中的 SDK 文件。

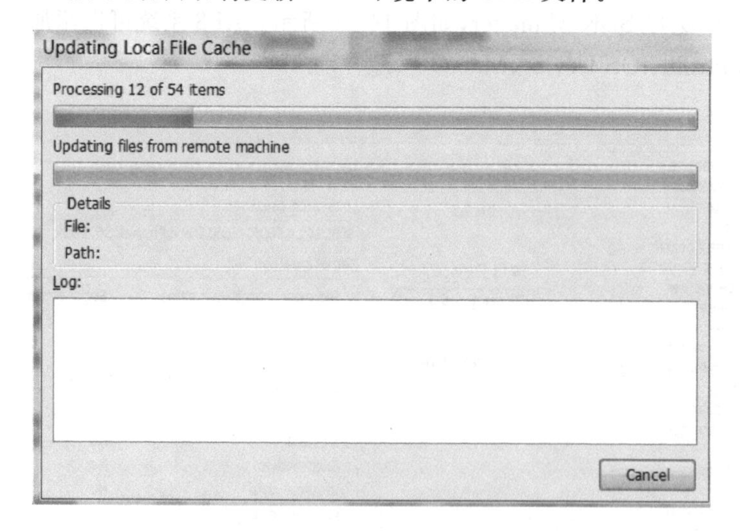

图 14-45　更新本地 SDK 文件

③ 更新成功后还可以单击 Export 按钮将 SDK 导出备份,或者单击 Import 按钮将外部 SDK 信息导入 XE8 中。图 14-46 即为导出 SDK 选择文件名和路径的内容,后缀名即为 SDK。

(5) 在添加了基于 iOS Device 的 SDK 信息后,需要在 Mac OS X 系统中安装开发者证书。打开 Mac OS X 系统,单击 Finder 主菜单中的"前往"|"实用工具"命令,双击"钥匙串访问",如图 14-47 所示。

单击主菜单"钥匙串访问"|"证书助理"|"从证书颁发机构请求证书"。

填写用户电子邮件地址:建议使用 iOS 设备的 AppleID 邮箱,如 XXX@cczu.edu.cn。常用名称:填写个人简称或团队名称,它将用作 MAC 中的钥匙名称,相当于证书在 MAC 中的名称,用于签名程序。CA 电子邮件地址可与 AppleID 的邮箱地址相同。选中"存储到磁盘"选项,再选择位置,单击"存储"按钮。此时,已在 Mac 桌面生成一份证书申请文件,如图 14-48 所示。此后的申请操作都在苹果公司的开发者官网中完成,网址是 developer.apple.com,具

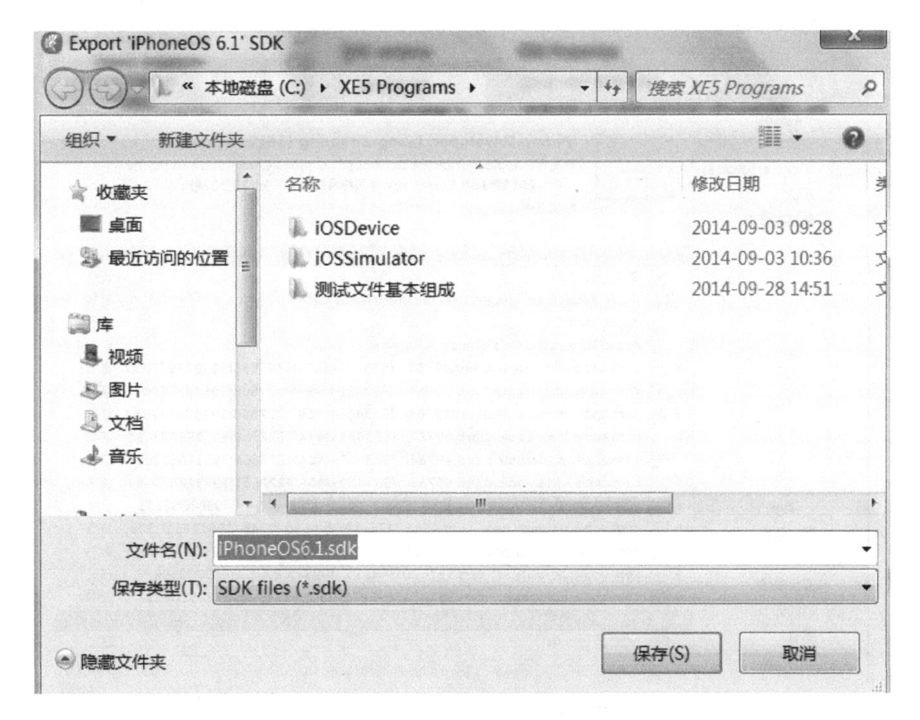

图 14-46　导出 SDK 备份文件

图 14-47　实用工具中选择开发者证书

体流程请参见官网详细说明。

在开发者证书购买完毕后，导入该证书可以在“钥匙串访问”左侧列表的证书中看到如图 14-49 所示的系统内当前所有安装证书信息。高亮模式显示的一行就是安装的 iPhone Developer 证书。

如图 14-49 所示，双击证书名称所在行，在弹出的窗口中可以查看证书使用的截止期限，图中证书有效期到 2015 年 10 月 31 日截止。IDP 证书开发者个人版及公司版为 99 美元/年，企业版 299 美元/年，到期需要重新购买才能继续进行真机调试和发布。

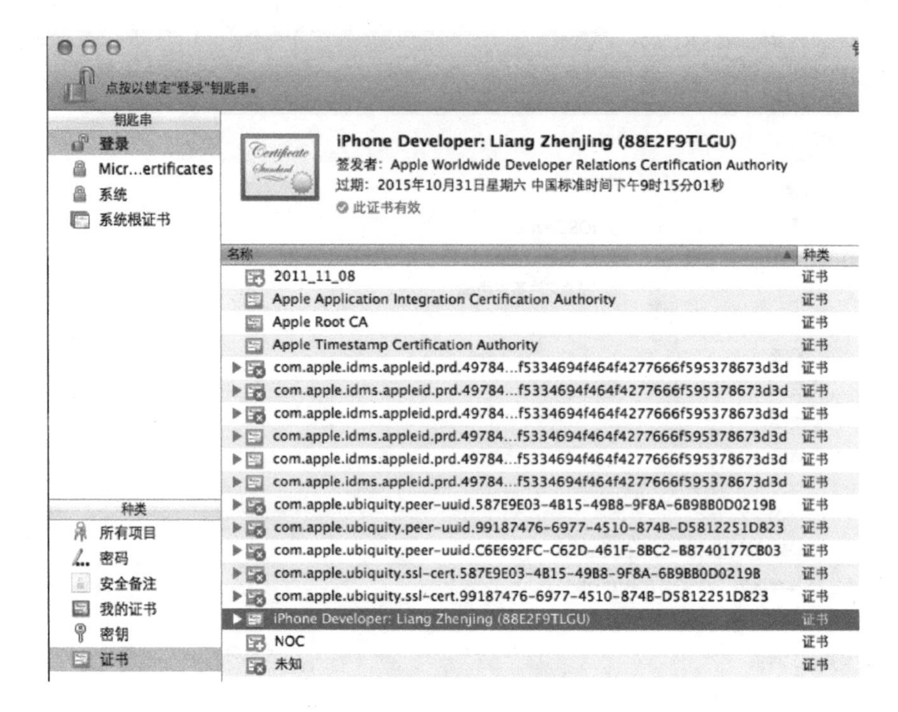

图 14-48 安装开发者证书的信息

图 14-49 详细信息包含有效时间

如图 14-50 所示,当前开发者证书还可以进行导入导出,单击钥匙串访问主菜单的文件,执行“导出项目”命令,弹出如图 14-51 所示的对话框,可以将证书以“个人信息交换文件”(p12 后缀)的方式导出备份;如果系统重装后可以再次导入该证书,继续使用。

图 14-50　导出证书的设置 　　　　图 14-51　个人信息交换文件

(6) 特别需要注意的是：在用线缆将 iOS 设备与 Mac 主机的 USB 口相连接后，由于 Mac 运行着 Windows 7 的虚拟机，两者共享硬件，因此弹出如图 14-52 所示的对话框，让用户选择需要将 iOS 设备连接到 Mac 还是 Windows。此时必须要选择“连接到 Mac”，否则 Mac OS 中的 Xcode 不能检测到连接的 iOS 设备，也就无法将编译后的程序发送到设备让其运行。

图 14-52　连接 iOS 设备需进行的选择

(7) 打开 Xcode 主界面，单击屏幕最右上角的 Organizer 按钮(如图 14-53 所示)。

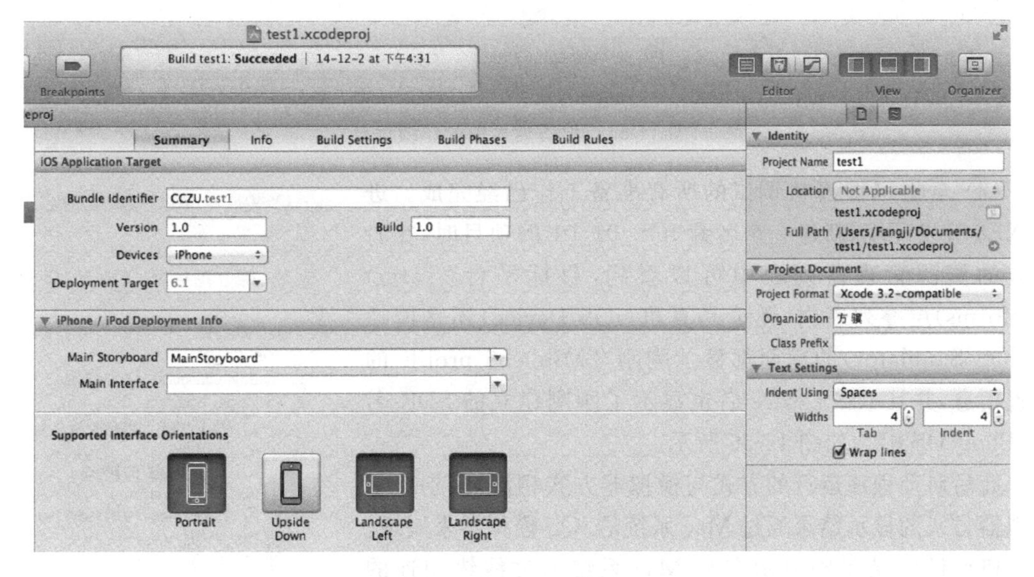

图 14-53　Xcode 环境主界面

如图 14-55 所示，在 Organizer 界面(见图 14-54)中，可以看到左侧设备列表中利用专用连接线接入计算机的当前 iOS 设备名的右边显示一个小绿点，表明有效地激活设备；如果显示小黄点则表明证书安装失败，其为无效设备，无法进行调试。

图 14-54 主界面右上角的 Organizer

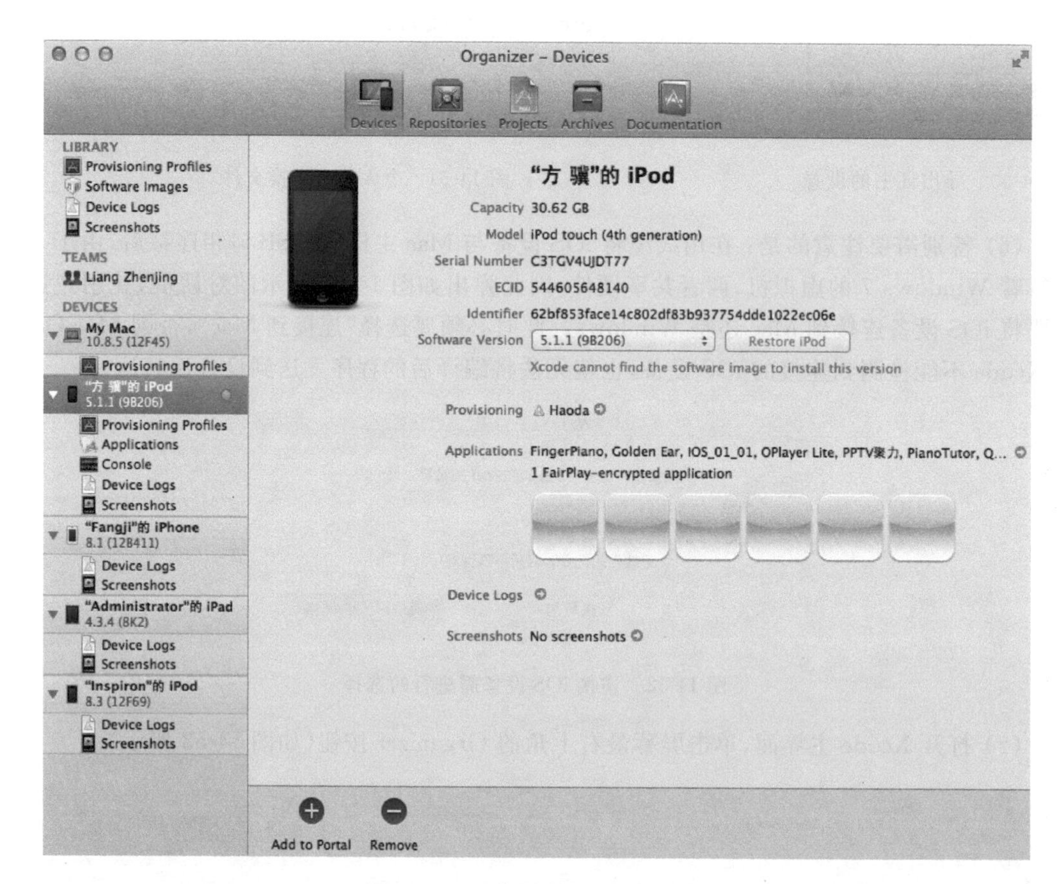

图 14-55 设备列表中的详细信息

(8) 至此,iOS 真机调试的所有准备工作已经完成。进入 XE8 开发环境,新建一个名为 IOS_01_01 的项目时,在右上方的资源管理器列表中可以看到,目标平台(Target Platforms)层叠列表内,无论是真机(iOS Device)还是模拟器(iOS Simulator)的后面都显示刚刚 TMIouch5 profile 的配置信息,并且 iOS Device 后也显示了刚刚建立的 SDK 名称 iPhoneOS 6.1,如图 14-56 所示。

此后启动程序运行的方式与模拟器方式相同,区别在于模拟器方式的显示结果通过 Mac 系统的 iOS 模拟器来展现,而真机调试的结果则显示在与 Mac 系统通过线缆相连的 iOS 设备上,运行外观和 iOS 设备内部通过 App Store 下载并安装的程序没有任何区别,如图 14-57 和图 14-58 所示。

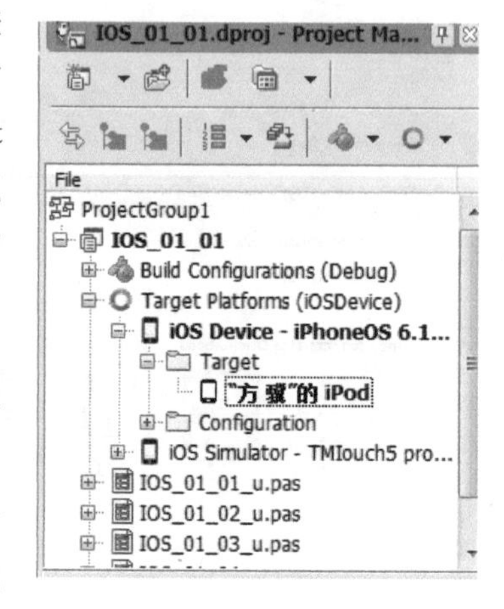

图 14-56 项目管理器的目标设备

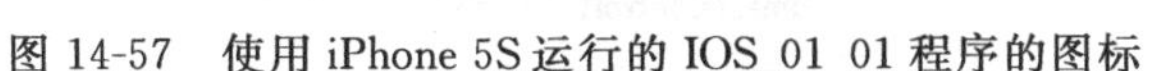

图 14-57 使用 iPhone 5S 运行的 IOS_01_01 程序的图标

图 14-58 该程序运行后的实际效果界面截图

14.2 iOS APP 开发中基本 UI 元素的使用

14.2.1 与交互操作相关的常用组件使用案例

【例 14.1】 创建一个名为 IOS_16_01. dproj 的 XE8 项目，内含 4 个窗体：第一个窗体为启动窗体 IPS_16_01_u. fmx ；第二个窗体(IPS_16_02_u. fmx)使用了基于 iOS 风格的各种按钮组件；第三个窗体(IPS_16_03_u. fmx)使用了编辑和显示日期的 Calendar 组件；第四个窗体(IPS_16_04_u. fmx)使用了 WebBrowser 组件来浏览网页。基本项目结构如图 14-59 所示。

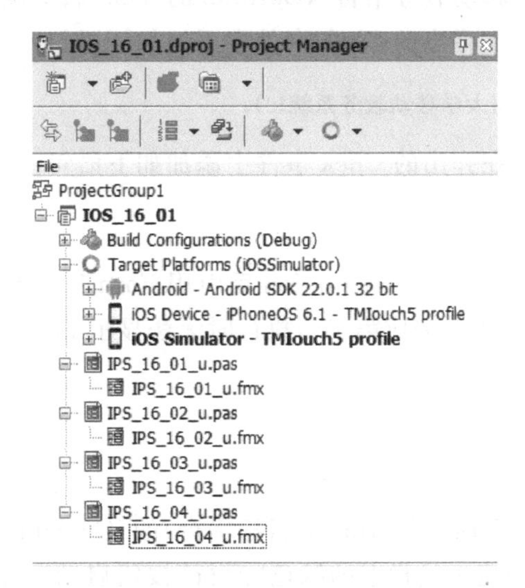

图 14-59 本例在项目管理器中包含的文件列表

(1) 第一个窗体 IPS_16_01_u 的创建步骤以及知识点解析。

① 选择主菜单 File|New|FireMonkey Mobile Application-Delphi，创建一个空白项目保存为 IOS_16_01. dproj；将默认窗体的单元文件保存为 IPS_16_01_u. pas，此时与该单元文件相关联的窗体文件被自动保存为 fmx 格式。

② 在右上角的设备选项下拉列表中从默认的 Google Nexus4 机型更改为 iPhone 机型，版本取默认的 iOS 6。

③ 在右下角 Tool Palette(组件面板)顶端搜索栏中输入“image”并回车，显示 4 种 image

组件,如图 14-60 所示。其中,TImageViewer、TImageControl 和 TImage 功能相似,TImageViewer 继承自 TScrollBox,可自动加滚动条;而 TImageControl 可设置样式,且可在选择时呈现焦点。

此处选择 ImageControl 组件,用鼠标左键拖动将其放入 Form1 中,设置其 Align 属性为 alClient。在对象观察器中,单击 ImageControl1 组件的 Bitmap 属性右侧的小按钮,如图 14-61 所示,再单击下拉列表中的 Edit 命令,在弹出的界面中加载所选取的图片作为首窗体的背景图。

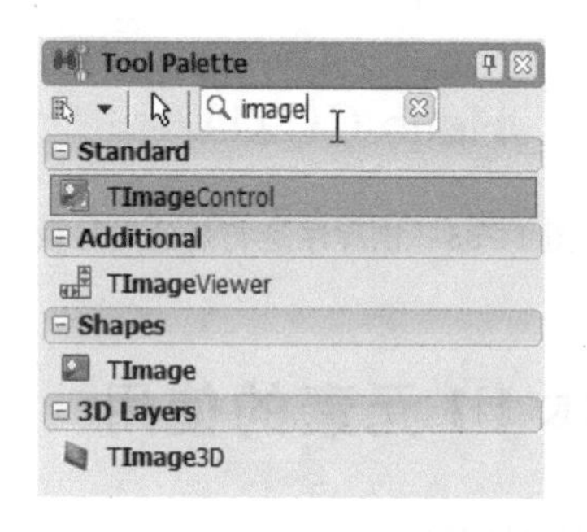

图 14-60 搜索 Image 组件

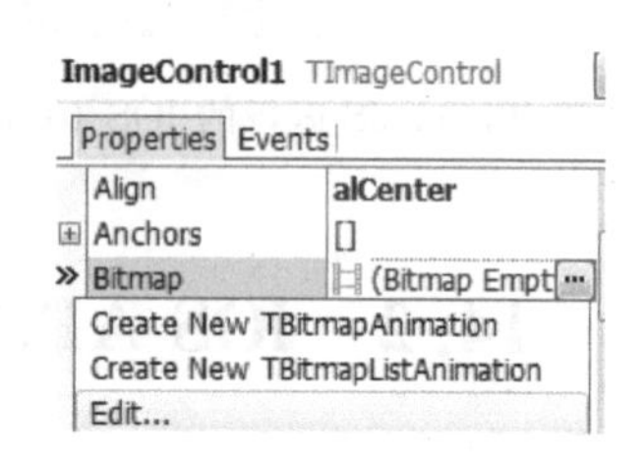

图 14-61 Image 组件的 BMP 属性设置

④ 在 Tool Palette(组件面板)的 Standard 组件面板中选择 TLabel,拖动到窗体上,将 Label1 的 Text 属性设为"常州大学"。

⑤ 在 Tool Palette(组件面板)的 Standard 组件面板中选择 TButton,拖动两次到窗体上,Button1 的 Text 属性设为"移动教务平台",Button2 的 Text 属性设为"进入"。

⑥ 双击 Button1 按钮,在弹出的 Click 事件中添加如下语句:

```
Showmessage('欢迎使用常州大学移动教务系统!');
```

⑦ 双击 Button2 按钮,在弹出的 Click 事件中添加如下语句:

```
Form2.show;
```

⑧ 在 IPS_16_01_u.pas 的 implementation 后引用 Form1 将调用的 Form2 对应单元文件 IPS_16_02_u,不在此声明引用会造成第⑦步执行时无法显示 Form2 窗体。

```
implementation

30  {$R *.fmx}
uses IPS_16_02_u;
```

⑨ 激活项目管理器中 Target Platform(目标平台)的 iOS Simulator。

⑩ 按 F9 键或者单击快捷工具栏上的绿色"运行"按钮启动程序。启动后,会看到模拟器运行界面,如图 14-62 所示。

单击"移动教务平台"按钮,会弹出欢迎信息框,而单击"进入"按钮,会显示 Form2 空白窗体。

补充说明:运行后模拟器和 iOS 真机上的图标名称都是 IOS_16_01,要使程序图标能自定义并且能包含中文字符,需要进行以下操作。

选择主菜单 Project|Options|左侧列表的 Version Info 页,右下角的列表中第三项 CFBundleDisplayName 就是要设置的项,这个值原先是 $(ModuleName),即原来项目的名称,此项目名为 IOS_16_01,则运行后在 iOS 中显示的名称就是 IOS_16_01,如图 14-63 所示。

图 14-62　启动界面

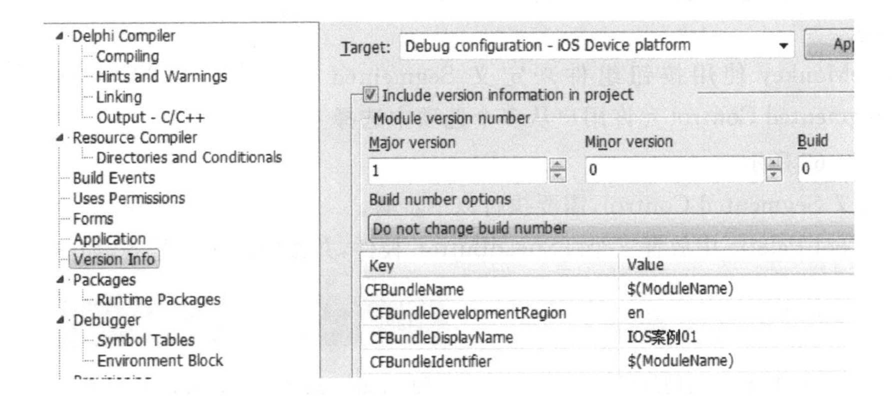

图 14-63　设置 iOS 中显示的名称

本例中将 CFBundleDisplayName 名称改为“IOS 案例 01”，在运行时，无论在模拟器还是真机中，都显示名称为“IOS 案例 01”，如图 14-64 所示。

至此，窗体一的所有内容已解析完毕。

(2) 窗体二 IPS_16_02_u 主要展示基于 iOS 风格的各种按钮组件。整体界面如图 14-65 所示，共有 5 组样式各异的按钮，下半部分空白故未截取。这些不同外观的按钮创建步骤如下。

① FireMonkey 定义了不同类型的按钮，包括在 Standard 面板中的 TButton 和在 Additional 面板中的 TSpeedButton。

② 在 Form2 窗体上放置一个标准页的 Toolbar 工具栏，拖动后自动创建在窗体 Form2 的顶端。在 Toolbar1 上放置三个 Additional 页的 SpeedButton。

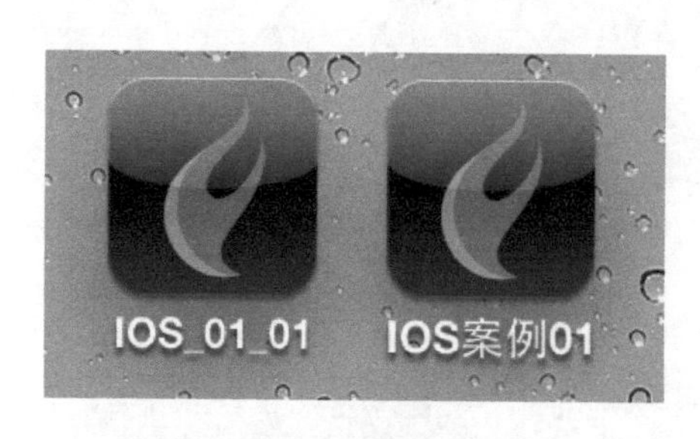

图 14-64　APP 默认图标

图 14-65　窗体二运行外观

③ 放置了三个 SpeedButton 后，需在 Object Inspector (对象观察器)中为选中的按钮设置一些重要属性。

- 通过更改 Text 属性的值来改变显示在按钮上显示的标题。
- 改变 Position. X 以及 Position. Y 属性的值(或使用鼠标拖动组件)。
- 改变 Height 以及 Width 属性的值(或使用鼠标拖动组件的边缘)。
- 在 StyleLookup 属性处单击下拉箭头，在展开列表中选取预先定义好的 Style(样式)，如图 14-66 所示。

图 14-66　StyleLookup 属性

④ FireMonkey 使用按钮组件来定义 Segmented Control，Segmented Control 允许用户从多个选项中选择一个，如图 14-67 所示。

为了定义 Segmented Control，需要执行以下步骤。

- 从 Tool Palette 中放置三个 TSpeedButton 控件，并按顺序排列整齐，如图 14-68 所示。

图 14-67　案例外观

图 14-68　默认的 SpeedButton 外观

- 选择第一个按钮，修改 StyleLookup 属性为 segmentedbuttonleft；选择第二个按钮，修改 StyleLookup 属性为 segmentedbuttonmiddle；选择第三个按钮，修改 StyleLookup 属性为 segmentedbuttonright，如图 14-69 所示。
- 现在这三个按钮看起来像一个 Segmented Control，再依次修改三个按钮的 Text 属性，如图 14-70 所示。
- 同时选中这三个按钮，设置 GroupName 属性为唯一的名称，例如“LMRButton”，如图 14-71 所示。
- 为了指定这三个按钮中的一个默认显示成按下的效果，将第一个按钮的 IsPressed 属性设置为 True，如图 14-72 所示。

图 14-69　对 SpeedButton 属性进行修改

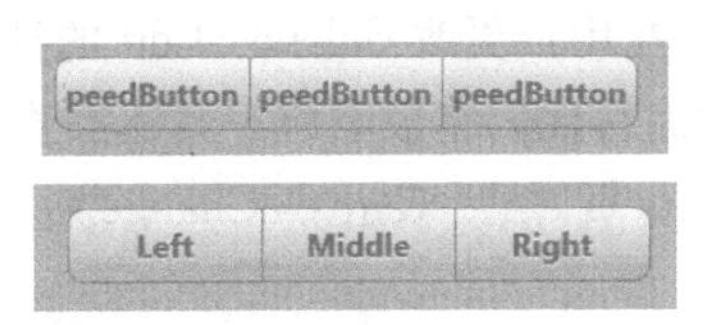

图 14-70　修改 Text 属性值

图 14-71　对按钮进行分组名设置

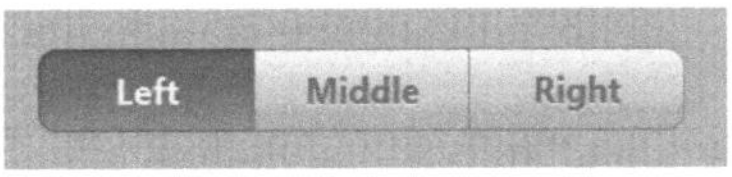

图 14-72　设置 IsPressed 属性后的外观

(3) 窗体三 IPS_16_03_u 主要展示日历组件的使用方式。FireMonkey 主要有两个用于显示和编辑日期的组件：TCalendarEdit 和 Calendar 组件。

① 在 Form3 上先放置一个 Toolbar 组件。

② 在 Toolbar1 右侧放置一个 Speedbutton，将其 StyleLookup 属性设为 refreshtoolbuttonbordered。

③ 在 Tool Palette 中选择 TCalendarEdit 组件，拖放到 Toolbar1 正中间位置。要在 Tool Palette 上找到这个组件，在搜索框输入组件名开头的几个字母“cal”后即能显示搜索到的组件名称。拖放后，在 Form3 上显示如图 14-73 所示的 CalendarEdit 组件。

图 14-73　TCalendarEdit 组件外观

④ 接着在 iOS Simulator 或 iOS Device 上运行时，单击 TCalendarEdit1 之后，弹出如图 14-74 所示的日期选择器，可以选择一个日期，并单击 Done 按钮完成选择。

⑤ 在 Form3 窗体上放置一个 Calendar 组件，运行时在 Calendar 组件上单击某个日期表示选中，单击 Calendar 右上角的月份和年份时，会弹出如图 14-75 所示的选择器让用户单独选择月份或年份。

图 14-74　TCalendarEdit 组件编辑日期界面

图 14-75　单独选择月份或年份

⑥ 在用户更改 CalendarEdit 的日期后,会触发 OnChange 事件。因此需要在 OnChange 事件过程中编写代码完成响应。具体操作步骤是:先选中 TCalendarEdit 组件,在对象观察器中,打开 Events 页,然后双击 OnChange 后面的空白处,在弹出的代码编辑器窗口中编写如下代码。

```
implementation

{$R *.fmx}
uses IPS_16_02_u;

procedure TForm3.CalendarEdit1Change(Sender: TObject);
begin
showmessage(FormatDatetime('dddddd',calendarEdit1.Date));

calendar1.Date:=calendarEdit1.Date;

end;
```

此段代码运行时会首先弹出一个 MessageBox 显示选择的日期,如图 14-76 所示。其中,FormatDateTime 函数转换选择的日期为一个指定格式(此例中 dddddd 指的是长类型日期格式)。

第二行语句是将选择的 CalendarEdit 的日期赋给 Calendar,于是看到如图 14-77 所示界面,编辑后的 2015 年 8 月 1 日当天也会以高亮模式显示在 Calendar 上。

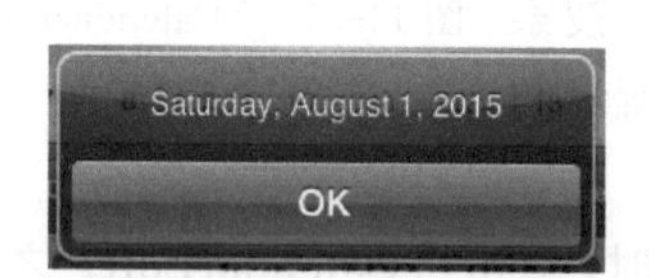

图 14-76 MessageBox 显示的格式化日期

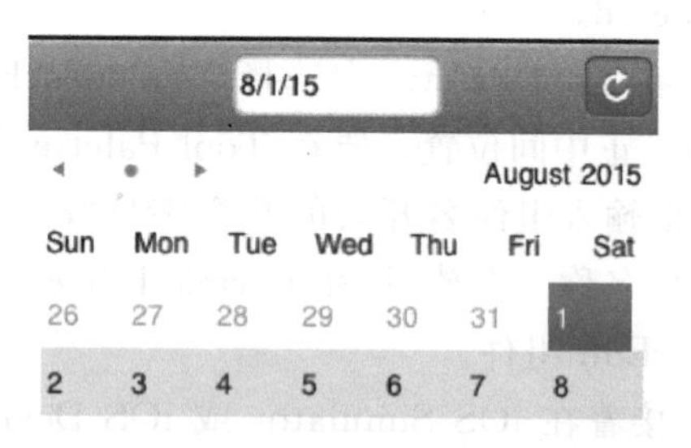

图 14-77 赋值后日历组件外观

⑦ 程序写到此处时仍未将 Form3 和 Form2 建立关联,在 Form2 的"日历"按钮的 Click 事件中写下:Form3. show;并且在 Form2 单元的 implementation 中引用 Form3 的单元名 IPS_16_03_u。

⑧ 同样地,单击 Form3 右上角的"返回"按钮时应该返回 Form2,需在该按钮中写下:Form2. show;并且在 Form3 单元的 implementation 中引用 Form2 的单元名 IPS_16_02_u。

窗体间切换的按钮如图 14-78 所示。

(4) 窗体四 IPS_16_04_u 主要用于展示浏览器组件的使用。在 iOS 平台上使用 TWebBrowser 组件来封装 Web Browser。操作步骤如下。

① 建立 Form2 与 Form4 的关联,在 Form2 的"主页"按钮的 Click 事件中写下:Form4. show;并且在 Form2 单元的 implementation 中引用 Form3 的单元名 IPS_16_04_u。

② 在 Form4 上首先放置一个 ToolBar1,接着再放置一个 Edit 组件和两个 SpeedButton 组件;修改两个 SpeedButton 的 StyleLookup 属性值,使其具备如图 14-79 所示的外观。

图 14-78 窗体间切换的按钮

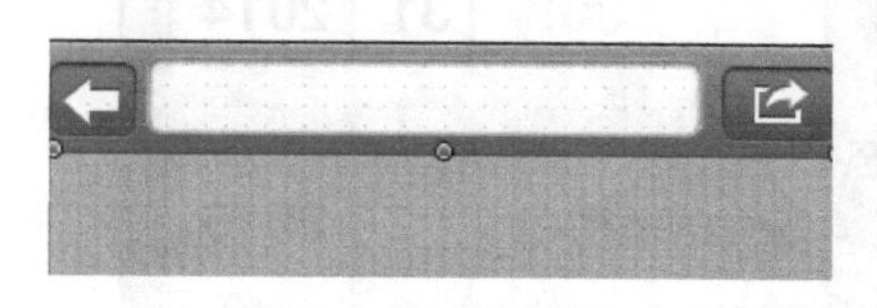

图 14-79 窗体四顶端组件外观

③ 在 Tool Palette 中选择 TWebBrowser 组件并拖放到窗体上面。

④ 选中 WebBrowser 组件，在对象观察器中将其 Align 属性设置为 alClient，使之填充 Form4 的窗口剩余空间。

⑤ 接着要编写一个事件处理过程，当用户在 Edit 中输入 URL 时打开相应网页。与 Windows 平台不同的是，智能手机设备使用如图 14-80 所示的 Virtual Keyboard 来输入文字。用户可以通过按 Done 或 Return 键来完成这个动作。FireMonkey 提供一些事件处理过程来处理用户操作的响应。在 Done 按钮按下的时候，FireMonkey 框架发送一个 OnChange 事件给 Edit 控件。

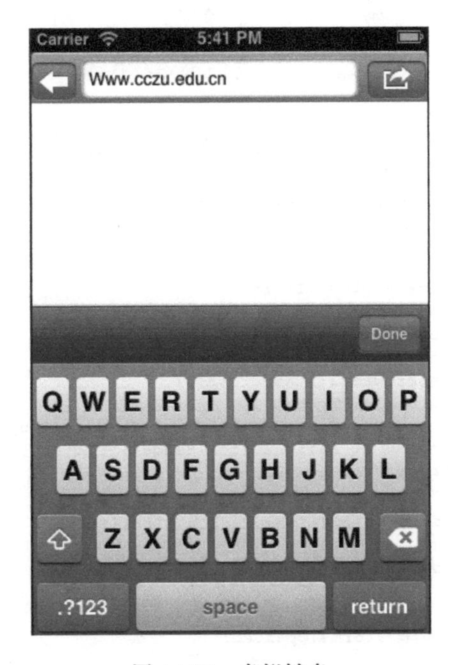

图 14-80　虚拟键盘

⑥ 在运行时，会发现默认的虚拟键盘用于输入 URL 地址不太适合。iOS 提供如图 14-81 所示的几种虚拟键盘。

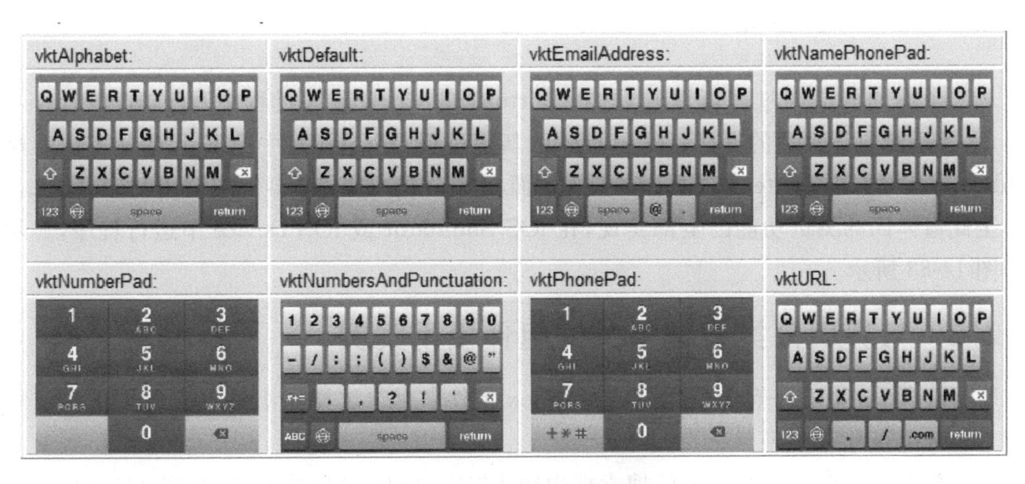

图 14-81　虚拟键盘的类型

在 Edit 控件的 KeyboardType 属性中选择 vktURL 作为合适的虚拟键盘,如图 14-82 所示。

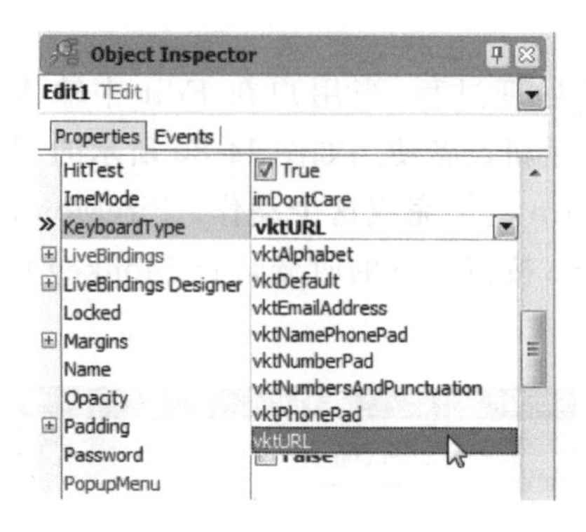

图 14-82 虚拟键盘属性选择

⑦ 在代码编辑器窗口中,输入如下代码。

```
type
  TForm4 = class(TForm)
    ToolBar1: TToolBar;
    SpeedButton1: TSpeedButton;
    Edit1: TEdit;
    WebBrowser1: TWebBrowser;
    Button2: TButton;
    procedure SpeedButton1Click(Sender: TObject);
    procedure Button2Click(Sender: TObject);
    procedure OpenURL;
```

```
procedure TForm4.SpeedButton1Click(Sender: TObject);
begin
webbrowser1.GoBack;
end;

procedure Tform4.OpenURL;
begin
Webbrowser1.Navigate(Edit1.Text);
end;

procedure TForm4.Edit1Change(Sender: TObject);
begin
 OpenURL;
end;
```

从三个不同的事件过程可以看到,在 Button1 的 Click 事件过程中写下 WebBrowser1.GoBack 实现浏览器页面的返回;在 Form4 的新建过程 OpenURL 中把 Edit 的文本内容赋给 WebBrowser1 的 Navigate 实现页面的浏览;而在 Edit 的 Change 事件中调用 OpenURL。

至此窗体四的浏览功能已全部实现,在 iOS Simulator 或 iOS Device 中运行程序,显示界面如图 14-83 所示。

14.2.2 与界面分类管理相关的组件使用案例

Delphi XE 在 iOS 平台上使用 TComboBox 组件来封装选择器组件。有以下三种常用方式向 ComboBox 中添加项目。

(1) 方式一:在 ToolPalette 的搜索框中输入"ComboBox"后搜索,将找到 TComboBox 组件并拖动到窗体设计器上。

图 14-83 浏览器界面运行最终外观

右击 TComboBox 组件，如图 14-84 所示，选择 Items Editor 命令，在弹出的如图 14-85 所示的对话框中编辑项目。

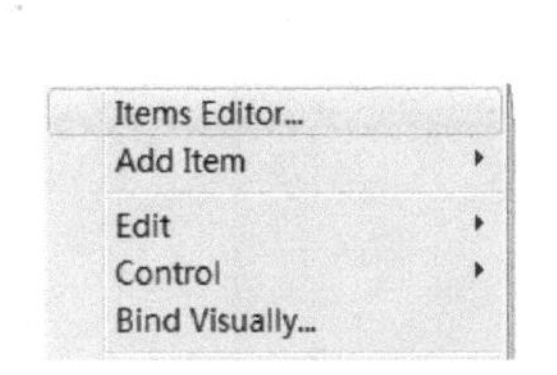

图 14-84 ComboBox 右键菜单

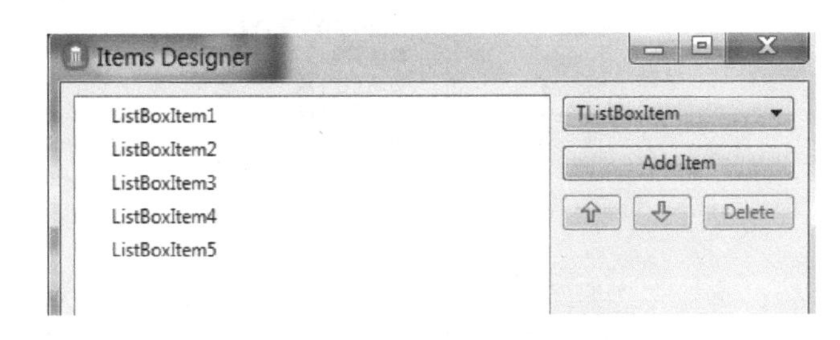

图 14-85 ComboBox 组件编辑项目

在左侧对象观察器上端的 Structure View(结构化视图)中，选择要编辑的 ComboBox 中的某一项；然后在对象观察器中编辑选中该项的 Text 属性，如图 14-86 所示。

(2) 方式二：选中 TComboBox 组件后，在对象观察器的 Items 属性处，单击后面空白处的按钮，弹出 String List Editer 对话框，在其中进行编辑，如图 14-87 所示。

(3) 方式三：使用代码建立项目列表。

如图 14-88 所示，在窗体上新建 ComboBox1 用于显示和选择所在学院，新建 ComboBox2 用于显示和选择所属部门。其中，ComboBox1 包含的若干项目已经通过第二种方式添加到 ComboBox1 中，要实现 APP 运行时能根据用户选择的学院，自动将其包含的部门名称添加并显示在所属部门的 ComboBox2 中供用户继续选择，需要在 ComboBox1 的 Change 事件过程

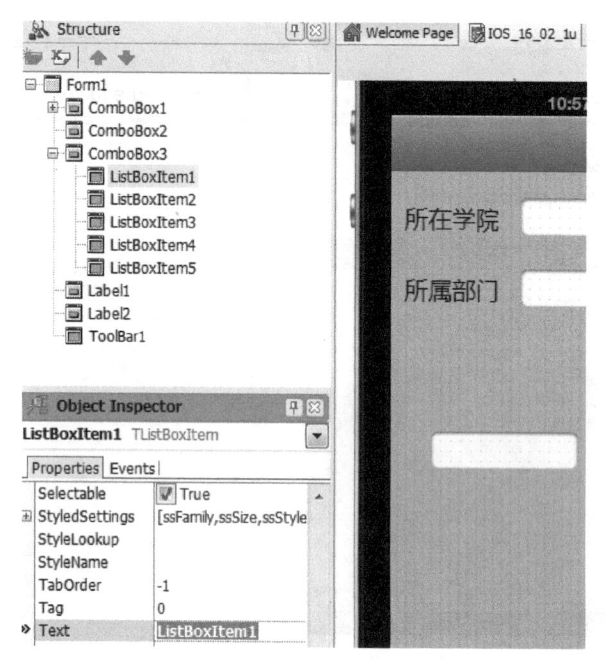

图 14-86 ComboBox 在 Structure View 中的显示

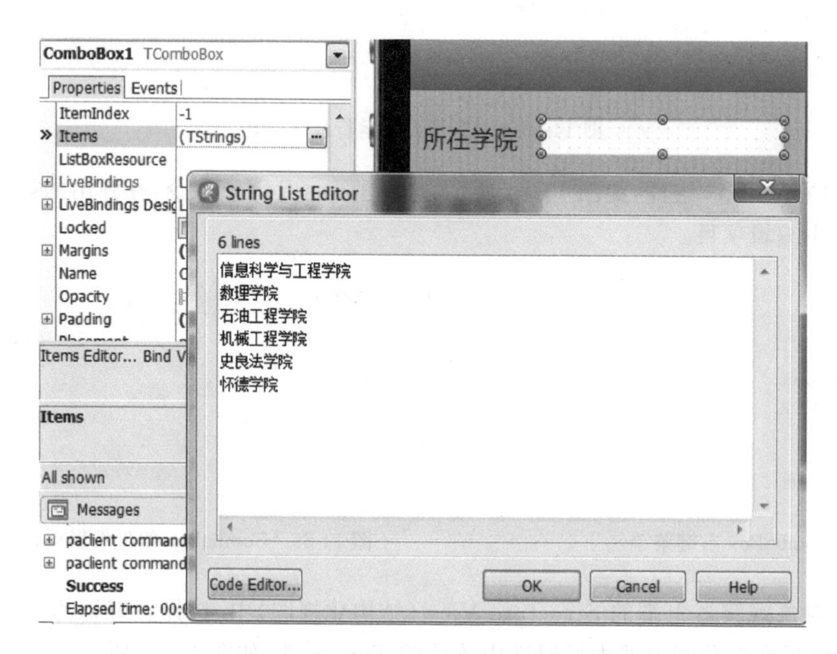

图 14-87 String List Editer 对话框

中添加以下代码。

```
procedure TFormf,ComboBox1Change(Sender:Tobject);
begin
  if combobox1,Iteme[combobox1.Selected.Index] = '信息科学与工程学院'then
 begin
    combobox2.Items.Add('计算机');
    combobox2.Items.Add('软件工程');
    combobox2.Items.Add('电子');
```

```
        combobox2.Items.Add('自动化');
    end;
end;
```

如图 14-89 所示，该程序段在用户选择“信息科学与工程学院”后，自动将 4 个项目添加到 ComboBox2 中供用户继续选择。

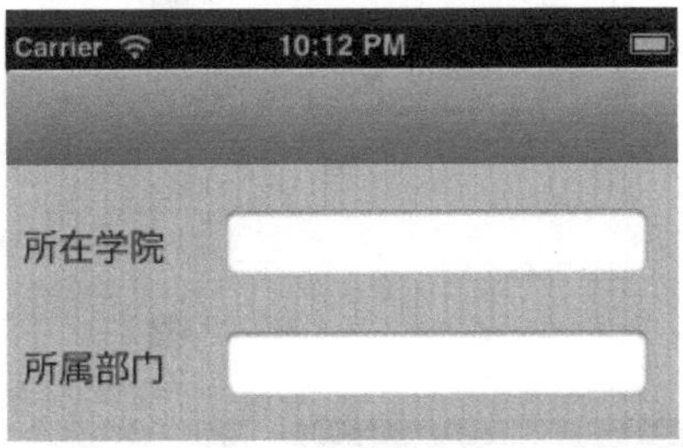

图 14-88　案例显示外观

图 14-89　自动关联选项

需要注意的是：当前选中的项由 ItemIndex 属性指定。ItemIndex 为整型数值，使用从 0 开始的下标来指定(即第一个项的下标是 0)。要让图 14-89 中第三项被选中，需要在窗体 FormCreate 事件中写下：

```
ComboBox1.ItemIndex := 2;
```

Delphi XE 在 iOS 平台上使用 TListBox 组件来建立和显示一个 iOS 风格的 TableView，如图 14-90 所示。

首先，利用 ListBox 组件来创建一个项目列表。

(1) 选择 File|New|FireMonkey MobileApplication-Delphi|BlankApplication 命令。

(2) 在 Tool Palette 中搜索 TListBox 组件，找到后将其拖放到新建的程序窗体中。

(3) 选中 ListBox1 组件，在对象观察器中将 Align 属性的值设置为 alClient。

(4) 右击该 ListBox1 组件，选择 Items Editor 命令，如图 14-91 所示。

(5) 在 Items Designer 上，通过多次单击 Add Item 按钮来给 ListBox1 添加若干个项目，如图 14-92 所示。

图 14-90　ListBox 案例的外观

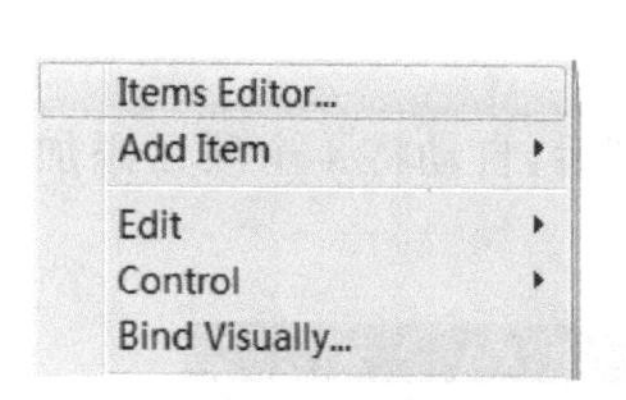

图 14-91　ListBox 右键菜单

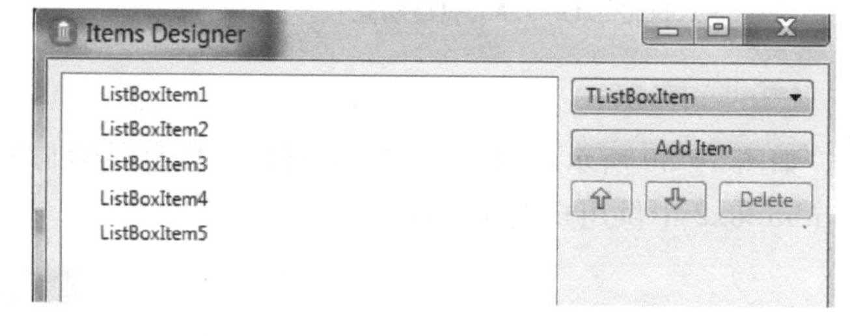

图 14-92　Items Designer 编辑项目

(6) 关闭项目列表设计器。窗体上显示了刚添加的 ListBox 项目列表,如图 14-93 所示。

(7) 在 TListBox 组件上定义一个 Header。右击 TListBox 组件,选择 AddItem | TListBoxHeader 命令,如图 14-94 所示。

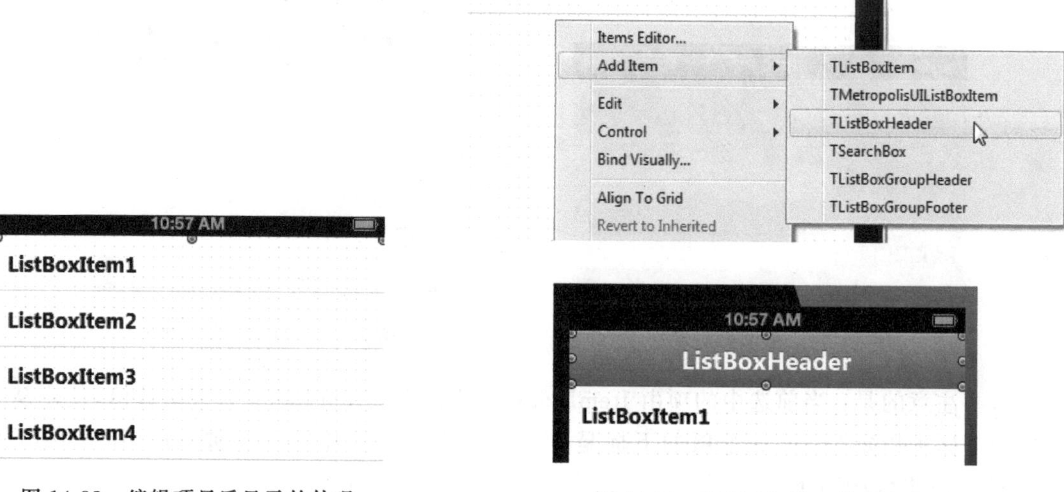

图 14-93　编辑项目后显示的外观

图 14-94　添加 ListBox 的 Header

(8) 放置一个 TLabel 组件并将其拖放到刚添加的 TListBoxHeader 上,在对象观察器中,将 Label 组件的属性更改为:

```
Align: = alclient;
StyleLookup: = toollabel;
TextAlign: = taCenter;
Text: = '常大通讯录';
```

注意:如图 14-95 所示,除了上述方法添加一个 Header 以外,还可以添加分组 Header 或 Footer 到列表中去,操作方法如下。

(1) 右击 TListBox 组件,然后选择 Items Editor 命令。

(2) 从下拉列表中选择 TListBoxGroupHeader,单击 Add Item 按钮,如图 14-96 所示。

(3) 在下拉列表中选择 TListBoxGroupFooter,单击 Add Item 按钮。

(4) 选中在项目列表中的 ListBoxGroupHeader 和 ListBoxGroupFooter,然后单击右侧上下箭头调整其在列表中的位置。

(5) 关闭对话框即能看到多了一个分组 Header 和一个分组 Footer。

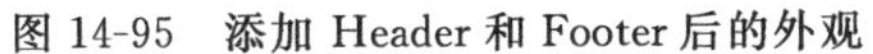

图 14-95 添加 Header 和 Footer 后的外观

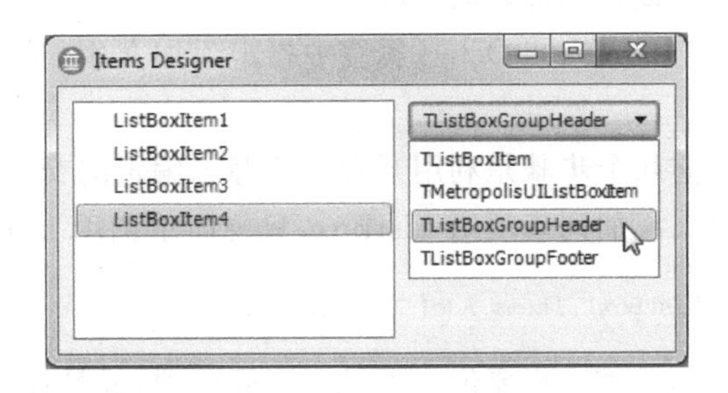

图 14-96 添加项目类型选择

第二步，实现如图 14-97 所示的 ListBox 分组状态。在 ListBox 上的项目可以显示成一个 Plain 列表或一个 Grouped 列表。由 GroupingKind 属性和 StyleLookup 属性所控制，图 14-97(a)的 GroupingKind 值为 Plain，而图 14-97(b)的 GroupingKind 值为 Grouped(最明显的区别是 4 个角为圆滑过渡的苹果风格)。

第三步，添加一个复选框给 ListBox 的各个项目。TListBox 里的每个项通过 ItemData. Accessory 属性来使用一个辅助项，例如复选标记。图 14-98 显示了向 ItemData. Accessory 赋值后的显示效果。

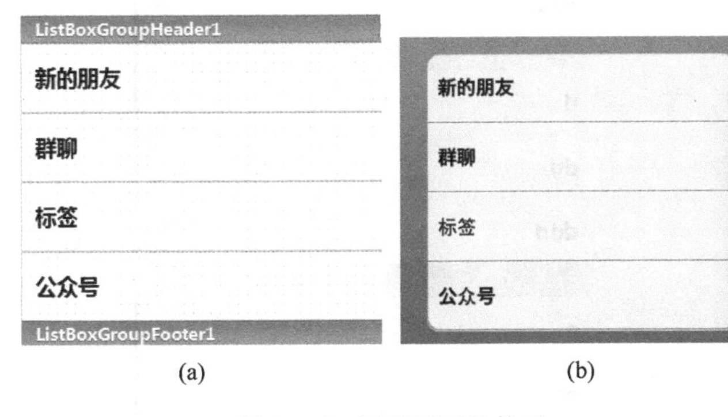

图 14-97 两种不同的外观

图 14-98 复选标记的不同外观

由图可知，对 4 个列表项目的 ItemData 的 Accessory 属性赋的值依次为 aCheckmark、aDetail、aMore 和 aNone。几种属性值的选择如图 14-99 所示。

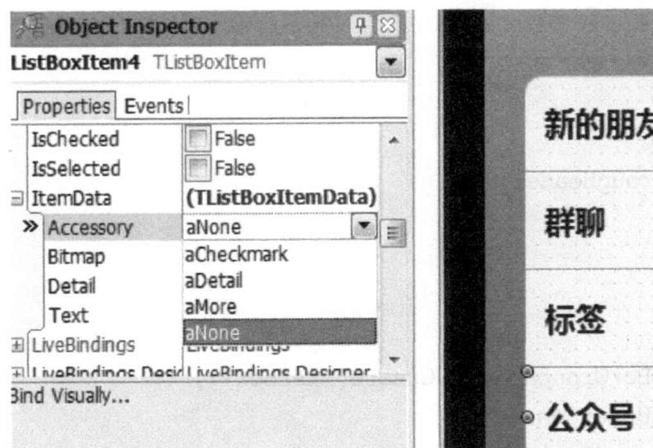

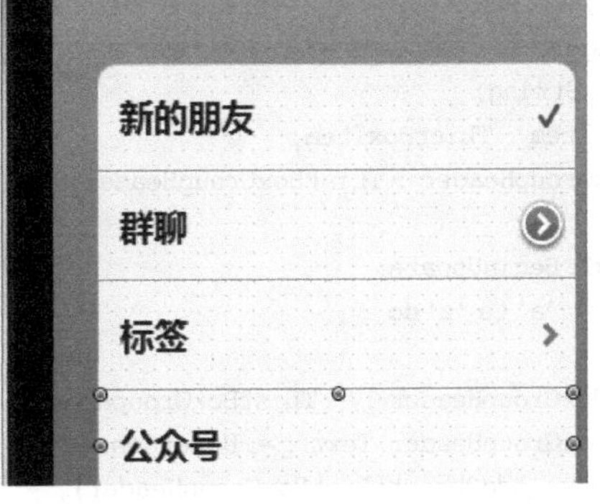

图 14-99 几种属性值的选择

第四步,添加图标给 ListBox 的各个项目。TListBox 里的每个项通过 ItemData. Bitmap 属性来设置图标,如图 14-100 所示。从图 14-98 中也可以看到添加图标后的图标效果。此外,在 ItemData. Detail 属性中指定附加文本,然后通过 StyleLookup 属性来选择详细文本的位置。

前几个步骤是利用开发环境静态编辑的交互方式创建 ListBox 所包含的列表项。而利用代码来添加列表项给 ListBox,只要简单调用 Items. Add 方法:

```
ListBox1.Items.Add('Text to add');
```

如果用户想要创建不只一个简单项,或是控件其他属性,可以先创建一个项目实例,然后将它添加到 ListBox 中。

【例 14.2】 以下代码运行后,将添加如图 14-101 所示的列表项目到 ListBox1 中。

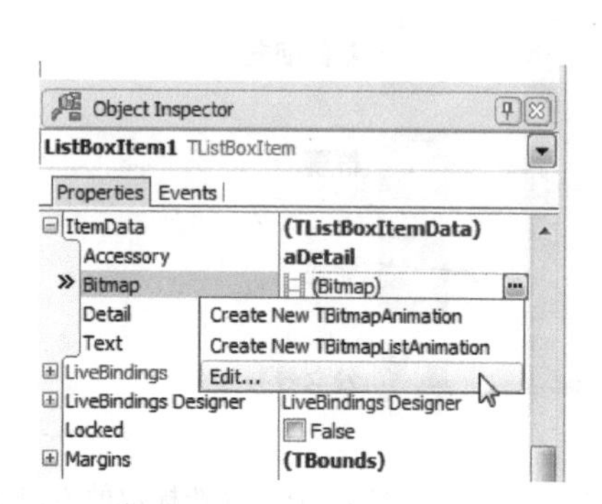

图 14-100 编辑 Bitmap 选项

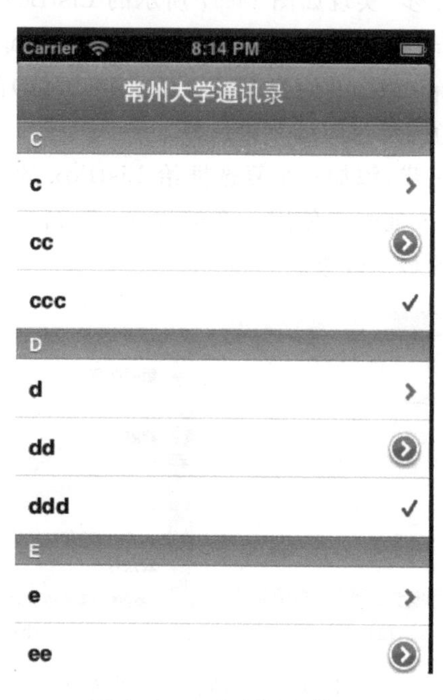

图 14-101 案例运行外观

```
Procedure TForm1.FormCreate(Sender: TObject);
 var
   c: Char;
   i: Integer;
   Buffer: String;
   ListBoxItem : TListBoxItem;
   ListBoxGroupHeader : TListBoxGroupHeader;
begin
   ListBox1.BeginUpdate;
   for c := 'a' to 'z' do
   begin
     ListBoxGroupHeader := TListBoxGroupHeader.Create(ListBox1);
     ListBoxGroupHeader.Text := UpperCase(c);
     ListBox1.AddObject(ListBoxGroupHeader);
     for i := 1 to 3 do
     begin
```

```
            Buffer := StringOfChar(c, i);
            ListBoxItem := TListBoxItem.Create(ListBox1);
            ListBoxItem.Text := Buffer;
            ListBoxItem.ItemData.Accessory := TListBoxItemData.TAccessory(i);
            ListBox1.AddObject(ListBoxItem);
        end;
    end;
  ListBox1.EndUpdate;
end;
```

最后,为 ListBox 添加一个搜索框。使用搜索框,用户可以很便利地在列表中定位到要找的选项,如图 14-102 所示。

要在 ListBox 组件中添加搜索框,只需右击 TListBox 组件,从弹出菜单中选择 Add Item | TSearchBox 选项即可,如图 14-103 所示。

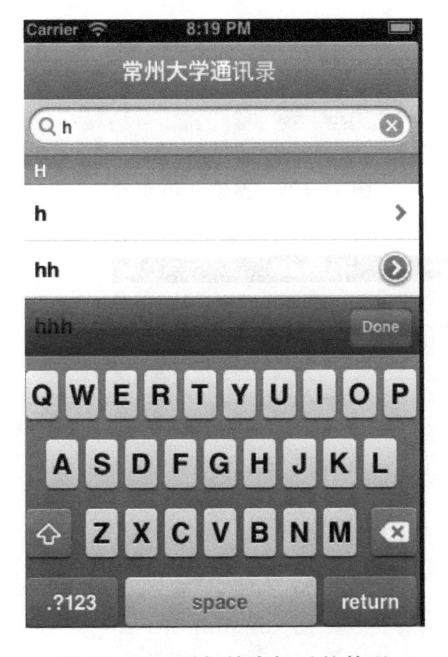

图 14-102　添加搜索框后的外观

图 14-103　添加搜索框的操作方法

与 ListBox 和 CombBox 不同的是,Tab 组件是一个容器,用来包含若干个 Tab 页面,每个 Tab 页可以包含任意的用户界面元素。对于每个 Tab 页,用户可以指定预先定义好的图片,也可以自定义图标,以及 Text 标签。当然用户也可以在控件的顶部或底部放置 Tab,如图 14-104 所示。

在 APP 中创建 Tab 页,并设置系统默认图标的操作步骤如下。

(1) 创建一个 HD FireMonkey Mobile Application,选择 File | New | FireMonkeyMobile Application-Delphi | Blank Application 命令。

(2) 从 Tool Palette 中选择 TTabControl,如图 14-105 所示。

(3) 在拖放 TabControl 到窗体之后,一个空的 TabControl 会显示在新建窗体上,如图 14-106 所示。

(4) 通常,APP 中的 TabControl 都是全屏显示在页面上的,所以需要更改 TabControl 的默认对齐方式,更改 TabControl 的 Align 属性为 alClient,如图 14-107 所示。

图 14-104　Tab 组件使用案例的外观

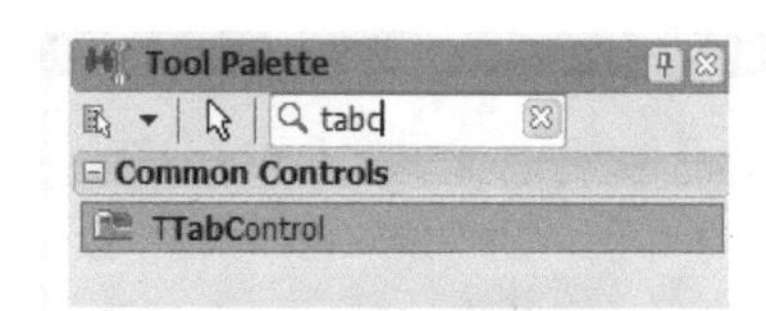

图 14-105　搜索 Tab 组件

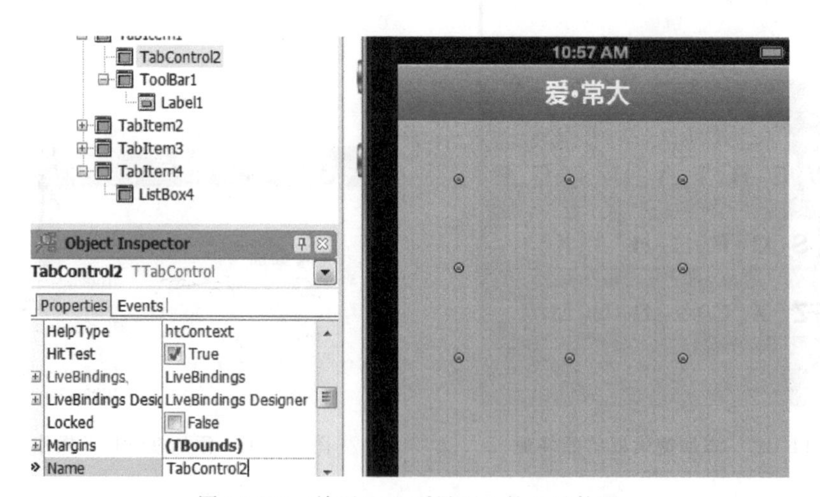

图 14-106　放置 Tab 到界面上的显示外观

(5) 右击 TabControl,从弹出菜单中选择 Items Editor 命令,如图 14-108 所示。

图 14-107　选择对齐方式

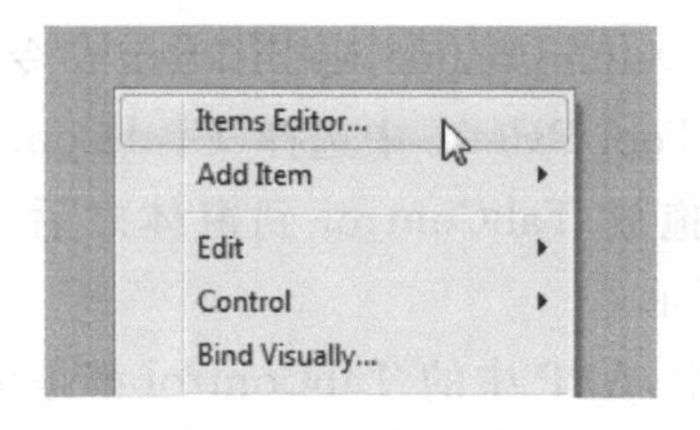

图 14-108　编辑项目

(6) 根据需要单击若干次 Add Item 按钮，创建 TabItem 的实例，如图 14-109 所示。关闭窗口。

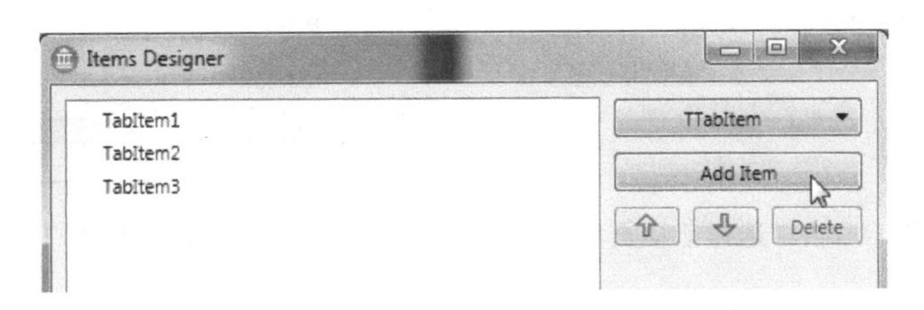

图 14-109　添加项目

(7) 选择系统自带的 Tab 图标。如图 14-109 所示，依次选择 4 个 TabItem，修改 TabItem1～TabItem4 的 StyleLookup 属性为 tabitemfavorites、tabitemcontacts、tabitemfeatured、tabitembookmarks，如图 14-11 所示。

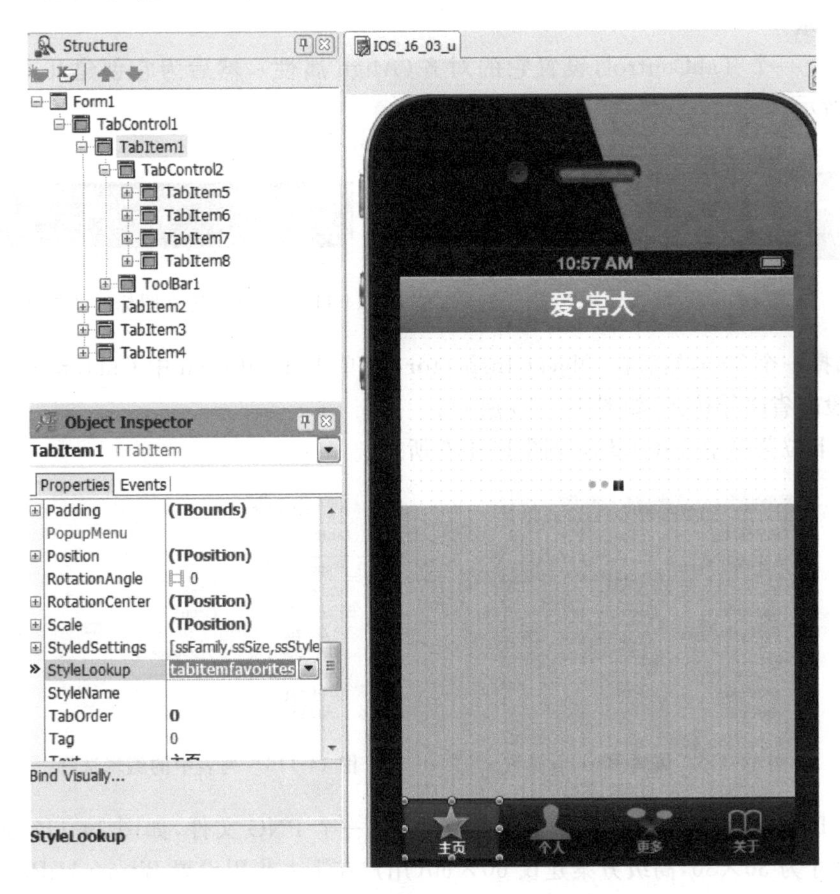

图 14-110　设置 StyleLookup 属性

(8) 要选中相应的页面，只需要在窗体设计器上单击该 Tab 的图标，或在对象观察器里选择外部 TabControl 的 ActiveTab 属性的 TabItem 列表项，如图 14-111 所示。选中后，可在 Tab 页放置任何控件。

(9) 为了改变 Tab 的位置，选择 TabControl 组件的 TabPosition 属性。每个 Tab，用户都可以在对象观察器中选择如图 14-112 所示的任意值。

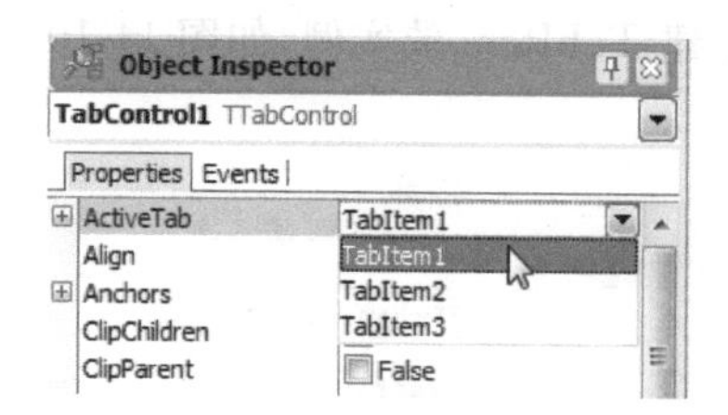

图 14-111　选择活动页面

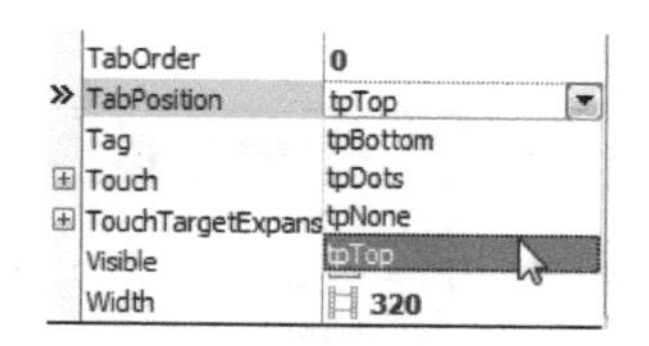

图 14-112　改变放置 Tab 的位置

TabPosition 共有 4 种属性：tpTop 为置顶；tpBottom 为置底；tpDots 会在底部中间位置显示若干小圆点；而 tpNone 为不显示(此种方式只能通过代码方式或者 Action 动作才能切换各个 TabControl 中的页面)。

使用用户自定义的 Tab 图标的操作步骤如下。

用户可以通过下面这些步骤来给 Tab 页使用自定义图标和自定义标题。默认外观如图 14-113 所示。

(1) 放置一个 TabControl，设置它的对齐(Align 属性)，然后为它创建几个 Tab 页，如图 14-114 所示。

图 14-113　默认外观

图 14-114　创建自定义图标时的外观(为刷新)

(2) 选择一个 Tab，然后在 Object Inspector 中，单击 TTabItem 中 CustomIcon 属性中的 Bitmap 字段的省略号按钮，如图 14-115 所示。

(3) 从下拉菜单中选择 Edit，如图 14-116 所示。

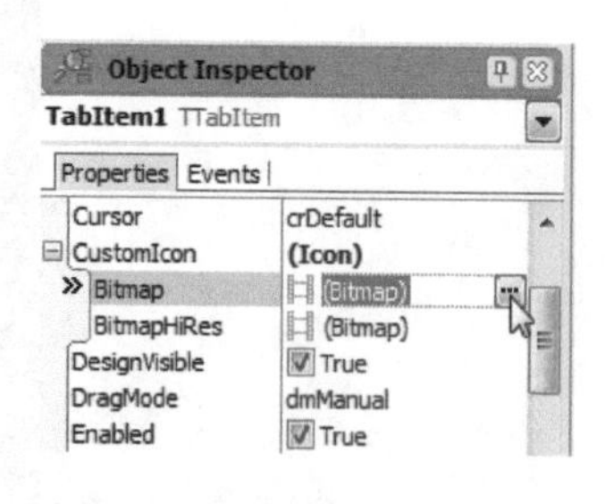

图 14-115　编辑 Bitmap 属性

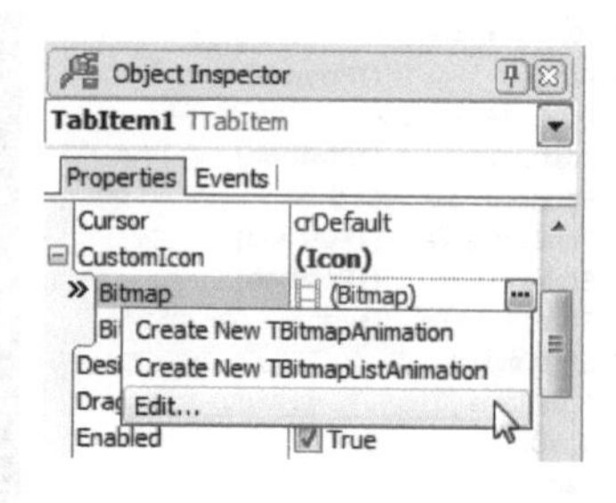

图 14-116　列表中的编辑选择

(4) 在 Bitmap Editor 中，单击 Load 按钮，选择一个 PNG 文件，如图 14-117 所示。普通方案建议尺寸为 30×30，高级方案建议 60×60(用户在下一步用设置 BitmapHiRes 图标)。

(5) 关闭 Bitmap Editor，在 Object Inspector 中选中用户想要使用的 CustomIcon 的 BitmapHiRes(High-Resolution)字段。

(6) 在 Object Inspector 中将 StyleLookup 属性设置为 tabitemcustom，如图 14-118 所示。

(7) 在 Text 属性里，更改 Tab 上的 Text，如图 14-119 所示。

所使用的自定义图片都放在 Delphi XE 安装路径下，本教材的图片存放路径为：C:\Programs Files\Embarcadero\RAD Studio\12.0\Images\GlyFX。该目录中有一个 glyFX.zip 压缩文件，需要用户自行解压到该文件夹中才能使用内部资源。

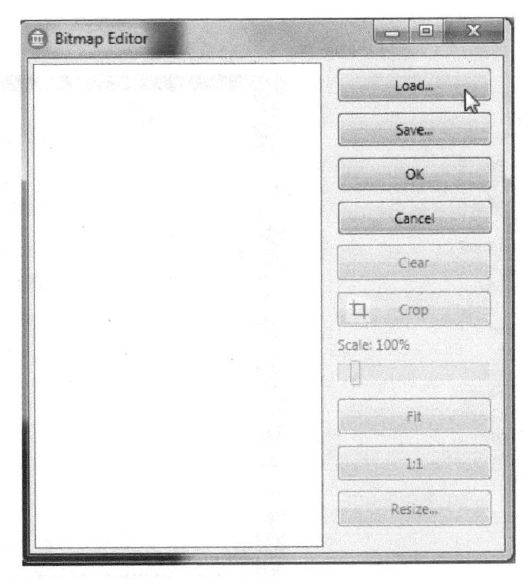

图 14-117　Bitmap Editor 中加载图片

图 14-118　StyleLookup 属性

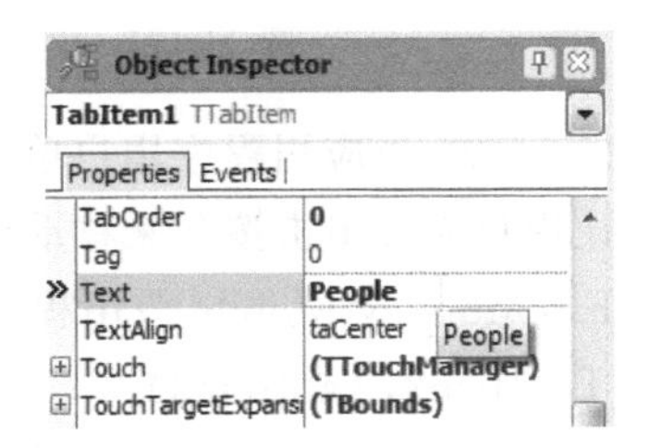

图 14-119　设置 Text 属性

在定义好一个图标之后，FireMonkey 框架根据给定的.png 文件生成一个选中的图片和一个未选中的图片。这个转换由 Bitmap Data 的 Alpha-Channel 完成。由图 14-120 可见，从左到右的三个图标依次是原始图片、选中时的图片外观、未选中该页时的图片外观。

图 14-120　自定义图标编辑前后的外观对比

每个 Tab 页可以包含任意数量的控件，包括另一个 TabControl。用户可以在对象观察器上方的 Structure View 中方便地查看并管理不同的 Tab 页。

本案例在 Structure View 中的结构如图 14-121 所示。

在运行时切换 Tab 分页共有以下三种方式。

方式一：通过用户单击 Tab 切换。

如果 Tab 显示(当 TabPosition 设置成不是 tpNone)，用户可以简单地单击 Tab 来在分页之间进行切换。

方式二：通过 Action 和 ActionList 切换。

一个 Action 动作绑定一个或多个用户界面元素，例如菜单项、工具条按钮、控件等。Action 提供两个功能：提供用户界面元素的通用属性，例如控件是否可用或勾选框是否选中；

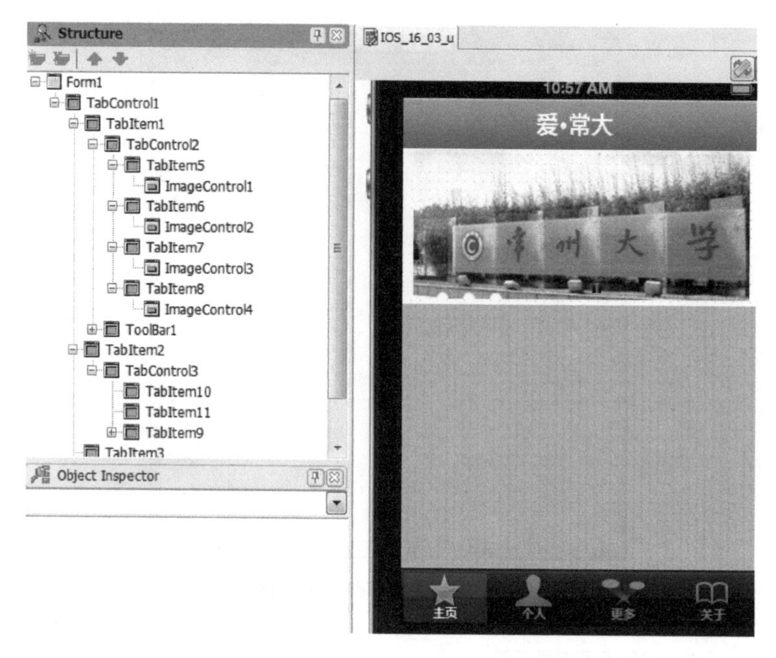

图 14-121 案例在 Structure View 中结构一览

响应控件触发,例如,当应用程序用户单击按钮或选中了菜单项。

以下是让用户通过单击按钮来移动到不同分页的实现步骤。

(1) 在 FireMonkey Mobile 应用程序中,放置一个 TabControl,在上面放置一些 Tab 项(TabItem1,TabItem2,TabItem3)。

(2) 从 Tool Palette 中,添加一个 TButton 到窗体上,然后添加一个 ActionList 组件,如图 14-122 所示。

(3) 在对象观察器中选择 Button 组件,然后从下拉菜单中选择 Action|New Standard Action|Tab|TChangeTabAction,如图 14-123 所示。在用户单击这个按钮时,用户刚才定义的 Action 就会被执行(Tab 分页会切换)。

图 14-122 添加 ActionList 组件

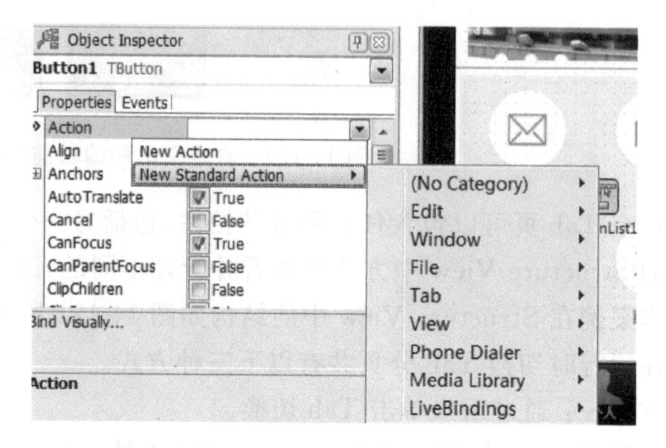

图 14-123 选择 Action 类型

(4) 在 Structure View 中选择 ChangeTabAction1,然后在对象观察器中选择 TabItem2 作为 Tab 属性的值,这个 Action 就可以将当前分页切换到 TabItem2,如图 14-124 所示。

(5) ChangeTabAction 也支持 Slide 动态效果来表现分页之间的切换。为了使用它,设置

Transition 属性为 ttSlide，如图 14-125 所示。

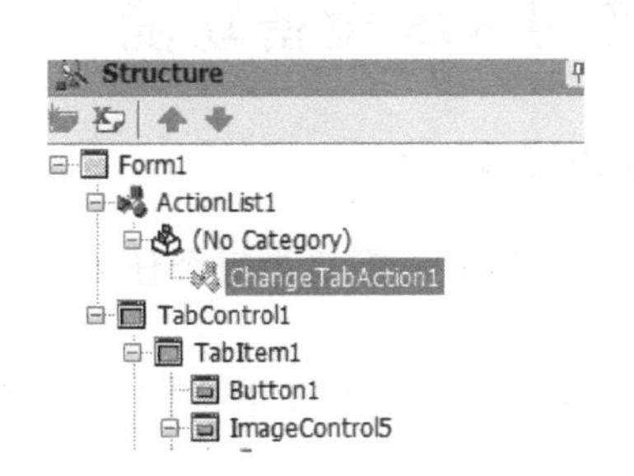

图 14-124 Structure View 中的 Action

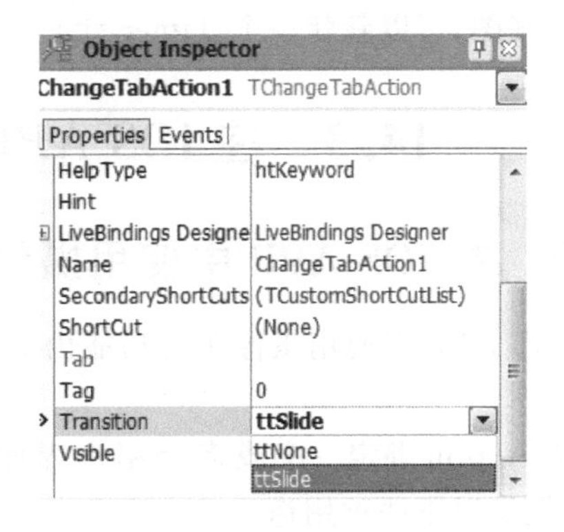

图 14-125 选择过渡效果

方式三：代码方式切换。

可以使用下面三种方法在代码中切换当前的分页。

(1) 将 TTabItem 的实例赋给 ActiveTab 属性：

```
TabControl1.ActiveTab := TabItem2;
```

(2) 更改 TabIndex 的值。TabIndex 属性是 0 开始的下标值(用户可以使用 0～TabControl1.TabCount－1 之间的值)。

```
TabControl1.TabIndex := 1;
```

(3) 如果定义了 ChangeTabAction，用户也可以从代码里执行这个 Action。

```
ChangeTabAction1.Tab := TabItem2;
ChangeTabAction1.Execute;
```

从如图 14-126 所示的例子中可以看到，TabControl1 的 TabItem1 内部的上方，放置了一个包含 4 个 TabItem 的 TabControl2，在 TabItem1 下方的 4 个按钮中定义了 4 个 Action，功能为单击该按钮时触发显示对应的 4 张图；这 4 个 ImageControl 放置在 TabItem5～TabItem8 中，结构也可以从图中观察到。

图 14-126 本案例最终外观

另外,此种切换方式是运行时通过按钮单击的手动切换方式,如果要实现固定时间自动切换到下一张图,可以新建一个 Timer 计时器组件,再通过代码方式实现该功能。

14.3 在 iOS APP 中使用 iOS 设备功能

14.3.1 在 iOS APP 中使用摄像头和分享照片

在 iOS APP 中使用摄像头的功能由 Actions 提供,用户只需要为每个任务编写简单的代码即可。

一个 Action 绑定一个或多个用户界面元素,例如菜单项、工具栏按钮,以及其他控件。Actions 提供以下两种用途。

(1) Action 可以表示用户界面元素的通用属性。例如,控件是否启用,或者 CheckBox 是否勾选。

(2) Action 可以响应控件触发的事件。例如,当用户单击一个按钮或是选择一个菜单项。

1. 建立基本的 UI,并将要支持的功能 Action 赋给 UI 元素

在窗体上新建一个 Toolbar,上面放置 4 个按钮,左起按钮 1 实现返回调用主界面的功能(此处代码略去);按钮 2 实现调用摄像头拍照的功能;按钮 3 实现访问照片库的功能,按钮 4 实现分享照片的功能。

4 个 TButton 按钮使用不同的图标,为它们分别设置 StyleLookup 属性,使外观如图 14-127 所示。最后在界面上放置一个 TActionList 组件。

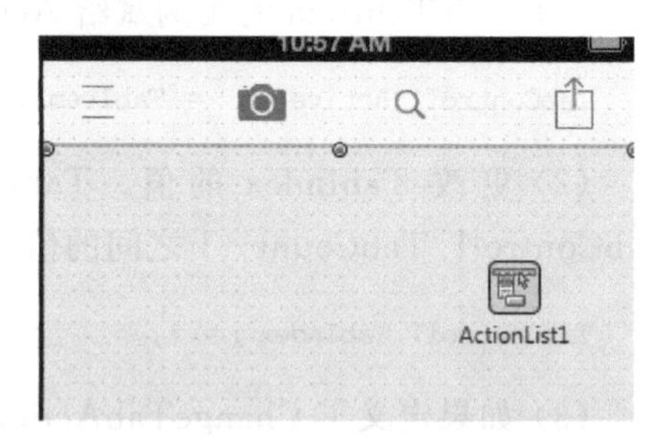

图 14-127 案例中界面上的各个组件

2. 使用 iOS Device 的摄像头拍照

可以定义一个 Action 来使用 iOS Device 上的摄像头拍照,步骤如下。

(1) 在当前窗体上,选择用来拍照的按钮 Button2。

(2) 在对象观察器中,从 Action 属性的下拉列表中选择 New Standard Action|Media Library|TTakePhotoFromCameraAction,如图 14-128 所示。

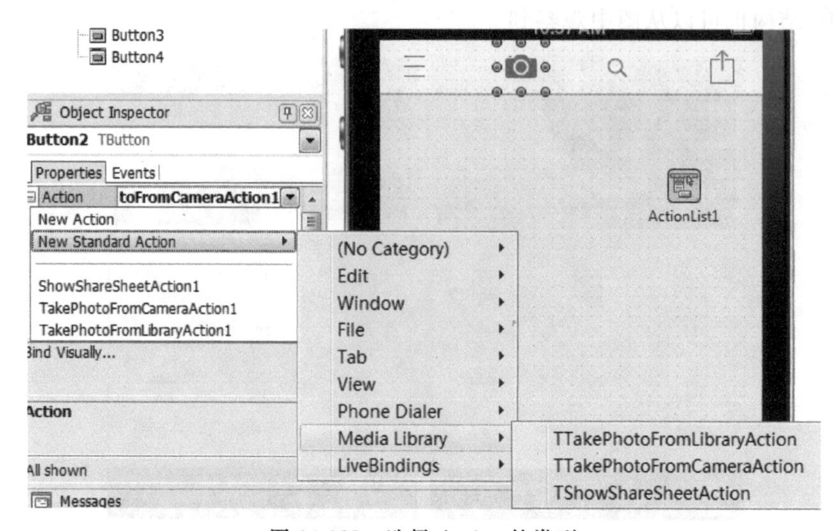

图 14-128 选择 Action 的类型

（3）在 Events 页，展开 Action 节点，然后双击 OnDidFinishTaking 事件，如图 14-129 所示。

（4）添加如下代码到 OnDidFinishTaking 事件处理过程。

```
procedure TForm4.TakePhotoFromCameraAction1DidFinishTaking(Image: TBitmap);
begin
image1.Bitmap.Assign(Image);
end;
```

该代码将 iOS 设备的摄像头拍下的照片赋给 TImage 组件的 Bitmap 属性，拍摄界面如图 14-130 所示。

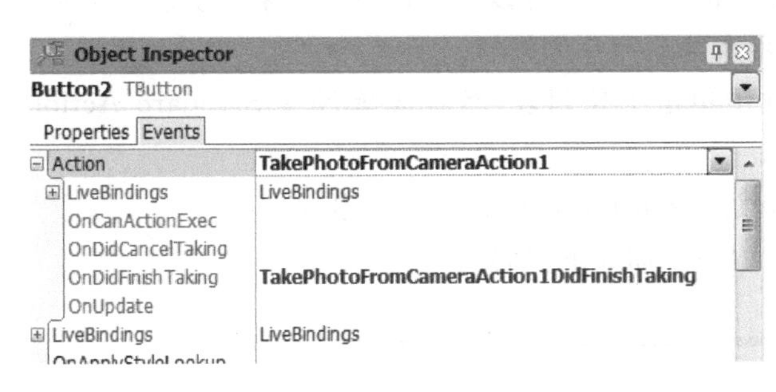

图 14-129　Events 页面需进行的操作

图 14-130　运行时加载图片后的外观

3. 使用 iOS 设备照片库中的照片

可以使用如下步骤定义一个 Action 来使用照片库中的照片，如图 14-131 所示。

（1）在 Form Designer 上，选择一个用户想要用来选择照片的按钮。

（2）在对象观察器中，单击 Action 属性的下拉列表，选择 New Standard Action|Media Library|TTakePhotoFromLibraryAction。

（3）在 Events 页，展开 Action 节点，然后双击 OnDidFinishTaking 事件。

（4）在 OnDidFinishTaking 事件处理程序中添加如下代码。

```
procedure TForm4.TakePhotoFromLibraryAction1DidFinishTaking(Image: TBitmap);
begin
image1.Bitmap.Assign(Image);
end;
```

这段代码将照片库中的照片赋给 TImage 组件的 Bitmap 属性。

4. 在 iOS APP 中共享或打印照片

如图 14-132 所示，在 iOS APP 中，用户可以共享照片到社交应用，也可以发送照片给打印机、使用照片作为邮件附件、赋给联系人等。

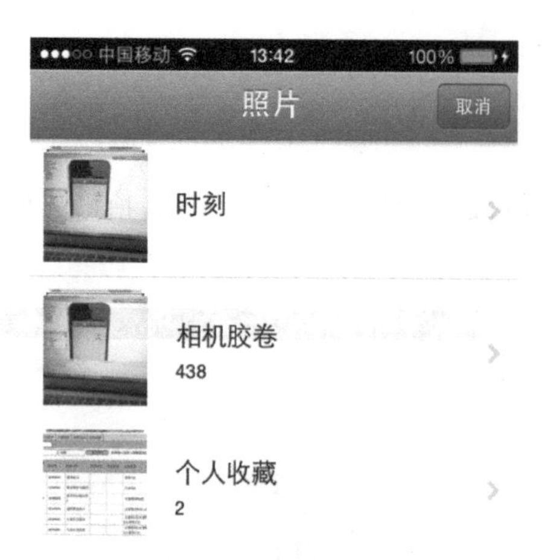

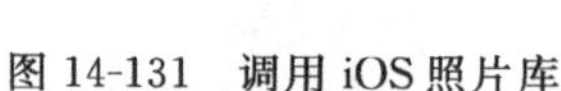
图 14-131 调用 iOS 照片库

图 14-132 共享界面弹出信息

这种多共享服务被称为 Share Sheet Functionality，可以按照以下步骤来实现这个功能。

(1) 在 Form Designer 上，选择一个用来共享照片的按钮。

(2) 在对象观察器中，在 Action 属性中单击下拉列表，然后选择 New Standard Action | Media Library | TShowShareSheetAction。

(3) 在 Events 页，展开 Action 节点，然后双击 OnBeforeExecute 事件。

(4) 在 OnBeforeExecute 事件处理过程中添加如下代码。

```
procedure TForm4.ShowShareSheetAction1BeforeExecute(Sender: TObject);
begin
showsharesheetaction1.Bitmap.Assign(image1.Bitmap);
end;
```

这段代码将 TImage 组件的照片赋给 Share Sheet Functionality 共享服务。

用户在服务列表中选择 iCloud 照片共享后，可以使用组件来上传照片到 iCloud 照片共享上，如图 14-133 所示。

图 14-133 iCloud 照片共享

14.3.2　利用 iOS 通知中心实现推送功能

当用户在他们的 iOS 设备上为某些应用设置了通知后，通知可以以 4 种基本的方式传递给用户。

（1）在应用图标上显示数字标记，如图 14-134 所示。

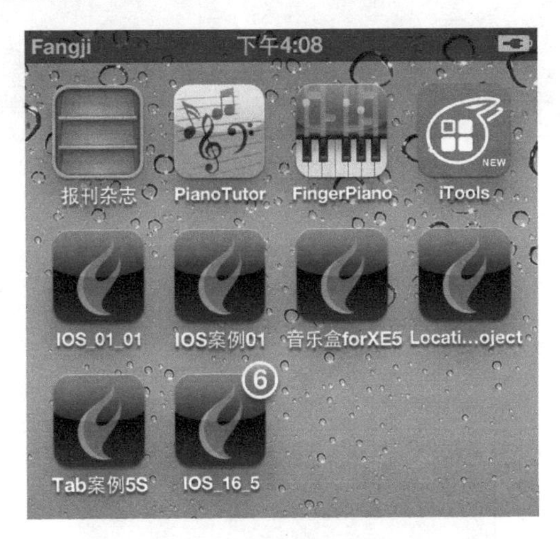

图 14-134　数字标记外观

（2）顶端自动弹出通知横幅，如图 14-135 所示。

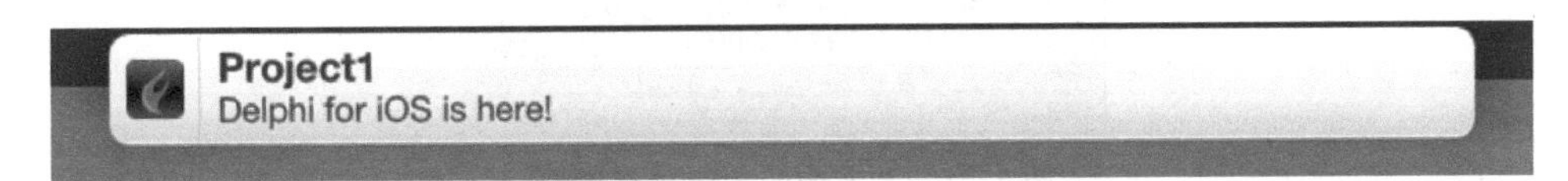

图 14-135　通知横幅外观

（3）通知提醒框，如图 14-136 所示。

图 14-136　通知提醒框外观

（4）下拉通知中心的通知列表，如图 14-137 所示。

【例 14.3】　在如图 14-138 所示界面的 7 个按钮中，实现 iOS 通知中心的各种功能。其属性设置如表 14-1 所示。

图 14-137　通知列表外观

图 14-138　本例的主要运行界面

表 14-1　属性设置

按钮名称	按钮标题	实现的功能
Button1	开启通知服务	访问通知服务
Button2	设置数字标记	在代码中设置图标数字标记
Button3	重置数字标记	重新设置图标标记的数字
Button4	调度通知	调度通知
Button5	取消通知	更新或取消一个已经调度过的通知消息
Button6	立即显示通知	立即显示通知消息
Button7	添加操作到通知提醒框	添加操作到通知提醒框

(1) Button1 的功能：开启访问通知服务，允许使用图标数字标记。

通知服务接口(IFMXNotificationCenter)定义为一个 FireMonkey Platform Service。

要访问通知服务，需要完成以下两个步骤。

① 在当前单元的 Uses 子句中添加：

```
uses
  FMX.Platform, FMX.Notification;
```

② 在 Button1 的 Click 事件中添加如下代码，来运行一个 FireMonkey Platform Services 的查询。

```
procedure TForm1.SpeedButton1Click(Sender: TObject);
var
  NotificationService: IFMXNotificationCenter;
begin
  if TPlatformServices.Current.SupportsPlatformService(IFMXNotificationCenter) then
          NotificationService    :    =    TPlatformServices.    Current.    GetPlatformService
(IFMXNotificationCenter) as IFMXNotificationCenter;
end;
```

IFMXNotificationCenter 接口提供了使用图标数字标记来作为通知的基本服务。

(2) Button2 的功能：设置图标数字标记。

IFMXNotificationCenter 有 SetIconBadgeNumber 方法来定义图标标记的数字。

```
procedure TForm1.SerIconBadgeNumber;
var
   NotificationService: IFMXNotificationCenter;
begin
  if TPlatformServices.Current.SupportsPlatformService(IFMXNotificationCenter) then
          NotificationService    :    =    TPlatformServices.    Current.    GetPlatformService
(IFMXNotificationCenter) as IFMXNotificationCenter;
  if Assigned(NotificationService) then
     NotificationService.SetIconBadgeNumber(6);
end;
```

然后在 Button2 的 Click 事件中调用 SerIconBadgeNumber 方法。

```
procedure TForm1.Button2Click(Sender: TObject);
begin
  Form1.SerIconBadgeNumber;
end;
```

在用户设置图标标记的数字为 6 之后，用户可以在 iOS 主屏上看得到 。

(3) Button3 的功能：重置图标标记的数字。

重新设置图标标记的数字应使用 ResetIconBadgeNumber 方法。

```
Procedure TForm1.ResetIconBadgeNumber;
var
  NotificationService: IFMXNotificationCenter;
begin
  if TPlatformServices.Current.SupportsPlatformService(IFMXNotificationCenter) then
          NotificationService    :    =    TPlatformServices.    Current.    GetPlatformService
(IFMXNotificationCenter) as IFMXNotificationCenter;
  if Assigned(NotificationService) then
    NotificationService.ResetIconBadgeNumber;
end;
```

然后在 Button3 的 Click 事件中调用 ResetIconBadgeNumber 方法。

```
procedure TForm1.Button3Click(Sender: TObject);
begin
  Form1.ResetIconBadgeNumber;
end;
```

(4) Button4 的功能：调度通知。

用户可以使用 ScheduleNotification 方法来调度通知消息。

要显示一个通知消息，用户需要创建一个 TNofication 类的实例，然后定义 Name(标识符)和 Message。

```
procedure TForm1.ScheduleNotification;
var
  NotificationService: IFMXNotificationCenter;
  Notification: TNotification;
begin
  if TPlatformServices.Current.SupportsPlatformService(IFMXNotificationCenter) then
        NotificationService    :    =    TPlatformServices.   Current.   GetPlatformService
(IFMXNotificationCenter) as IFMXNotificationCenter;
  if Assigned(NotificationService) then
  begin
    Notification : = TNotification.Create;
    try
      Notification.Name : = 'MyNotification';
      Notification.AlertBody : = 'Delphi for iOS is here!';
      Notification.FireDate : = Now + EncodeTime(0,0,10,0);
      NotificationService.ScheduleNotification(Notification);
    finally
      Notification.Free;
    end;
  end
end;
```

然后在 Button4 的 Click 事件中调用 ScheduleNotification 方法。

```
procedure TForm1.Button4Click(Sender: TObject);
begin
   Form1.ScheduleNotification;
end;
```

在设置通知消息之后，可以在 iOS 主屏顶部看到如图 14-139 所示通知消息。

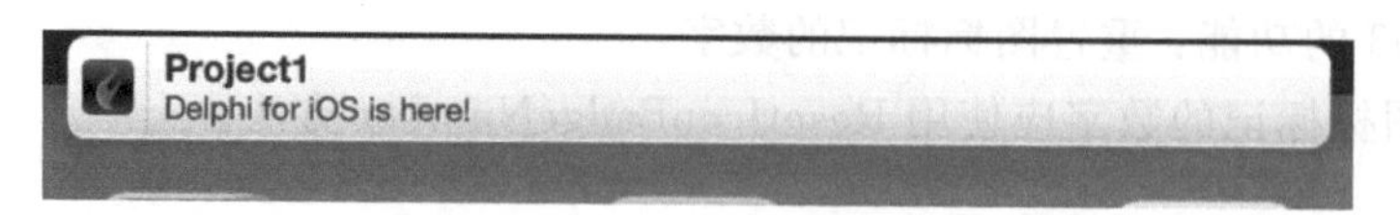

图 14-139　通知消息

(5) Button5 的功能：更新或取消一个已经调度过的通知消息。

每个调度的通知消息通过 TNotification 对象的 Name 属性来识别。

要更新一个已经调度过的通知，简单地再调用一次 ScheduleNotification，使用有相同名称(Name 属性)的 TNotification 实例。

要取消一个已经调度过的通知，用户可以简单地调用 CancelNotification 方法，使用用户上次使用的标识符。

```
Procedure TForm1.CancelNotification;
var
  NotificationService: IFMXNotificationCenter;
begin
```

```
  if TPlatformServices.Current.SupportsPlatformService(IFMXNotificationCenter) then
        NotificationService   :  =   TPlatformServices.  Current.   GetPlatformService
(IFMXNotificationCenter) as IFMXNotificationCenter;
  if Assigned(NotificationService) then
    NotificationService.CancelNotification('MyNotification');
end;
```

然后在 Button5 的 Click 事件中调用 CancelNotification 方法。

```
procedure TForm1.Button5Click(Sender: TObject);
begin
  Form1.CancelNotification;
end;
```

(6) Button6 的功能：立即显示通知消息。

可以使用 PresentNotification 来立即显示通知消息。

要显示一个通知消息，用户需要创建 TNotification 类的一个实例，然后定义它的 Name（标识符）和 Message。

```
Procedure TForm1.PresentNotification;
var
  NotificationService: IFMXNotificationCenter;
  Notification: TNotification;
begin
  if TPlatformServices.Current.SupportsPlatformService(IFMXNotificationCenter) then
        NotificationService   :  =   TPlatformServices.  Current.   GetPlatformService
(IFMXNotificationCenter) as IFMXNotificationCenter;
  if Assigned(NotificationService) then
  begin
    Notification := TNotification.Create;
    try
      Notification.Name := 'MyNotification';
      Notification.AlertBody := 'Delphi 调度通知显示成功!';
      Notification.ApplicationIconBadgeNumber := 6;
      NotificationService.PresentNotification(Notification);
    finally
      Notification.Free;
    end;
  end;
end;
```

然后在 Button6 的 Click 事件中调用 PresentNotification 方法。

```
procedure TForm1.SpeedButton6Click(Sender: TObject);
begin
  Form1.PresentNotification;
end;
```

下拉通知列表信息如图 14-140 所示。

图 14-140　下拉通知列表的信息

(7) Button7 的功能：添加操作到通知提醒框。

添加一个操作按钮来自定义一个提醒框。

要自定义一个提醒操作，用户需要设置 AlterAction 属性的操作，然后设置 HasAction 属性为 True，如下。

```
procedure TForm1.Button7Click(Sender: TObject);
var
  MyNotification:TNotification;
  NotificationService: IFMXNotificationCenter;
begin
  try
      MyNotification.Name := 'MyNotification';
      MyNotification.AlertBody := 'Delphi调度通知显示成功!';
      MyNotification.AlertAction := 'Code Now!';
      MyNotification.HasAction := True;
      MyNotification.FireDate := Now + EncodeTime(0,0,10,0);
      NotificationService.ScheduleNotification(MyNotification);
    finally
      MyNotification.Free;
    end;
end;
```

运行后单击 Button7 按钮，10s 后即使处于锁屏状态，仍然会弹出通知提醒框，如图 14-141 所示。

(8) 手动修改通知横幅或通知提醒框的方法。

要使用通知提醒框来代替通知横幅，需要通过消息中心配置页来更改通知方式，如图 14-142 所示。

图 14-141 锁屏界面弹出显示的信息

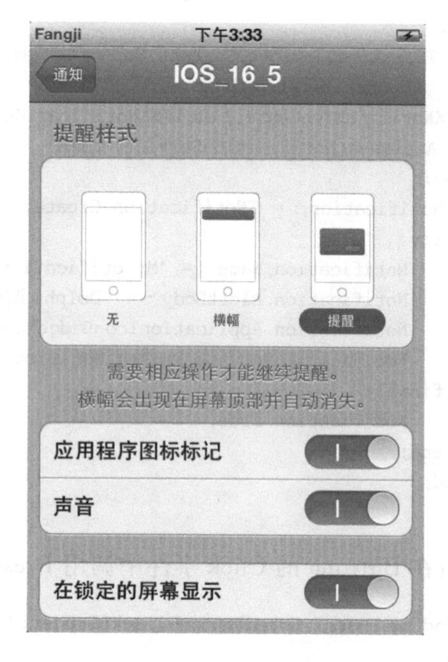

图 14-142 消息中心配置页

小　　结

开发 iOS APP 是 Delphi XE8 的重要功能之一。本章重点介绍了如何使 Delphi XE8 和 Xcode 4.6.2 配合起来，完成 Windows 环境下 iOS APP 的开发工作，详细介绍了在 Delphi XE IDE 中 iOS 基本用户界面元素的使用，以及如何使用 iOS 设备的拍照、分享和通知推送功能。

关于如何在 iOS APP 中访问数据库，请参阅本教材第 10 章。

习　题

14-1　使用 ToolBar、TabControl 和 ListBox 等组件来完成如图 14-143 所示的 UI 设计。

14-2　使用 TabControl、Label 和 SpeedButton 等组件来完成如图 14-144 所示的 UI 设计。

图 14-143　习题 14-1 图

REPEAT MODES
All
One
None
Default
SHUFFLE MUSIC
Enable Shuffle Mode
ADJUST VOLUME
Albums
Songs
Now Playing
Settings

图 14-144　习题 14-2 图

14-3　使用 ToolBar、SpeedButton 和 ListBox 等组件来完成如图 14-145 所示的 UI 设计。

图 14-145　习题 14-3 图

图书资源支持

感谢您一直以来对清华版图书的支持和爱护。为了配合本书的使用，本书提供配套的资源，有需求的读者请扫描下方的“书圈”微信公众号二维码，在图书专区下载，也可以拨打电话或发送电子邮件咨询。

如果您在使用本书的过程中遇到了什么问题，或者有相关图书出版计划，也请您发邮件告诉我们，以便我们更好地为您服务。

我们的联系方式：

地　　址：北京市海淀区双清路学研大厦 A 座 714

邮　　编：100084

电　　话：010-83470236　010-83470237

客服邮箱：2301891038@qq.com

QQ：2301891038（请写明您的单位和姓名）

资源下载：关注公众号“书圈”下载配套资源。

资源下载、样书申请

书圈

图书案例

清华计算机学堂

观看课程直播